双碳发展 研究丛书

上海社会科学院信息研究所
安徽长三角双碳发展研究院

丛书总主编＝王振
丛书总副主编＝彭峰 陈韦 陈潇

全球碳中和战略研究

王振 彭峰 等著

CARBON PEAKING
CARBON NEUTRALITY

RESEARCH ON GLOBAL
CARBON NEUTRALITY STRATEGY

上海社会科学院出版社
SHANGHAI ACADEMY OF SOCIAL SCIENCES PRESS

碳达峰与碳中和会给中国经济社会发展带来广泛而深远的影响。“双碳”既是中国高质量发展转型的内在要求，也是建设人与自然和谐共生的现代化的必要条件。在实现“双碳”目标进程中，不仅会重塑中国能源结构，而且会给生态文明建设、经济社会发展转型等注入新的活力，可以大幅拓展发展空间，激发创新活力，加速中国经济社会各领域的低碳绿色转型。

——安徽长三角双碳发展研究院首席专家 胡保林

“双碳”发展不仅是技术与产业的创新发展，而且是社会经济系统的转型发展，所以必须以社会科学的视角更加深入地观察和研究其发展的历史轨迹、国际经验和生动实践。

——阳光电源股份有限公司中央研究院院长 赵为

丛书序一

全球气候变化对地球生态系统和人类生产生活带来的严重威胁，是当今世界关切的重大议题。在工业化进程中，人类大量消耗化石能源并把其中的二氧化碳释放到环境中，向大气中排放了上万亿吨的温室气体。由于自然界无法吸收、固定，人类也无法利用这么多的温室气体，大气圈中温室气体浓度不断增加，地球表面平均温度比工业化之前提高了 1.1 摄氏度。

为解决地球表面温度升高而造成的环境灾难，联合国通过了《联合国气候变化框架公约》(1992 年)、《京都议定书》(1997 年)、《巴黎协定》(2015 年)等。1992 年，在里约召开的联合国环境与发展大会达成了《联合国气候变化框架公约》(UNFCCC)，要求各缔约方努力控制温室气体排放，到 2050 年全球温室气体排放总量要比 1990 年减少 50%，地球大气层中温室气体浓度不超过 450 ppm，其中二氧化碳的浓度不超过 400 ppm，以确保到 21 世纪末，地球的表面温度变化不超过 2 摄氏度。2015 年，新达成的《巴黎协定》要求为升温控制在 1.5 摄氏度以内而努力，并提出在 21 世纪下半叶全球实现碳中和的目标。因此，持续减少温室气体排放是全球应对气候变化的重要任务。我国也是国际气候公约的缔约国之一。

在 2022 年 4 月，联合国政府间气候变化专门委员会(IPCC)发布的第六次评估报告显示：当今全球温室气体年均排放量已达到人类历史上的最高水平，如不立即开展深入减排，将全球变暖限制在 1.5 摄氏度以内的目标将遥不可及。联合国秘书长古特雷斯也再次呼吁全球必须采取行动应对气候变化，气候变化已经将人类推向生死存亡的紧要关头。在全球气候危机下，越来越多的国家和地区意识到控制全球变暖刻不容缓，尽快实现碳达峰、碳中和已箭在弦上。

截至 2021 年底，全球已有 136 个国家提出碳中和目标，欧盟、美国、日本等主要国家和地区均提出到 2050 年实现碳中和。截至 2022 年 4 月，已有 45

个国家出台碳中和相关立法或政策文件，上百个国家和地区将碳中和行动上升为国家或地区战略。近年来，欧盟发布了《欧洲绿色协议》和《欧洲气候法》，英国、德国等也通过了相关气候变化法案，以法律形式明确了中长期温室气体减排目标，美国发布《迈向 2050 年净零排放的长期战略》，日本发布《绿色增长战略》。同时，世界上很多地区、城市、企业也纷纷自发地提出碳中和战略目标。传统的石油巨头如 BP、壳牌、美孚、道达尔等已开启低碳转型之路。苹果公司提出了全产业链碳中和行动计划，要求其每一个零部件供应商、系统集成商都要实现碳中和；欧洲汽车企业响应政府号召，纷纷制订碳中和行动计划和路线图，其中一项就是要求与自己合作的企业制订"可测量、可核查、可报告"的行动计划和路线图，这涉及了很多来自中国的企业。

在 2020 年 9 月召开的联合国气候大会上，我国作出力争 2030 年前实现碳达峰、2060 年前实现碳中和的目标承诺。随后，我国将碳达峰、碳中和目标写入国民经济"十四五"规划及相关专项规划。我国已将"双碳"作为国家战略加以实施，中央已经对碳达峰、碳中和工作作出部署，提出了明确要求。中共中央、国务院发布了《关于完整准确全面贯彻新发展理念做好碳达峰碳中和工作的意见》(2021 年 9 月 22 日)，围绕"十四五"时期以及 2030 年前、2060 年前两个重要时间节点，对碳达峰、碳中和工作作出系统谋划，提出了总体要求、主要目标和重大举措，明确了我国实现碳达峰碳中和的时间表、路线图，是指导做好碳达峰碳中和工作的纲领性文件。随后，国务院印发了《2030 年前碳达峰行动方案》(2021 年 10 月 24 日)。当前，各行各业、各个部门、各个地方都在落实中央部署，为实现碳达峰碳中和积极谋划制定蓝图和实施路径。我国距离实现碳达峰目标已不足 10 年，从碳达峰到实现碳中和也仅剩 30 年，我们面临时间紧、幅度大、任务重、困难多的超级压力，但是我国必须要坚定不移地实现"双碳目标"，这是我国主动要做的战略决策。

碳达峰、碳中和给我国发展带来了巨大挑战，同时也带来了转型升级的历史性机遇。我们要看到面临的问题和一些躲不开的挑战，比如：硬任务与硬约束的挑战。我国计划在 2035 年基本实现社会主义现代化，到本世纪中叶建成社会主义现代化强国，仍需要大力发展，这是硬任务，随之带来能源需求的强劲增长；而我国目前是全球最大的能源消费国和碳排放国家，要在 2060 年前实现碳中和，必须大幅度减少碳排放，这是硬约束。这一升一降对我国实现强国目标和零碳目标带来极大挑战。又如：结构转型与技术发展水平的挑战。当前我国经济社会正处于转型的关键期，结构转型已进入深水区，升级难度大大增加。高质量发展和碳中和的目标要求能源、运输、工业、农业、建筑、消费等各个领域加快转型，构建起绿色低碳循环的新经济体系，转型任务很重。经研究测算，依我国现在的能源结构沿用旧的传统办法实现不了“双碳目标”和美丽中国愿景，依靠科技创新将对最终解决生态环境问题、实现碳达峰、碳中和带来希望和保证。绿色发展转型需要创新驱动，需要掌握更多的绿色核心技术、大幅度减碳降碳技术等，而目前我国很多领域受制于核心关键技术的制约。再如：能源替代转换的挑战。以新能源替代化石能源是实现碳中和的根本路径，而我国降碳的能源结构先天不足，“富煤、贫油、少气”是我国的能源禀赋，现实能源结构中的化石能源占比高达 84.7%，而且大部分是煤炭，洁净化程度不高，是高碳能源结构；新能源（非化石能源包括可再生能源和核能）占一次能源消费的比重偏低，为 15.3%。陆地太阳能、风能及水能资源分布存在明显的地区性与季节性时空差异，不稳定性与相对成本较高给大规模均衡发展新能源带来一定制约；我国的能源利用效率总体上偏低，GDP 能源强度和 GDP 碳排放强度仍处在高位。这些情况对我国建立现代能源体系以解决高碳结构问题带来了极大挑战。

挑战也是机遇，机遇与挑战并存。在全球及全国碳中和的大趋势下，我们的减碳已经不是讨论做不做的问题了，而是面临如何来做的问题，实质上是一场转变发展机制、促进发展转型的演进。碳达峰和碳中和会给我国经济社会发展带来广泛而深远的影响。“双碳”既是我国高质量发展转型的内在要求，也是建设人与自然和谐共生的现代化的必要条件。在实现“双碳”目标进程中，不仅会重塑我国能源结构，而且会给生态文明建设、经济社会发展转型等注入新的活力，可以大幅拓展我国发展空间，激发创新活力，加速我国经济社会各领域低碳绿色转型，给低碳零碳的新兴行业产业带来迅猛发展的难得机遇和新的经济增长点，将带动新动能、新市场、新经济、新产业、新业态、新技术、新材料、新消费的崛起，加速形成绿色新经济体系。

推进绿色低碳转型、走碳中和绿色发展之路是复杂的系统工程，不可能一蹴而就，需要把握好节奏，统筹处理好国际要求与国内实际、短期措施与长期规划、快速减碳与能源粮食及供应链安全、任务繁重与储备不足等关系，特别是要提高我国治理体系与治理能力现代化水平。要采取综合措施：以生态文明引领建设人与自然和谐的现代化国家；加快调整经济结构和改善环境质量，构建绿色经济体系；告别资源依赖，走科技创新之路；推动能源、交通、工业、农业、建筑、消费等各领域的低碳零碳革命；推进减污降碳协同增效；提高碳汇能力；用好绿色投资。我们应当继续全面协调发展、能源、环境与气候变化之间的关系，把“双碳”要求渗透到整个发展进程的各个环节，综合运用好全部政策工具和治理手段推进“去碳化”进程，积极探索低碳零碳发展模式，并根据我国地区差异性大的实际，分梯次、分阶段因地制宜制定及有序实施本地区的碳达峰碳中和施工图。

国外发达国家在绿色低碳技术创新、新能源与清洁能源、绿色低碳产业等战略研究与战略实施上进行了大量探索，为我国以及其他发展中国家加快实现碳中和提供了重要借鉴。随着我国双碳战略的深入推进，我国对全球双碳发展战略研究与双碳发展理论创新有着前所未有的需求。在这特殊时代背景下，上海社会科学院信息研究所与安徽长三角双碳发展研究院共同谋划，组织研究并撰写了双碳发展研究丛书。丛书突出全球视野、中国实践的特色，既观察和研究全球主要国家的双碳之路，包括了国家战略、政策法规、城市实践、企业案例等内容，也跟踪和探讨我国推进双碳驱动绿色发展的宏观战略部署、政策法规建设、地方和企业实践、双碳理论等内容。通过持续的努力，不断发展和丰富关于双碳发展的比较研究、案例研究、政策研究和理论研究，形成不断深化拓展的系列研究成果。这套丛书既有全球战略高度，又紧扣时代特征，具有十分重要的理论和现实价值，将为全国及各地深入推进实施双碳战略提供重要参考和支撑，可谓恰逢其时、正当其用。

减碳降碳是我国的长期任务，需要更多的科研工作者和实践者围绕双碳发展诸多问题开展进一步的深入研究和探索。我也希望更多的社会力量投身于双碳发展研究中来，为我国顺利实现双碳目标做出自己的贡献。

安徽长三角双碳发展研究院首席专家

胡保林

2022 年 8 月 30 日

丛书序二

2021年被称为“双碳”元年，为落实《巴黎协定》的庄严承诺，我国提出了2030年碳达峰、2060年碳中和的目标，并正全面启动“1+N”政策体系建设，科学提出实现双碳目标的时间表、路线图，力争用40年，实现国家能源战略转型。这一重大国家战略的提出和实施，不仅为新能源产业发展提供了重大机遇，也为我国经济长期可持续发展提供了巨大新动能。早在本世纪初，作为工业化发展大国，我国对新能源产业就予以了积极关注，各地通过国际合作和技术创新，纷纷把新能源产业列为加强培育的未来产业。历经二十余年发展，新能源产业已经成为我国经济发展的重要支柱产业，而且在全球新能源发展格局中也已占据举足轻重的地位。我们看到，国家正举全国之力实施双碳战略，为此已陆续出台多项政策，进一步加大倾斜力度，推进新能源技术创新和能源结构变革，为加快实现双碳目标创造更加积极有利的条件。预计到2030年，我国非化石能源消费比例将达到25%以上，在2020—2030年的时间段内，每年预计可再生能源新增装机1亿千瓦，将逐步建成以可再生能源为主体的新型电力系统。

我国宣布将从政策制定、能源转型、森林碳汇三方面采取行动，稳步有序推进能源绿色低碳转型。围绕“双碳”所实施的战略行动，必将带来能源体系的重大创新变革，必将带来各行各业“能源变革+”的影响和变革。双碳之路全面启航，能源领域的创新正在成为行业发展新的驱动力，新能源应用场景正在加速多样化，“无处不在”的新能源电力，已不再是遥远的梦想。

阳光电源是一家专注于太阳能、风能、储能、氢能、电动汽车等新能源电源设备的研发、生产、销售和服务的国家重点高新技术企业。主要产品有光伏逆变器、风电变流器、储能系统、水面光伏系统、新能源汽车驱动系统、充电设备、可再生能源制氢系统、智慧能源运维服务等，致力于提供全球一流的清洁能源全生命周期解决方案。公司二十多年的发展得益于国家对新能源行业的积极扶持和大力推动，公司的每一步印记都与时代的大潮交相呼应。公司从核心技术与市场开拓两端发力，形成“技术＋市场”双轮驱动的生态化发展模式，已成为清洁电力转换技术全球领跑者。同时，公司持续稳固扩大海外布局，快速抢占新兴市场渠道，不断提升在全球清洁电力领域的影响力和竞争力。

在全球双碳发展的大背景下，立足国内、面向国际的阳光电源，以敏锐眼光，率先聚焦“光、风、储、电、氢、碳”等新能源主赛道，坚持以技术创新为导向构建全产业链体系。公司重视与大学和科研院所的深度交流，已经和合肥工业大学、中国科学技术大学、浙江大学、上海交通大学、中国科学院物质研究院等开展合作。2021 年，首次尝试与国家高端智库上海社会科学院信息研究所进行合作，共同成立了安徽长三角双碳发展研究院，期望在双碳大数据开发利用与决策咨询领域进行长期合作，优势互补，打造新型智库，共同为政府和企业献计献策。

我们认为，“双碳”发展不仅是技术与产业的创新发展，而且是社会经济系统的转型发展，所以必须以社会科学的视角更加深入地观察和研究其发展的历史轨迹、国际经验和生动实践。我们积极支持上海社会科学院与安徽长三角双碳发展研究院组织力量研究和编撰双碳发展研究丛书，以期对全球最新的战略、政策、法律、产业、技术发展趋势进行多角度的观察和评估，供政策制定者、业界同行等参考，为双碳事业发展贡献微薄之力。

阳光电源股份有限公司中央研究院院长
赵　为
2022 年 9 月 1 日

前　言

人类活动导致全球气候变暖，给人类生存和发展带来严峻挑战，对全球粮食、水、生态、能源、基础设施以及民众生命财产安全构成长期重大威胁，已经成为全球共识。应对气候变暖威胁，响应和落实《巴黎协定》各项条款，将全球平均气温较工业化前水平升高控制在2摄氏度之内，并为把升温控制在1.5摄氏度之内而努力，也已成为全球各国的共同行动。只有全球尽快实现温室气体排放达到峰值，21世纪下半叶实现温室气体净零排放，才能降低气候变化给地球带来的生态风险以及给人类带来的生存危机。2015年12月12日第十二次巴黎气候变化大会达成了《巴黎协定》，2016年4月22日的高级别签署仪式上，有175个国家签署了这一协定，创下了国际协定开放首日签署国家数量最多纪录。2016年9月3日，全国人大常委会批准我国加入《巴黎气候协定》，中国成为第23个完成批准协定的缔约方。

2020年9月22日，习近平总书记在第75届联合国大会一般性辩论上宣布，"中国将提高国家自主贡献力度，采取更加有力的政策和措施，二氧化碳排放力争于2030年前达到峰值，努力争取2060年前实现碳中和"。推动并实现碳达峰、碳中和，是以习近平同志为核心的党中央经过深思熟虑作出的重大战略决策，是我们对国际社会的庄严承诺，也是推动高质量发展的内在要求，事关中华民族永续发展和构建人类命运共同体。

作为世界上最大的发展中国家，中国将完成全球最高碳排放强度降幅，用全球历史上最短的时间实现从碳达峰到碳中和。这是一场伟大的战略部署，也是一场艰巨的战略行动。我们要坚定推动经济社会的系统性变革，勇敢迎接前所未有的困难挑战，把实现碳达峰、碳中和作为我们社会主义现代化建设的重要前行目标和巨大动力源泉，深入践行新发展理念，加快转变经济发展方式，培育壮大技术创新优势，破解资源环境瓶颈约束，促进人与自然和谐共生。作为全球生态文明建设的参与者、贡献者、引领者，我们要进一步深化对外开放，与世界共舞，学习借鉴发达国家推进碳达峰到碳中和的成功做法和宝贵经验，主动发挥大国担当，贡献中国智慧和方案，为全球实现《巴黎协定》规定的目标注入强大动力，为构建人类命运共同体、共建清洁美丽世界作出积极贡献。

可以说，我国的碳达峰、碳中和行动还刚刚起步，在迈向 2060 年的征途中，不仅在产业、技术、能源等领域将面对各种新形势和新挑战，而且在社会结构、生活方式与组织治理等领域也将面临各种新情况、新问题。特别是各个发达国家已经把零碳作为未来发展的重大战略机遇，并在技术与产业领域积极推出新的战略部署和行动方案，构筑先发优势。所以，我们必须坚持开放和学习理念，高度关注各个发达国家和发展中国家围绕碳达峰、碳中和所展开的战略安排，吸取他们的经验和教训，为我所用；同时还要积极对标，正如这些年国家对上海自由贸易试验区的改革开放定位，要求按国际最高标准、最好水平构建开放型经济新格局，在实现碳达峰、碳中和的进程中，也要坚持最高标准最好水平，这不仅体现在战略蓝图和顶层设计，还要体现在技术创新和产业创新，与实现中华民族伟大复兴同频共振。

世界资源研究所(WRI)的统计显示，2020 年全球已经有 54 个国家碳排放实现达峰；2020 年全球碳排放排名前 15 位的国家中，美国、俄罗斯、日本、巴西、印度尼西亚、德国、加拿大、韩国、英国和法国已经实现碳排放达峰，欧盟 27 国作为整体早已实现碳达峰。碳达峰是二氧化碳排放量由增转降的历史拐点，标志着碳排放与经济发展实现脱钩。世界主要发达国家的碳达峰实现年份，美国是 2007 年，日本是 2013 年，德国是 1979 年，法国是 1991 年，加拿大是 2006 年，韩国是 2013 年。按照我国 2030 年实现碳达峰的目标，与这些国家对比，确实存在较大差距，也反映了我国实现碳达峰的紧迫性。但我们也要客观了解和分析这种差距形成的原因：一是这些国家在实现碳达峰时，已经成为高度发达的国家。如美国在 2007 年达峰时名义 GDP 总量为 14.48 万亿美元，世界第一，人均 GDP 已经达到 4.80 万美元，排名世界 12 位；我国当时人均 GDP 只有 0.27 万美元，排名世界第 111 位。日本在 2013 年达峰时名义 GDP 总量为 4.92 万亿美元，位居世界第三，人均 GDP3.86 万美元，排名世界第 18 位；我国当时虽然经济总量已位居世界第二，但人均 GDP 只有 0.68 万美元，排名世界第 89 位。二是这些国家的经济结构已经完成了转型，经济发展对能源的依赖大大下降。一方面是创新经济、服务经济逐渐占据主导，成为经济增长的新动能；另一方面在跨国公司主导下发达国家的制造业大量向发展中国家，尤其向中国转移，这些国家其国内制造业的能耗及二氧化碳排放相应显著减少。三是对减碳、低碳较早形成了一些先进理念，并采取了一些积极的探索行动。比如美国在 1963 年就出台了《清洁空气法》；1993 年克林顿政府发布了《气候变化行动计划》，首次提出明确的减排目标。英国在 2008 年正式颁布《气候变化法》，成为世界上首个以法律形式明确中长期减排目标的国家；英国也是世界上最早开始碳中和实践的国家，世界上第一个碳中和规范是英国标准局（BSI）2010 年发布的。欧盟在 1973 年就开始连续制订并实施四年一期的环境行动计划；1990 年芬兰成为全球第一个推出碳排放税的国家，随后波兰、瑞典、挪威、丹麦等也都相继实施碳税，几乎所有欧洲国家碳税均实现了对重排放行业的覆盖。日本在 2013 年出台实施《能源革新战略》，推动氢能、风能、光伏等新能源快速发展，实现了 GDP 总量与碳排放量的脱钩。我国现阶段的中心任务是实现碳达峰，因此对于这些发达国家走过来的碳达峰之路，仍然需要深刻观察和借鉴。

已经实现碳达峰的发达国家，基本都是《巴黎协定》的倡导者和先行者。2016 年《巴黎协定》生效以来，这些国家都推出了更有针对性的碳中和战略体系，同时，有的通过议会立法和系列政策、有的通过政府政策和部门行动，从各个层面推动经济社会的系统变革和碳中和主导下的技术与产业创新。比如 2020 年 12 月美国提出《零碳排放行动计划》，2021 年 5 月欧盟通过《欧洲气候法案》，2019 年 11 月德国通过《气候保护法》，2019 年 6 月英国对 2008 年颁布的《气候变化法》完成了重新修订，2021 年 7 月日本出台《2050 碳中和绿色增长战略》，等等。除了上述的基本法案或总体战略外，都配以多项专项战略或行动计划予以配套。比如欧盟，2018 年提出《欧盟 2050 战略性长期愿景》，2019 年发布《欧洲绿色新政》，2020 年提出《欧洲新工业战略》《欧洲氢能战略》《欧盟生物多样性战略 2030》《欧洲森林战略 2030》，2021 年提出《欧盟适应气候变化战略》，把碳中和战略落实到各个重要关键领域。

当然各个发达国家都有各自的国情、优势和发展选择，提出的碳中和战略构架和行动重点、推进路径也必然不尽相同、各具特色。这也丰富了世界各国共同应对气候变暖、共同走向碳中和的实践之路。对我们这个幅员辽阔、地区差异明显的发展中大国，分类考察和研究各个发达国家提出和实施的碳中和战略、法规和政策，更具现实意义。

本书由上海社会科学院信息研究所与安徽长三角双碳发展研究院共同组织研究和编撰。实现碳达峰、碳中和，是一项长期的战略和行动。上海社会科学院作为国家高端智库，紧紧围绕国家发展大局，组织各个领域的专家学者对双碳发展问题开展了深入的系列研究。为了展现这一领域的系列研究成果，也为了培育研究队伍、塑造智库品牌，我们计划推出“双碳发展研究丛书”。本书为该丛书的第一本著作，选择全球碳中和战略这一主题，重点观察和研究世界主要发达国家的双碳之路和碳中和战略。可以说这是“双碳发展研究丛书”的开篇之作，接下来，我们还将研究撰写全球碳中和发展的政策篇、案例篇；还将结合我国各地的实践，研究撰写系列著作。

本书由王振、彭峰提出框架、组织协调，并负责修改统稿。各章执笔分工如下：第一章，尚勇敏、王振；第二章，海骏娇；第三章，刘树峰；第四章，杨凡；第五章，冯玲玲、王振；第六章，彭峰、张梁雪子；第七章，金琳、王振；第八章，吕国庆；第九章，姚魏、茹煜哲；第十章，吴春潇；第十一章，倪文卿；第十二章，彭峰、高歌；第十三章，姚魏、陈思彤。

本书的出版，要感谢研究团队的通力合作，大部分撰写工作是在上海疫情期间完成的。感谢上海社会科学院绿色数字化研究中心李易主任、阳光慧碳科技有限公司的陈潇总裁和陈韦副总裁的支持和指导，上海政法学院一流学科法学环境资源法方向建设项目的支持。感谢上海社会科学院出版社对本书出版提供的帮助。

本书是我们对全球双碳发展问题的战略案例研究，内容还不尽完善。希望以此抛砖引玉，为更多学者开展深入研究提供基础。敬请读者批评指正。

上海社会科学院副院长、信息研究所所长　王　振

2022 年 5 月 20 日

目　录

第一章　全球共同的战略行动

当今全球气候变暖问题日益严峻，干旱、热浪、暴雨、洪水和山体滑坡等极端天气日渐频繁，并导致海平面上升、生物多样性丧失等后果，全球气候变暖甚至被称为有史以来人类面临的最严峻的生存挑战和21世纪的核心议题。①这些问题的根源在于人类活动大量使用化石能源造成二氧化碳排放量急剧增加，加之地球生态系统不断遭受破坏，应对全球气候变化迫在眉睫。面对全球气候变化引发的一系列环境危机与国际政治经济问题，近年来，联合国不断督促各国积极采取有效行动，减少碳排放，增强应对气候变化能力。随着气候环境问题等日益严峻，积极应对气候变化受到全球各国的高度重视，并被视为"21世纪最重要的地缘政治和经济问题"。全球越来越多的国家和地区顺应时代潮流，提出碳减排行动与战略，截至2022年3月，已有156多个国家和地区做出到21世纪中叶左右实现"碳中和"（温室气体相对净零排放）的承诺。在全球积极应对气候变暖发展背景下，2020年9月，中国国家主席习近平在第75届联合国大会一般性辩论上郑重承诺，我国二氧化碳排放力争于2030年前实现碳达峰，努力争取2060年前实现碳中和。中共十九届五中全会以及多次中央经济工作会议、政府工作报告、中央财经委员会会议都对碳达峰、碳中和工作做出战略性部署。由此看来，实现碳达峰、碳中和已成为全人类的共同行动和普遍价值追求，全球瞩目，未来将持续数十年的全球碳中和进程也正式开启。

第一节　全球碳中和战略的形成与发展

联合国政府间气候变化专门委员会（IPCC）在第四次评估报告中将碳达峰

---

① 林春逸、文昕：《全球气候治理的发展伦理：理论阐释与实践策略》，《云南师范大学学报（哲学社会科学版）》2021年第4期，第123—130页。

定义为在排放量降低之前达到的最高值。[①]碳中和(carbon neutral)是 20 世纪 90 年代由环保人士倡导的概念,源于对个人或组织购买通过认证的碳信用以抵消自身碳排放的探讨。[②]而目前全球热议、在全球和国家层面提出的碳中和目标则与全球气候治理密切相关。2015 年 12 月,巴黎气候变化大会达成的《巴黎协定》提出到 2050 年左右全球二氧化碳达到净零排放。2018 年 10 月 8 日,IPCC 发布的特别报告《全球变暖 1.5 ℃》指出,碳中和是当年一个组织在一年内的二氧化碳排放通过二氧化碳去除技术实现碳排放平衡,即碳中和[③]。全球碳达峰、碳中和战略是人类对绿色低碳发展模式不断探索的成果,也是面对气候危机做出的现实选择。在《联合国气候变化框架公约》《京都议定书》《巴黎协定》等一系列推进全球低碳经济发展、具有法律约束力的国际公约推动下,全球双碳发展的框架与内容构建初步形成。[④]

一、人类传统发展模式的阵痛与抉择

2021 年,诺贝尔物理学奖被授予真锅淑郎和克劳斯·哈塞尔曼两位气象学家,他们为地球气候建立了物理模型并可靠地预测全球变暖,其重要发现是从自然科学角度明确人类活动是导致全球变暖的重要因素。事实上,全球主要国际组织、各国观测数据以及数千位科学家对全球气候变暖的文献研究证实了人类大量排放二氧化碳是全球气候变暖的主要原因。《BP 世界能源统计年鉴》显示,全球能源消费量从 1965 年的 52.96 亿吨标准煤增长至 2020 年的 111.90 亿吨标准煤,产生的碳排放量从 190.09 亿吨增长至 323.19 亿吨[⑤]。根据国际能源署分析显示,2021 年全球二氧化碳排放量增加

---

① 陈雅如、赵金成:《碳达峰、碳中和目标下全球气候治理新格局与林草发展机遇》,《世界林业研究》2021 年第 6 期,第 1—5 页。

② 刘长松:《碳中和的科学内涵、建设路径与政策措施》,《阅江学刊》2021 年第 2 期,第 48—60 页、第 121 页。

③ 邵伟强、刘妍:《全球主要国家开展碳中和的做法及经验借鉴》,《西部金融》2021 年第 7 期,第 25—31 页。

④ 王雪婷:《后巴黎时代全球低碳经济的发展趋势》,《湖北经济学院学报(人文社会科学版)》2016 年第 9 期,第 34—38 页。

⑤ 根据《BP 世界能源统计年鉴》,1965、2020 年全球一次性能源消费量为 155.22 百亿亿焦耳和 557.10 百亿亿焦耳,并依据 IEA 的能源换算公式进行计算,即 1 千克煤当量等于 29 307 kJ。

超过 20 亿吨，按绝对值计算是历史上最大的增幅，远远抵消了前一年新冠肺炎疫情引起的下降。[①]全球碳排放的急剧增加使温室效应持续加强。世界气象组织（WMO）数据显示，2021 年的全球平均气温比工业化前（1850—1900 年）水平约高出了 1.11（±0.13）℃；同时，2021 年为连续第 7 个（2015—2021 年）全球气温高于工业化前水平 1 ℃以上的年份。2021 年 8 月，IPCC 发布的《气候变化 2021：自然科学基础》显示，全球气候已经进入最危险的时刻，与气候变化有关的 31 个地球"生命体征"已经有 18 个突破了创纪录的数值。2011—2020 年间，全球地表平均温度比 1850—1900 年间的平均温度上升了 1.09 ℃，这是人类有史以来温度上升最快的 50 年，而 2016—2020 年是人类有记录以来温度最高的 5 年。澳大利亚学者表示，截至目前，全球气候 15 个临界点已有 9 个被"激活"，[②]全球气候系统濒临崩溃的信号已十分明显。

很多科学家认为，如果全球平均地表温度超过相对于工业化前水平 2 ℃的阈值，地球系统将发生重大变化，例如由于格陵兰岛和南极主要冰盖融化导致的海平面大幅上升，极端气候事件更频繁地发生以及大规模的物种灭绝

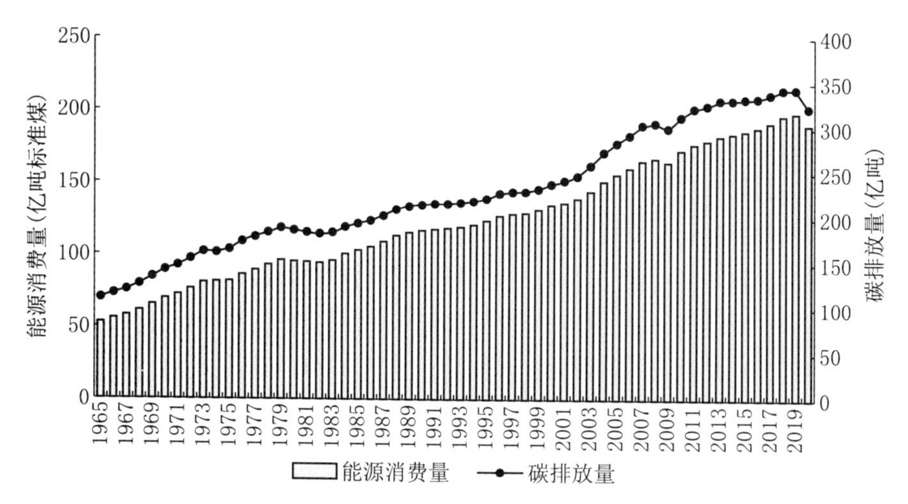

图 1-1　1965—2020 年全球一次能源消费总量及二氧化碳排放量

资料来源：BP（2021）。

---

① UNFCC, "Global CO_2 Emissions Rebounded to Their Highest Level in History in 2021", https://unfccc.int/news/global-co2-emissions-rebounded-to-their-highest-level-in-history-in-2021.

② 曹梦帆：《全球气候变化问题的应对方向——基于人类命运共同体的视角》，《国际公关》2021 年第 8 期，第 43—45 页。

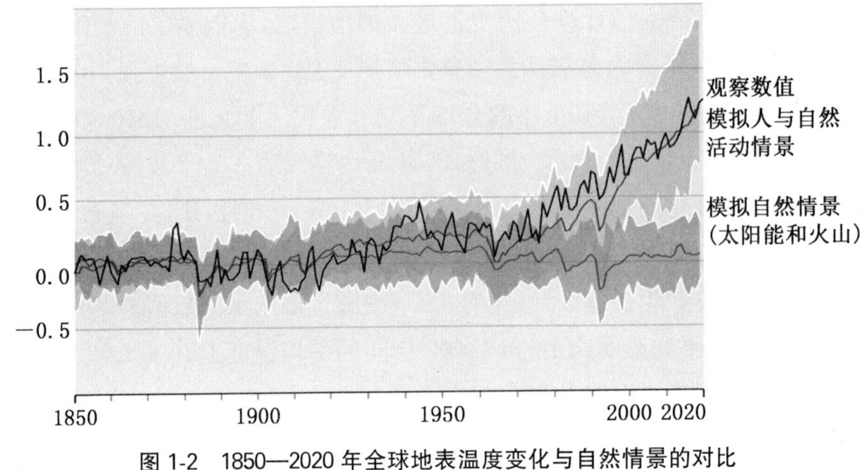

图 1-2　1850—2020 年全球地表温度变化与自然情景的对比

资料来源：IPCC(2021)。

等。①②③近年来，全球火灾、洪水、干旱和风暴等极端天气和气候事件频繁发生，如巴西出现罕见的降雪及冻雨，北美出现持续高温，澳大利亚发生丛林大火，以及我国塔克拉玛干沙漠发生洪水，东南沿海地区超强台风越来越频繁，这些气候风险已超过人类适应能力的范围。2021 年 11 月 1 日，联合国秘书长古特雷斯在《联合国气候变化框架公约》第 26 次缔约方大会(COP26)上指出，过去 10 年内，近 40 亿人遭受了与气候有关的灾害，气候变化已经将人类推向生死存亡的紧要关头，人类需要马上采取切实行动，共同应对危机和挑战。IPCC 第六次评估报告《2022 年气候变化：影响、适应和脆弱性》也分析指出：全球气候变化将比以前想象的更严重地影响我们，最脆弱的群体受到的打击最大；人类的健康和生计正在遭受破坏，独特的生态系统正在受到不可挽回的破坏。在此背景下，保护地球就是保护人类自身生存环境，减缓全球气候变暖就是拯救自己的生存空间，全球实施“双碳”战略也是人类的一场自我救赎。

---

① Schaeffer M, Hare W, Rahmstorf S, et al. , “Long-Term Sea-Level Rise Implied by 1.5 ℃ and 2 ℃ Warming Levels”, *Nature Climate Change*, 2012(2), pp.867—870.

② Fischer E M, Knutti R, “Anthropogenic Contribution to Global Occurrence of Heavy-Precipitation and High-Temperature Extremes”, *Nature Climate Change*, 2015, 5(6), pp.560—564.

③ Schleussner C F, Lissner T K, Fischer E M, et al., “Differential Climate Impacts for Policy-Relevant Limits to Global Warming: The Case of 1.5 ℃ and 2 ℃”, *Earth System Dynamics Discussions*, 2015, 6(2), pp.2447—2505.

二、全球绿色发展模式与气候治理演进

双碳发展战略并非一时兴起的话题，而是全球绿色低碳发展理论演变的产物，以及人类对绿色低碳发展模式进行长久探索后做出的郑重选择。从理论上看，双碳发展最早可追溯至西方发达国家对传统发展模式的反思以及可持续发展思潮的兴起，人类开始意识到人类活动对生态环境的影响，以及追求环境经济平衡，其后发展出可持续发展、生态经济、循环经济、绿色经济、低碳经济等理论概念。尤其是低碳经济这一概念自提出以来，便成为21世纪国内外学者和实践工作者关注的重点，其内涵是指在不影响经济和社会发展的前提下，通过低碳技术创新和制度创新等方式，提升能源效率、优化能源结构、降低能源消费，减少温室气体排放量，实现经济和社会可持续发展。①

从实践上看，1972年，联合国人类环境会议上各国政府首次共同讨论环境问题，并提议重视温室气体过度排放造成的环境问题。1979年，首届世界气候大会在日内瓦召开，标志着应对气候变化问题成为国际社会关注的重要议程。1988年，联合国政府间气候变化专门委员会(IPCC)成立，IPCC于1990年首次发布《气候变化评估报告》。1992年，联合国环境与发展大会通过《联合国气候变化框架公约》，要求各成员国以“共同但有区别的责任”为原则自主开展温室气体排放控制，应对全球气候变化议题开始应运而生和不断发展。1997年，IPCC协助各国草拟了《京都议定书》，希望在2010年使全球温室气体排放量比1990年减少5.2%。随后于2007年召开的联合国气候变化会议通过了《巴厘行动计划》，2010年联合国气候变化框架公约制定“坎昆协定”，并要求各国政府为帮助发展中国家应对气候变化而商定的最全面的一揽子计划(UNFCCC)。②2015年底，第21届联合国气候变化大会通过了《巴黎协定》，其核心目标是将全球气温上升控制在低于工业革命前水平的2摄氏度以内，并努力控制在1.5摄氏度以内；要实现该目标，全球温室气体排放需在2030年前减少一半，在2050年左右达到净零排放，即碳中和。至此，碳中和作为一项国家层面的发展理念在全球得到广泛认同。

---

① 潘家华、庄贵阳、郑艳等：《低碳经济的概念辨识及核心要素分析》，《国际经济评论》2010年第4期，第88—101页、第5页。

② 参见 https://cla.auburn.edu/ces/climate/global-policies-on-climate-change/。

表 1-1　全球应对气候变化的主要会议

会议	时间	地点	会议成果
联合国环境与发展大会	1992 年	联合国总部	通过《联合国气候变化框架公约》，以合作方式考虑它们可以做些什么来限制全球平均气温上升和由此产生的气候变化，并应对当时不可避免的任何影响。
京都气候大会	1997 年	日本京都	通过《京都议定书》，对 2012 年前主要发达国家减排温室气体的种类、减排时间表和额度等做出了具体规定，是设定强制性减排目标的第一份国际协议。
巴厘岛气候大会	2007 年	印度尼西亚巴厘岛	联合国气候变化会议通过《巴厘岛路线图》，重点关注其减排、减缓、适应、技术和融资目标的共同愿景。
哥本哈根气候大会	2009 年	丹麦哥本哈根	制定《哥本哈根协议》(尽管未获通过)，成功地达成了“发达国家承诺(2010—2012 年)”，到 2020 年前每年向发展中国家提供 1 000 亿美元气候援助资金，并优先考虑最不发达国家。
坎昆气候大会	2010 年	墨西哥坎昆	被称作“世界有史以来最大的减排集体努力”，达成《坎昆协定》，通过各国政府为帮助发展中国家应对气候变化而商定的最全面的一揽子计划。
德班气候大会	2011 年	南非德班	决定实施《京都议定书》第二承诺期并启动绿色气候基金。
多哈气候大会	2012 年	卡塔尔多哈	合作伙伴制定了“通过普遍气候协议”的时间表，该协议将于 2020 年付诸实施。
华沙气候大会	2013 年	波兰华沙	确定了《减少毁林和森林退化所致排放量的规则手册》和“应对长期气候变化影响造成的损失和损害的机制”，并计划与 2014 年启动绿色气候基金。
巴黎气候大会	2015 年	法国巴黎	通过《巴黎气候协定》，为 2020 年后全球应对气候变化行动作出安排，是《联合国气候变化框架公约》下继《京都议定书》后第二份有法律约束力的气候协议。

资料来源：根据联合国气候变化大会网站(http://unfccc.int)整理。

三、开启全球双碳战略的新时代

全球气候行动通常表现为各国政府为减少温室气体排放而采取的措施，然而气候建模表明，渐进的政策是不够的，必须通过紧急气候行动寻求快速脱碳以及持久气候行动。[①②]《巴黎协定》打破了全球气候治理的僵局，确立了全球气候治理史上首个普遍适用的全球治理体系，要求所有缔约方提出“国家自主贡献”，并协定为发达国家提供了协助发展中国家减缓和适应气候变化的方法，建立了透明监测和报告各国气候目标的框架，[③]其具有里程碑意义。尽管其后出现美国特朗普政府退出《巴黎协定》、废除美国《清洁电力计划》等波折，但全球气候治理并未出现停滞，说明当前全球气候治理已不依赖个别国家的政策和行动。2018 年 12 月，COP24 卡托维兹气候大会通过《巴黎协定》实施手册。2021 年 11 月，COP26 格拉斯哥气候大会，也是《巴黎协定》进入实施阶段之后的首次缔约方大会，达成了《巴黎协定》规则手册，就气候减缓和适应、气候资金以及碳市场透明度等重要内容达成协议。可见，在后《巴黎协定》时代，全球谋求“双碳”发展的治理框架已初步建立，与《京都议定书》为代表的治理体系相比，当前全球气候治理体系是包含以国家自主贡献机制为核心的全球应对气候变化制度的总体框架，这种依靠各国自主贡献的“自下而上”模式充分考虑了缔约方自身实际情况和减排能力；同时，当前全球气候治理体系考虑到各集团和联盟诉求多元化、关系复杂化，形成了欧、美、中等多方共同领导的结构，并吸纳各国地方政府、企业、非政府组织等多元化主体共同参与。《巴黎协定》等一系列国际公约为各国和地区谋划“双碳”发展提供了持久的动力，为未来几十年全球努力指明了方向，为推动碳排放降低和建设气候适应能力的气候行动提供了路线图。从当前到 21 世纪中叶，全球将进入加快迈入碳中和的崭新时代。

第二节　全球碳中和战略与人类命运共同体

气候问题关乎全人类的共同命运，面对全球环境治理前所未有的困难以及亟待解决的全球性气候环境问题，需要世界各国或地区共同采取积极行动、实施“碳达峰、碳中和”战略、参与全球气候治理，这是人类社会得以可持续发展的必然选择，也是共同构建人与自然生命共同体重要基础。

---

① Tosun J, “Addressing climate change through climate action”, *Clim Action*, 2022(1), pp.1—8.

② Jordan A J, Moore B, “Durable by design? Policy feedback in a changing climate”, *Cambridge University Press*, 2020.

③ 联合国:《巴黎协定》,详见 https://www.un.org/zh/climatechange/paris-agreement。

一、全球各国及地区碳中和战略行动部署

在《联合国气候变化公约》《巴黎协定》等框架下，越来越多的国家和地区政府将碳达峰、碳中和转化为国家或地区战略。欧盟于 2019 年率先发布《欧洲绿色协议》，提出到 2050 年整个欧洲地区实现碳中和，并于 2021 年 6 月通过了《欧洲气候法案》。随后，包括中国、美国等国家和地区纷纷做出碳减排承诺。根据 Climate Watch 数据显示，截至 2022 年 3 月，全球已有 157 缔约方（代表 156 个国家）提交了新的国家自主贡献目标（NDC），约占全球 83.2%的碳排放量；有 51 个缔约方提交了“到本世纪中叶长期低温室气体排放发展战略”（长期战略，或 LTS）。这些战略为将全球变暖限制在 2 摄氏度目标以及努力控制在 1.5 摄氏度的目标至关重要，以绿色低碳为特征的发展路径成为全球转型的主要方向。从碳中和承诺方式看，根据 Energy & Climate 数据显示，除了苏里南、不丹两个已实现碳中和的国家以外，德国、瑞典、日本、法国等 13 个国家以立法形式确定碳中和目标，普遍将碳中和目标年设置在 2050 年前，并提出实现碳中和的实施路径。中国、美国、意大利、澳大利亚、芬兰等 32 个国家以出台相关政策文件、做出政策宣示或提交联合国长期战略的形式作出承诺。巴西、印度、阿根廷等 18 个国家作出声明或承诺，而瑞士、孟加拉国、巴基斯坦等 60 个国家仍在提议或讨论中。

表 1-2　全球各国或地区碳减排自主贡献（NDC）承诺情况

承诺内容	缔约方承诺情况	缔约方温室气体排放情况
NDC	提交新的 NDC：157 个缔约方 仅第一个 NDC：37 个缔约方 只有 INDC：2 个缔约方 未提交：1 个缔约方	提交新的 NDC 的缔约方约占全球 83.2%的碳排放量
LTS	LTS 中包含碳中和目标：37 个缔约方 LTS 中不包含碳中和目标：14 个缔约方 未提交：146 个缔约方	提交长期战略的缔约方温室气体排放量占全球的 60%，其中，包含碳中和目标的缔约方占 49.3%

注：数据截至 2022 年 3 月 20 日。
资料来源：Climate Watch（参见 https://www.climatewatchdata.org/）。

表 1-3　全球各国和地区碳中和承诺情况

进　展	国家或地区(承诺目标年)
已实现	苏里南、不丹
已立法	德国(2045)、瑞典(2045)、日本(2050)、法国(2050)、英国(2050)、韩国(2050)、加拿大(2050)、西班牙(2050)、爱尔兰(2050)、丹麦(2050)、匈牙利(2050)、新西兰(2050)、欧盟(2050)
出台政策文件	马尔代夫(2030)、芬兰(2035)、冰岛(2040)、安提瓜和巴布达(2040)、美国(2050)、意大利(2050)、澳大利亚(2050)、比利时()、罗马尼亚(2050)、奥地利(2050)、智利(2050)、葡萄牙(2050)、希腊(2050)、厄瓜多尔(2050)、巴拿马(2050)、克罗地亚(2050)、立陶宛(2050)、哥斯达黎加(2050)、斯洛文尼亚(2050)、乌拉圭(2050)、卢森堡(2050)、拉脱维亚(2050)、老挝(2050)、马耳他(2050)、斐济(2050)、伯利兹(2050)、马绍尔群岛(2050)、摩纳哥(2050)、土耳其(2053)、中国(2060)、乌克兰(2060)、斯里兰卡(2060)
声明或承诺	巴西(2050)、泰国(2050)、阿根廷(2050)、马来西亚(2050)、越南(2050)、哥伦比亚(2050)、南非(2050)、阿联酋(2050)、哈萨克斯坦(2050)、以色列(2050)、爱沙尼亚(2050)、佛得角(2050)、安道尔(2050)、俄罗斯(2060)、沙特阿拉伯(2060)、尼日利亚(2060)、巴林(2060)、印度(2070)
提议或讨论中	孟加拉国(2030)、尼泊尔(2045)、巴基斯坦(2050)、瑞士(2050)、秘鲁(2050)、埃塞俄比亚(2050)、缅甸(2050)、多米尼加(2050)、苏丹(2050)、斯洛伐克(2050)、保加利亚(2050)、坦桑尼亚(2050)、乌干达(2050)、黎巴嫩(2050)、阿富汗(2050)、赞比亚(2050)、塞内加尔(2050)、布基纳法索(2050)、马里(2050)、莫桑比克(2050)、巴布亚新几内亚(2050)、几内亚(2050)、尼加拉瓜(2050)、塞浦路斯(2050)、特立尼达和多巴哥(2050)、海地(2050)、尼日尔(2050)、马拉维(2050)、卢旺达(2050)、牙买加(2050)、乍得(2050)、毛里求斯(2050)、毛里塔尼亚(2050)、纳米比亚(2050)、多哥(2050)、索马里(2050)、塞拉利昂(2050)、巴哈马(2050)、布隆迪(2050)、冈比亚(2050)、莱索托(2050)、中非共和国(2050)、东帝汶(2050)、塞舌尔(2050)、所罗门群岛(2050)、格林纳达(2050)、圣文森特和格林纳丁斯(2050)、萨摩亚(2050)、圣多美和普林西比(2050)、瓦努阿图(2050)、汤加(2050)、密克罗尼西亚(2050)、帕劳(2050)、基里巴斯(2050)、瑙鲁(2050)、图瓦卢(2050)、厄立特里亚(2050)、也门(2050)、纽埃(2050)、印度尼西亚(2060)

资料来源:根据 Energy & Climate 整理(参见 https://eciu.net/netzerotracker)。

要在全球范围内真正实现碳中和是一项非常困难和艰巨的任务,尤其是随着后疫情时代经济复苏、消费与投资强劲反弹,全球碳排放量仍以创纪录的速度增长,甚至一些重要经济体的碳排放水平已超过疫情前。IPCC 也指出,按照目前的速度,全球碳排放量将持续突破上限,迈向净零排放经济必须从现在开始,并在 21 世纪中叶基本到位。[①]据 IEA 通过综合评估模型(IAM)情景

① 参见 https://theelders.org/news/what-carbon-neutrality-and-how-can-we-achieve-it-2050。

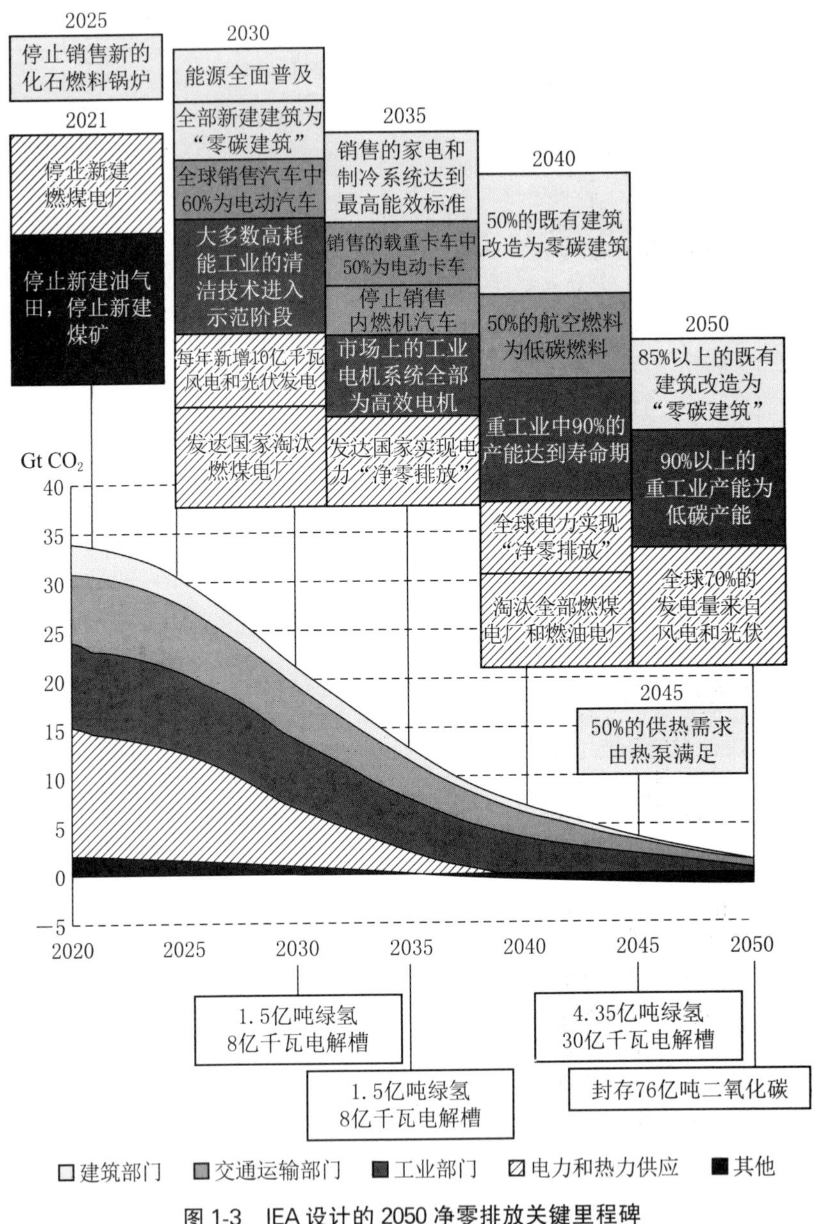

图 1-3　IEA 设计的 2050 净零排放关键里程碑

资料来源：IEA(2021)，转引自田聿申(2021)。

预测，在大多数成本最优情景中，要实现净零排放在 2085 年后才会产生，必须要在现有水平基础上加快实现清洁生产技术巨大进步、清洁能源重点变革、居民生活行为的根本改变，以及以可再生能源为主的能源结构全面转型，同时还需要政府制定长期政策框架，让政府各部门和利益相关者为碳中和战略做充分准备。[①]根据IEA的全球碳中和实现路径，需要建筑、交通运输、工业、电力和热力等领域的400多个行业和技术的协同。可见，尽管全球就到21世纪中叶实现碳中和达成共识，但其道路依然曲折，需要以更大的力度推动全球经济社会和政策制度的全面转型。

二、全球碳中和战略国际合作行动与战略

历史与现实充分表明，全球化趋势不可逆转，尤其是应对气候变化作为一个全球性的问题，"双碳"战略的实施不仅是所有政府寻求其国家净零排放，还要求协调行动应对全球挑战，各国政府必须以有效、互利的方式共同努力，需要通过国际合作，实施跨国界、跨领域、持续性的行动措施，使每个国家切实采取行动参与其中。根据IEA发布的*Net Zero by 2050*显示，要在2050年左右实现碳中和，必须加强国际合作，否则碳中和要到2090年才可能实现。事实上，人类早已认识到在全球气候变化问题上加强国际合作的重要性，《京都议定书》《巴黎协定》等一系列国际公约反映了世界各国应对气候变化的责任担当。面对气候问题，世界各国和地区都在采取积极行动，但我们在适应气候变化影响方面的努力却没有达到目标（NFCCC, 2022）。尤其是美国特朗普政府退出《巴黎协定》、[②]新冠肺炎疫情暴发以及全球政治经济动荡等，使得近年来全球共同应对气候变化遭遇了诸多挫折。[③]同时，美国等发达国家缺乏率先、真实减排的政治意愿，发展中国家仍面临经济社会发展的强烈诉求，适合发展中国家的低碳甚至零碳、负碳发展的模式尚未出现，且控制温室气体排放的变革性技术尚未取得突破，使得当前气候变化国际合作尚未得到有效发挥。

值得注意的是，气候问题日渐成为全球治理核心关切和纽带性议题，特别是全球主要经济体纷纷宣布碳中和目标，《巴黎协定》构建了全球适应气候变化的国际治理框架，碳中和也正在重新塑造国际关系，主要经济体围绕碳中和展开战略竞赛；同时，全球碳中和交流合作与碳中和战略互动也不断加深。在

---

① Soest H, Elzen M, Vuuren D, "Net-zero emission targets for major emitting countries consistent with the Paris Agreement", *Nature Communications*, 2021, 12(1), p.2140.

② 2021年初，美国拜登政府宣布美国重返《巴黎协定》。

③ 林伯强："实现碳中和须全球化应对气候变化"，详见 https://news.sciencenet.cn/sbhtmlnews/2021/4/362149.shtm。

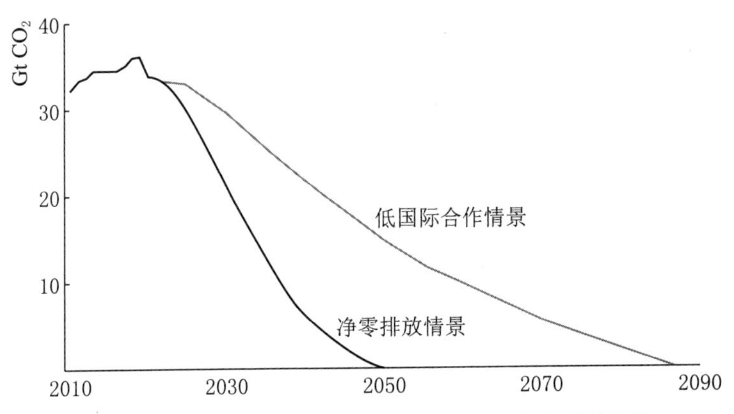

图 1-4　净零排放情景及低国际合作情景下全球碳排放量

资料来源：IEA(2021)。

合作层面上，既有联合国气候变化大会、《巴黎协定》等全球性碳中和合作框架，以及“C40 城市集团”“气候行动领导人”企业家社区等合作联盟组织，也有《欧洲绿色协议》“区域气候周”“UK 100”城市网络等区域层面碳中和合作机制。在合作机制上，全球气候合作主要为气候倡议、气候援助、气候投融资、多边合作基金等，并主要表现为多边和双边合作、气候援助、政府间项目援助、委托国际组织资金援助和适应援助等合作形式。①在合作内容上，主要是美国、欧盟、日本等发达国家或地区向发展中国家，尤其是向最不发达国家提供资金、技术支持，如 2009 年哥本哈根气候变化大会上发达国家就做出到 2020 年前每年向发展中国家提供 1 000 亿美元气候援助资金的承诺，对发展中国家提高应对气候变化能力的援助，也是近十余年来联合国气候变化大会以及《联合国气候变化框架公约》和《巴黎协定》的核心内容。②诚然，全球碳中和战略合作是一个复杂、多边和持续的政府间互动过程，各国和地区需要综合多方面因素不断调整本国气候政策，竞争与合作始终贯穿其中，③全球各国需要进一步深化合作、形成合力，采取有力措施，推动应对气候全球化。

① 周冯琦、尚勇敏：《碳中和目标下中国城市绿色转型的内涵特征与实现路径》，《社会科学》2022 年第 1 期，第 51—61 页。

② 姜晓群、周泽宇、林哲艳等：《后巴黎时代气候适应国际合作进展与展望》，《气候变化研究进展》2021 年第 4 期，第 484—495 页。

③ 张中祥：《碳达峰、碳中和目标下的中国与世界——绿色低碳转型、绿色金融、碳市场与碳边境调节机制》，《人民论坛・学术前沿》2021 年第 14 期，第 69—79 页。

三、全球碳中和目标下的中国责任与担当

为应对全球气候变化、实现可持续发展，2020 年 9 月，国家主席习近平在第 75 届联合国大会上宣布，“中国将力争 2030 年前二氧化碳排放达到峰值，努力争取 2060 年前实现碳中和”。改革开放 40 多年来，中国是全球经济增长最快的经济体。2010 年中国 GDP 总量达到 5.9 万亿美元，首次超过日本（5.6 万亿美元），成为仅次于美国（14.9 万亿美元）的世界第二大经济体。2021 年中国 GDP 总量达到 17.7 万亿美元，占全球的 18%，与美国（23.0 万亿美元）的差距大大缩小。按增加值计算，中国占世界工业产出的 1/4，生产水泥和钢铁占全球总量的一半以上。中国煤炭供应十分丰富，为满足能源需求，尽管近年来煤炭在能源消费中比重不断下滑，但根据国家统计局数据显示，2021 年，煤炭消费量仍占能源消费总量的 56.0%。能源密集型增长模式与碳密集型能源供应的结合，创造了巨大的碳足迹。IEA（2021）数据显示，过去 20 年里，中国二氧化碳排放量增长速度是世界其他地区的 6 倍，这也使得中国成为全球最大的能源消费国和碳排放国，其二氧化碳排放占全球的近 1/3，中国如此大的经济与碳排放体量，使得中国未来几十年的碳减排速度将是全球能否将全球升温幅度控制在 1.5 ℃的一个重要因素。与此同时，中国仍是世界上最大的发

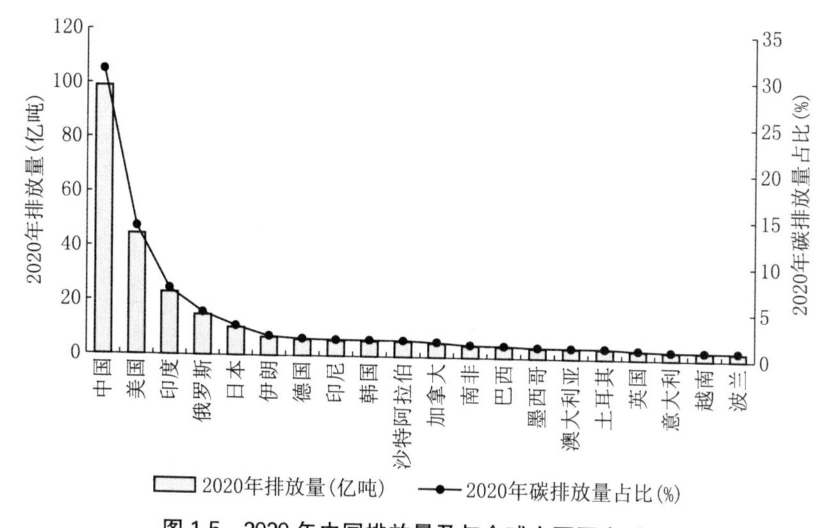

图 1-5　2020 年中国排放量及与全球主要国家对比

资料来源：BP(2021)。

展中国家，仍处于自身发展的关键阶段，中国在世界历史上最短的时间内在2060年之前实现碳中和，充分体现了在积极应对气候变化方面肩负的自身责任，更为疫情后全球绿色复苏和共建人与自然生命共同体增添了新的动能，其魄力增强了全球碳减排的雄心。在中国宣布碳中和承诺后，日本、韩国等也纷纷宣布实现温室气体净零目标，为全球其他国家碳减排行动与碳中和目标形成了引领效应。

中国在作出“双碳”目标承诺后又宣布了多项气候目标和更有力的行动，以便为支撑“双碳”目标加速绿色低碳转型。2020年12月联合国气候雄心峰会上，中国宣布提升2030年国家自主贡献目标，将单位GDP二氧化碳排放量减少从此前的60%—65%提升至65%以上，非化石燃料占一次性能源消费比重从之前的20%提升至25%左右，增加森林碳储量从之前的比2005年高出45亿立方米提升至60立方米，同时还宣布风能和太阳能总装机容量提升1 200吉瓦以上。2021年4月，习近平主席进一步宣布，中国将严控煤电项目，“十四五”时期(2021—2025年)严控煤炭消费增长，“十五五”时期(2026—2030年)逐渐减少。2021年9月，习近平主席在出席第76届联合国大会一般性辩论时指出，中国将大力支持发展中国家能源绿色低碳发展，不再新建境外煤电项目。2021年10月，中国向《联合国气候变化框架公约》秘书处提交了《本世纪中叶长期低温室气体排放发展战略》和最新国家自主贡献。中国设立这一系列的碳中和目标，标志着中国经济发展方式全面转型，并为“双碳”战略设定了明确的时间表。

事实上，早在2007年，中国就发布了《中国应对气候变化国家方案》，“十二五”规划将碳排放强度减少17%纳入规划目标体系，2014年进一步发布《国家应对气候变化规划(2014—2020年)》，为《巴黎协定》谈判和中国首份国家自主贡献预案制定提供了依据。为实现“双碳”目标，中国出台了一系列的政策举措。“十四五”规划是中国“双碳”战略及碳中和道路上的关键里程碑，进一步强化了单位国内生产总值能源消耗和二氧化碳排放降低目标(分别降低13.5%、18%)，确定了一系列关键领域，包括限制化石燃料消费、提高能效、加强能源“双控”制度、加快碳交易、发展绿色金融等。2021年10月，国务院印发《2030年前碳达峰行动方案》，为深入贯彻落实碳达峰、碳中和的重大战略决策提供了行动目标与实施方案。国家主席习近平在出席《生物多样性公约》第十五次缔约方大会领导人峰会上指出，中国将陆续发布重点领域和行业碳达峰实施方案和一系列支撑保障措施，构建起碳达峰、碳中和“1+N”政策体系。为促进中国和其他地区碳中和转型，中国积极加强清洁能源技术开发、部署等方面的国际合作，在技术与制定气候政策方面展示出国际领导力，如参与欧盟“地平线 2020”研究和创新计划、建立英中 CCUS 中心，以及将中国技术转移到国外（如澳大利亚 CTSCo 项目），通过国际合作提升全球应对气候变化能力。①

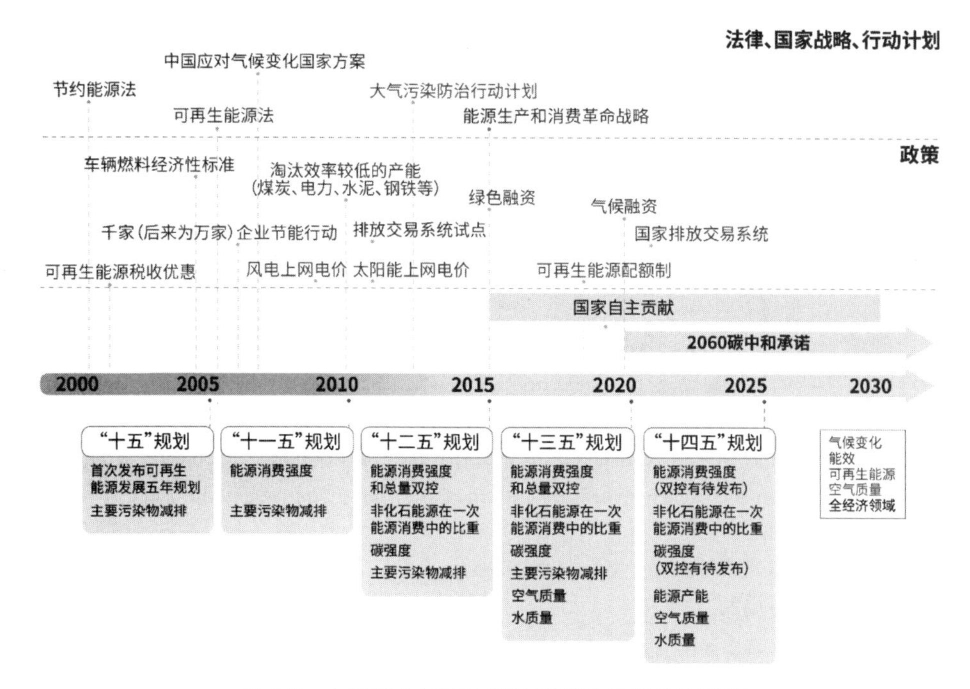

图 1-6　中国部分气候政策的演进及关键优先事项

资料来源：IEA（2021）。

参考文献

[1] 曹梦帆：《全球气候变化问题的应对方向——基于人类命运共同体的视角》，《国际公关》2021 年第 8 期。

[2] 陈雅如、赵金成：《碳达峰、碳中和目标下全球气候治理新格局与林草发展机遇》，《世界林业研究》2021 年第 34 卷第 6 期。

[3] 姜晓群、周泽宇、林哲艳等：《“后巴黎”时代气候适应国际合作进展与展望》，《气候变化研究进展》2021 年第 17 卷第 4 期。

[4] 林伯强：《实现碳中和须全球化应对气候变化》，《中国科学报》2021 年 4 月 22 日第

---

① IEA, *An energy sector roadmap to carbon neutrality in China*, 2022.

4 版。

［5］林春逸、文昕：《全球气候治理的发展伦理：理论阐释与实践策略》，《云南师范大学学报（哲学社会科学版）》2021 年第 53 卷第 4 期。

［6］刘长松：《碳中和的科学内涵、建设路径与政策措施》，《阅江学刊》2021 年第 13 卷第 2 期。

［7］邵伟强、刘妍：《全球主要国家开展碳中和的做法及经验借鉴》，《西部金融》2021 年第 7 期。

［8］王雪婷：《后巴黎时代全球低碳经济的发展趋势》，《湖北经济学院学报（人文社会科学版）》2016 年第 13 卷第 9 期。

［9］潘家华、庄贵阳、郑艳等：《低碳经济的概念辨识及核心要素分析》，《国际经济评论》2010 年第 4 期。

［10］张中祥：《碳达峰、碳中和目标下的中国与世界——绿色低碳转型、绿色金融、碳市场与碳边境调节机制》，《人民论坛・学术前沿》2021 年第 14 期，第 69—79 页。

［11］周冯琦、尚勇敏：《碳中和目标下中国城市绿色转型的内涵特征与实现路径》，《社会科学》2022 年第 1 期，第 51—61 页。

［12］Farhana Yamin, "What is 'carbon neutrality'—and how can we achieve it by 2050?", The elders, https://theelders.org/news/what-carbon-neutrality-and-how-can-we-achieve-it-2050(May 23, 2014).

［13］Fischer E M and Knutti R, "Anthropogenic contribution to global occurrence of heavy-precipitation and high-temperature extremes", *Nature Climate Change*, Vol.5, No.6, 2015, pp.560—564.

［14］International Energy Agency, *An energy sector roadmap to carbon neutrality in China*, September, 2021.

［15］Jordan A J and Moore B, *Durable by design? Policy feedback in a changing climate*, Cambridge University Press, 2020.

［16］Schaeffer M, Hare W, Rahmstorf S, et al, "Long-term sea-level rise implied by 1.5 ℃ and 2 ℃ warming levels", *Nature Climate Change*, No.2, 2012, pp.867—870.

［17］Schleussner C F, Lissner T K, Fischer E M, et al, "Differential climate impacts for policy-relevant limits to global warming: The case of 1.5 ℃ and 2 ℃", Earth System Dynamics Discussions, Vol.6, No.2, pp.2447—2505.

［18］Soest H, Elzen M, Vuuren D. "Net-zero emission targets for major emitting countries consistent with the Paris Agreement". Nature Communications, Vol.12, No.1, 2021, p.2140.

［19］Tosun J, "Addressing climate change through climate action", Clim Action, No.1, 2022, pp.1—8.

［20］UNFCC, "Global CO_2 Emissions Rebounded to Their Highest Level in History in 2021", UNFCC, https://unfccc. int/news/global-co2-emissions-rebounded-to-their-highest-level-in-history-in-2021.

[21] United Nations, “The Paris Agreement”, https://www.un.org/zh/climatechange/paris-agreement.

[22] White JA, “Global Policies on Climate Change”, https://cla.auburn.edu/ces/climate/global-policies-on-climate-change/(August 11, 2016).

执笔：尚勇敏、王振（上海社会科学院生态与可持续发展研究所、信息研究所）

第二章　全球碳中和战略:形势与走向

当今世界的各个国家,从中央到地方、到企业,都面临着全面来临的碳达峰、碳中和发展新形势。应对气候变化的全球共识已经形成,越来越多的国家已经实施或正在谋划碳达峰、碳中和战略行动。在联合国气候变化公约第26次缔约方大会(COP26)[①]上,与会的197个国家签署了《格拉斯哥气候协议》,就《巴黎协定》实施细则达成50多项决议。这是最新一次标志性的全球减碳战略行动,更多的发展中国家承诺实施碳减排国家战略行动,已经实现碳达峰的多数国家进一步新增或更新了国家碳减排目标。全球性的双碳战略行动,不仅全面影响各个国家到21世纪中叶的经济社会发展,而且还会深刻影响世界经济发展格局以及全球治理格局。从技术与产业创新的层面看,全球实施的碳中和战略,将推动信息技术革命与能源技术革命深度融合,推动可再生能源全面替代化石能源,并衍生出基于能源革命的技术创新和产业变革。中国作为全球第二大经济体,又是碳排放大国,不仅要积极落实碳达峰、碳中和承诺,更要全面把握全球双碳发展新趋势,努力融入乃至引领全球双碳技术和产业创新大潮,为到21世纪中叶实现中华民族伟大复兴奠定厚实基础。

第一节　面向未来的新形势新挑战

根据英国智库能源与气候情报部门(Energy & Climate Intelligence Unit, ECIU)发布的"全球零碳追踪计划"(Net Zero Tracker),截至2022年5月,已有114个国家提出碳中和(Carbon neutral)或净零排放(Net zero)的战略目标,这些国家代表了全球90%的经济总量、85%的人口以及88%的碳排

---

① COP26于2021年10月31日至11月13日在英国格拉斯哥召开。

放量;有 75 个国家提出其他不同程度的碳减排战略目标,[①]只有 9 个国家尚未提出碳减排战略。

各国承诺为减缓全球变暖、发展绿色经济做出努力。同时,全球碳排放增长趋势有所减缓,特别是在新冠肺炎疫情全球大流行的限制下,2020 年全球化石燃料二氧化碳排放量较 2019 年减少约 5.6%。然而,全球平均二氧化碳浓度继续升高的长期趋势并没有变化,按照当前形势及各国已承诺的碳中和战略目标,距离实现"1.5 摄氏度全球控温目标"(1.5 ℃ Paris Agreement goal)仍有较大差距,[②]无法有效规避气候灾害及其对自然和人类社会造成的巨大风险。联合国政府间气候变化专门委员会(Intergovernmental Panel on Climate Change, IPCC)第六次系列评估报告(AR6)于 2018—2022 年相继发布,[③]重申了人类活动对气候变暖的确定性影响,评估了气候变化对自然和人类社会(将)造成的广泛性的巨大损失,评估了全球减缓和适应气候变化工作的已有进展及长期影响,敦促全球各国抓住窗口期,在未来几十年内大幅减少二氧化碳和其他温室气体净排放量。

一、新形势

全球碳中和战略已取得部分阶段性进展,并在气候协定、绿色复苏、能源安全等多重背景下,开启新一轮发展浪潮。首先,在能源供应脱碳、能源效率提高的共同作用下,全球碳排放增长呈现放缓态势,与 GDP 增长实现脱钩,煤炭的能源地位预期将会继续下降。其次,全球碳市场数量和规模不断扩大,碳价攀升,碳排放权国际间流动势头逐步显现。最后,后疫情时代绿色经济复苏的需求上升,学界对于减排成本效益的积极预期更加明确,以风险投资为代表的企业界将在全球经济脱碳中发挥重要作用。

---

① Energy and Climate Intelligence Unit, Data-Driven EnviroLab, New Climate Institute, Oxford Net Zero. Net Zero Tracker[DB/OL]. 2022-05-24.

② UNEP, *Emissions gap report 2020*, 2020.

③ IPCC 第六次系列评估报告包括一份总报告、三份工作组报告、三份特别报告和一份方法指南报告。其中,第一工作组主题报告《气候变化的自然科学基础》已于 2021 年 8 月发布,第二工作组主题报告《气候变化的影响、适应和脆弱性》已于 2022 年 2 月发布,第三工作组主题报告《缓解气候变化》已于 2022 年 4 月发布;总报告计划于 2022 年 9 月定稿发布。

(一) 全球碳排放增长放缓，能源脱碳得到更多响应

尽管2010—2019年的全球人为温室气体净排放总量持续上升，但是其年均增长率已降低为1.3%，较2000—2009年间的年均增长率2.1%呈现放缓态势。2010—2019年间，全球能源强度（单位GDP一次能源消费量）年均减少2%，能源碳强度（单位一次能源消费量产生的二氧化碳量）年均减少0.3%。2005年以来，全球范围内已有至少18个国家实现了持续10年以上的绝对减排。①

能源部门排放的温室气体占总排放量的1/3，②因此全球碳排放增长趋势的放缓在很大程度上得益于能源系统的优化。一方面，低排放技术（low-emission technology）的创新和传播得到政策支持，清洁能源生产成本持续下降。从2010年至2019年，太阳能的单位成本大幅下降85%、风能下降55%、锂电池下降85%。战略研究机构彭博新能源财经（Bloomberg NEF）的调查显示，在美国、德国、意大利、西班牙和澳大利亚等国，光伏发电成本已经降到与煤炭火力发电相同的水平。另一方面，清洁能源和节能减排投资力度提高。同样在2010—2019年期间，全球太阳能装机容量增长10倍以上，电动汽车产量增长100倍以上。因此，全球范围内清洁能源使用量快速增加，化石能源消费占比下降，能源碳强度得到降低。2021年，全球可再生能源发电装机量达到30.64亿千瓦，可再生发电容量在全球发电量中的份额上升到38.3%。③

在新一轮碳中和战略下，COP26联合国气候大会促成了一系列能源脱碳成果，象征着煤炭的能源地位很可能会继续下降。首先，英国牵头倡导了"全球煤炭向清洁能源转型声明"（Global Coal to Clean Power Transition Statement），签署方承诺结束煤炭投资，扩大清洁能源规模，世界主要经济体到2030年、其他相对落后的国家到2040年淘汰煤电。已有40多个国家加入该声明，其中包括印度尼西亚、越南、波兰、韩国、乌克兰等煤炭消费大国；然而，全球煤炭消费量最大的中国和印度，以及二氧化碳排放量居前的美国、俄罗斯和日本，均未参与声明的签署。其次，法国、丹麦、爱尔兰、意大利等11个国家或区域宣布成立"超越石油和天然气联盟"（Beyond Oil & Gas Alliance），旨在设定国家油气勘探和开采的结束日期，终止所有新的、涉及石油和天然气的特

---

①② IPCC, *Climate Change 2022: Mitigation of Climate Change* (Contribution of Working Group III to the Sixth Assessment Report of the Intergovernmental Panel on Climate Change), Cambridge University Press, 2022.

③ IRENA, *Renewable Capacity Statistics 2022*, 2022.

许权、许可和租赁。此外,美国、加拿大等国家和公共金融机构签署了联合声明(Statement on International Public Support for the Clean Energy Transition),承诺在2022年前停止对没有减碳措施的化石能源项目的直接公共投资,优先支持向清洁能源的转型。

除了政府层面的能源脱碳声明,越来越多的企业也开始倡导在业务中使用可再生能源。例如,美国苹果、微软、通用汽车等全球110多家企业加入了"RE100"企业联盟,该联盟的目标是在业务中全部使用可再生能源。

根据IPCC第六次评估预测,如果各国切实执行减排倡议和承诺,在实现有效控温目标的预期路径中,全球煤炭资产将在2030年前面临搁浅风险,而石油和天然气资产在21世纪中叶也将面临搁浅风险,同时,化石燃料的国际贸易量将会逐步减少。①

(二)全球碳市场加速建设,温室气体排放成本上升

碳排放交易市场作为世界各国控制温室气体排放的主要经济手段之一,近年来发展势头迅猛,数量不断增加,覆盖范围加速扩大。根据国际碳行动伙伴组织(International Carbon International Carbon Action, ICAP)统计,自2005年全球第一个碳市场——欧盟碳排放交易系统(European Union Emission Trading Scheme, EU ETS)正式启动以来,目前全球共有25个碳市场正在运行,覆盖全球温室气体排放量的17%。仅2021年启动交易的国家级碳市场就有3个,分别为中国全国碳市场(China National ETS)、德国国家碳市场(German National ETS)和英国碳市场(UK ETS)。此外,另有22个碳市场正在建设或筹备阶段,覆盖范围向南美洲和东南亚地区延伸,例如哥伦比亚、印度尼西亚、越南等国家。截至2021年末,全球碳市场已累计筹集资金1 610亿美元。这些拍卖收入可以用于增加公共财政收入,用于支持清洁能源、节能减排、低碳创新等碳中和战略措施的执行。②

随着世界各国碳中和战略的实施深化,全球各个碳市场的碳价总体呈现上升趋势。特别是在各国相继公布新一轮碳中和(或零碳)目标的战略背景下,市场预期碳排放权配额总量将会下降,因此,2021年碳价大幅提高,各国温

---

① IPCC, *Climate Change 2022: Mitigation of Climate Change* (Contribution of Working Group III to the Sixth Assessment Report of the Intergovernmental Panel on Climate Change), Cambridge University Press, 2022.

② ICAP, *Emissions Trading Worldwide: Status Report 2022*, 2022.

室气体排放成本急剧上升。其中,全球交易量最大的碳市场——欧盟碳市场的配额价格突破100美元/吨,创历史新高,比2020年价格翻一番;两大北美碳市场(WCI和RGGI)的碳价较2020年上涨70%。基于近五年的平均碳价计算,平均碳价最高的碳市场是英国,价格约为65欧元/吨;其次是欧盟,约为54欧元/吨。中国全国碳市场于2021年下半年启动交易,年底收盘价为54元/吨(约合7.5欧元/吨),比开盘价上涨约13%①。

全球碳价仍然存在上升空间。经合组织(OECD)数据显示,碳价每上升1欧元,会使二氧化碳排放在长期内下降0.73%。世界银行围绕碳定价指出,要实现巴黎协定提出的将地球气温上升控制在2摄氏度以内的目标,各国的碳价水平需要定在每吨二氧化碳约40—80美元。②国际货币基金组织(IMF)副总裁李波在博鳌亚洲论坛2022年会上提出,IMF对碳定价的一些分析表明,为了实现在21世纪中叶控制气温上升1.5到2摄氏度的目标,在2030年前完成25%—50%的全球减碳任务,2030年全球平均碳价需要达到70美元/吨。2021年路透社对来自世界各地的多位气候经济学家进行了提升碳价的民意调查,结果显示:为了实现2050年净零排放目标,60%受访专家认为全球平均碳价需要提高到100美元/吨以上。③

在全球统一碳市场建立方面,《巴黎协定》第六条曾提出设想,通过建立一个由联合国监督的国际碳交易市场,减排成本低的国家可以将自己的减排量在国际市场上售卖转让给减排成本高的国家,从而实现碳排放权在全球的最优配置,同时形成最低成本的减排路径。然而该条协定在实施细则上存在不少遗留问题。2021年《格拉斯哥气候协议》议定了全球碳市场的基本制度框架,明确了国际碳交易中的双重核算、征税等问题的解决方案,计划通过促进不同区域碳市场间的碳信用额度交易来实现全球气候目标。虽然建立全球统一碳市场在碳配额、统一碳价等方面仍存在难以克服的约束,但是预期未来全球各碳市场会进一步加深合作,实现碳排放权在国际间的流动。一些已有的动向包括,碳价相近的不同国家/经济体碳市场进行连接,使碳价将趋同,如2020年瑞士碳市场与欧盟碳市场完成了连接;2021年7月,来自中、美、欧三方的高级别政府官员、学者以及来自国际货币基金组织(IMF)、经合组织(OECD)等国

---

① Refinitiv Carbon Team, *Carbon market year in review 2021*, 2022.

② 世界银行:《碳定价机制发展现状与未来趋势2021》,赛迪研究院译,2021年。

③ Prerana Bhat(Reuters), *Carbon needs to cost at least $100/tonne now to reach net zero by 2050: Reuters poll*(2021-10-25).

际机构的代表举行线上会议，旨在共同推动形成全球性碳定价机制。

（三）寻求绿色经济复苏，双碳成为重要竞争领域

自欧洲“绿色新政”提出、全球各国绿色发展浪潮开启以来，国家实施碳中和发展战略的主要动机一直在于谋求经济绿色可持续增长。即，双碳战略首先是一项“新的增长战略”，目的是在应对气候变化、实现碳中和（零碳）的前提下，谋求经济发展，在双碳竞争的新赛道占据全球领导者地位。

一方面，在后疫情时代，绿色经济复苏的需求和价值正在显现。例如，欧洲投资银行（EIB）2021—2022 年度气候调查报告显示，大多数欧洲人认为气候政策是经济增长的来源，将创造更多的就业机会，并改善生活质量。[①]一些英国智库的研究结果显示，绿色复苏措施可以带来强劲的经济乘数效应，[②]（明智地）绿色投资可以为国民经济带来 3—8 倍的收益；[③]在新冠疫情危机后，投资绿色复苏可以在未来 10 年为英国创造 160 万个新工作岗位，具体领域包括家庭能源效率提高、低碳公共交通、植树和泥炭地修复等。[④]世界粮农组织（FAO）发布的《2022 年世界森林状况报告》（*The State of the World's Forests 2022*）指出，通过森林养护、土地修复、建立森林绿色价值链等路径，有助于实现经济的绿色复苏。[⑤]欧洲国家已经开启绿色复苏计划，2020 年 7 月欧盟内部就 5 000 亿美元的经济刺激政策达成共识，其中 30%资金用于支持气候行动和欧洲绿色新政的实施；2020 年 6 月，德国政府通过了 1 300 亿欧元的经济复苏计划，其中 500 亿欧元被用于聚焦“气候转型”和“数字化转型”的“未来方案”（future package），涉及应对气候变化的包括电动交通、氢能、铁路交通和建筑等在内的多项举措；英国政府于 2020 年 7 月提出 300 亿英镑的经济复苏计划，其中 30 亿英镑专用于气候行动。[⑥]

---

① EIB, *The EIB Climate Survey 2021-2022: Citizens call for green recovery*, 2022.

② Cambridge Zero Policy Forum, *A Blueprint for a Green Future*, 2020.

③ Vivid Economics, *A UK Investment strategy: Building back a resilient and sustainable economy*, 2020.

④ Jung C, Murphy L(IPPR), *Transforming the Economy after Covid-19: A clean, fair and resilient recovery*, 2020.

⑤ FAO, *In Brief to The State of the World's Forests 2022: Forest pathways for green recovery and building inclusive, resilient and sustainable economies*, 2022.

⑥ 张雅欣、罗荟霖、王灿：《碳中和行动的国际趋势分析》，《气候变化研究进展》2021 年第 1 期，第 88—97 页。

另一方面，随着民众、政治和经济领域对气候影响和风险的认识不断提高，碳中和战略发展路径愈加可行。学界对碳减排的预期成本与收益给出了更加明确的估计：在不考虑气候变化造成的经济损害时，减排行动对全球GDP的总体影响较小，当控温目标设定为2℃（置信区间＞67%）时，预计2020—2050年全球GDP仍将至少翻一番，总体增长仅减少1.3%—2.7%，年均增长减少0.04—0.09个百分点。在考虑气候变化带来的经济损害时，将变暖限制在2℃的全球成本将低于减少变暖的全球经济效益，如果将全球碳排放峰值控制在2025年之前，那么会需要更高的前期投资，并带来更大的长期经济收益。①

在科学研究和行动倡议以外，越来越多的企业期望在全球经济脱碳中发挥作用，气候科技乃至可持续领域获得的风投资金大幅提高。全球最大的资产管理公司黑石集团（Blackrock）CEO拉里·芬克（Larry Fink）先后在2021年10月举行的"绿色中东"倡议峰会、2022年度"至CEO的新年信函"②上表示：气候变化是一个巨大商机，下一个催生1 000家独家兽的领域将是气候科技，这些初创企业从事绿色氢能、绿色农业、绿色钢铁和绿色水泥等技术的开发，帮助世界脱碳并让所有消费者都能负担得起能源转型。微软公司创始人比尔·盖茨（Bill Gates）也在2021年的SOSV线上气候科技峰会（virtual SOSV Climate Tech Summit）上表示，气候科技领域将获得大量投资资金，产生新一批微软、谷歌、亚马逊、特斯拉式的巨头企业。普华永道（PwC）在《2021年气候科技状况》报告中指出，目前全球已有超过3 000家气候科技初创公司，其中独角兽78家；气候科技领域在2020年下半年至2021年上半年，获得投资总额达到874亿美元，比上年同期增长210%（248亿美元），占当年所有风投资金的14%；美国、欧洲和中国是全球三大最主要的气候科技投资市场。③

二、新挑战

全球碳中和战略的实施一直面临着诸多挑战，如绿色溢价、能源和技术路

---

① IPCC, *Climate Change 2022: Mitigation of Climate Change*. (Contribution of Working Group III to the Sixth Assessment Report of the Intergovernmental Panel on Climate Change), Cambridge University Press, 2022.

② Larry Fink, *Larry Fink's 2022 letter to CEOs: The Power of Capitalism* (2022-01).

③ PwC, *State of Climate Tech 2021: Scaling break throughs for net zero*, Pricewaterhouse Coopers LLP, 2021.

径依赖、技术风险与不确定性、消费主义等。其中多数挑战随着科研、经济、政治、公众对气候影响和风险的认识的全面提高，以及多年可持续性倡议和行动产生的累计效应而逐渐淡化，如大量气候科技风投资金正在有效降低绿色溢价。然而与此同时，一些新的挑战正在出现，可以简单概括为：目标收紧、区际失衡、行动落差。

（一）目标收紧：全球控温目标从 2 ℃变为 1.5 ℃

1.5 摄氏度全球控温目标（1.5 ℃ Paris Agreement goal）是指努力控制全球升温幅度到 2100 年不超过工业化前的 1.5 ℃，是《巴黎协定》设定的长期温控目标。此前，2009 年的《哥本哈根协议》提出将全球气温上升控制在“低于 2 ℃”的长期温度目标，相关可行性研究及减排措施也均按照 2 ℃设定而展开。1.5 ℃控温目标显然是对 2 ℃目标的强化，实施难度将大大提高。

然而，1.5 ℃温控目标是必要的。2015 年，联合国气候变化框架公（UNFCCC）组织学界展开评估，通过气候模型预测升温 1.5 ℃和 2 ℃之间的区域气候特征差异。评估结果认为，以此前议定的 2 ℃变暖限值作为“护栏”并不安全，太平洋岛国、撒哈拉以南非洲等脆弱国家无法应对 2 ℃变暖水平造成的气候灾难，各国政府应以 1.5 ℃为目标。IPCC 报告指出，若全球气温增长超过 1.5 摄氏度，则气候变化产生影响的频率会增快，强度会增大，热浪和风暴的出现更加频繁；将对冰川、沿海等弹性较低的生态系统造成不可逆转的影响，人类系统面临的风险也将增加。①

如果将变暖限制在 1.5 ℃左右，那么全球温室气体排放量需要在 2025 年达到峰值，在 2030 年之前减少 43%，并在 2050 年左右实现全球二氧化碳净零排放；2050 年全球煤炭、石油和天然气的使用量需要大幅下降，与 2019 年相比，下降中值分别约为 95%、60%和 45%。而此前的 2 ℃控温目标需要大约在 2070 年实现全球二氧化碳净零排放，即“碳中和”。②

现实情况不容乐观。虽然全球碳排放的增长态势有所放缓，但是全球平均二氧化碳浓度仍在持续上升，2020 年达到 413.2 ppm 的历史新高；全球平均海平面高度同样刷新有观测以来的历史纪录，2013—2021 年期间平均每年上

①② IPCC, *Climate Change 2022: Impacts, Adaptation and Vulnerability* (Contribution of Working Group II to the Sixth Assessment Report of the Intergovernmental Panel on Climate Change), Cambridge University Press, 2022.

升 4.5 毫米；[1]2021 年全球平均气温已达到高于工业化前 1.11±0.13 ℃，距离 1.5 ℃控温目标所剩无几。2021 年 10 月联合国环境署发布的《2021 年排放差距报告》表明，根据各国更新后的国家自主贡献（NDC）和已宣布的 2030 年减缓承诺（截至 2021 年 9 月底），到 2030 年全球预计排放量只能减少 7.5%。按照这一减排趋势，到 21 世纪末升温幅度将达到 2.7 ℃。[2]提高全球双碳战略行动目标迫在眉睫。

（二）区际失衡：全球气候公正难破困局

气候公正是涉及发展权的问题。一般意义上，当前所强调的国际层面的气候公正是在全球气候行动中，发达国家要为其获得的利益承担相应的主要责任，帮助弱势群体/发展中国家/最不发达国家应对气候变化的一系列观念或行动，[3]具体体现在减排额度的分配以及资金、技术等补偿措施的执行。

在"减缓"气候变化方面，中国、印度等正在经历快速工业化阶段的发展中国家面临着最大的挑战。发达国家已经度过了农业及工业化的快速经济增长期，其 CO_2 排放在经济转型和全球化过程中已实现了自然达峰目标，目前正处于达峰后的面向碳中和目标的新阶段。但由于世界的材料工业和制造业等高耗能产业还处在向发展中国家转移的过程中，广大发展中国家依然处于 CO_2 排放的攀升或平台期。[4]化石燃料的使用对于很多发展中国家而言仍然意味着能源安全和摆脱贫困的生存发展权问题。如果无法妥善应对转型乏力、工人群体利益保障等问题，势必影响国家整体采取应对气候变化行动的决心和积极性。[5]此外，将全球控温目标从 2 ℃收缩为 1.5 ℃，一方面是对脆弱国家的保护，另一方面也给发展中国家带来了前所未有的减排挑战。

在"适应"气候变化方面，太平洋岛国、撒哈拉以南非洲地区等气候脆弱且最不发达国家面临着最大的挑战。首先，气候风险存在区域差异。随着全球变暖的加剧，气候损失和损害将难以避免地不断增加，并在各区域、系统和部

---

① WMO, *State of the Global Climate 2021*, 2022.

② 联合国环境署：《2021 年排放差距报告：升温趋势持续—全球尚未兑现气候承诺—执行摘要》，2021.

③ 赵斌：《全球气候治理的复杂困局》，《现代国际关系》2021 年第 4 期，第 37—43、27 页。

④ 于贵瑞、郝天象、朱剑兴：《中国碳达峰、碳中和行动方略之探讨》，《中国科学院院刊》2022 年第 4 期，第 423—434 页。

⑤ 张莹、姬潇然、王谋：《国际气候治理中的公正转型议题：概念辨析与治理进展》，《气候变化研究进展》2021 年第 2 期，第 245—254 页。

门之间不均衡分布，集中在脆弱的发展中国家，特别是最贫穷的弱势群体中。其次，适应气候变化的能力存在区域差异。适应气候变化的行动资金主要来自公共财政，而最不发达国家的经济基础本就薄弱，加之不利的气候影响造成的损失和损害，国家经济增长将更加受阻，从而进一步制约气候适应行动的可用资金数量。[①]因此，全球南方国家更紧密地合作，形成新的联盟（如小岛屿国家联盟（Alliance of Small Island States，AOSIS），争取资金支持来应对困境，并在提交减排国家自主贡献时增加了附加条件，即自身有关气候适应计划的资金需求得到支持和保障。

然而，气候资金谈判依然任重道远。发达国家提供气候融资是《联合国气候变化框架公约》中的一项长期承诺。自2009年哥本哈根气候变化大会起，发达国家集体承诺在2020年前每年提供至少1 000亿美元，以帮助发展中国家适应气候变化。然而这一承诺并未兑现。即使在欧盟国家内部，发展相对落后的中东欧国家与其他富裕国家之间也存在减排目标与援助之间的争议。据IPCC报告，从2013—2014年度到2019—2020年度，追踪到的年度全球气候资金流增长了60%，这一规模低于《气候公约》和《巴黎协议》规定的集体目标。[②]

（三）行动落差：双碳倡议目标难以落实

“在全球变暖问题上，重要的是行动，而不是言辞。”联合国秘书长古特雷斯、COP26气候大会主席阿洛克·夏尔马等多位领导人在各种场合多次强调双碳战略的行动落实问题。然而在全球层面上，IPCC第六次评估报告和《全球碳预算2021》报告先后指出，从2020年前后的全球减排效果来看，世界各国没有完成2015—2016年向《气候公约》提交的自主减排目标（Original NDCs），存在实施差距（implementation gap）。在国家和区域层面，气候变化的进展同样不稳定，一些地区甚至出现逆转。例如，为了摆脱对俄罗斯天然气的依赖，一些欧洲国家重新转向了煤炭；美国宣布将进一步提高石油和天然气

① IPCC，*Climate Change 2022：Impacts，Adaptation and Vulnerability*（Contribution of Working Group II to the Sixth Assessment Report of the Intergovernmental Panel on Climate Change），Cambridge University Press，2022.

② IPCC，*Climate Change 2022：Mitigation of Climate Change*（Contribution of Working Group III to the Sixth Assessment Report of the Intergovernmental Panel on Climate Change），Cambridge University Press，2022.

的生产，并承诺在2030年之前每年向欧洲提供500亿立方米的液化天然气，这些行为与此前承诺的、不再批准新的石油和天然气开采项目相违背。①再如，印度尼西亚拥有占全球总量三分之一的雨林面积，曾签署《2030停止森林砍伐协议》，但是在签署的第二天就表示退出协议。在企业层面，德国气候研究智库新气候研究所（New Climate Institute）研究成果表明，从截至2021年底的表现来看，全世界范围内一些大企业（如亚马逊、宜家、雀巢、联合利华等商业巨头）到2030年前恐将无法兑现自己制定的净零碳排放目标。②

碳中和战略行动力不足的原因可以部分归结为各项战略、协议缺乏监督实际行动的机制，只有长期目标，没有与之相适应的短期目标。因此，如何制定在经济、技术、制度上更为可行双碳战略方案，也是新一轮双碳战略实施中的一大挑战。

第二节　全球碳中和战略的新思想新构架

为了实现《巴黎协定》提出的控温目标，2020年后全球人为二氧化碳净排量（剩余碳预算）仅有5000亿吨空间，③相当于2010—2019年累计净排放量的1.25倍。④另据美国国家科学院（NAS）估算，除了减排活动，到2050年全球每年需要平均清除100亿吨的二氧化碳，并在2050—2100年平均每年清除200亿吨。⑤毫无疑问，人为二氧化碳排放量与全球气候变暖之间存在近似线性相关关系，气候变化也已经破坏了人类和自然系统，⑥然而，人类及时而有效的行

---

① Vetter D（Forbes），*Climate Security Is Energy Security：COP26 President's Warning To The World*（2022-05-16）.

② Jani-Friend I，Dewan A（CNN），"Some of the world's biggest companies are failing on their own climate pledges，researchers say"（2022-02-07）.

③ 若以1.5摄氏度控温目标为标准，那么剩余碳预算为5 000亿吨；若以2摄氏度控温目标为标准，那么剩余碳预算为11 500亿吨。

④ IPCC，*Climate Change 2022：Mitigation of Climate Change*.（Contribution of Working Group III to the Sixth Assessment Report of the Intergovernmental Panel on Climate Change），Cambridge University Press，2022.

⑤ Pacala S，Al-Kaisi M and Barteau M A，et al.，*Negative emissions technologies and reliable sequestration：a research agenda*，National Academies of Sciences，Engineering，and Medicine，2018.

⑥ IPCC，*Climate Change 2021：The Physical Science Basis*（Contribution of Working Group I to the Sixth Assessment Report of the Intergovernmental Panel on Climate Change），Cambridge University Press，2021.

动仍然可以应对这些风险，未来 10 年的行动至关重要。

一、新思想

新一轮全球碳中和战略是近年来的热点议题，各领域专家学者对双碳问题进行了广泛而深刻的讨论，大量国际组织、智库、咨询公司发布相关研究报告，追踪双碳战略进程，探索碳中和实现路径，提出了一系列新理念。

（一）碳中和与净零排放

碳中和和净零排放是新一轮双碳战略中的核心概念，是各国发布并执行的主流双碳战略目标。2015 年《巴黎协定》提出，“21 世纪下半叶，在全球温室气体人为源的排放量与人为汇的清除量之间取得平衡”，形成了碳中和、净零排放等概念的雏形，对应的常见英文形式有“carbon neutral”“carbon neutrality”“climate neutral”以及“net zero”“net zero carbon”“net zero CO_2”“net zero GHG”等。一般而言，碳中和的概念有广义和狭义两种，广义上的碳中和包括全部温室气体（包含二氧化碳、甲烷、氧化亚氮、含氢氟碳化合物等多种气体），“碳”代表二氧化碳当量，对应温室气体净零排放；狭义的碳中和仅包括二氧化碳，即二氧化碳净零排放。①温室气体净零排放的难度显然高于二氧化碳净零排放。二氧化碳之外的其他温室气体，如甲烷，对于全球控温同样具有重要作用，因此也成为新一轮双碳战略的新热点。

根据全球零碳追踪计划（Net Zero Tracker）数据，截至 2022 年 5 月，共有 114 个国家提出碳中和目标，包括中国、美国、印度等碳排放量最大的国家；另有 115 个省（州）级区域、235 座城市提出碳中和目标；在 2 000 家市值最大的上市公司中，有 701 家提出碳中和目标。②

（二）净负排放

净负排放战略是碳中和与净零排放战略之后的更高阶段的双碳战略目标。净负排放（net negative）指从大气中人为清除的二氧化碳量大于人类在一

---

① 张浩楠等：《中国碳中和目标内涵与实现路径综述》，《气候变化研究进展》2022 年第 2 期，第 240—252 页。

② Energy and Climate Intelligence Unit，Data-Driven EnviroLab，New Climate Institute and Oxford Net Zero，Net Zero Tracker(2022-05-24).

定时期内的二氧化碳排放量(狭义),或大气中人为清除的温室气体量大于人类在一定时期内的温室气体排放量(广义)。净负排放与负排放技术(negative emissions technologies, NETs)、基于自然的气候解决方案(Natural climate solutions, NCS)等路径息息相关,核心在于移除大气中的二氧化碳(及其他温室气体)。

国外学界和智库已经率先开启净负经济战略研究,如达沃斯论坛(World Economic Forum)2021 年发布白皮书《从净零到净负:给领导者的脱碳指南》;[①]美国劳伦斯伯克利国家实验室(Lawrence Berkeley National Laboratory)创建了美国能源和工业系统模型,提出重建美国能源基础设施,从而在 21 世纪中叶实现净零乃至净负排放的路线图;[②]牛津大学在《自然》(*Nature*)杂志发表文章"实现净负碳经济";[③]澳大利亚格里菲斯大学的研究表明,该国塔斯马尼亚州(Tasmania)已成为世界上首批实现净负碳排放的地区之一。[④]在企业领域,美国微软(Microsoft)、英国阿斯利康(AstraZeneca)等公司也在发展战略中提出净负排放目标。国内目前对净负战略的研究寥寥无几。

(三)气候弹性发展

IPCC 第六轮评估报告提出气候弹性发展(climate resilient development)的概念,其本质是一种可持续的区域发展战略。气候弹性发展是指通过实施减缓温室气体排放和气候变化适应措施,以支持所有人的可持续发展,涉及生态系统、城市和基础设施、能源、工业、社会等多领域。其中"弹性"是指社会、经济和生态系统具有应对风险事件、趋势或影响的能力,能够通过响应和调整维持自身基本功能、特性和结构(对于生态系统而言表示能够维持生物多样性),并保持适应、学习和转化的能力。报告特别指出,城市系统是实现气候弹性发展的关键场所,尤其是在沿海地区,因为沿海城市和区域人口密集且面临

---

① WEF, *Net-Zero to Net-Negative: A Guide for Leaders on Carbon Removal*, 2021.

② Chao J(Berkeley Lab), "Getting to Net Zero—and Even Net Negative—is Surprisingly Feasible, and Affordable—New analysis provides detailed blueprint for the U.S. to become carbon neutral by 2050"(2021-01-27).

③ Bednar J, Obersteiner M, Baklanov A, et al., *Operationalizing the net-negative carbon economy*, Nature, 2021, 596(7872), pp.377—383.

④ Mackey B, Moomaw W, Lindenmayer D, et al. Net carbon accounting and reporting are a barrier to understanding the mitigation value of forest protection in developed countries[J]. Environmental Research Letters, 2022, 17(5).

着更大的气候复合风险，同时沿海城市往往在全球贸易供应链、文化交流和创新方面具有重要地位。[①]

（四）科学减碳倡议

科学减碳倡议（Science Based Targets initiative，SBTi）旨在建立各行各业的科学减碳标准，并倡导全球企业参与双碳战略、设定科学减碳目标。SBTi 于 2021 年 10 月推出世界首个企业净零标准（Corporate Net-Zero Standard），[②]已成为企业气候行动领域的战略标杆之一。SBTi 源于碳信息披露项目（CDP）、联合国全球契约组织（UNGC）、世界资源研究所（WRI）和世界自然基金会（WWF）之间的合作，是全球商业气候联盟（We Mean Business）的组成部分。

截至 2022 年 5 月，已有 3 000 余家公司加入 SBTi（占全球经济市值的三分之一以上），其中，约 1 000 家公司承诺通过 SBTi 制定科学减碳目标，实现净零转型。[③]英国阿斯利康（AstraZeneca）、电通国际（Dentsu International）、美国西维斯健康（CVS Health）、仲量联行（JLL）、瑞士霍尔希姆（Holcimd）、丹麦沃旭能源（Ørsted）和印度威普罗（Wipro）等 7 家公司首批获得 SBTi 净零目标认证。

二、新构架

为了实现碳中和战略目标，所有部门都需要深度减排。碳中和战略框架基本涵盖能源转型、工业减排、低碳城市、低碳交通、土地利用、碳移除等六个方面，具体实施方案和重点领域因区域环境、经济基础、社会文化等因素而有所差异。在新一轮碳中和战略中，绿氢利用、甲烷减排、碳捕集、利用与封存技术（CCUS）、基于自然的气候解决方案（NCS）、海洋碳汇、地球大数据等新领域受到多个国家的重点关注。

---

① IPCC，*Climate Change 2022：Impacts，Adaptation and Vulnerability*（Contribution of Working Group II to the Sixth Assessment Report of the Intergovernmental Panel on Climate Change），Cambridge University Press，2022.

② SBTi，*SBTi Corporate Net-Zero Standard*（*version 1.0*），Science based targets，2021.

③ SBTi，*Science based net zero—Scaling Urgent Corporate Climate Action Worldwide—Science based targets initiative annual progress report 2021*，Science based targets，2022.

（一）新一轮碳中和战略的总体构架

全球碳中和战略的总体目标是减少二氧化碳及其他温室气体净排放量，总体可以分为三个阶段：尽快实现全球二氧化碳达峰（预计 2030 年左右，近期），进而实现全球二氧化碳中和（预计 2050 年左右，中期），在实现二氧化碳净零排放后，继续实施二氧化碳净负排放战略，同时大幅减少其他温室气体排放（预计 2100 年左右，远期）。全球双碳战略总体包含能源转型、工业减排、低碳城市、低碳交通、土地利用优化、碳移除等六大行动领域。

1. 能源转型

能源转型是碳中和战略的核心领域，总体战略思路是从当前没有碳捕集与封存（Carbon Capture and Storage，CCS）措施的化石能源转向极低碳或零碳能源，同时伴随着提高能源效率、降低消费需求等目标。是否淘汰化石燃料是双碳战略中最大的争议之一，由此，能源转型可以划分为两种路径：一是发展高比例非化石能源的零碳能源路径。即以超高比例的非化石能源满足全社会的用能需求，可再生能源占一次能源比重往往需要达到 80%以上，重点发展清洁电力（风电、光伏及储存）、绿氢（可再生能源制氢）、生物质能及合成燃料等领域。二是发展化石能源脱碳化的极低碳能源路径。即保留化石能源在能源消费结构中的一定比重，并采用脱碳措施来消除化石能源的高碳属性，同时采用碳移除（Carbon Dioxide Removal，CDR）技术来平衡剩余能源部门的排放量，重点发展 CCS、CDR 等技术。[①]目前两种路径各有利弊，存在不同风险，各个国家的能源转型战略根据实际情况有所偏重，如法国、丹麦、意大利等国偏向零碳能源路径，美国、中国偏向极低碳能源路径。

2. 工业减排

工业减排的总体实施思路是从价值链入手，通过需求管理、能源和材料效率提高、循环经济模式、生产工艺优化以及末端减排技术等各个环节，共同实现工业净零二氧化碳排放。工业减排的重点行业有钢铁、水泥、塑料、金属制品制造等。工业部门的减排行动很可能会影响产业布局和地位，因此，需要区域乃至国家级的统一综合战略部署，以促进并保障工业部门实现可持续转型。

3. 低碳城市

低碳城市的总体实施思路是，通过发展低排放或零碳基础设施、优化城市

---

① 张浩楠等：《中国碳中和目标内涵与实现路径综述》，《气候变化研究进展》2022 年第 2 期，第 240—252 页。

形态布局、提高城市整体资源效率，减少温室气体排放；同时加强城市环境中的碳吸收和储存能力，从而实现城市整体温室气体排放量最小化，尽量实现城市净零排放。需要特别说明的是，鉴于城市的消费模式及供应链产生的域外乃至全球影响，城市低碳战略（或零碳战略）还需要考虑并解决城市行政边界以外的排放问题。

在低碳城市战略中，发展绿色建筑（或零碳建筑）具有很高的减排潜力。绿色建筑行动通常分为施工阶段、使用阶段和处置阶段。此外，发展中国家的往往更加关注新建建筑，发达国家则更加关注建筑改造。

4. 低碳交通

低碳交通的总体实施思路是通过需求干预措施减少运输服务需求，并通过发展低排放技术转向节能运输方式，从而减少交通系统温室气体排放量。其中，需求干预措施包括通过优化城市形态、改善连通性和可达性，以及鼓励消费者绿色出行；在节能运输方式中，以低排放电力为动力的电动汽车为陆上交通提供了最大的脱碳潜力。

5. 土地利用优化

土地利用优化可以实现大规模温室气体减排并增加碳汇。IPCC 报告显示，2020—2050 年间，可持续的农林和其他土地利用战略（AFOLU）可以以低于 100 美元/吨二氧化碳当量的成本，每年消解高达 80 亿—140 亿吨二氧化碳当量。[①]可持续的土地利用战略路径主要包括森林及其他生态系统（沿海湿地、泥炭地、稀树草原和草地）的保护、管理和恢复，可持续的农作物管理、畜禽管理与农业碳封存，可持续健康饮食、平衡饮食、绿色消费与粮食节约等。其中，减少热带地区森林砍伐可以产生最高的增汇效应。

6. 碳移除

碳移除（Carbon Dioxide Removal，CDR）是从大气中移除二氧化碳并将其持久储存在地质、土壤、海洋或其他产品中的人类活动，用于抵消农业、工业、交通等部门难以减少的剩余二氧化碳排放，是实现二氧化碳净零排放乃至净负排放的关键环节。碳移除方式可以分为两类：第一类通过增强地球自然系统的固碳能力实现从大气中移除二氧化碳，具体方式包括植树造林、改进土地管理、施用生物质炭、增强陆表风化、发展蓝碳、海洋肥化和海洋碱化等。第

---

① IPCC，*Climate Change 2022：Mitigation of Climate Change* (Contribution of Working Group III to the Sixth Assessment Report of the Intergovernmental Panel on Climate Change)，Cambridge University Press，2022.

二类主要依靠技术手段(即负碳技术)直接从大气或海水中捕集二氧化碳,并将捕集的碳与气候系统相隔离,包括直接空气捕获(DAC)技术、从海水中提取二氧化碳的双极膜电渗析(BPMED)技术、生物能和二氧化碳捕集与封存(BECCS)技术等。[①]需要说明的是,随着减排范围从二氧化碳扩展至所有温室气体,CDR 领域有扩展成为温室气体移除(Greenhouse Gas Removal, GGR)的趋势。

IPCC 第六次评估报告对双碳战略各行动领域的全球平均减碳潜力和减碳成本进行了全面评估,研究发现,到 2030 年,平均减排潜力最大的领域是能源转型和土地利用优化,具体而言,太阳能利用、风能利用、减少森林砍伐每年分别能够减少约 40 亿吨二氧化碳净排放量;各领域平均减排成本随着减排量的增大而提高,相对而言,太阳能和风能利用、高效照明、电器和设备的前期减排成本相对较低。

(二) 新一轮碳中和战略的热点领域

随着技术积累与成熟,太阳能、风能、城市系统电气化、城市绿色基础设施、需求侧管理、森林草地和农作物绿色管理等细分领域的成本效益不断提高,得以在许多国家和地区的碳中和战略中进行部署和发展。在这些传统领域之外,面向净零排放乃至净负排放的新一轮碳中和战略开启了一批新兴热点领域,潜力与风险并存,例如绿氢利用、甲烷减排、碳捕集、利用与封存技术(CCUS)、基于自然的气候解决方案(NCS)、海洋碳汇、地球大数据等。

1. 绿氢利用

氢能是净零能源系统的重要组成部分,在重工业和长途运输等难以电气化的脱碳部门、电力系统的灵活性、能源的季节性存储等方面,提供了重要且可行的减排替代方案。氢能根据原料来源可以分为绿氢、蓝氢和灰氢,其制备成本和碳排放强度存在较大差异。绿氢是由可再生能源制备的电解氢,碳排放强度最低,但现阶段成本最高,与化石燃料和其他替代低碳技术相比,不具有竞争优势。然而根据国际可再生能源署(IRENA)发布的《1.5 ℃控温目标下的全球氢贸易:绿氢成本与潜力报告》,随着太阳能、风能等可再生能源成本的下降以及电解槽的规模经济效应显现,可再生能源制备的绿氢将在成本上

① 纪多颖等:《CMIP6 二氧化碳移除模式比较计划(CDRMIP)概况与评述》,《气候变化研究进展》2019 年第 5 期,第 457—464 页。

更具竞争力，预计绿氢将在未来 10 年内达到与化石燃料制氢同等的成本。另据估算，全球绿氢供能潜力巨大，相当于 2050 年全球一次能源需求量的 20 倍以上。①

多个国家和地区将绿氢作为新一轮碳中和战略的重点领域之一，发达经济体纷纷出台氢能源战略，试图抢占氢能源发展的制高点。例如，日本是世界氢能发展的领先国家之一，2014 年提出建设"氢能社会"，2017 年公布《基本氢能战略》，明确了 2030 年和 2050 年的"氢能社会"战略愿景。德国政府于 2020 年 6 月通过《德国国家氢能战略》，以发展"绿氢"为重点，设定了到 21 世纪中叶实现气候中和的目标，并计划成为氢技术的全球领导者；随后，欧盟于同年 7 月发布《欧盟氢能源战略》，将绿氢作为欧盟未来能源发展的重点领域；法国于同年 9 月公布《国家氢能战略》，提出将大力发展电解制氢行业、氢能交通等领域。2020 年 11 月，美国发布《氢能计划发展规划》，更新了此前发布的《国家氢能路线图》(2002 年)以及"氢能行动计划"(2004 年)，提出未来 10 年及更长时期氢能研究、开发和示范的总体战略框架。我国政府于 2022 年 3 月发布《氢能产业发展中长期规划(2021—2035 年)》，明确提出将氢能作为未来国家能源体系的组成部分。

2. 甲烷减排

甲烷是造成全球气候变暖的第二大温室气体。目前，甲烷排放大概占全球温室气体的 20%左右，且呈上升趋势。相比二氧化碳，甲烷的升温效益是二氧化碳的 28 至 36 倍；在短时间内(20 年)，升温潜能值比二氧化碳高 80 倍以上，且在大气层留存时间远远少于二氧化碳(约 10 年)。因此，针对甲烷的减排措施可以带来比二氧化碳减排措施更快的控温效果。根据联合国环境规划署(UNEP)和气候与清洁空气联盟(CCAC)联合发布的《全球甲烷评估——甲烷减排的成本与效益》，利用现有减排技术，到 2030 年，可将人为甲烷排放减少 45%，即 1.8 亿吨/年。该措施可使 2040 年温升减少 0.3 ℃。②

美国和欧盟在于 2021 年共同发起《全球甲烷承诺》(*Global Methane Pledge*)，参与国承诺到 2030 年将人为因素造成的甲烷排放从 2020 年水平上减少至少 30%。该承诺现有 111 个国家参与，占全球人为甲烷排放量的约

① IRENA, *Global hydrogen trade to meet the 1.5 ℃ climate goal: Part III—Green hydrogen cost and potential*, 2022.

② United Nations Environment Programme and Climate & Clean Air Coalition, *Global Methane Assessment: Benefits and Costs of Mitigating Methane Emissions*, UNEP, 2021.

45%。中国是全球甲烷排放量最大的国家，虽然没有加入《全球甲烷承诺》，但是中美在COP26气候大会期间发表的《中美关于在21世纪20年代强化气候行动的格拉斯哥联合宣言》中，也将甲烷减排作为一个与二氧化碳减排并行的重要单独事项。这象征着中美未来会在甲烷减排方面展开合作。[①]

欧美主要国家在甲烷减排方面体现出一定的积极性。加拿大于2016年率先制定了到2025年将石油和天然气部门的甲烷排放量比2012年的水平减少40%—45%的目标，并配套了相关法规与减排基金；基于减排成果，2021年进一步将上述减排目标提升为，到2030年将石油和天然气的甲烷排放量比2012年的水平至少减少75%。2020年10月，欧盟发布《欧盟甲烷战略》(*EU Methane Strategy*)提出了在欧盟和国际范围内减少甲烷排放的措施，重点覆盖能源、农业和废弃物处理行业，并计划建立国际甲烷MRV(Monitoring, Reporting, Verification)标准。2021年11月，美国公布《美国甲烷减排行动计划》，覆盖了油气、废弃煤矿、垃圾填埋、农业、工业和建筑等其他领域，涉及法规、财政激励、PPP模式、数据披露等政策工具。

3. 碳捕集、利用与封存技术

碳捕集、利用与封存技术(Carbon Capture, Utilization and Storage, CCUS)是CCS技术的新发展趋势，指将二氧化碳从工业过程、能源利用或大气中分离出来，直接加以利用或注入地层，以实现二氧化碳永久减排的过程，按照技术流程，分为捕集、输送、利用与封存等环节。与CCS技术相比，CCUS可将二氧化碳资源化，能产生经济效益，更具有现实操作性。CCUS与CCS都属于负碳技术(NETs)，是减少大规模化石能源和工业源排放的重要技术手段。国际能源署(IEA)研究报告认为，在可持续发展情景(Sustainable Development Scenario, SDS)下，CCUS是保障全球于2070年实现净零排放的第四大贡献技术，占累积减排量的15%；在2050年全球能源系统净零排放情景(Net-Zero Emissions, NZE)下，2030年全球二氧化碳捕集量预计将达到16.7亿吨/年，2050年为76亿吨/年。

部署CCUS和CCS可以延长化石燃料的使用时间，减少资产搁置的风险，因此，在新一轮双碳战略行动中受到化石能源消费大国的重点关注。我国科技部已于2011年和2019年先后发布两版《中国CCUS技术发展路线图》，2019年版路线图明确了我国CCUS技术至2025年、2030年、2035年、2040年

---

① 赵绘宇(澎湃新闻)：《COP26：一届"最不坏"与"最紧迫"的气候大会》(2021-11-23)。

及2050年的阶段性目标和总体发展愿景；我国生态环境部于2021年发布《中国二氧化碳捕集利用与封存（CCUS）年度报告》，对比了全球市场，分析了我国CCUS的封存潜力、需求和成本。美国作为化石能源消费大国，2020年美国能源部投入2.7亿美元支持CCUS项目，旨在大力支持CCUS项目发展。①

4. 基于自然的气候解决方案

基于自然的气候解决方案（Natural climate solutions，NCS）是指通过保护、恢复和改善土地管理等措施，增加全球自然景观和湿地的碳储量，或避免其排放温室气体。自2015年提出以来，NCS近年来受到越来越多的学术关注以及国际组织的大力推行。②它是节能减排之外，促进双碳战略目标达成的重要途径。联合国对于NCS的评价是：该方案一方面对自然环境或经过改进的生态系统进行维护、恢复和可持续管理，另一方面也应对社会挑战，既增进人类福祉，又改善生物多样性。无论粮食安全、气候变化、水资源保障、人类健康、防灾减灾还是经济发展，大自然都能帮助人类找到最佳应对方案。研究表明，从现在到2030年，NCS可以提供高达37%的减排目标（基于2℃控温情景的估算）；③到2025年，NCS可以为美国减少26%—28%的温室气体排放量（相对于2005年排放水平）；④在一半热带国家，有效的NCS可以减少50%以上的全国排放量，在四分之一以上的热带国家，有效的NCS潜力甚至大于国家排放总量。⑤

已有国家和区域在新一轮双碳战略中明确应用了NCS。例如，新西兰的《气候变化规划》（*New Zealand's Climate Change Programmes*）中，提出减少农业排放和林业碳抵消，并将其作为其实现2050年净零排放目标的重要途径之一；美国加州政府在其《2030温室气体减排目标》（*The Governor's Climate Change Pillars: 2030 Greenhouse Gas Reduction Goals*）中，将加强

① 蔡博峰、李琦、张贤等：《中国二氧化碳捕集利用与封存（CCUS）年度报告（2021）——中国CCUS路径研究》，生态环境部环境规划院、中国科学院武汉岩土力学研究所、中国21世纪议程管理中心，2021年。

② Lang J(ECIU), *Growing Up: The story of natural climate solutions*(2021-10-10).

③ Griscom BW, Adams J, Ellis PW, et al., "Natural climate solutions", *Proceedings of the National Academy of Sciences*, 2017, 114(44), pp.11645—11650.

④ Fargione J E, Bassett S, Boucher T, et al., "Natural climate solutions for the United States", *Science Advances*, 2018, 4(11).

⑤ Griscom BW, Busch J, Cook-Patton SC, et al., "National mitigation potential from natural climate solutions in the tropics", *Philosophical Transactions of the Royal Society B*, 2020, 375(1794).

土地部门固碳列入应对气候变化的支柱策略之一。

5. 蓝碳(海洋碳汇)

蓝碳即海洋碳汇,是利用海洋活动及海洋生物吸收大气中的二氧化碳,并将其固定、储存在海洋中的过程、活动和机制。海洋碳库是陆地碳库的20倍、大气碳库的50倍,对于调节气候变化、实现碳负排放具有重要意义。[①]然而,和陆地碳汇相比,海洋碳汇尤其是深海碳汇的成因、过程机制等仍不甚清晰,因此,需要继续加强专项科学研究,为碳中和战略提供科学路径。

国际社会日益认识到海洋碳汇的价值和潜力。2009年,联合国环境规划署(UNEP)、联合多家机构共同发布了《蓝碳:健康海洋固碳作用的评估报告》(*Blue Carbon—The Role of Healthy Oceans in Binding Carbon*)。随后,蓝碳概念逐渐进入双碳战略领域,美国、澳大利亚等国已开始在本国温室气体清单中报告蓝碳,菲律宾、阿联酋等国已在报告国家自主贡献时明确提到蓝碳,[②]蓝碳成为COP25、COP26联合国气候大会的重要议题。

部分国家开始重视蓝碳资源对于碳负排放的作用并采取行动。澳大利亚政府计划在2022至2023财年投入1亿澳元用于向海洋公园和蓝碳相关项目投资。美国在《迈向2050年净零排放长期战略》中明确提出"发展基于自然的海洋固碳"。我国在《2030年前碳达峰行动方案》中提出"加强陆地和海洋生态系统碳汇基础理论、基础方法、前沿颠覆性技术研究";福建、山东、广东等国内多个沿海省市对发展蓝碳作出部署,以抢占海洋碳汇制高点,例如,《广东省海洋经济发展"十四五"规划》提出,深入开展海洋碳汇研究,探索培育蓝色碳汇产业,把蓝碳作为支持沿海可持续发展的重要途径,山东省威海市发布《威海市蓝碳经济发展行动方案(2021—2025)》,福建省漳州市制定《蓝碳司法保护与生态治理行动计划》,并成立全国首个蓝碳司法保护与生态治理研究中心。[③]

第三节　全球碳中和战略的国别模式

不同经济发展阶段、能源禀赋和消费结构、人口规模、地理区位等因素导

---

① 焦念志:《研发海洋"负排放"技术支撑国家"碳中和"需求》,《中国科学院院刊》2021年第2期,第179—187页。

② 赵鹏(中国自然资源报):《从应对气候变化的视角认识蓝碳》(2021-06-11)。

③ 王胜(海南日报):《国内外蓝碳发展实践及对海南的启示》(2022-04-20)。

致各个国家承担着不同的气候责任、承受着不同程度的气候风险、具备不同程度的气候适应能力。因而在新一轮碳中和战略中呈现不同的响应态度，具体体现为不同的双碳战略模式，在减排战略目标、时间线、关键领域等方面存在差异。发达国家、新兴经济体、小岛屿发展中国家、能源出口国代表了几种较为典型的碳中和战略模式。

表 2-1　几种典型国别碳中和战略模式特征

模式名称	战略取向	减排时间线	关键领域	代表性国家
发达国家模式	积极	2050 年之前温室气体净零	氢能、清洁电力、甲烷减排、绿色建筑、CDR 或 GGR 等	英国、法国、德国
新兴经济体模式	谨慎	2050—2070 年二氧化碳净零	可再生能源、工业减排、CCS（CCUS）、NCS 等	中国、印度、俄罗斯
小岛屿发展中国家模式	激进	目前至 2060 年温室气体净零	气候适应等	圭亚那、苏里南、马尔代夫
能源出口国模式	保守	2050—2060 年二氧化碳净零	化石能源脱碳、可再生能源、CCS(CCUS)等	阿联酋、沙特阿拉伯、哥伦比亚

资料来源：作者自制。

一、发达国家模式

发达国家碳中和战略模式属于积极型模式。发达国家经济基础雄厚，经过工业化时期，多数国家已实现自然碳达峰，并对历史碳排放具有重大责任。以欧盟国家为代表的发达经济体在新一轮双碳战略中整体表现最为积极，将零碳发展作为引领经济社会转型与发展的契机。其中，英国、法国、德国、加拿大、日本等已率先完成碳中和目标立法，有力保障了这些国家的双碳战略进入实质行动阶段；在关键领域中，率先发展绿氢、甲烷减排、碳移除（或温室气体移除）等新技术与新产业；英、法、德主张淘汰化石能源，其碳移除领域的负排放技术侧重基于自然的解决方案（NCS），美、加、日、澳四国则坚持继续保持一定比例的化石能源发电量，其负排放技术侧重化石燃料脱碳和工业 CCS。然而，发达国家双碳战略中的气候公平份额总体不足，气候融资贡献严重不足，在全球减排义务和气候公正方面存在较大提升空间。

表 2-2 主要发达国家碳中和战略特征

国家	时间线	状态	关键领域	气候公正
英国	2030 年排放量较 1990 年下降 68% 2050 年温室气体净零排放	立法	清洁电力、海上风电、绿色建筑、新能源汽车、温室气体移除(GGR)等	气候公平份额不足 气候融资贡献高度不足
法国	2030 年排放量较 1990 年下降 55% 2050 年温室气体净零排放	立法	氢能、核电、工业脱碳、循环经济、NCS 等	/
德国	2030 年排放量较 1990 年下降 65% 2040 年排放量较 1990 年下降 88% 2045 年温室气体净零排放	立法	风电、氢能、重工业脱碳、绿色建筑、新能源汽车、NCS 等	气候公平份额不足 气候融资贡献不足
美国	2030 年排放量较 2005 年下降 50%—52% 2050 年温室气体净零排放	政策文本	清洁电力、终端用能电气化、航空与海运减排、新能源汽车、甲烷减排、工业 CCS、NCS 等	气候公平份额不足 气候融资贡献极度不足
加拿大	2030 年排放量较 2005 年下降 40%—45% 2050 年温室气体净零排放	立法	化石燃料脱碳、清洁电力、工业 CCS、新能源汽车、甲烷减排、NCS 等	气候公平份额不足 气候融资贡献高度不足
日本	2030 年排放量较 2013 年下降 46% 2050 年温室气体净零排放	立法	海上风电、氨燃料、氢能、核能、绿色数据中心、绿色建筑、船舶与航空器减排、CCUS、NCS 等	气候公平份额不足 气候融资贡献极度不足
澳大利亚	2030 年排放量较 2005 年下降 26%—28% 2050 年净零排放	政策文本	化石燃料脱碳、工业 CCUS、氢能、未来燃料和汽车、NCS 等	气候公平份额高度不足 气候融资贡献极度不足

资料来源:作者根据“Climate Action Tracker”“Net Zero Tracker”信息及各国新一轮碳中和战略文本整理。

二、新兴经济体模式

新兴经济体双碳战略模式属于谨慎型模式。新兴经济体国家正在经历快速工业化、城市化阶段，消费需求快速增长，能源结构中化石燃料比重较大，多数国家碳排放总量仍在快速增长。国际能源署(IEA)预测，未来一段时期全球能源需求增量将主要来自新兴市场和发展中国家。因此在新一轮双碳战略中，新兴经济体减排压力最大，面临快速减排与持续发展的困局，整体战略偏向谨慎。总体来看，新兴经济体双碳战略的关键领域聚焦于可再生能源、工业减排、碳捕集与封存(CCS或CCUS)、基于自然的解决方案(NCS)等；能源结构中将保持一定比例的化石能源；且对双碳战略的行动决心有待加强(仅有中国与俄罗斯分别通过政策文本和立法的形式规范双碳战略行动)，但正在逐步提升。2022年5月，中国、巴西、俄罗斯、印度、南非五国发布《金砖国家应对气候变化高级别会议联合声明》，强调推进气候多边进程，反对绿色贸易壁垒，敦促发达国家履行气候资金承诺，尊重发展中国家和经济转型国家的发展权及政策空间。

表2-3 主要新兴经济体碳中和战略特征

国家	时间线	状态	关键领域	气候公正
中国	2030年二氧化碳达峰，碳排放强度较2005年下降65%以上 2060年二氧化碳中和	政策文本	可再生能源、工业节能减排、电力系统、低排放技术、NCS等	气候公平份额高度不足
俄罗斯	2030年排放量较1990年下降30% 2060年温室气体净零排放	立法	液化天然气脱碳、核能、氢能、低排放技术、NCS等	气候公平份额极度不足
印度	2030年碳排放强度较2005年下降45% 2070年净零排放	声明	可再生能源、氢能、生物燃料、NCS等	气候公平份额高度不足
巴西	2030年排放量较2005年下降50% 2050年温室气体净零排放	声明	可再生能源、森林保护、甲烷减排等	/
南非	2025—2035年温室气体排放达峰 2050年温室气体净零排放	声明	可再生能源、工业减排、废弃物管理、农林与土地利用等	/

资料来源：作者根据“Climate Action Tracker”“Net Zero Tracker”信息、各国新一轮碳中和战略文本及相关声明材料整理。

三、小岛屿发展中国家模式

小岛屿发展中国家双碳战略模式属于激进型模式。小岛屿发展中国家(Small Island Developing States, SIDS)指一些小型低海岸的国家。这些国家领土面积较小、经济实力有限、极易受到气候变化和自然灾害的影响,且对气候灾害的适应能力普遍较弱。因此,小岛屿发展中国家对于应对全球气候变化的双碳战略普遍态度积极,双碳战略目标较为激进,但是受经济实力等因素影响,其减排承诺通常是有条件的,只有在获得更多资金援助和技术支持的情况下才能实施。为了增强小岛屿发展中国家在应对全球气候变化中的声音,这些国家特别组建了小岛屿国家联盟(Alliance of Small Island States, AOSIS),现有 39 个成员国和 4 个观察员。据不完全统计,这些国家中已有约 33 个国家提出碳中和或净零排放目标,其中圭亚那、苏里南两国声称已率先实现净零排放;另有 6 个国家提出碳减排目标。

表 2-4 小岛屿发展中国家碳中和战略目标

战略目标	时间线	代表国家
碳中和(净零)	已实现(自我评估)	圭亚那、苏里南
	2030 年	马尔代夫、几内亚比绍、巴巴多斯
	2040 年	安提瓜和巴布达
	2050 年	巴布亚新几内亚、巴哈马群岛等 27 个国家
	2060 年	巴林
碳减排	—	多米尼加、毛里求斯等 6 个国家

资料来源:作者根据"Net Zero Tracker"信息整理。

四、能源出口国模式

能源出口国双碳战略模式属于保守型模式。能源出口国,尤其是石油和煤炭出口国,对化石能源重度依赖,一方面自身能源结构中化石能源比重很高,另一方面能源出口关系到国家经济命脉。因此,这些国家对于清洁能源转型等双碳战略的立场一贯较为保守。进入新一轮双碳战略时期，随着阿联酋开始积极推动清洁能源转型，越来越多的能源出口国立场出现松动，发出碳中和倡议和声明。这一势头提振了全球双碳行动的信心。总体来看，能源出口国的双碳战略仍处于倡议和政策制定阶段，行动领域聚焦于化石能源脱碳、可再生能源和CCS技术应用。此外，发达国家和新兴经济体中的美国、加拿大、澳大利亚、俄罗斯也是能源出口国，因此在国家双碳战略中也均强调坚持一定的化石能源消费比重，坚持化石燃料开采设施投资，并要求新建设施配备脱碳设施。

表2-5　主要新兴经济体碳中和战略特征

国　家	时间线	状态	关键领域	气候公正
阿联酋	2050年温室气体净零排放	声明	化石能源脱碳、可再生能源、核能、CCUS、农业减排	气候公平份额极度不足
沙特阿拉伯	2060年净零排放	声明	化石能源脱碳、可再生能源、CCUS、农林与土地利用	气候公平份额极度不足
哈萨克斯坦	2060年净零排放	声明	化石能源脱碳、可再生能源、CCS、土地利用	气候公平份额不足
哥伦比亚	2050年净零排放	声明	化石能源脱碳、可再生能源、清洁交通、森林保护	气候公平份额不足

资料来源：作者根据"Climate Action Tracker""Net Zero Tracker"信息、各国新一轮碳中和战略文本及相关声明材料整理。

参考文献

[1] Bednar J, Obersteiner M, Baklanov A, et al., "Operationalizing the net-negative carbon economy", *Nature*, 2021, 596(7872), pp.377—383.

[2] Cambridge Zero Policy Forum, *A Blueprint for a Green Future*, 2020.

[3] Chao J(Berkeley Lab), "Getting to Net Zero—and Even Net Negative—is Surprisingly Feasible, and Affordable—New analysis provides detailed blueprint for the U.S. to become carbon neutral by 2050"(2021-01-27).

[4] EIB, *The EIB Climate Survey 2021—2022: Citizens call for green recovery*, European Investment Bank, 2022.

[5] Energy and Climate Intelligence Unit, Data-Driven EnviroLab, New Climate Institute, Oxford Net Zero, "Net Zero Tracker"(2022-05-24).

[6] FAO, *In Brief to The State of the World's Forests 2022: Forest pathways for green recovery and building inclusive, resilient and sustainable economies*, 2022.

[7] Fargione J E, Bassett S, Boucher T, et al., "Natural climate solutions for the United States", *Science Advances*, 2018, 4(11).

[8] Griscom BW, Busch J, Cook-Patton SC, et al., "National mitigation potential from natural climate solutions in the tropics", *Philosophical Transactions of the Royal Society B*, 2020, 375(1794).

[9] Griscom BW, Adams J, Ellis PW, et al., "Natural climate solutions", *Proceedings of the National Academy of Sciences*, 2017, 114(44), pp.11645—11650.

[10] ICAP, *Emissions Trading Worldwide: Status Report 2022*, International Carbon Action Partnership, 2022.

[11] IPCC, *Climate Change 2021: The Physical Science Basis* (Contribution of Working Group I to the Sixth Assessment Report of the Intergovernmental Panel on Climate Change), Cambridge University Press, 2021.

[12] IPCC, *Climate Change 2022: Impacts, Adaptation and Vulnerability* (Contribution of Working Group II to the Sixth Assessment Report of the Intergovernmental Panel on Climate Change), Cambridge University Press, 2022.

[13] IPCC, *Climate Change 2022: Mitigation of Climate Change* (Contribution of Working Group III to the Sixth Assessment Report of the Intergovernmental Panel on Climate Change), Cambridge University Press, 2022.

[14] IRENA, *Global hydrogen trade to meet the 1.5 ℃ climate goal: Part III—Green hydrogen cost and potential*, 2022.

[15] IRENA, *Renewable Capacity Statistics 2022*, 2022.

[16] Jani-Friend I, Dewan A(CNN), "Some of the world's biggest companies are failing on their own climate pledges, researchers say"(2022-02-07).

[17] Jung C, Murphy L(IPPR), *Transforming the Economy after Covid-19: A clean, fair and resilient recovery*, Institute for Public Policy Research, 2020.

[18] Lang J(ECIU), "Growing Up: The story of natural climate solutions"(2021-10-10).

[19] Larry Fink, "Larry Fink's 2022 letter to CEOs: The Power of Capitalism"(2022-01).

[20] Mackey B, Moomaw W, Lindenmayer D, et al., "Net carbon accounting and reporting are a barrier to understanding the mitigation value of forest protection in developed countries", *Environmental Research Letters*, 2022, 17(5).

[21] Pacala S, Al-Kaisi M, Barteau M A, et al., "Negative emissions technologies and reliable sequestration: a research agenda", *National Academies of Sciences, Engineering, and Medicine*, 2018.

[22] Prerana Bhat(Reuters), "Carbon needs to cost at least $100/tonne now to reach net zero by 2050: Reuters poll"(2021-10-25).

[23] PwC, *State of Climate Tech 2021: Scaling breakthroughs for net zero*, Pricewa-

terhouse Coopers LLP, 2021.

[24] Refinitiv Carbon Team, *Carbon market year in review 2021*, Refinitiv, 2022.

[25] SBTi, *SBTi Corporate Net-Zero Standard* (*version* 1.0), Science based targets, 2021.

[26] SBTi, *Science based net zero—Scaling Urgent Corporate Climate Action Worldwide-Science based targets initiative annual progress report 2021*, Science based targets, 2022.

[27] UNEP, *Emissions gap report 2020*, 2020.

[28] United Nations Environment Programme and Climate & Clean Air Coalition, *Global Methane Assessment: Benefits and Costs of Mitigating Methane Emissions*, UNEP, 2021.

[29] Vetter D(Forbes), "Climate Security Is Energy Security: COP26 President's Warning To The World"(2022-05-16).

[30] Vivid Economics, *A UK Investment strategy: Building back a resilient and sustainable economy*, 2020.

[31] WEF, *Net-Zero to Net-Negative: A Guide for Leaders on Carbon Removal*, 2021.

[32] WMO, *State of the Global Climate 2021*, 2022.

[33] 蔡博峰、李琦、张贤等:《中国二氧化碳捕集利用与封存(CCUS)年度报告(2021)——中国CCUS路径研究》,生态环境部环境规划院、中国科学院武汉岩土力学研究所、中国21世纪议程管理中心,2021年。

[34] 纪多颖等:《CMIP6二氧化碳移除模式比较计划(CDRMIP)概况与评述》,《气候变化研究进展》2019年第5期,第457—464页。

[35] 焦念志:《研发海洋"负排放"技术支撑国家"碳中和"需求》,《中国科学院院刊》2021年第2期,第179—187页。

[36] 联合国环境署:《2021年排放差距报告:升温趋势持续—全球尚未兑现气候承诺—执行摘要》,联合国环境署,2021年。

[37] 世界银行:《碳定价机制发展现状与未来趋势2021》,赛迪研究院译,工业和信息化部赛迪研究院,2021年。

[38] 王胜(海南日报):《国内外蓝碳发展实践及对海南的启示》(2022-04-20)。

[39] 于贵瑞、郝天象、朱剑兴:《中国碳达峰、碳中和行动方略之探讨》,《中国科学院院刊》2022年第4期,第423—434页。

[40] 张浩楠等:《中国碳中和目标内涵与实现路径综述》,《气候变化研究进展》2022年第2期,第240—252页。

[41] 张雅欣、罗荟霖、王灿:《碳中和行动的国际趋势分析》,《气候变化研究进展》2021年第1期,第88—97页。

[42] 张莹、姬潇然、王谋:《国际气候治理中的公正转型议题:概念辨析与治理进展》,《气候变化研究进展》2021年第2期,第245—254页。

［43］赵斌:《全球气候治理的复杂困局》,《现代国际关系》2021 年第 4 期,第 37—43、27 页。

［44］赵绘宇(澎湃新闻):《COP26:一届“最不坏”与“最紧迫”的气候大会》(2021-11-23)。

［45］赵鹏(中国自然资源报):《从应对气候变化的视角认识蓝碳》(2021-06-11)。

执笔:海骏娇(上海社会科学院信息研究所)

第三章　全球碳中和战略：技术创新与新赛道

低碳技术是全球实现碳中和目标的关键支撑。从全球来看，世界主要国家、地区和国际组织都高度重视科技创新对实现双碳战略目标的支撑作用，并对重点领域的碳减排技术路线进行战略部署。

第一节　碳中和战略与技术变革

2019 年欧盟颁布的《欧洲绿色新政》明确了能源、工业、建筑、交通、粮食、生态和环境等 7 个重点领域的技术路线图；2020 年美国发布的《清洁能源革命和环境正义计划》将低碳交通、新能源、储能等列为重点研发方向并明确了技术研发目标；2020 年日本发布的《绿色增长战略》确定了海上风电、燃料电池、氢能、核能、交通物流和建筑等 14 个重点领域深度减排技术路线图和发展目标；国际能源署（IEA）长期开展减排技术评估并发布减排技术路线图，在《能源技术展望 2020》中系统分析了解决能源行业各领域排放问题所需的清洁技术，如电气、氢能、核能、生物能源以及碳捕集、利用和储存（CCUS）技术等，强调要大力开发和部署清洁能源技术，才能在确保能源系统弹性和安全性的同时于 2050 年左右实现净零排放。①低碳技术（Low-Carbon Technology）涉及电力、交通、建筑、冶金、化工、石化等部门以及在可再生能源及新能源、煤的干净高效应用、油气资源和煤层气的勘察开发、二氧化碳捕集与埋存等范畴开发的有效掌握温室气体排放的新技术。低碳技术既是提升一国未来经济社会综合竞争力的关键，也是摒弃高碳发展老路，实现一国经济跨越式高质量发展的途径。

---

①　朱承亮、吴滨：《科技创新是实现“双碳”目标的关键支撑》，《中国发展观察》2021 年。

表 3-1　世界主要国家和地区碳中和战略布局重点技术

国家/地区	重点技术
美国	小型模块化反应堆、核聚变、绿氢、CCUS、电池储能、下一代低碳建筑、可再生能源、先进核能、可持续航空燃料、生物燃料、电动汽车、气候智能型农业等
欧盟	可再生能源、氢能、综合能源系统、智能电网、储能、CCUS、工业脱碳和数字化转型、绿色建筑、可持续和智能交通、精准农业、有机农业生态系统、生物经济、合成低碳燃料等
德国	绿氢、储能、电动汽车、智能电网、交通网络电气化、生物燃料、燃料电池、低排放工业生产技术、气候与环境友好型建筑、数字化能源系统、热电联产现代化、生态农业等
法国	可再生能源、核能、绿氢、能源网络、生态城市、工业脱碳、CCUS、绿色交通基础设施、电动汽车、生物基产品和可持续燃料、可持续农业系统等
英国	储能、氢能、海上风电、先进核能、电动汽车、交通网络电气化、零排放飞机、可持续交通燃料、清洁航运、绿色建筑、工业燃料转型、生物能源、直接空气碳捕集和先进 CCUS、环境保护、能源领域人工智能等
日本	可再生能源、氢能与氨燃料、供热脱碳、先进核能、核聚变、电动汽车、储能、零排放船舶、智慧农林渔业、低碳半导体、航空电气化、碳资源化利用、净零排放建筑、资源回收再利用等
韩国	可再生能源、零能耗建筑、智能电网、电动汽车、氢能与燃料电池、资源回收再利用、氢还原炼铁、低碳燃料、智慧工厂、低碳半导体、生物能源、CCUS、智慧能源管理系统、智慧农业渔业、碳汇等

资料来源：曲建升、陈伟、曾静静等：《国际碳中和战略行动与科技布局分析及对我国的启示建议》，《中国科学院院刊》2022 年第 4 期，第 444—458 页。

一、能源研发转向低碳技术

在双碳战略下，全球新一轮科技革命与产业革新正在兴起，世界科技版图正处在大洗牌的前夜。新兴低碳技术成果不断涌现，可再生能源发电、先进储能、氢能、能源互联网等具有重大产业变革前景的颠覆性技术应运而生。纵观全球能源技术发展动态和各国推动能源科技创新的举措，可见全球能源技术创新已进入高度活跃期，绿色低碳成为能源技术创新的主攻方向，主要集中在化石能源清洁高效利用、新能源大规模开发利用、核能安全利用、大规模储能、关键材料等重点领域。世界主要国家将能源技术视为新一轮科技革命和产业革命的突破口，制定各种战略、规划抢占发展制高点，并投入大量的资金予以支撑。国际能源署（IEA）发布的《IEA 成员国[①]能源技术研发预算公共经费投入简析 2021》[②]显示，在过去 40 年里，IEA 成员国能源技术 R&D 研发公共投入重点领域变动较大，关注的技术领域日趋均衡和多样化。1974 年，核能在能源技术投入总额中占比最高，达到 76%的份额，此后逐年下降，在 2021 年已降至 21%，化石燃料的研发预算在 1980 年代和 1990 年代初达到最高水平，但自 2013 年的 14%份额一路下降至 2021 年的 8%。在 20 世纪 90 年代和 21 世纪初，能源效率和可再生能源的预算增长速度明显加快，从 1990 年的 7%分别增加到 2010 年的 22%和 21%。2021 年，能源效率的份额已增加到 26%，而可再生能源的份额已降至 14%。氢和燃料电池的预算在 2012—2018 年期间保持在 3%的份额，到 2021 已增加到 5%。

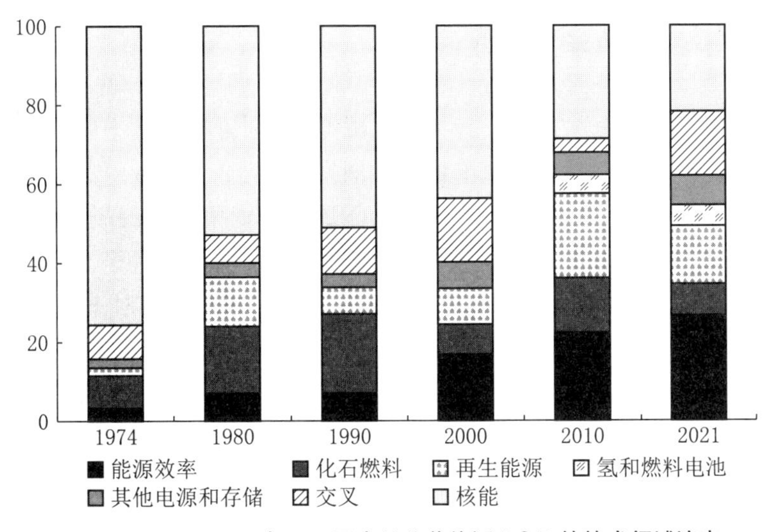

图 3-1　1974—2021 年 IEA 国家总公共能源 R&D 的技术领域演变

数据来源：*Energy Technology RD & D Budgets：Overview*，IEA（2022，Paris），https://www.iea.org/reports/energy-technology-rdd-budgets-overview.

2021 年，美国在核能研发预算（17.38 亿美元）方面保持第一，日本紧随其

---

① IEA 成员国包括：澳大利亚、奥地利、比利时、加拿大、捷克、丹麦、爱沙尼亚、芬兰、法国、德国、希腊、匈牙利、爱尔兰、意大利、日本、韩国、卢森堡、荷兰、新西兰、挪威、波兰、葡萄牙、斯洛伐克、西班牙、瑞典、瑞士、土耳其、英国、美国。

② *Energy Technology RD & D Budgets：Overview*，IEA（2022，Paris），https://www.iea.org/reports/energy-technology-rdd-budgets-overview/（发布日期：2022 年 5 月）.

后，而日本仍然是氢和燃料电池研究的最高资助国(2.33 亿美元)。2020 年，欧盟将其 R&D 总预算的五分之一用于电力和存储技术(5.14 亿美元)，使其成为该类别的最大支出国。对于所有剩余的技术，美国的预算最多。2021 年，IEA 国家对所有类型技术的预算整体在增加，但能效和跨领域技术分别下降了 2%和 3%。氢和燃料电池的最高增幅曾达 27%，在 2020 年仅增长了 23%。

2021 年 IEA 成员国的低碳技术①研发支出大幅增长，达到 220 亿美元，占公共能源研发总预算的 95%，这是 2016 年后的连续第五年增长。非低碳技术研发支出自 2013 年以来首次呈现增长，达到 10.68 亿美元。个别国家在 2021 年增加了对低碳技术的 R&D 投资，其中德国的低碳能源技术 R&D 预算增长了 8%，即增加了 1.13 亿美元；增幅第二大的是挪威，增加了 1 亿美元。低碳技术现已成为全球能源研发领域竞逐的焦点。

二、低碳技术重塑全球经济

双碳战略已在全球范围上升为国家战略，深刻影响着各国国家能源安全和大国博弈，一方面，全球能源革命一触即发，引发了一场激烈的低碳技术竞赛，光伏、风电、氢能、可再生能源等清洁能源成为竞争的主战场，零碳排放技术攻关和标准制定的话语权争夺成为焦点；另一方面，碳中和已成为贸易摩擦和大国博弈的主要领域，部分发达国家正凭借其在低碳技术上的先发储备优势推动世界贸易体系对碳减排不达标国家的出口产品征收“碳关税”，欲筑起新的贸易技术壁垒。或将低碳技术作为全球能源市场、产业投资新的准入标准，借此提高国际贸易和投资门槛，重构全球的产业链和价值链。综合全球主要国家碳中和路线图来看，全球技术变革呈现三大方向：其一，数字化。借助 5G、工业互联网、人工智能、云计算等技术，培育新业态，通过数字化改造，实现减排增效，推进电力、工业、交通运输和建筑等碳排放部门的新发展。其二，电气化。要对传统发电企业进行技术改造，加快发展新能源汽车、建材与建筑用能、建筑光伏一体化等绿色用能模式，推动电能替代，提升电气化水平。其三，绿色化。通过发展新能源电池、充电桩、氢能、生物质燃料、碳捕集利用与封存等，调整能源结构，提升能源利用效率，形成循环经济产业链，实现低碳经济。

---

① 低碳能源技术被定义为：能源效率、碳捕集和储存(CCS)、可再生能源、核能、氢能和燃料电池、其他电力和储存以及其他交叉技术。非低碳能源技术指煤炭、天然气、石油和其他化石燃料的研发技术，不包括 CCS 技术。

从碳来源与去除技术手段来看，全球双碳战略主要依托清洁技术创新战略、节能技术创新战略及碳捕集、利用和储存技术战略来实现零碳排放目标。

第二节　清洁能源技术创新战略

清洁能源技术是实现碳零排的关键技术，主要包括开发太阳能、风能、水能、地热能、海潮能、生物质能、核能等零碳电力技术以及机械能、热化学、电化学等储能技术，可再生能源发电并网、特高压输电、新型直流配电、分布式能源等先进能源互联网技术。开发可再生能源/资源制氢、储氢、运氢和用氢技术以及低品位余热利用等零碳非电能源技术。开发生物质利用、氨能利用、废弃物循环利用、非含氟气体利用、能量回收利用等零碳燃料替代技术。

清洁能源技术的开发利用是改善当前能源消费结构、实现多元化能源供给、应对全球气候变化的最重要方式之一。20 世纪末，清洁能源开始受到全球的广泛关注，1997 年签署的《京都协议书》为清洁能源创造了发展契机，2001 年，联合国可持续发展委员会（UNCSD）第九届会议第一次将可再生能源议题纳入到联合国层面的政治议程。2003 年后，碳收集领导人论坛（CSLF）、可再生能源及能源效率伙伴关系计划（REEEP）等联合国架构之外的各种清洁低碳能源机构逐渐增多。2009 年国际可再生能源机构（IRENA）的成立标志着全球清洁能源的多边制度化治理取得了里程碑式的发展，同期国际能源署（IEA）通过建立国际低碳能源技术平台助力清洁能源技术的推广应用。2015 年通过的《巴黎气候协定》为 2020 年后全球应对气候变化行动作出安排，要求所有缔约方提出“国家自主贡献”，各国在制定零碳战略时均将推广应用清洁能源技术作为实现零碳目标的重要途径。

一、氢能源技术

氢是一种多功能的能源载体，可以帮助解决各种关键的能源挑战。几乎所有的能源资源都可以生产氢气，当前炼油和化学生产中使用的氢气主要是来自化石燃料。使用 CCUS 技术由可再生能源、核燃料或化石燃料生产的清洁氢可以帮助一系列行业脱碳，包括长途运输、化学品制造、钢铁等行业。净零排放情景中，2030 年后所有部门都将迅速扩大低碳氢的使用。在电力部门，氢和氢基燃料为电力系统的灵活性提供了重要的低碳能源，实现的方式主要是对现有的燃气发电能力进行氢共燃改造，也包括对燃煤电厂进行氨共燃改造。在交通运输方面，净零排放情景中 2050 年氢能将满足车辆燃料用量的约 1/3，不过其先决条件是政策决策者决定在 2030 年前发展必要的基础设施。到 2050 年，氢基燃料还将满足航运燃料消费总量的 60%以上。①

到 2021 年底，全球 30 多个国家的政府发布了国家氢气战略或官方路线图，包括日本、韩国、澳大利亚、加拿大、智利、捷克共和国、法国、德国、匈牙利、荷兰、挪威、葡萄牙、俄罗斯、西班牙、波兰、英国、哥伦比亚、芬兰和比利时等。在氢战略中，强调了氢在工业应用和运输中的重要作用。虽然这些战略并不等同于法律制定的具有约束力的政策机制，但它们确实代表了这些行业长期愿景的重要里程碑。随着低成本可再生能源和电气化基础设施的加速，政策支持和经济成本的下降，为清洁氢经济创造了前所未有的发展势头。

从目前全球主要经济体对氢能的投资及战略规划方向来看，各国大致的氢战略路径有三类：欧盟路线，日、美、韩路线，俄罗斯、澳大利亚路线。欧盟路线，即将氢能作为主要的应用能源以替代化石能源。2020 年欧盟委员会发布了《欧盟能源系统整合策略》和《欧盟氢能战略》，意在为欧盟设置新的清洁能源投资议程，以达成在 2050 年实现碳中和的目标。《欧洲氢能战略》将绿氢作为未来展重点对象（主要依靠风能、太阳能生产氢），制定了三阶段发展目标：前两个阶段重点扩充电解槽容量，到 2030 年时将可再生氢能源年产量提升至 1 000 万吨，第三阶段 2030—2050 年，重点是氢能在能源密集产业（钢铁、物流等行业）的大规模应用。日、美、韩路线，将氢能作为新兴产业制高点，大力发展氢能技术，侧重于在国内终端市场更广泛地采用氢气。日本早在 20 世纪 70 年代就开始了氢燃料电池技术的研发，2014 年将氢能与电力和热能并列为国家核心二次能源。先后发布《日本再复兴计划》《能源基本计划》《氢能基本战略》等发展战略规划，日本凭借先发优势在氢能源领域拥有大量的技术储备，在氢能和燃料电池领域拥有的优先权专利占全球的 50%以上，并在多个关键技术方面处于绝对领先地位，建立了全球领先的产业技术和能力储备。美国也早在 20 世纪 70 年代将氢能视为实现能源独立的重要技术路线，2002 年美国能源部(DOE)发布了《国家氢能路线图》，构建了氢能中长期愿景，并启动了一批大型科研和示范项目。2020 年 11 月美国能源部发布的《氢能项目计划

① IEA(2021), *Net Zero by 2050*, IEA, Paris https://www.iea.org/reports/net-zero-by-2050/(发布日期:2021 年 5 月).

2020》致力于氢能全产业链的技术研发，并刺激对清洁氢的商业需求。澳大利亚、俄罗斯路线，即把氢能作为资源出口创汇新增长点。澳大利亚的氢气战略主要关注该国成为主要氢气出口中心的前景和雄心，利用其巨大的天然气和低成本可再生能源分别生产蓝色和绿色氢气。[①]俄罗斯公布的氢能源战略构想重点在于延续此前路线将氢能作为出口商品。计划至少建成三个生产集群，西北部集群将致力于向欧洲国家出口，以及降低出口导向型生产企业的碳使用量。东部集群面向亚洲。北极集群旨在为俄北极地区打造低碳能源供应系统和以此为基础的氢气和混合能源出口系统。俄罗斯在生产和出口氢气方面具有显著竞争优势，具备相应的技术储备，其早在 1988 年就已经成功造出了世界第一架搭载氢能源发动机的飞机。事实上，不论是哪种路线，在碳中和的压力下，各大经济体都已经开始努力实现氢能源的大规模落地应用，因此各路线之间已经逐渐融合。

二、核能技术

核能作为清洁、低碳、安全、高效的基荷能源，是应对全球气候变化的重要能源。核电和水电作为低碳发电的支柱共同提供了全球 3/4 的低碳发电量。在过去的 50 年中，核能的使用减少了 60 多亿吨的二氧化碳排放量，这相当于全球能源近两年的排放总量。2011 年福岛核事故后，国际社会对核能安全性提出了新的、更高的要求，同时在开放的电力市场环境中，核能的大力发展又受到经济成本和环保等因素的制约。一些国家坚持在逐步淘汰核能（比利时、德国、西班牙和瑞士）或减少其份额（法国）的同时实现脱碳目标，但其他国家仍然认识到需要促进核能在脱碳战略中的作用：如中国、俄罗斯、印度、阿根廷、巴西、保加利亚、捷克共和国、埃及、芬兰、匈牙利、波兰、沙特阿拉伯、阿拉伯联合酋长国、英国和乌兹别克斯坦等国。2018 年底，欧盟长期能源战略明确指出，要实现 2050 年碳中和的目标，核电以及可再生能源将成为欧盟电力系统的支柱。[②]

---

① 灰氢（Grey Hydrogen）是通过化石燃料（例如天然气）燃烧产生的氢气。绿氢（Green Hydrogen）是利用可再生能源（例如太阳能或风能）通过电解工序产生的，其碳排放可以达到净零。蓝氢（Blue Hydrogen）也由化石燃料产生而来，主要来源是天然气。与绿氢相比，蓝氢具有两个明显的优势：电力需求较低、融入了碳捕集与储存（CCS）技术，这也是蓝氢与灰氢的不同之处。

② *Nuclear Power in a Clean Energy System*, IEA（2019, Paris）, https://www.iea.org/reports/nuclear-power-in-a-clean-energy-system.

虽然核能是当前全球第二大重要的低碳电力来源，但新的核能建设并未走上实现2050年实现净零排放情景的轨道。当前各国政府试图在政治承诺、气候目标和电力供应安全上实现平衡，许多国家的核能政策具有明显的不确定性。全球正积极探索和开发新一代先进核能技术，以期解决核能发展的相关问题。2020年12月的英国能源白皮书强调了核能在英国2050年气候中和承诺中的作用。到2024年将至少再建一座核电站，并为小型反应堆(SMR)和先进模块化反应堆(AMR)以及核聚变提供支持。该政策文件描述了这些核技术的部署时间表和应用的互补性，到2050年核容量将增加到40吉瓦。2020年，法国公布的中期能源规划和长期脱碳战略，包括关闭所有剩余的化石燃料发电厂，将核能作为能源战略的支柱，使其占2035年电力结构的50%。为了在2035年后依靠核能并将其保留为可行的选择，法国政府于2020年启动了几项关于可能建造六座欧洲动力反应堆2(EPR2)的初步研究。预计将在2022年做出最终投资决定。美国于2020年启动了先进反应堆示范计划(ARDP)，以支持建造两座可在5至7年内投入运行的示范先进反应堆。Nuscale公司获得了美国核管理委员会(NRC)的标准设计批准，这是首个在美国获得许可的轻水SMR。这一里程碑使该项目能够进入示范阶段，第一个模块将于2029年投入使用。日本已确认其到2030年将核电份额提高到20%—22%的目标，并强调核能在实现该国2050年气候中和承诺方面发挥的作用。印度的核电战略目标是到2030年建造21座新的核电站。俄罗斯于2021年批准了建造浮动SMR船队为俄罗斯远东地区的采掘业供电的计划。阿根廷、中国、法国和韩国等其他几个国家也在开发SMR技术。①

由于核电技术不存在区域或全球许可框架，这意味着供应商必须重复认证过程并适应每个国家的国家规范和标准，从而延长项目实施时间并增加成本和不确定性。因此，需要更多努力来协调监管要求并促进技术设计标准化。这可以通过监管机构之间的信息和经验共享来实现，包括更新颖的设计，以及通过更有效的全球行业倡议来协调工程标准。

三、可再生能源技术

可再生能源包括太阳能、风能、水力、生物燃料等，可再生能源是能源系统

① *Nuclear Power*, IEA(2021, Paris), https://www.iea.org/reports/nuclear-power/(发布日期：2021年9月).

向碳密集度更低、更可持续方向过渡的核心资源。近年来，可再生能源在政策支持以及太阳能光伏和风电成本大幅降低的推动下发展迅速。可再生能源主要应用于电力部门，但电力仅占全球能源消耗的 1/5，提高可再生能源在交通和供暖领域的作用对于实现能源转型至关重要。

在全球层面，可再生能源技术是减少电力碳排放的关键。2020 年，可再生能源在全球电力供应中的份额达到 28.6%，创历史最高水平。几十年来，水电一直是领先的低碳排放的可再生能源，但在净零排放情景中，风能和太阳能将起到更主要作用，全球可再生能源发电需要在 2021—2030 年期间每年继续增长近 12%，使可再生能源发电量到 2030 年增加 2 倍，到 2050 年增加 7 倍以上，在全球总发电量中的占比将从 2020 年的 29%增加到 2030 年的 60%以上，到 2050 年达到近 90%。更快地部署所有可再生能源技术，才能使世界步入 2050 年净零排放情景的轨道。可调度的可再生能源，以及其他低碳发电源、储能技术和强大的电网，对于维护电力安全至关重要。在净零排放情景中，2050 年全球主要的可调度可再生能源将是水力（占发电量的 12%）、生物能（5%）、聚光太阳能（2%）和地热能（1%）。①

从全球可再生能源战略规划来看，欧洲是可再生能源技术的推动者，致力于用可再生能源替代核能和化石能源。2020 年底，欧盟委员会发布《海上可再生能源战略》，提出了欧盟海上可再生能源的中、长期发展目标。为助力欧盟实现 2050 年碳中和目标，该战略提出到 2030 年海上风电装机容量从当前的 12 吉瓦提高至 60 吉瓦以上，到 2050 年进一步提高到 300 吉瓦，并部署 40 吉瓦的海洋能及其他新兴技术（如浮动式海上风电和太阳能）作为补充。2021 年 7 月，欧盟委员会在“创新基金”资助框架下投入 1.22 亿欧元，支持推进低碳能源技术商业化发展。2021 年，欧盟委员会（EC）批准法国政府一项 305 亿欧元的可再生能源发电援助计划，该计划将在 2021 年至 2026 年期间援助可再生能源装机容量共计 34 吉瓦，包括水电、陆上风电、地面太阳能、建筑屋顶太阳能、创新太阳能、发电自用太阳能和技术中性可再生能源在内的七类能源项目。2021 年日本将《绿色增长战略》更新为《2050 碳中和绿色增长战略》，新版战略主要将旧版中的海上风电产业扩展为海上风电、太阳能、地热产业，将氨燃料产业和氢能产业合并，并新增了新一代热能产业。在可再生能源技术上，重点推动新型浮动式海上风电技术研发，通过研究钙钛矿等具有潜在应用价

① *Net zero by 2050*, IEA(2021, Paris).

值的材料开发下一代太阳能电池技术，开展超高温、高压环境下的钻孔套管材料和涡轮等材料抗腐蚀技术研究促进开发地热资源调查钻井技术。2021年以来，美国多次提出对生物燃料进行资金支持，美国能源部先进能源研究计划署(ARPA-E)斥资3 500万美元支持先进生物燃料技术研发，旨在整合高校、企业和国家实验室的研究力量联合开发先进的生物质转化燃料技术，为11个生物能源项目的研究和开发提供近3 400万美元的资金，这些项目主要是利用城市固体废物和藻类生产生物燃料、生物能源和生物产品。此外，DOE还宣布在“地热能研究前沿观测研究”(FORGE)计划框架下投入4 600万美元，支持17个增强型地热系统(EGS)前沿技术开发项目。

第三节　节能技术创新战略

节能技术是指利用节能减排技术实现生产、消费、使用过程的低碳，达至高效能、低排放、低能耗。重点领域主要涵盖钢铁、电力、石油化工、黑色金属冶炼及压延加工业、非金属矿物制品业等二氧化碳高排放量工业行业。在当前助力低碳生产与运营优化的技术中，能效提升是减缓碳排放增长的主要途径。国际能源署(IEA)预测，能源利用效率的提升将使未来20年与能源相关的温室气体减少40%以上的排放量。此外，高耗能行业的产品碳足迹通常较高，对该类产品实现循环利用也是降低该行业碳排放的重要途径。

一、电力节能减排技术

根据国际能源署(IEA)预测，到2030年，电力碳排放量需要下降55%，才能实现到2050年的净零排放情景目标。电力系统除加快将发电燃料由化石能源转换为可再生能源、核能等，加强智能电网技术、储能技术等的研发与推广也是实现零碳目标的必要手段。智能电网是一种电力网络，它使用数字技术和其他先进技术来监控和管理来自所有发电来源的电力传输，以满足最终用户不同的电力需求。智能电网协调所有发电机、电网运营商、最终用户和电力市场利益相关者的需求和能力，以尽可能高效地运行系统的所有部分，最大限度地降低成本和环境影响，同时最大限度地提高系统的可靠性、弹性和稳定性。

从全球智能电网建设上来看，为促进智能电网的规划与发展，2005年欧盟成立了智能电网技术平台，又先后发布了《欧洲未来电网愿景与战略》《欧洲未来电网战略研究议程》《欧洲未来电网战略部署方案》等战略规划。其中 2021 年欧盟“地平线欧洲”（Horizon Europe）计划重点关注了能源系统、电网及储能领域的技术改造提升问题。[①]该计划拟资助的主题包括：开发、验证、示范一个能源数据空间，为欧洲共同的能源数据空间建立基础，通过基于 HVDC（高压直流输电）技术和解决方案设计提高电力系统可靠性和弹性，推动超导系统和 Elpipes 技术（基于金属导体的聚合物绝缘地下 HVDC 输电管道）的电网应用，开发基于分布式储能灵活性服务的互操作解决方案，示范新型储能技术并集成到创新的能源系统和电网架构中。美国没有真正意义上的国家级电网，电网系统分散而且分布不均。美国能源部（DOE）表示，美国 70%的输电线和变压器运行年限超过 25 年，60%的断路器运行年限超过 30 年。美国能源部（DOE）发起了“建设更好的电网”倡议（Building a Better Grid），以加快该国能源传输基础设施的现代化进程。在建设智能电网中，美国重点关注储能技术的攻关，2020 年 12 月，美国能源部发布综合储能战略“储能大挑战”（ESGC），分析了全球储能技术的现状与趋势，提供了解决技术开发、商业化、制造、估值和劳动力挑战的选项，致力使美国在未来的储能技术领域处于全球领先地位，重点关注锂离子电池、铅酸电池、抽水蓄能、压缩空气储能、氧化还原液流电池、氢储能、建筑热储能，以及长时储能技术。2021 年 3 月美国能源部（DOE）投入 7 500 万美元在西北太平洋国家实验室成立“电力储能工作站”（GLS）的国家级电力储能研发中心，加快推进先进的、电网级别的低成本长时储能技术研发和部署工作，推进美国电网现代化。

二、钢铁节能减排技术

钢铁对现代经济至关重要，未来几十年，全球对钢铁的需求预计仍将持续增长。为满足不断增长的社会和经济对钢铁的需求，钢铁行业的挑战在于保持竞争力的同时制定更可持续的发展道路。钢铁行业目前占全球最终能源需求的 8%和能源部门 CO_2 排放量（包括过程排放）的 7%。[②]因此，通过创新、低

---

① Europe commission, “Main work programme of Horizon Europe adopted”，详见 https://eic.ec.europa.eu/news/main-work-programme-horizon-europe-adopted-2021-06-16_en/（发布日期：2021 年 6 月 16 日）。

② *Ironand Steel Technology Roadmap*, IEA(2020, Paris), https://www.iea.org/reports/iron-and-steel-technology-roadmap/（发布日期：2020 年 10 月）.

碳技术部署和资源效率提升,钢铁行业在减少能源消耗和温室气体排放、开发更可持续的产品方面拥有重大机潜力。

钢铁行业实现碳减排目标,研发和推广新的炼钢工艺至关重要,氢冶金、碳捕集、使用和储存(CCUS)、生物能源和直接电气化都构成了实现炼钢深度减排的途径,能源价格、技术成本、原材料的可用性和区域政策格局都是影响可持续发展情景中技术组合的因素。在几个国家获得低成本可再生电力(每兆瓦时20—30美元)为氢基直接还原铁(DRI)路线提供了竞争优势,到2050年,该路线将达到全球初级钢铁产量的15%。氢冶金和CCUS技术加起来占可持续发展情景中累计减排量的1/4左右。低碳排放炼钢创新项目在全球持续推进,瑞典的HYBRIT项目正在开发基于氢的直接还原铁生产,一条试验线于2020年夏季开始运营,并于2021年8月试运生产了第一批无化石燃料钢,德国设计的钢铁公司示范工厂也在推进氢直接还原铁的开发。荷兰的一个试点钢铁厂采取HIsarna项目对可与CCS相结合的强化冶炼还原技术进行测试。日本的COURSE50项目旨在开发低排放钢铁生产,该项目以高炉为基础,但具有多项减排功能,可从高炉中回收气体以减少燃料输入需求,将焦炉煤气重整为用作燃料的氢气,以及整合碳捕集。法国安赛乐米塔尔工厂的IGAR和3D项目正在测试类似的技术。

为实现2050年净零排放目标,私营部门和各国政府积极制定了相关减排计划或战略,截至2021年,占全球钢铁产量约1/3的钢铁公司和地区钢铁协会已经制定了到2050年或更早实现净零排放的目标。一些国家制定了专门针对钢铁行业的战略措施。例如,瑞典制定了钢铁行业路线图,作为其无化石瑞典计划的一部分。2019年,英国宣布计划设立2.5亿英镑的清洁钢铁基金,以支持采用新的低排放技术。此外,《欧盟绿色协议》的目标之一是2030年前加快开发零碳排放的钢铁技术。同时,印度制定了废钢回收政策以增加钢铁回收,并制定了促进钢铁行业的低碳研发计划。[①]

三、建筑节能减排技术

据IEA统计,目前,建筑领域合计占全球最终能源消耗总量的近1/3和直

---

① *Ironand Steel*, IEA(2021, Paris), https://www.iea.org/reports/iron-and-steel/(发布日期:2021年11月).

接二氧化碳排放量的近15%。受发展中国家能源获取改善、热带国家对空调需求的增长、能源消耗设备的拥有和使用增加以及全球建筑建筑面积快速增长的推动，建筑物和建筑施工的能源需求持续上升。IEA“2050年净零碳排放”情景下，预计在2020—2050年期间，全球平均每周增加的建筑面积相当于整个巴黎市的占地面积，其中80%新增建筑面积将出现在新兴和发展中国家。该情景下，从现在到2030年，使既有建筑符合“具备零碳条件”标准的年平均改造率在发达和新兴经济体国家分别为2.5%和2%，就能在2050年前实现彻底脱碳的建筑。现阶段全球新建建筑中，仅有5%符合这一标准。在建筑领域有着巨大的未开发提高能源利用效率的潜力，亟须制定相应节能战略推进建筑领域节能减排。①

提高能源效率和使用节能电气化设备是建筑物部门脱碳的两大主要驱动力。这种转变主要依靠市场上已有的技术，包括改良型新建筑和现有建筑物围护结构、热泵、节能电器，通过数字化和智能控制技术实现的效率提高等要实现建筑物部门用能脱碳目标，这需要在2050年前对几乎所有的现有建筑物完成一次深入的节能改造，并要求新建筑物达到严格的能源效率标准。目前，只有75个国家已制定或正在制定建筑物能源规范，其中约40个国家的规范强制性适用于住宅和服务用建筑物这两类建筑物。在净零排放情景中，所有国家最迟将在2030年实施全面的零碳条件建筑物规范。②

将建筑供热和供暖的方式从化石燃料锅炉、熔炉转变为电力设备，是提高建筑能效、实现建筑脱碳的重要途径之一。其中，热泵是“2050年净零碳排放”情景认为的实现室内供暖电气化的关键技术。英国计划逐步停售燃气锅炉，作为实施零碳条件建筑标准的措施之一。包括法国在内的许多欧盟国家，未来几年都将开始停售燃油和燃气锅炉。爱尔兰将分别从2022年和2025年起禁止在新建建筑中安装燃油和燃气锅炉。许多国家在其新冠肺炎疫情后的复苏计划中，都利用建筑节能改造领域的资金对类似政策予以支持。荷兰提出了在2030年前安装高达200万热泵机组的计划，该计划还将从2024年起，每年为10万热泵机组的安装提供补贴，进一步鼓励热泵应用。2020年，挪威通过ENOVA项目向2 300户家庭发放了补贴，致力于为区域供热系统中的高

---

① *Energy Efficiency 2021*，IEA(2021，Paris)，https://www.iea.org/reports/energy-efficiency-2021/(发布日期:2021年11月).

② *Net Zero by 2050*，IEA(2021，Paris)，https://www.iea.org/reports/net-zero-by-2050/(发布日期:2021年11月).

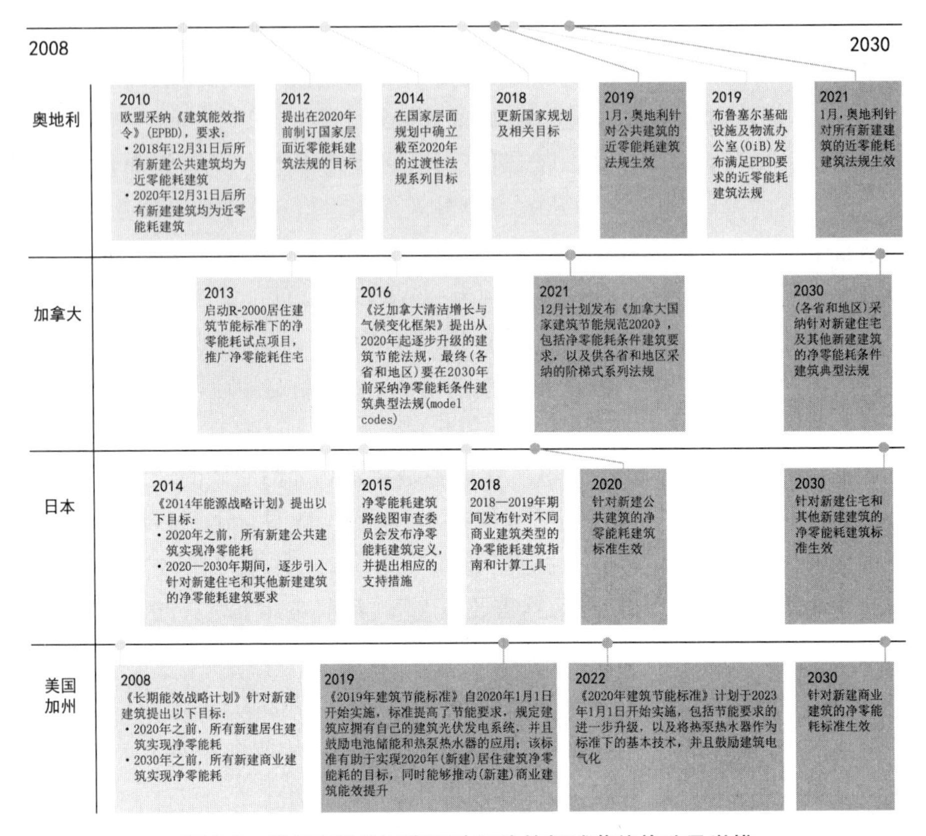

图 3-2 近年来部分国家和地区建筑领域节能战略及举措

资料来源：*Net Zero by 2050— A Road Map for the Global Energy Sector*，IEA(2020，Paris).

温热泵应用拓宽市场。2020 年，超高效设备和电器部署(SEAD)倡议和英国政府发起了 COP26 产品能效行动呼吁，旨在到 2030 年将主要产品的能效提高一倍，包括通用照明服务灯、住宅空调和住宅冰箱等。①

第四节 碳捕集、利用和储存技术创新战略

碳捕集、利用和封存(CCUS)是指将 CO_2 从工业过程、能源利用或大气中分离出来，现场直接加以利用或通过管道、船舶、铁路或卡车压缩和运输至异

---

① *Tracking Buildings 2021*，IEA(2021，Paris)，https://www.iea.org/reports/tracking-buildings-2021/(发布日期：2021 年 11 月).

地利用或注入深层地质构造（包括枯竭的油气藏或盐碱地层）以实现 CO_2 减排的一套技术。①根据减排效应的不同，可将 CCUS 分为减排技术（传统 CCUS 技术）、负碳技术[生物质能碳捕集与封存（Bioenergy with Carbon Capture and Storage，BECCS）和直接空气碳捕集与封存技术（Direct Air Carbon Capture and Storage，DACCS）]。比较而言，BECCS 即配备 CCUS 技术的生物质发电站，通过改变碳源的能源类型使得发电厂不仅不会排放 CO_2，还会从空气中吸收 CO_2 并封存于地下；而 DACCS 则指直接从空气中捕获 CO_2 并封存，由于其碳源最为普遍，因此相比传统 CCUS 和 BECCS，DACCS 工厂位置的设置更为灵活。

CCUS 技术起源于 20 世纪 70 年代美国石油生产商利用 CO_2 提高石油采收率，从发展历程来看大致历经四个阶段，现已进入商业化初期快速增长阶段。根据国际能源署（IEA），截至 2021 年 11 月，全球已公布的 CCUS 设施建设计划超过了 100 个，而全球管道工程项目的推进将有望让 CO_2 运输能力翻两番，世界各地的 CCUS 设施每年能够捕获超过 40 Mt CO_2。国际能源署（IEA）发布的《碳捕集、利用与封存（CCUS）——世界能源技术展望 2020 特别报告》指出，为实现全球净零碳排放，仅靠能源结构调整无法去除工业和运输行业约 29 亿吨 CO_2 排放，需利用 CCUS 技术储存和消纳。在现有技术情形下，在部分行业减排路径中 CCUS 是不可跳过的关键一环。根据 IEA 在可持

图 3-3　CCUS 技术发展历程

资料来源：全球碳捕集与封存研究院、彭博新能源财经、华宝证券研究创新部。

---

① *About CCUS*，IEA（2021，Paris），https://www.iea.org/reports/about-ccus/（发布日期：2021 年 9 月）.

续发展情景下对各行业 CCUS 减排贡献的测算，钢铁、水泥、化工、燃料转化、发电行业等在 2020—2070 年的过程中将会利用 CCUS 技术实现累计 25%、61%、28%、90%、15%的减排量。CCUS 是目前众多碳减排技术中唯一能够大幅减少电力与工业领域 CO_2 排放的技术①。

一、电力领域的 CCUS 技术

CCUS 技术可以通过三种方式支持电力系统的低碳转型：通过 CCUS 技术改造煤炭、天然气等化石燃料组合降低碳排放；配备 CCUS 技术的化石燃料电厂与水力等清洁能源发电电网互联共同满足了当前大部分的灵活性需求，火力发电在平衡波动性可再生能源造成的季节性或长期电力短缺方面发挥重要作用；通过与生物能源结合产生负排放。

近年来，CCUS 技术的发展势头大幅增长，在全球范围内，目前正在开发 40 多个配备 CCUS 技术的发电项目。大约 1/4 的项目在美国，1/4 在英国，1/3 在其他欧洲国家（挪威、荷兰、瑞典和丹麦等国），5 个在中国。其中在 2020 年 1 月至 2021 年 8 月期间宣布了近 30 座新配备 CCUS 的发电厂（每年 CO_2 总捕集能力略高于 30 公吨）的计划。大多数项目涉及燃气（30%）和燃煤（30%）电力，超过 1/3 的项目涉及生物质和废物发电，还有两个计划将氢能发电与低碳氢能相结合生产。为降低发电厂配备 CCUS 技术的成本而提出的几项技术创新正在进行试点测试。美国的 NET Power 公司在得克萨斯州建立的 50 兆瓦清洁能源发电厂，采用 Allam 循环技术使用 CO_2 作为全氧燃料、超临界 CO_2 动力循环中的工作流体。该过程产生相对纯净的 CO_2 流，显著降低捕集成本。该示范项目于 2018 年开始运营，该公司目前正在全球开发多个商业规模的设施。Fuel Cell Energy 公司开发了一种可以从将熔融碳酸盐燃料电池与化石燃料发电厂相结合的集成系统中以浓缩流的形式捕获 CO_2 的技术。J-Power 公司在日本的 Osaki Cool Gen Capture 示范项目于 2019 年 12 月开始测试从 166 兆瓦的综合气化联合循环工厂捕获 CO_2，扩大了在运燃煤电厂的捕获技术组合。Drax 公司于 2019 年初在英国运营的生物能源 CO_2 捕集试点项目是世界首创从 100%生物质原料燃料的发电厂中

---

① *Energy technology perspectives 2020-special report on carbon capture utilisation and storage*, IER (2020, Paris)/(发布日期:2020 年 5 月).

捕集 CO_2 的示范项目。2020 年开始第二个试点项目以测试不同的溶剂，成功的试点决定推进 2027 年建成世界首座商业规模的负排放发电站。[①]

二、工业领域的 CCUS 技术

工业部门产生了全球 1/4 的 CO_2 排放量，CCUS 是能够显著减少工业部门直接 CO_2 排放（包括过程排放）的少数技术选择之一。目前，工业和燃料转换部门有不到 30 个商业 CCUS 设施在运行，CCUS 设施每年在工业和燃料转换部门中捕获近 40 公吨二氧化碳。近年来，气候目标和更具吸引力的投资环境推动了 120 多个新的工业 CCUS 项目计划。欧洲通过共同分摊 CO_2 运输和储存基础设施的成本正助推 CCUS 项目的实施，在挪威的 Norcem Brevik 水泥厂正在建设世界上第一个应用 CCUS 的水泥设施，英国通过设立 10 亿英镑的 CCS 基础设施基金筹划建立 5 个低碳工业集群，其中几个集群正在开发用于低碳制氢的 CCUS 基础设施，爱尔兰计划建立工业 CCUS 中心。在美国，2020 年 1 月至 2021 年 8 月期间，在工业和燃料转换领域宣布了近 50 个新的碳捕集项目，这些项目将使美国工业 CCUS 容量增加一倍以上，并接近当前全球工业 CCUS 容量的两倍。自 2020 年初以来，各国政府和行业已承诺为 CCUS 项目计划提供近 180 亿美元的资金支持。这包括挪威对 Longship 项目的支持（18 亿美元）、英国政府对 5 个工业 CCUS 中心的支持（14 亿美元）和德国宣布在 2025 年之前每年为工业 CCUS 项目提供超过 1.2 亿美元的资金。

三、CCUS 技术的碳中和战略意义

CCUS 作为碳减排的主要技术之一，其主要优点在于减排潜力大，适用范围广。对于全球实现零碳排放目标的战略意义体现在以下五个方面[②]：

（1）化石能源实现低碳化利用的唯一技术途径是 CCUS。在碳中和目标背景下，未来能源结构应围绕“高比例可再生能源＋核能/化石能源”布局清洁低碳的现代能源体系。2020 年，煤炭在中国能源消费占比中高达 57%，预计

---

① *CCUS in Power*，IEA（2021，Paris），https://www.iea.org/reports/ccus-in-power/（发布日期：2021 年 11 月）。

② 华宝证券研究创新部：《碳捕集利用与封存技术，零碳之路的最后一公里》，上海，2021 年。

到 2050 年该比例可能降至 10%—15%。煤炭产生的碳排放实现零排放的唯一技术途径将是 CCUS。

(2) CCUS 可弥补一些传统碳减排手段带来的负面作用,例如助力电力行业保持灵活性。作为碳排放最高的行业,电力系统首先需提高可再生能源发电比例,而受其在供需端的不稳定性影响,利用“火电+CCUS”的技术途径,可在实现碳减排的同时,提供稳定清洁的低碳电力。

(3) 当前技术情形下,钢铁、水泥等行业净零排放离不开 CCUS 技术。根据 IEA 发布的 2020 年钢铁行业技术路线图预测,到 2050 年钢铁行业采取常规减排方案,剩余 34%碳排放量,进一步利用氢直接还原铁(DRI)技术仍剩余 8%以上的碳排放量。水泥行业采取常规减排方案,仍剩余 48%碳排放量。CCUS 将成为钢铁、水泥等难减排行业实现零排放的必要技术之一。

(4) 负碳技术是部分工业过程以及难减排行业的重要减排路径之一。根据《中国二氧化碳捕集利用与封存(CCUS)年度报告(2021)》预计,到 2060 年,中国仍有数亿吨非 CO_2 温室气体和部分电力、工业、航空业排放的 CO_2 无法实现减排,BECCS 及 DACCS 可助力该部分碳排放的减排,是实现碳中和目标的重要减排路径之一。尽管生态碳汇等方式也可实现大气中二氧化碳的部分去除,但在减排可验证性以及减排效果的持久性方面,BECCS 与 DACCS 更有优势。

(5) CCUS 是制备低碳氢气的有效途径。氢气作为类似电力的二次能源,当前主要通过以煤炭或天然气为原料进行制备,若其制备方式是低碳的,则终端在使用时不会带来额外的碳排放。因此,通过 CCUS 技术+天然气制氢或煤制氢的方式可以支持低碳制氢生产规模快速扩大,以满足交通、工业、建筑的能源需求。同时相比使用绿电电解制氢,叠加 CCUS 技术的制氢方式成本更低。

参考文献

[1] 朱承亮、吴滨:《科技创新是实现“双碳”目标的关键支撑》,《中国发展观察》2021 年。

[2] 曲建升、陈伟、曾静静等:《国际碳中和战略行动与科技布局分析及对我国的启示建议》,《中国科学院院刊》2022 年第 4 期。

[3] IEA(2022), *Energy Technology RD&D Budgets: Overview*, https://www.iea.org/reports/energy-technology-rdd-budgets-overview.

[4] IEA(2021), *Net Zeroby 2050*, https://www.iea.org/reports/net-zero-by-2050.

[5] Goldman Sachs, *Carbonomics the Clean Hydrogen Revolution*, 2022

[6] IEA(2019), *Nuclear Powerina Clean Energy System*, https://www.iea.org/reports/nuclear-power-in-a-clean-energy-system.

[7] IEA(2021), *Nuclear Power*, https://www.iea.org/reports/nuclear-power.

[8] IEA(2021), *Net zero by 2050*.

[9] *Mainwork programme of Horizon Europe adopted*, https://eic.ec.europa.eu/news/main-work-programme-horizon-europe-adopted-2021-06-16_en.

[10] IEA(2020), *Ironand Steel Technology Roadmap*, https://www.iea.org/reports/iron-and-steel-technology-roadmap.

[11] IEA(2021), *Ironand Steel*, https://www.iea.org/reports/iron-and-steel.

[12] IEA(2021), *Energy Efficiency 2021*, https://www.iea.org/reports/energy-efficiency-2021.

[13] IEA(2020), *Net Zero by 2050— A Road Map for the Global Energy Sector*.

[14] IEA(2021), *Net Zero by 2050*, https://www.iea.org/reports/net-zero-by-2050.

[15] IEA(2021), *Tracking Buildings 2021*, https://www.iea.org/reports/tracking-buildings-2021.

[16] IEA(2021), *About CCUS*, https://www.iea.org/reports/about-ccus.

[17] IEA(2020), *Energy technology perspectives 2020-special report on carbon capture utilisation and storage*.

[18] IEA(2021), *CCUS in Power*, https://www.iea.org/reports/ccus-in-power.

[19] 华宝证券研究创新部:《碳捕集利用与封存技术:零碳之路的最后一公里》,上海,2021 年。

执笔：刘树峰（上海社会科学院信息研究所）

第四章　全球碳中和战略：新能源与新产业

第一节　碳中和战略与产业变革

当前，全球 2/3 以上的国家和地区已经提出了双碳战略愿景，覆盖了全球二氧化碳排放和经济总量的 70%以上。未来，围绕碳达峰、碳中和将掀起一场新的科技创新与产业变革的浪潮，低碳零碳产业体系将成为各国经济发展新的核心竞争力。在向绿色低碳转型过程中，产业转型深度将进一步重塑各国和区域经济竞争格局。实现碳中和意味着我国经济增长与碳排放的深度脱钩，这需要推动能源、产业结构的系统性变革，必须充分把握双碳产业升级和结构调整的重大机遇，推动经济社会高质量发展。

一、低碳经济转型

低碳经济（low-carbon economy，LCE）或脱碳经济（decarbonised economy）是指以产生低水平温室气体排放的能源为基础的经济。人类活动导致的温室气体排放是 20 世纪中期以来观测到的气候变化的主要原因。温室气体的持续排放可能会在世界各地造成持久的变化，增加对人类和生态系统产生严重、普遍和不可逆影响的可能性。日益加剧的气候变化担忧凸显了全球向“绿色经济”转型的重要性，即降低化石燃料消耗和温室气体排放。目前，化石燃料仍在全球能源体系中占主导地位，占总能源供应的 80%以上，在维持全球经济增长中的基础性作用不可忽视。《京都议定书》和《巴黎协定》为全球低碳能源转型奠定了基础，旨在将不可再生能源转化为清洁和可再生能源，从而实现经济脱碳和可持续发展。

实现碳减排和碳中和需要全球经济转型，有效的脱碳行动是将能源结构从化石燃料转向零排放的电力和其他低碳排放的能源载体。同时，需要调整工业和农业的生产过程，提高能源效率和管理能源需求，充分利用循环经济，采用碳捕集、利用和储存（CCS）技术，增强温室气体的吸收能力。可见，低碳或脱碳经济转型具有普遍性，波及能源、土地利用系统和全球经济。因此，如果要实现碳排放的净零目标，经济系统中的各个产业部门需要进行改造。此外，各个产业部门之间高度依赖，减少碳排放必须在经济系统内协调一致地大规模开展，如电动汽车只有在实现了低排放电力生产的情况下才有价值。

尽管低碳经济转型涉及所有产业部门，但它的经济影响在各个产业部门之间并不统一，不同产业部门的碳排占比存在较大差异（见图 4-1）。电力、热力行业所受到的影响最大，其次是交通和工业。这些产业部门的经营活动（如钢铁和水泥）以及产品使用（如汽车和化石燃料）都有很高的碳排放水平，还有一些产业（如建筑业）的碳排放主要来源于供应链，在脱碳过程中会增加成本，预计到 2050 年，钢铁和水泥的生产成本将分别上升约 30％和 45％。目前，全球工业制造业正在减排升级，2020 年，化工、钢铁和水泥三大行业占全球工业部门碳排放总量的 70％，三大行业正积极探索减排升级新方式，如整合价值链资源，推进废弃物转化利用；引进氢能冶金工艺，减少直接排放；利用碳捕集、利用与封存技术（CCUS），推进净零排放。同时，交通运输业也在绿色转型。2014 年以来，以电能、燃料电池替代化石燃料的新能源交通产业蓬勃发展，2020 年全球电动汽车保有量突破 1 000 万辆，年增长率 43％，同期燃料电池车

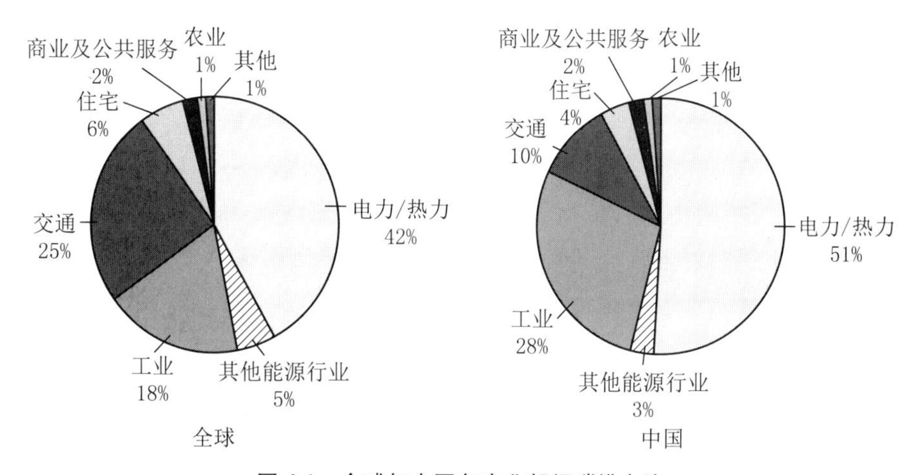

图 4-1　全球与中国各产业部门碳排占比

资料来源：德勤 & 华为（2021），详见《全球能源转型及零碳发展白皮书》（发布日期：2021 年 9 月 23 日）。

增长率 40%。铁路电气化、货运氢能利用、交通系统智慧升级正在成为全球趋势。此外,建筑能效提升显著提升。2019 年,73 个国家制定了建筑能效标准,全球可持续/绿色建筑认证数量保持增长。各国通过应用新型墙体材料、增强建筑围护结构的热工性能、提高建筑用能设备电气化水平、采用高能效设备、提升建筑物用能系统运行效率等方式,优化建筑能效。各国在推进气候行动的同时,均高度重视数字技术应用,支持能源、工业、交通和建筑等部门零碳转型。据世界经济论坛分析,到 2030 年,5G、物联网、人工智能、云等数字技术可以助力全球 15%的碳减排。

在全球范围内转向低碳经济可以为发达国家和发展中国家带来巨大的利益,世界上许多国家正在设计和实施低排放发展战略。这些战略寻求实现社会、经济和环境发展目标,同时减少温室气体排放,增强对气候变化影响的适应能力。要实现净零碳排放,需要发电部门的完全脱碳,并大规模扩大电力使用,在尽可能多的产业部门实现电气化,还需要氢的生产和使用增加到三倍,以及在增加生物能开发和碳捕集、利用与封存方面发挥重要作用。向低碳经济转型既是一个重大机遇,也是一个巨大挑战,转型需要变革当下以化石燃料为基础的能源体系和经济体系。政府的长期政策框架必须到位,以使政府各部门和利益攸关方能够做出有计划的改变,促进有序转型。《巴黎协定》所要求的长期国家低排放战略,可以作为国家转型的愿景,而本研究可以作为全球转型的愿景。这些长期目标需要有配套的可衡量的短期目标和政策。净零路径详细提出了 400 多个产业部门和技术里程碑,以指导 2050 年实现净零的全球征程(见图 4-2)。

二、新能源产业变革

回顾人类文明史,长期以来,木柴是主要的能源来源;然而,当时能源利用率低,因此空气污染排放量也低。18 世纪蒸汽机的发明标志着工业革命的开始,工业革命导致了煤炭的大规模开采和消费。1920 年,煤炭占一次能源消费的 62%,世界进入了煤炭时代。1965 年,石油首次取代煤炭成为世界上消耗最多的能源,世界进入了石油时代。1979 年,石油占世界能源消耗的 54%,标志着从煤炭到石油的第二次能源革命。直到现在,化石燃料仍然是我们的主要能源。随着每一个新时代的到来,能源的使用和效率都大大提高。不幸的是,对环境污染的程度也大大加深。因此,我们未来的能源系统必须是清洁和

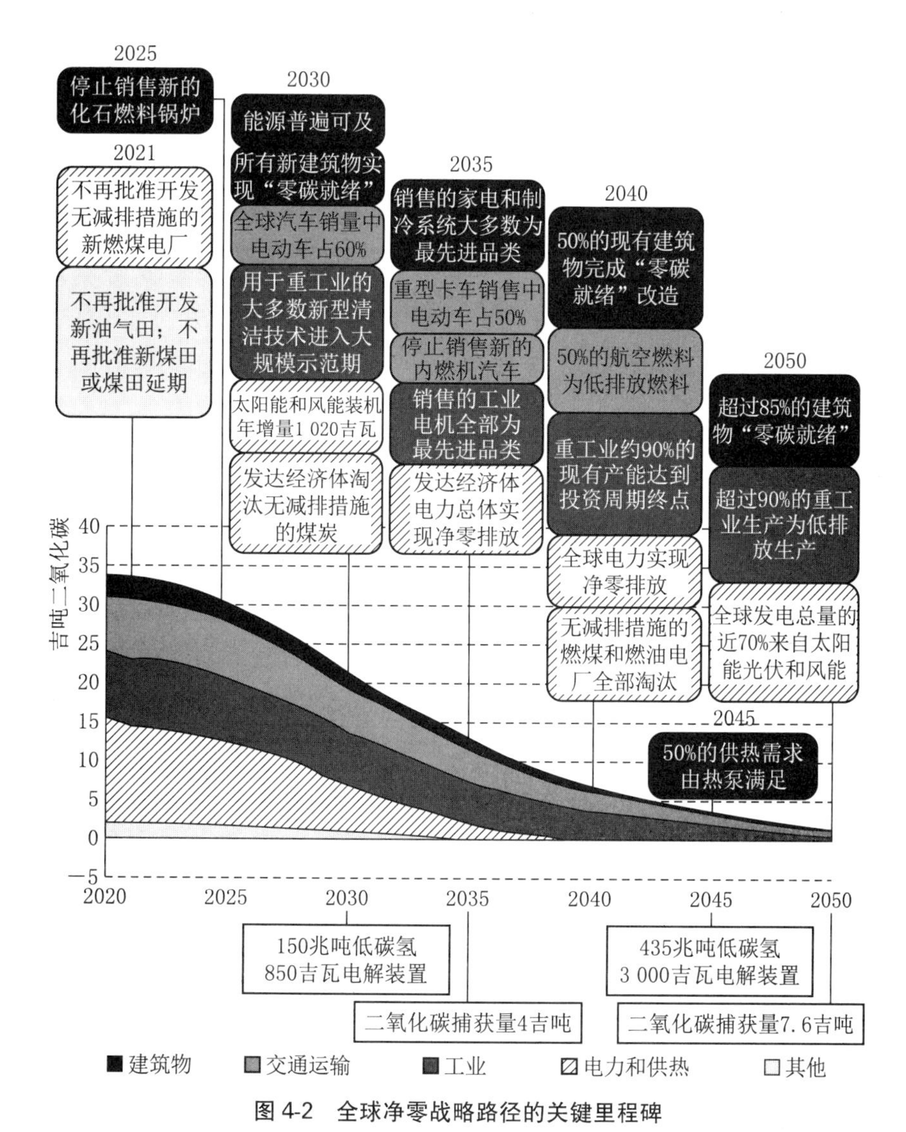

图 4-2　全球净零战略路径的关键里程碑

资料来源：国际能源署(2021)，详见《全球能源部门 2050 年净零排放路线图》(发布日期：2021 年 6 月 8 日)。

低碳的，以确保人类文明的可持续发展。

随着碳达峰、碳中和需求的不断增长，对脱碳的推动以及对气候变化的普遍关注，全球能源行业正处于转型状态，越来越关注新能源产业或可再生能源工业。在双碳战略背景下，新的油气田将不再批准开发，也不需要新的煤矿或煤矿扩建，对气候变化坚定不移的政策关注导致化石燃料需求急剧下降，这意味着油气生产商的重点完全从现有资产的运营转向了提升生产效率和减排。

到2050年,全球煤炭需求将下降98%,仅占总能源使用的不到1%;天然气需求下降55%,至17 500亿立方米;石油需求下降75%,至2 400万桶/天,而2020年约为9 000万桶/天。到2050年,能源部门将主要依靠可再生能源,而不再是化石燃料,2/3的能源供应来自风能、太阳能、生物能、地热能和水能。

据估计,2050年的全球能源供给要服务一个比现在大两倍多、人口多20亿的经济体。为了保持世界经济增长和所有人都能获得足够能源,全球能源产业必须做出相应变革,以更有效地利用能源,提高资源效率和改变生活行为结合起来,从而抵消对能源服务需求的增加。电力几乎占总能源消耗的50%,它在从交通、建筑到工业的各个领域都发挥着关键作用,对于生产氢等低排放燃料至关重要。能效最低的燃煤电厂将在2030年前逐步淘汰,而其余仍在使用的燃煤电厂将在2040年前进行改造。2050年的全球总发电量比现在增加了2.5倍以上,其中近90%的电力来自可再生能源,风能和太阳能光伏合起来占近70%,其余的大部分来自核能。目前,欧洲、亚洲的多个主要国家,以及美国均已发布多项光伏、风电发展规划,从现在到2050年,全球太阳能光伏发电能力将增加20倍,而风力发电能力将增加11倍。为此,全球净零目标为太阳能、风能和锂离子电池等可再生能源产业创造了市场机会,新能源产业成为全球资本市场投资的关键领域。据估计,到2050年,可再生能源市场的价值将达到1万亿美元,相当于当前石油市场的规模。输配电网的年投资将从今天的2 600亿美元增加到2030年的8 200亿美元。到2030年,电动汽车公共充电站的数量将从目前的100万个左右增加到4 000万个,到2030年,每年需要投入近900亿美元。到2030年,电动汽车的电池年产量将从目前的160千兆瓦时(GWh)跃升至6 600千兆瓦时,这相当于未来10年每年增加近20家千兆工厂。而在2030年之后,氢气和CCUS的普及意味着现在就要打好基础,二氧化碳管道和氢动力基础设施的年投资将从现在的10亿美元增加到2030年的400亿美元左右。

可见,我们正在进入一个"能源产业革命"的新时代。未来的能源产业具备以下三个特点:一是低碳能源生产。可再生清洁能源取代化石燃料是正在进行的能源革命的趋势,而太阳能是目前最好的解决方案之一。太阳能生产不仅是清洁的,而且随着技术的发展和创新不断降低太阳能发电的成本,它可能很快就会成为一种更便宜的能源。二是能源独立和互联互通。作为工业时代的典型产物,现有的电力能源系统由资源丰富地区的大型水电厂和燃煤电厂组成,通过电网系统将其输出供应给消费中心。未来的能源体系将以可再生能源为主,以区域为基础,每个地区都将有自己的能源供应系统,从而与区域电网形成一个新的系统,并与其他地区的电网相互连接,以平衡系统,确保能源供应的一致性。三是能源共享体系。当太阳能被数以百计的工厂和数以千计的家庭所采用时,供电系统将彻底改变。每一所学校、每一个工厂、每一个家庭都将成为一个微型清洁能源发电站。新能源革命的方向是建立一个基于大型数据库和智能能源连接平台的能源共享系统。如果一个家庭的发电量超过了他们的用电量,他们就会通过区域电网与其他家庭分享多余的电量。建立能源共享系统可以进一步降低采用清洁能源的成本,促成一种共享能源和共享经济的新模式。

三、能源转型中的工业变革

能源转型是实现碳中和的关键因素,全球一半以上的温室气体排放来自能源行业,从历史维度看,能源转型与工业变革几乎是同步进行的。在人类历史上,工业生产曾经历了三次颠覆性变革。第一次工业革命发生在 18 世纪末,蒸汽机进入了工厂,使得那些对体力要求最高和重复性最高的工作进一步机械化,极大提高生产率和降低生产成本,进而提高生活水平和工厂周边城市的发展。同时,蒸汽机也促进了印刷机和印刷术以及铁路的发展,人、物品和信息可以比以往更快地、更大范围地流动。第二次工业革命发生在 19 世纪末,采用了从石油和天然气中提取电能作为动力的装配线,从而大大提高了生产效率,推动了规模化生产。第三次工业革命发生在 20 世纪 70 年代,电子信息和通信技术在制造业的应用推动了自动化和工程技术发展,进一步提高了生产力。

当前,工业生产正在经历另一个根本性的转变(Herrmann 等,2014; Kang 等,2016)。新一轮工业变革的愿景是推动工业生产的物理世界与信息技术的数字世界融合在一起,形成数字互联的工业生产系统。在全球不同地区,这一愿景以不同的名称引发热议,在德国,通常被称为工业 4.0,而在美国,它被称为工业互联网、先进制造或数字制造。越来越多的国家和地区制定了应对新一轮工业变革的发展战略,如德国的工业 4.0 平台(Plattform Industrie 4.0),美国的工业互联网联盟(The Industrial Internet Consortium),其他很多国家也有类似的倡议,比如日本的产业价值链倡议(Industrial Value-Chain Initiative)、法国的未来商业(Usine du Futur)等。与以往不同的是,此次工业变革非常重视环境保护，提倡使用可再生能源。在净零目标下，工业变革要适应能源转型需求：一是实现能源结构调整，由化石能源向可再生能源转型，从能源生产、输送、转换和存储全面进行改造或者调整，形成新的能源体系，全面提升可再生能源利用率；二是加大电能替代及电气化改造力度，推行终端用能领域多能协同和能源综合梯级利用，推动工业节能减排，提升能效水平。

因此，当下的工业革新与可持续能源转型密切相关，两者都受到技术创新的高度影响，依赖于新的合适的基础设施和法规的发展，也是新商业模式的潜在推手。工业 4.0 的一个关键特征是制造过程的数字化。这种转变可以提供节能的机会。例如，通过优化算法来控制大量相互连接的机器人的行为，从而降低它们的能量消耗，通过最小化机器人的加速度，他们的能源消耗可以减少高达 30%，而不增加整体生产时间。创新的数字技术也为取代传统的能源密集型制造流程提供了机会，如快速成型技术(Rapid Prototyping)。同时，一种更节能的生产模式是转换业务流程，实行精准客制化。整个产业链和价值链的数字化已经打开了与客户直接连接和整合用户体验的途径，在未来的产品或服务的开发中，通过客制化方式，按需定制的产品在技术上变得可行，为消除不必要的功能提供了机会，从而降低能耗。此外，结合可持续能源和工业 4.0 这两种趋势尤为重要，在将可持续能源概念纳入数字工厂方面有许多机会和潜力。其中一些方法可以归入能源储存的范畴，储能能力对于不稳定的能源系统非常重要，无论是为了能源供应的安全还是弹性。能源存储还有利于更有效地利用现有的基础设施，如通过储能减少峰值负载。对于生产中具有高热容量或以蒸汽为基础过程的一些行业，“电转热”技术对于消纳新能源及移峰填谷具有重要意义，它是指将多余的可再生能源转换成可以存储或直接使用的热能(如蒸汽)，通过此方法暂时替代燃气加热过程，从而降低能源价格，提升能源利用率。与之相类似的方法是“电转气”技术，多余的可再生能源被用来生产天然气，最常见的是甲烷或氢气。一般来说，电转热的效率高于电转气，但后者的优势是它可以用于大规模存储，而且后期可以很容易地重新转化为电力。对于拥有氢基础设施的工厂来说，采用“电转气”技术可以是一个更适宜的应对双碳约束的选择。

第二节　新能源战略

新能源指光伏、风电、氢能、生物燃料等清洁、高效、安全、可持续能源，与传统化石能源和水电、核电等传统非化石能源相对应。新能源产业是指通过新能源技术和产品的科研、实验、推广、应用及其生产、经营活动，从而让新能源实现产业化的一种高新技术产业。在政策支持和新能源应用成本大幅降低的推动下，全球新能源开发利用规模不断扩大，可再生能源产业近年来发展迅速。电力行业仍然是可再生能源的最大亮点，在水电产业已经做出重大贡献的基础上，近年来太阳能光伏和风电产业强劲增长。然而，电力仅占全球能源消耗的1/5，可再生能源在交通和供暖领域的作用仍对能源转型至关重要。总之，开发利用新能源已成为主要发达国家推进能源转型的核心内容和应对气候变化的主要途径。

一、光伏能源战略

太阳能光伏是指利用光伏半导体材料的光生伏打效应而将太阳能转化为直流电能的设施。一般是以硅材料的应用开发形成的光电转换产业链条称之为“光伏产业”。由于近年来各国都在积极推动可再生能源的应用，光伏产业的发展十分迅速。光伏系统可以大规模安装在地表上成为光伏电站，也可以置于建筑物的房顶或外墙上，形成光伏建筑一体化。至2030年，太阳能光伏全球装机容将达到2 840吉瓦(GW)，太阳能光伏发电成本约为34—40美元/兆瓦时(MWh)，在过去10年里，太阳能光伏发电成本下降了近90%。

由于太阳能光伏发电的技术和成本等优势，世界各国普遍将其定位为未来电力系统的支柱。美国重返《巴黎协定》，虽然联邦政府没有专门的太阳能战略，但拜登政府已经把清洁能源制造作为优先事项，并在太阳能研究方面投入巨资。欧盟认为欧洲是太阳能行业的领导者，欧洲太阳能行业在设备、逆变器、原材料和加工材料的研发和制造方面处于领先地位。欧盟认为，太阳能光伏将为欧盟公民和企业提供负担得起、安全和清洁的电力供应，以重振欧洲工业和推动绿色发展。英国能源和气候变化部的计划表明，英国政府改变了发展太阳能发电的重点，从之前开发大型太阳能发电场，转变到利用大型建筑物屋顶安装太阳能光伏面板，这项计划将使英国在发展太阳能发电方面取得世界领先地位。日本经济产业省公布的《2050年碳中和绿色增长战略》显示，电力行业仍然较多地依靠传统的燃煤燃气发电，为按时兑现减排目标，重心将转向以太阳能为首的可再生能源。

光伏产业作为半导体技术与新能源需求相结合的衍生产业，是世界主要国家都极为重视的战略性新兴产业之一。在可控核聚变技术成熟之前，光伏也是所有能源品种中最理想的，是未来30年全球实现净零目标的希望之光。因此，世界各国的光伏能源战略目标几乎都是促进电力绿色转型。美国提出要完善国内基础设施建设，促进本国太阳能产业产能的整体回流，达到创造更多工作岗位的效果，尤其是企图转移在中国经营的太阳能公司的供应链，缩减中国相关企业对美太阳能产品出口。日本政府公布的第6版《能源基本计划》首次提出“最优先”发展可再生能源，提出到2030年可再生能源发电量的占比将达到36%—38%，除扩大太阳能光伏发电的规模、增加其用地以外，更重要的是依靠科技力量不断提高太阳能光伏发电的能效。同时，日本经济产业省发布了《绿色增长战略》，光伏被纳入下一代住宅、商业建筑和太阳能产业，发展目标是到2050年实现住宅和商业建筑的净零排放。英国太阳能贸易协会呼吁政府大幅增加太阳能装机容量。继承诺到2030年达到40 GW和2035年达到54 GW的目标之后，英国政府在《能源安全白皮书》中提出：到2030年，英国的太阳能发电装机容量要从目前的14.9 GW增加到50 GW，增幅超过235%，未来9年将实现年均增长3.9 GW。欧盟委员会发布了备受期待的RePower EU通讯，旨在解决欧洲目前面临的能源安全和价格挑战，这项计划提出，通过加速发展可实现2030年1 000 GW太阳能装机目标。提案还强调了屋顶太阳能在欧盟国家电力供应上的作用，目标是在2022年底之前安装15 TWh的太阳能屋顶。包括屋顶太阳能目标在内，RePower欧盟战略计划到2030年欧盟新增420 GW的太阳能，使欧盟的太阳能总装机容量达到565 GW。

光伏产业链包括上游硅料、铸锭（硅棒）、硅片，中游电池片、电池组件、薄膜光伏组件以及下游应用系统（包括发电系统、运维监测系统、逆变器）等六个环节。从利润结构来看，上游的硅料生产获利最高，而下游电站收益由于国家补贴收益也很稳定，而中游电池片和电池组件由于进入门槛较低，导致竞争激烈，收益相对较低。《美国太阳能制造法案》建议重点推动薄膜和晶硅光伏产业链的国内制造，而美国参议院财政委员会发布的《重建更好未来法案》草案提到重点发展太阳能光伏逆变器和跟踪器，以及此前提及的重点发展太阳能光伏电池、组件产业链。日本经济产业省发布的《绿色增长战略》中提到，加快包括钙钛矿太阳电池在内的具有发展前景的下一代太阳电池技术研发、示范和部署；加大太阳能建筑的部署规模，推进太阳能建筑一体化发展。英国在集热器制造、测试、安装、培训和咨询等领域具有专长，在光伏发电材料研发领域居世界领先水平，近期重点发展领域聚焦“太阳能＋储能”。其他大部分国家发展太阳能光伏的重点基本落在增加装机量，以替代传统化石能源的发电需求。

二、风电能源战略

风能是指风所产生的能量，即大规模气体流动所产生能量以及其应用，主要应用为风力发电，系利用风带动风力发动机运转。风力发电厂由多组风力发电机组成，并连接到输电系统中。岸上风力发电是一种低成本的发电方式，在某些地区，发电成本比传统的燃煤发电、燃气发电及核能发电还低。但岸上风力发电厂会影响风景，并且比起其他发电厂需要更多的土地面积，可能导致农村工业化或造成栖息地破坏。离岸风力发电比岸上风力发电更强、更稳定，同时在视觉上的影响更小，但建造和维护的成本则更高。小型的岸上风力发电厂可以作为一种微型发电，为电网提供一些电力，或是为隔离于电网之外的偏远地区提供电力来源。然而，风是一种间歇性可再生能源，无法根据需求而增减发电。因此，风力发电必须与其他的电力来源或储存设施一起使用，才能够提供稳定的电源。

世界各国普遍认识到风电是构建新型电力系统的主体能源，是支持电力系统率先脱碳，进而推动能源系统和全社会实现碳中和的主力军。风电产业大规模、高质量发展是落实“双碳”目标任务的重要战略选择。目前，西方发达国家的风电能源战略主要聚焦海上风电。美国能源部(DOE)发布《海上风能战略》，总结了美国海上风电的现状和面临的挑战，并提出了推动美国成为全球海上风电领导者的可行性策略。战略指出，到2030年美国海上风电装机容量需达到30 GW以实现CO_2减排7 800万吨，并刺激每年超过120亿美元的资金投入，可建设多达10个海上风力涡轮机组件和安装船制造厂，促进价值5亿美元的港口升级，创造13.5万个工作岗位。此外，该战略明确提出了开展海上风能资源和风电场地理位置信息表征、研发先进的海上风电技术、海上风电输送和电网集成等具体的行动计划，以推动美国到2050年达到110 GW的海上风电装机规模。近年来，英国发展可再生能源的主要途径是大力利用风能资源。作为北大西洋的岛国，英国拥有丰富的风能资源，根据《全球光伏》分析，目前英国拥有风力发电26 GW，其中海上风电11 GW，陆上风电15 GW。即将发布的《能源安全白皮书》显示，到2030年英国将再新增40 GW海上风电和 15 GW 陆上风电，总规模达到 80 GW。欧盟制定的风能开发战略雄心勃勃，一方面是为应对气候变化，另一方面是为寻求保持全球领先地位。欧盟委员会日前公布一份"近海可再生能源战略"草案，旨在大幅度提升可再生能源在总体能源消费中的占比。根据草案，预计到 2030 年欧盟整体海上风电产能将达到 60 KMW，到 2050 年则增加到 300 KMW。当前，欧洲海上风电产能为 23 KMW。风力涡轮机主要分布在北海、波罗的海、大西洋、地中海和黑海沿岸，北海目前是世界海上风电的最佳位置。欧盟在海上风力发电领域处于世界领跑地位，目前全球 42%的海上发电能力分布在欧洲沿海。但全球各地的竞争者正在追赶，特别是中国和印度正在挑战欧洲风电先发优势。此外，欧盟现在还要面临来自英国的激烈竞争。在美国，外界推测民主党将重启绿色能源政策，重点也是推进风能技术。

三、氢能源战略

氢是一种清洁的、可再生的燃料，在取代化石燃料的交通运输、电力供应和一系列工业过程中发挥重要作用。氢已成为一系列行业的关键，这些行业为一系列制造过程、采矿业和农业部门提供了重要的投入。在过去的两年里，世界见证了国家宣布和计划的氢政策的显著增加。2019 年初，只有中国、法国、日本和韩国等少数几个国家宣布了有关氢的初步工作。两年后，包括澳大利亚、智利、芬兰、德国、挪威、葡萄牙和西班牙在内的 10 多个国家以及欧盟已经制定了详细的氢战略，预计还有 9 个国家将在不久的将来公布战略。随着欧洲、亚太地区、美洲和海湾合作委员会（GCC）国家的新发展，全球越来越多的公共和商业实体正在实施国家氢能源战略。

世界各主要经济体氢发展战略规划是随着对氢的认识的不断加深和国家战略需要而不断演进的，其战略定位大致经历了能源安全导向、碳中和导向和国家战略性新兴产业导向三个主要阶段。第一阶段始于 20 世纪 70 年代石油危机，一直持续到 2015 年，各国氢战略定位主要是保障能源安全，兼顾污染物减排作用。第二阶段为 2016 年至 2019 年，主要经济体将氢发展战略定位由能源安全导向上升到碳中和导向，把氢作为实现碳中和的重要手段。第三阶段从 2019 年至今，主要经济体更加重视氢产业在国家未来产业发展中的战略地位，把低碳氢产业作为未来经济增长的重要引擎，战略定位上升为国家战略性新兴产业导向。韩国于 2019 年发布了《韩国氢经济路线图》，成立了氢经济促进委员会,把占据世界燃料电池汽车和燃料电池最大市场份额作为氢经济发展战略目标。澳大利亚于 2019 年出台了《澳大利亚国家氢战略》,明确把加快培育清洁、创新、安全和有竞争力的氢产业作为战略目标,充分利用可再生能源丰富的优势,打造全球氢气供应基地。22 个欧盟国家和挪威政府于 2020 年 12 月发布《开发欧洲氢技术和系统价值链的联合宣言》,把氢产业作为欧洲关键的共同利益之一,旗帜鲜明地表达出对氢产业竞争力的重视,其首要目的是确保欧洲技术的领先态势,允许欧洲企业优先进入各国氢市场并建设包括低碳氢生产、装备制造、氢储运和工业脱碳等氢价值链基础设施。美国 2020 年发布了更新版本的《美国能源部氢项目规划》,把氢作为美国 21 世纪经济发展动力和工业复兴引擎。

各主要经济体在氢战略规划中都制定了经济目标、制氢目标、燃料电池汽车发展目标和环境效益目标。在经济目标方面,主要包括产业链产值、就业人数、氢气需求与产量、氢气成本等,美国和欧盟的战略规划及路线图中,对氢应用场景市场,给出了较为详细的 2030 年和 2050 年的氢需求量。例如,到 2050 年,欧盟预测氢在工业、交通、建筑和发电领域的用量分别占 39%、30%、26% 和 5%,美国燃料电池、高品质燃料和工业用原料及还原剂用氢所占用量分别为 44%、28%和 28%。在制氢目标方面,发达国家把绿氢和低碳氢作为氢供给的重点,分析其需求,提出成本目标和需求目标。在燃料电池汽车方面,各国对燃料电池汽车应用数量和加氢站数量提出了详细目标,其中日本燃料电池汽车指标体系最为完整。此外,美国、欧盟等国家和地区还制定了碳减排和污染物减排等定量的环境效益目标。美国提出到 2050 年通过氢产业减排二氧化碳 16%,减排氮氧化物 36%;欧盟提出氢产业对 2050 年碳中和目标的贡献率达到 50%;韩国提出到 2040 年通过氢产业减排二氧化碳 2 728 万吨和细颗粒物 2 373 吨。

各主要经济体根据本国的技术优势、资源禀赋和应用需求,分别作出重点规划。例如,日本和韩国重点发展燃料电池汽车,澳大利亚和葡萄牙重点发展低碳氢的生产和出口。在制氢环节,考虑到成本因素,美国、欧盟、日本、韩国和澳大利亚等在 2030 年前都把重点放在工业副产氢的提纯和化石燃料制氢,同时积极推动可再生能源制氢的技术研发和试点。从应用侧看,在交通领域,日本、韩国以乘用车为优先领域;美国和欧盟则将重点放在商用车,尤其是叉车和重卡;意大利、挪威、法国还把轮船作为重点领域。在工业领域,几乎各主要经济体都将钢铁、石化、化工作为优先领域,而英、法、比利时等国还把水泥、玻璃行业也列为重点领域,澳大利亚、葡萄牙、挪威、新西兰则把合成氨作为重点领域。在建筑领域，日本和欧盟重点发展家用燃料电池热电联产，法国、意大利、比利时、英国还把家用天然气掺氢列为重点领域。此外，英国、奥地利、比利时和西班牙还分别在城镇、园区、港口和岛屿层面开展综合示范。

四、生物质能战略

生物质是指能够当作燃料或者工业原料，活着或刚死去的有机物。生物质能最常见于种植植物所制造的生物质燃料，或者用来生产纤维、化学制品和热能的动物或植物。也包括以生物可降解的废弃物（biodegradable waste）制造的燃料。但那些已经变质成为煤炭或石油等的有机物质除外。生物质能是一种可再生能源，有时也被称为“碳中性”的能源。生物质能是碳循环的一个环节。光合作用将大气中的碳转化成有机物质，而有机物质在死亡或被氧化后会再以二氧化碳的形式回归大气。这循环相对的所需的时间较短，而用作燃料的植物可以很快地不断地重复种植替代。因此使用生物质能作为燃料依然可以维持大气中碳含量的水平。据统计，生物质能源占可再生能源供应的一半以上。生物质能可分为固体生物质、生物液体燃料、可再生废物（城市固体废物）和沼气/生物天然气。

目前，世界各国都提出了明确的生物质能源发展目标，制定了相关发展规划、法规和政策，促进可再生的生物质能源发展。例如，美国的玉米乙醇、巴西的甘蔗乙醇、北欧的生物质发电、德国的生物燃气等产业快速发展。早在布什政府时期，美国农业部和能源部提出的能源战略就包含大力推广更加清洁的、以生物质为基础的产品和生物燃料，以降低美国对进口石油的依赖，同时减缓气候变化。2002 年，日本最早的生物质燃料方案《日本生物质能战略》出台，该方案提出防止全球变暖、创建循环节约型社会、培育战略性新兴产业和振兴农村合作社四大战略，强调对生物质能源的综合利用，而生物燃料并不是重点。2006 年，日本修订了《日本生物质能战略》，重点强调生物质燃料在交通运输方面的利用。2007 年，日本生物质战略执行委员会（Executive Committee on Biomass Nippon Strategy）发布了一份题为《促进生物燃料在日本的生产》的报告。报告提出，至 2030 年左右，用纤维素材料（如稻草、镀锡木材）和可用作物资源（如甘蔗、甜菜等）年产生物质燃料 6 000 000 kl，约占国内燃油消费量的 10%。欧盟加快生物质领域战略部署，现阶段已将生物质燃料化作为发展生物质能的首要任务，从生物质直燃发电向交通运输燃料领域发展，正是以技术为导向从源头解决排放问题。欧盟提出战略能源技术计划（SET-Plan）旨在加快低碳技术的开发和部署，并提出"用于可持续交通的生物能源和可再生燃料"专项计划，优先发展先进的液体和气体生物燃料，其他可再生液体和气体燃料，可再生氢，高效大规模生物质热电联产，固体、液体和气体中间生物能源载体。该计划在整个生物能源领域设定三个目标：提高生产性能（产量和效率），减少价值链上的温室气体排放，降低成本。预计到 2030 年，该计划累计投资额达到 22.9 亿欧元，而示范和扩大活动投资额预计达到 1 043.1 亿欧元。

第三节　新产业战略

新产业指推动碳达峰、碳中和的绿色产业，属于双碳产业化，包括新能源汽车、节能减排装备等产业，可进一步延伸到推动产业双碳化的数字化、智能化装备制造和信息服务业。从能源需求侧看，再生资源利用模式的普及、能效提高，建筑、交通和工业部门的大规模电气化，以及氢能等新型能源的利用将重塑资源能源利用乃至整个经济形态。在工业部门，钢铁、塑料等关键材料的利用率和回收率提高、生产能效提升将极大地减少用能需求，而电加热、氢能、生物能源及碳捕集和封存等技术也为重工业领域原料和生产过程的脱碳提供可能性。

一、新能源汽车产业

新能源汽车是指采用非常规的车用燃料作为动力来源（或使用常规的车用燃料、采用新型车载动力装置），综合车辆的动力控制和驱动方面的先进技术，形成的技术原理先进且具有新技术、新结构的车辆。新能源车包括很多类型：混合动力电动汽车、纯电动车（包括太阳能车）、燃料电池电动车、增程式电动汽车等。全球车企竞相迈向碳中和，世界主流汽车厂商已开始明确在碳达峰和碳中和时间节点的减排目标，有些甚至已制定明确的过程目标及具体举措和路径。例如，戴姆勒表示，到 2030 年，梅赛德斯-奔驰品牌电动乘用车销量占比将达 50%以上，到 2039 年，将停止销售传统内燃机乘用车，届时其旗下所有乘用车将实现碳中和。沃尔沃提出"2040 环境计划"，力争在 2040 年前成为全球气候零负荷标杆企业。在"双碳"目标下，新能源汽车正在引领"脱碳"大潮，也因此成为世界能源版图中最热门的竞争领域。

2021—2025年全球新能源车渗透率大幅提高，销量复合增长率有望达30%。从保有量来看，根据国际能源署(IEA)分析，到2030年，全球新能源汽车保有量将达到1.3亿辆。世界主要经济体相继出台了中长期发展规划及新能源汽车刺激政策，促进新能源汽车产业链市场发展和技术提升。不同国家的产业战略路线是有差异的，如英国、芬兰和瑞典是以混合动力汽车(PHEV)为主的替代路线，中国、美国、德国、韩国、挪威和荷兰等，则是以纯电动汽车(BEV)为主。美欧正在将发展新能源汽车产业升级为国家战略，旨在掌握关键零部件生产和技术研发，减少对外依赖，建立本土化供应链。美国拜登政府正在加大政策支持，将发展新能源汽车产业升级为国家战略。美国白宫官网于2021年发布公告，拜登签署了《加强美国在清洁汽车领域领导地位》行政命令，设定了美国到2030年零碳排放汽车销量达50%的重大目标，并联合通用、福特和斯特兰蒂斯等美国主要车企发布联合申明，希望在2030年美国电动汽车渗透率达到40%—50%，确保美国汽车行业在全球的领先地位。行政令特别明确了零排放汽车的内涵，除传统纯电动汽车(BEV)、插电式混合动力汽车(PHEV)外首次强调了氢燃料汽车(FCEV)。同时提出，燃油车平均油耗需要在2026年由目前的每加仑汽油行驶43.3英里提高至52英里。此次白宫声明旨在制定更加严格的燃油效率和排放标准，倒逼新能源汽车需求，是美国将发展新能源汽车产业设定为其国家战略的标志。欧盟委员会颁布了《欧洲绿色协议》，希望能够在2050年前实现欧洲地区的"碳中和"，通过利用清洁能源、发展循环经济、抑制气候变化，恢复生物多样性、减少污染等措施提高资源利用效率，实现经济可持续发展。其中也包括交通部门的碳减排等各种内容，逐步淘汰内燃机汽车和扩大电动汽车。欧盟正式实施史上最严苛的碳排放法规，过渡期仅一年，无法达标的企业将面临巨额罚款。到2025年、2030年排放量目标将比2021年分别降低15%和37.5%。欧洲车企只能通过新能源汽车或者低排放汽车来满足新的标准。在战略规划方面，日本经济产业省2010年发布《新一代汽车战略2010》，支持新一代汽车(BEV/PHEV/HEV/FCV和清洁柴油汽车等)推广普及，提出到2030年混合动力汽车新车销售占总销量的比重为30%—40%、纯电动汽车和插电式混合动力汽车占比为20%—30%、燃料电池汽车占比为3%、清洁柴油车占比为5%—10%。2014年，经济产业省发布《汽车产业战略2014》，提出全球化、研发和人才、系统、产品四大战略；同年，日本政府明确提出加速建设"氢能社会"的战略方向，并发布《氢能/燃料电池战略发展路线图》，提出"三步走"战略并提供研发、示范和补贴等优惠政策。面向2050年，日本提出xEV（BEV/PHEV/HEV/FCV）战略，推进全球日系车xEV化以实现从油井到车轮的零排放，围绕促进开放性创新、积极参与国际协调、确立社会系统等方面做出具体部署。同时，各国也在积极布局燃料电池汽车，特别是氢燃料电池汽车。当前，燃料电池汽车正处于由技术研发向商业化推广的过渡阶段。美国、欧盟分别提出到2030年推广氢燃料电池汽车530万辆和424万辆，韩国计划到2040年累计生产620万辆，日本计划在2040年燃料电池汽车保有量达到300万至600万辆。

二、储能产业

电力系统转型在即，储能产业作为能源结构调整的支撑产业和关键推手，在传统发电、输配电、电力需求侧、辅助服务、新能源接入等不同领域有着广阔的应用前景。碳中和目标的实现需要风电、光伏等新能源大规模的建设，而新能源发电具有不稳定性、间歇性的问题，提高了电网在输配容量、电频波动控制等方面的要求，有效的运营需要新型电力系统的支持，新型电力系统正在经历从“源—网—荷”到“源—网—荷—储”的变化，储能有望成为新型电力系统的第四大基本要素。新型电力系统在用电侧，将由同步发电机转变为光伏、风电等可再生能源为主；在输配电侧，由单向送电转变为特高压直流、双向输配电系统；在用电侧，由单一用电转变为复合多层次用电。而储能设备贯穿于新型电力系统转型的发电、输配电、用电三个环节，将迎来快速发展的机遇。

2020年，全球不同地区纷纷发布了关于储能或储能技术发展路线图。美国能源部（DOE）发布了一份《储能大挑战路线图》报告，进一步提升了储能发展战略地位。路线图草案提出了技术开发、制造和供应链、技术转化、政策与评估、劳动力开发五个领域的重要行动，并提出构建不断发展的电网、为偏远社区服务、电动交通、相互依赖的网络基础设施、关键服务、设施灵活性、效率和价值提升六个与社区、商业和区域能源和基础设施目标相关的应用场景设想。该战略旨在加速下一代储能技术的开发和商业化应用，推进美国在储能领域的发展，打造以终端使用为目标、研发和产业相结合的完整的储能产业链，最终构建、维持美国在储能技术领域全球的领先地位，实现2030年美国本土制造能够满足美国所有市场需求的储能技术，并达到“本地创新、本地制造、全球部署”的终极目标。欧盟发布电池战略研究议程，开展电池储能技术战略研究。在“战略能源技术规划”（SET-Plan）框架下，欧盟委员会于2019年创建电池技术创新平台——“电池欧洲”(ETIP Batteries Europe),该平台在2021年初发布了《电池战略研究议程》,从电池应用、电池制造与材料、原材料循环经济、欧洲电池竞争优势四方面提出了未来十年的研究主题及应达到的关键绩效指标,旨在推进电池价值链相关研究和创新行动的实施,加速建立具有全球竞争力的欧洲电池产业。欧洲电池联盟2021年初欧盟发布《2030电池创新路线图》,路线图认为传统的铅,新贵的锂、镍系和钠基电池,不同种类的电池都有适合于特定应用的优点,没有一种电池或技术能满足全部应用要求,路线图将重点放在各种关键应用,确定需要改进的关键电池性能,以满足未来应用的需求,强调欧洲不能逐步淘汰一种电池技术,转而采用另一种电池技术,认为所有电池技术都有助于实现欧盟的脱碳目标,同时报告也强调了锂离子电池在电力储能领域的优势。澳大利亚处于全球电池革命的最前沿,尽管澳大利亚已经占据了电池生产原料供应市场的很大一部分,但澳大利亚却错失了包括材料提炼在内的下游加工以及电池生产和组装等更大的市场机会。随着全球对锂离子电池的需求不断增加,澳大利亚正面临着可以转型成为主要的电池加工、制造和贸易中心的一个独特机会,以增加其市场份额。通过制定未来电池产业战略将继续提高澳大利亚电池生产业链的能力,并投资研究,以引领澳大利亚在全球电池价值链中把握增长的机遇。印度莫迪政府于2019年批准实施《变革移动电池储能国家计划》,借此推动清洁、互联、共享和可持续的移动能源倡议。同时莫迪政府还批准国家《分期制造计划》,以扶持印度大型、具出口竞争优势的吉瓦级电池制造企业发展,并为此聚焦大型组件和包装装配厂和集成电池制造。日韩也将储能列入2050年能源创新战略,日本政府综合科技创新会议(CSTI)发布了《能源环境技术创新战略2050》,在储能领域重点发展新一代蓄电池和氢燃料存储;韩国联合部委发布《2030二次电池产业(K-蓄电池)发展战略》,并将把蓄电池核心技术指定为与半导体并列的国家战略技术。

三、智能电网产业

在清洁能源中,水电,核电等具有出力稳定的特性,和传统的火电相比对电网的影响不大。但光伏和风电的发电能力受太阳光和风的较大影响,呈现出较高的时间性和波动性,与传统火电和水电截然不同,将给电网稳定性带来较大冲击。为了应对光伏和风电给电网的冲击,在新能源应用领域走的相对领先的欧美电网提出了“智能电网”这一概念,用信息化+储能让电网更好地适应新能源占比提升引发的问题,并引入了价格杠杆,用浮动电价去合理平衡各方的利益,提升电网对新能源的消纳能力。智能电网则是在传统电网结构的基础上,实现了电能“发输配用”全环节的数据双向交互,电能控制、调度、储存等环节都得到了极大拓展,能够灵活根据用电端的电能消纳情况及时调度全环节的电能“发输配储”情况,真正达到电网智能化、自动化、弹性化。

美国智能电网发展战略推进过程,较清晰地表现为三个阶段,可归纳为“战略规划研究+立法保障+政府主导推进”的发展模式,是一个典型的美国国家发展战略推进模式。在美国前总统小布什以及美国能源部(DOE)的大力推动下,2002—2007年,美国依次形成了《国家输电网研究(2002)》《Grid2030——美国电力系统下一个百年的国家愿景(2003)》《国家电力传输技术路线图(2004)》《电力输送系统升级战略规划(2007)》等具有延续性的系列战略研究与规划报告,为后续立法和政府主导实施奠定了良好基础。2007年底由时任美国总统布什签署了《能源独立与安全法案》(EISA2007),2009年初由时任美国总统奥巴马签署了《美国恢复和再投资法案》(ARRA2009)。EISA2007第13章标题就是智能电网,它对于美国智能电网发展具有里程碑意义。它不仅用法律的形式确立了智能电网发展战略的国策地位,而且设计了美国智能电网整体发展框架,就定期报告、组织形式、技术研究、示范工程、政府资助、协调合作框架、各州的职责、私有线路法案影响以及智能电网安全性等问题进行了详细和明确的规定。在以上两份法案指导下,以DOE为首,美国相关政府部门从2008年起采取了一系列行动来推动智能电网建设。欧洲智能电网的发展主要以欧盟提供政策及资金支撑。与全球其他区域主要由单一国家为主体推进智能电网建设的特点不同,欧洲智能电网的发展主要以欧盟为主导,由其制定整体目标和方向,并提供政策及资金支撑。欧洲智能电网发展的最根本出发点是推动欧洲的可持续发展,减少能源消耗及温室气体排放。围绕该出发点,欧洲的智能电网目标是支撑可再生能源以及分布式能源的灵活接入,以及向用户提供双向互动的信息交流等功能。欧盟计划在2020年实现清洁能源及可再生能源占其能源总消费20%的目标,并完成欧洲电网互通整合等核心变革内容。欧洲智能电网的主要推进者有欧盟委员会、欧洲输电及配电运营公司、科研机构以及设备制造商,分别从政策、资金、技术、运营模式等方面推进研究试点工作。日本智能电网由日本政府经济产业省主导,产官学结合,由日本经产省和超过500家企业以及团体成立官民协议会——"智能电网联盟"。联盟的会长单位是东芝公司，干事单位由伊藤忠商事、东京燃气、东京电力、丰田汽车、日挥、松下、日立制作所、三菱电机组成，下设国际战略、国际标准化、发展路线、智能家居等 4 个工作组，开展智能电网战略研究和技术提携。经产省根据日本企业在智能电网的技术先进性，选出了 7 领域 26 项重要技术项目作为发展重点，如输电领域的输电系统广域监视控制系统（WASA）、配电领域的配电智能化、储能领域的系统用蓄电池的最优控制、电动汽车领域的快速充电和信息管理和智能电表领域的广域通信等被列入其中。

四、可持续建筑

可持续建筑或净零建筑（Net-Zero Building）倡导的是一种与自然和谐、与环境友好的可持续发展理念，不以牺牲自然资源为代价，符合绿色城镇化所要求的集约节约、绿色智能、生态宜居的标准。尤其是在全球气候变化方面，绿色建筑更是重要的应对领域，目前，全球碳排放中近 40%来源于建筑施工和运营。随着建筑部门的持续发展，2050 年全球建筑总量预计将在现在的基础上翻一番。考虑到建筑的长生命周期和碳排放，对全球应对气候变化来说，建筑部门减排至关重要。但实现建筑零碳排放是一项艰难的挑战，建筑使用寿命长，具有一定碳锁定效应。同时，净零碳建筑也可以成为经济发展的引擎。从研发生产，到工程、设计、建设和安装，在产业链的各个环节，净零碳建筑可以创造大量的、高质量的就业机会。

目前，很多国家和地区都开始实施能源系统零碳的转型，而其中建筑系统的转型扮演着重要的角色，但大多数国家和地区并没有针对性的战略框架来实现建筑净零碳排放。美国"能源独立"战略的实质是通过节能增效、增加本土供应和发展替代能源，以减少对进口石油的依赖。美国对传统燃料消费最为依赖的行业是交通运输及建筑部门，因此除了大力发展新能源汽车，提高能源利用效率的重要战略路径就是改造、升级建筑及建筑设施，提升设备和建筑的节能技术。能源之星（Energy Star），是一项使消费产品更节约能源而设立的国际标准及计划，该计划于 1992 年由美国环保署启动，目的是降低能源消耗及减少发电厂所排放的温室气体。后来还扩展到建筑的领域，美国环保署于 1996 年起积极推动能源之星建筑物计划，加拿大、日本、中国台湾、澳大利亚、新西兰和欧盟均有参与美国环保署推动的能源之星计划，并自 2001 年起每年一度召开国际能源之星计划会议。欧盟制订近零能耗建筑计划，通过提高建筑法规和标准的严格程度，以降低新建建筑的能耗。近年来，欧洲对实现近零能耗直至最终实现净零能耗目标给予了特别的关注。丹麦、德国、奥地利、瑞士和瑞典等国在历史上就是节能方面的领先者，目前仍继续发挥着引领作用。丹麦议会已经批准了在 2020 年前实现所有新建建筑近零能耗的标准。“被动房”和“迷你能源”等自愿标准已经成为推动欧洲建筑节能工作的助力器。其中，奥地利在减少建筑能耗方面是最为积极和全面的国家之一，奥地利政府的长期目标是在 2050 年前在建筑行业淘汰化石能源，这将使奥地利继续在建筑温室气体减排方面充当领先角色，并还在建设低能耗建筑方面保持领先。日本《绿色增长战略》提出 2050 碳中和发展路线图，其中涉及建筑产业绿色发展战略。一是推进建筑施工过程中的节能减排，如利用低碳燃料替代传统的柴油应用于各类建筑机械设施中，制定更加严格的燃烧排放标准等。二是推动下一代住宅、商业建筑发展，普及零排放建筑和住宅。到 2050 年实现住宅和商业建筑的净零排放。重点任务是针对下一代住宅和商业建筑制定相应的用能、节能制度；利用大数据、人工智能、物联网等技术实现对住宅和商业建筑用能的智慧化管理；建造零排放住宅和商业建筑；先进的节能建筑材料开发；加快包括钙钛矿太阳电池在内的具有发展前景的下一代太阳电池技术研发、示范和部署；加大太阳能建筑的部署规模，推进太阳能建筑一体化发展。

五、再生资源产业

再生资源产业是循环经济的重要组成部分，也是提高生态环境质量、实现绿色低碳发展的重要途径。回收作为再生资源产业的核心环节，承担着将各种分散的废旧物资进行“汇聚”与初加工的任务，是循环经济的重要实现手段和发展保障。资源回收，也称为再利用或循环再造，是指收集本来要废弃的材料，分解再制成新产品，或者是收集用过的产品，清洁、处理之后再出售。相对于传统垃圾遗弃，回收可以节省资源、降低温室气体排放。资源回收能预防浪费有潜在利用价值的资源、削减原料消耗，由此减少：能量消耗、空气污染（自垃圾焚烧）和水污染。

欧洲是循环经济的发源地。早期欧洲的循环经济主要从废弃物治理的角度出发，目标是降低固体废弃物对环境的影响。2008 年国际金融危机爆发，欧盟提出经济发展要由线性增长到循环型增长模式，在不断提高资源利用效率的同时促进经济的转型发展。2015 年 12 月，欧盟提出循环经济一揽子计划，包括四项废物管理立法修正建议、一个完整的行动计划及后续行动清单，构建了欧盟发展循环经济的战略构想。2019 年 12 月，新一届欧盟委员会发布《欧洲绿色协议》，以 2050 年实现碳中和为核心战略目标，构建经济增长与资源消耗脱钩、富有竞争力的现代经济体系。作为支撑欧盟绿色新政的一个重要支柱，2020 年 3 月 11 日欧盟发布了新版循环经济行动计划，核心内容是将循环经济理念贯穿产品设计、生产、消费、维修、回收处理、二次资源利用的全生命周期，将循环经济覆盖面由领军国家拓展到欧盟内主要经济体，加快改变线性经济发展方式，减少资源消耗和“碳足迹”，增加可循环材料使用率，引领全球循环经济发展。同时，该计划从资金、政策及立法等方面推动循环经济的发展，截至目前，取得了多项工作成果，包括提供超过 100 亿欧元资助、通过了《欧洲塑料战略》、引入生产者责任延伸制度（EPR）、为废弃物立法、提出到 2035 年将垃圾填埋率控制在 10%以下的目标等。该计划还推动至少有 14 个成员国、8 个地区和 11 个城市提出了循环经济战略。欧盟新委员会表示：“新的循环经济行动计划将与产业战略一起，帮助欧盟实现经济现代化，并从国内和全球循环经济的机遇中获益。”美国国家环境保护局（EPA）于 2021 年发布了《国家回收战略》（*National Recycling Strategy*），并重申了到 2030 年将美国的回收率提高到 50%的目标。这项战略确定了为建立一个更有力、更健强且具成本效益的美国市政固体废弃物回收系统所需的战略目标和行动。资源回收利用一直是 EPA 几十年来长期努力的重要部分，以实施《资源保护与再生法》（*Resource Conservation and Recovery Act*），以及推动近期开展“可持续物料管理”（Sustainable Materials Management）方针，该方针旨在减轻物料在其整个生命周期中的环境影响。同时，美国能源部（DOE）于 2018 年启动了塑料创新挑战（Plastics Innovation Challenge），以协调该部有关塑料回收、降解、升级利用和循环设计的诸多行动计划。长期以来，日本的循环经济战略重点放在消费后废弃物的资源化。“泡沫经济”时期的经济繁荣迫使日本政府调整垃圾管理政策，从废弃物的末端处理转向从源头出发的循环利用和减量化的垃圾处理模式。然而，剩下未能实现资源利用的垃圾当中，塑料垃圾占了相当大的比重。当时的塑料垃圾在日本属于不可燃垃圾，相当部分经过分类集中后就全部填埋处理。西欧发达国家在 2018 年 G7 峰会上签署了《海洋塑料宪章》之后，2019 年 1 月，欧盟又制定了《塑料资源循环战略》，这给一向自诩在垃圾处理问题上领导世界的日本以巨大国际压力。日本迅速做出回应，一改2018年拒签《海洋塑料宪章》的态度，于2019年5月出台了《塑料资源循环战略》。为应对亚洲各国对废塑料的进口限制，日本在塑料资源循环上的战略意图是构筑国内资源循环体制，确保在日本国内进行塑料资源的循环再利用和完善产业链，让日本的资源循环技术、创新、环境基础设施的软硬件走向海外，实现范围广阔的资源循环关联产业的振兴，最终将上述原则落脚于促成日本经济增长。

参考文献

[1] 麦肯锡(2022)：*The net-zero transition*：*What it would cost*，*what it could bring*。

[2] 国际能源署(2020)：《2050净零排放》。

[3] 德勤(2021)：《全球能源转型及零碳发展白皮书》。

[4] 世界经济论坛，https://www.weforum.org/agenda/2019/01/whydigitalization-is-the-key-to-exponential-climate-action/(发布日期：2019年1月15日)。

[5] 世界经济论坛，https://www.weforum.org/agenda/2017/09/next-energy-revolution-already-here/(发布日期：2017年9月20日)。

[6] Herrmann，C. et al.，"Sustainability in manufacturing and factories of the future"，*International Journal of Precision Engineering and Manufacturing-Green Technology*，2014，1(4)，pp.283—292.

[7] Kang，H. S. et al.，"Smart manufacturing. Past research，present findings，and future directions"，*International Journal of Precision Engineering and Manufacturing-Green Technology*，2016，3(1)，pp.111—128.

[8] 联合国：*Accelerating clean energy through Industry 4.0 Manufacturing the next revolution*。

[9] 陈洪波、王新春：《氢产业发展战略的国际比较及政策建议》，《企业经济》2021年第12期，第126—134页。

[10]《美国能源部发布"储能大挑战"路线图草案》，详见 http://www.casisd.cn/zkcg/ydkb/kjzcyzxkb/2020kjzc/zczxkb202009/202010/t20201015_5717026.html(发布日期：2020年10月15日)。

[11]《欧美储能政策布局对我国储能产业的挑战与启示》，详见 http://www.cspplaza.com/article-19562-1.html(发布日期：2021年2月22日)。

[12]《美国、欧洲、日本智能电网发展模式分析》，详见 https://www.qianzhan.com/analyst/detail/220/160525-ccc66f10.html(发布日期：2016年5月26日)。

[13] 未来智库：《智能电网产业专题研究：从海外智能电网建设看双碳带来的投资机会》，详见 https://www.iot101.com/news/1876.html(发布日期：2022年1月20日)。

[14] 能源基金会、马里兰大学全球可持续发展中心(2020)：《净零碳建筑：国际趋势和

政策创新》。

[15] 廖虹云、康艳兵、赵盟:《欧盟新版循环经济行动计划政策要点及对我国的启示》,《中国发展观察》2020 年。

[16] 陈祥:《日本制定“塑料资源循环战略”的原因及影响》,《日本问题研究》2019 年第 6 期。

执笔:杨凡(上海社会科学院信息研究所)

第五章　美国碳中和战略

美国是碳排放大国。2021 年 2 月，美国决定正式重新加入应对全球气候变化的《巴黎协定》，并强调《巴黎协定》是“史无前例的全球行动框架”。[①]2021 年 11 月，美国发布《迈向 2050 年净零排放长期战略》，旨在通过能源系统转型、电力脱碳、终端使用电气化、减少能源浪费、减少甲烷和其他非 CO_2 温室气体排放、扩大 CO_2 去除量等措施，推动美国实现净零排放，从而将全球气温上升限制在 1.5 ℃以内，支撑构建更可持续、更具韧性和更公平的总体发展愿景。该战略基于美国 2030 年国家自主贡献计划(NDC)，系统阐述了美国实现 2050 净零排放的中长期目标和技术路径。[②]

第一节　战 略 背 景

美国是累计碳排放量最高的国家，也是目前世界第二大能源生产和消费国，理应在应对气候危机、实现碳中和目标中担当一定的责任。拜登总统向国际社会作出承诺，2030 年实现“国家自主贡献”目标，2050 年实现净零排放。然而，美国要实现其双碳目标，仍然面临不少挑战，如党派纷争不断，政策执行阻碍大、基础设施投资不足、亟须技术创新等。

一、基本国情

美国是世界第一大经济体，地理面积位列全球第三，东临大西洋，西临太平

---

① 美国前总统特朗普 2017 年 6 月宣布美国将退出《巴黎协定》。2020 年 11 月 4 日，美国正式退出该协定，此举遭到美国国内和国际社会的广泛批评。

② 先进能源科技战略情报研究中心：《美国发布 2050 净零排放长期战略》，https://mp.weixin.qq.com/s/QJ6JpZpyi2Md6tghv-PHEA/(发布日期：2021 年 12 月 24 日)。

洋,北接加拿大,南邻墨西哥和墨西哥湾。根据美国人口普查局数据,截至2021年7月1日,美国人口约为3.318亿,[①]是世界第三大人口大国。根据美国商务部经济分析局数据,2019年,美国GDP(按当前美元计算,下同)达到21.43万亿美元,[②]受2020年新冠肺炎疫情暴发影响,2020年美国GDP下降至20.94万亿美元。[③]2021年美国实际GDP增长5.7%,GDP总量达到23万亿美元。[④]

美国是能源消耗大国。2018年,美国总能源消耗量达到101千兆英热单位(Btu),是自1950年以来的最大消耗量。2020年美国总能源消耗量为92.94千兆Btu,比2019年下降约7%。[⑤]根据美国能源信息署数据显示,五大能源消耗部门中,电力、交通运输、工业是一次能源消耗主要领域,分别占35.74%、24.23%、22.10%(见表5-1)。四大最终用途部门中,一次能源使用加上从电力部门购买的电力,2020年其消耗量,工业达到25.24千兆Btu、交通运输达到24.25千兆Btu、住宅为11.53千兆Btu、商业为8.67千兆Btu(见表5-2)。2020年四大最终用途部门能源消耗总量占比,住宅部门22%,商业部门18%,工业部门33%,运输部门26%(见图5-1)。

表5-1　2020年美国五大部门一次能源消耗量占比

能源消耗部门	消耗量(千兆英热单位)	能源消耗部门	消耗量(千兆英热单位)
电力	35.74	住宅	6.54
交通运输	24.23	商业	4.32
工业	22.10		

资料来源:美国能源信息署(2021),详见U.S. Energy Information Administration, *U.S. energy facts explained*, https://www.eia.gov/energyexplained/us-energy-facts/(更新日期:2021年5月14日)。

---

① United States Census Bureau, https://www.census.gov/quickfacts/fact/table/US/PST045217.

② Gross Domestic Product, Fourth Quarter and Year 2019(Third Estimate); Corporate Profits, Fourth Quarter and Year 2019, https://www.bea.gov/news/2020/gross-domestic-product-fourth-quarter-and-year-2019-third-estimate-corporate-profits/(发布日期:2020年3月26日).

③ Gross Domestic Product(Third Estimate), GDP by Industry, and Corporate Profits, Fourth Quarter and Year 2020, https://www.bea.gov/news/2021/gross-domestic-product-third-estimate-gdp-industry-and-corporate-profits-4th-quarter-and/(发布日期:2021年3月25日).

④ Gross Domestic Product(Third Estimate), Corporate Profits, and GDP by Industry, Fourth Quarter and Year 2021, https://www.bea.gov/news/2022/gross-domestic-product-third-estimate-corporate-profits-and-gdp-industry-fourth-quarter/(发布日期:2022年3月5日).

⑤ U.S. Energy Information Administration, *Use of energy explained*, https://www.eia.gov/energyexplained/use-of-energy/(更新日期:2021年5月14日).

表 5-2　2020 年最终使用部门一次能源使用加上从电力部门购买电力的能源消耗量

能源消耗部门	消耗量(千兆英热单位)	能源消耗部门	消耗量(千兆英热单位)
工业	25.24	住宅	11.53
交通运输	24.25	商业	8.67

资料来源:美国能源信息署(2021),详见 U.S. Energy Information Administration, *U.S. energy facts explained*, https://www.eia.gov/energyexplained/us-energy-facts/(更新日期:2021 年 5 月 14 日)。

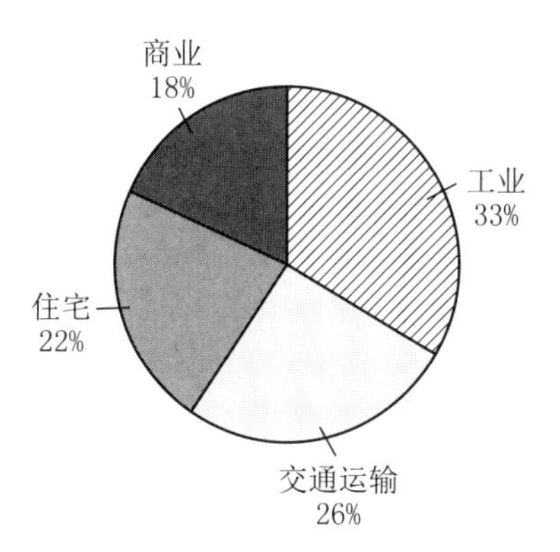

图 5-1　2020 年四大最终用途部门能源消耗总量份额

资料来源:美国能源信息署(2021),详见 U.S. Energy Information Administration, *April 2021 Monthly Energy Review*, April 27, 2021, p.37。

二、能源结构

(一) 生产结构

2000 年至 2020 年,美国一次能源产量增长了 34%,2019 年达到 101.401 千兆 Btu,为 1950 年以来最高水平(见图 5-2),2020 年达到 95.74 千兆 Btu(见图 5-3)。一次能源包括化石燃料(石油、天然气和煤炭)、核能和可再生能源。2020 年一次能源中(见表 5-3),天然气产量占比最高,达到 36%;其次是石油,包括原油和天然气厂液化气(NGPL),产量占比为 32%;相较而言,核电产量占比最少为 9%;石油、天然气和煤炭等化石燃料约占美国一次能源总产量的 79%。

(二) 消费结构

2000 年至 2020 年,美国一次能源消费量总体下降了 5.8%(见图 5-4)。在

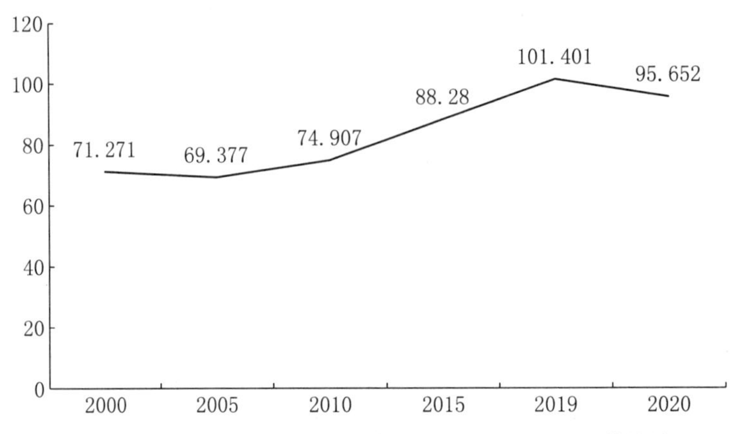

图 5-2　2000 年至 2020 年美国一次能源产量(单位:千兆英热单位)

资料来源:美国能源信息署(2022),详见 U.S. Energy Information Administration, *January 2022 Monthly Energy Review*, January 27, 2022, p.5。

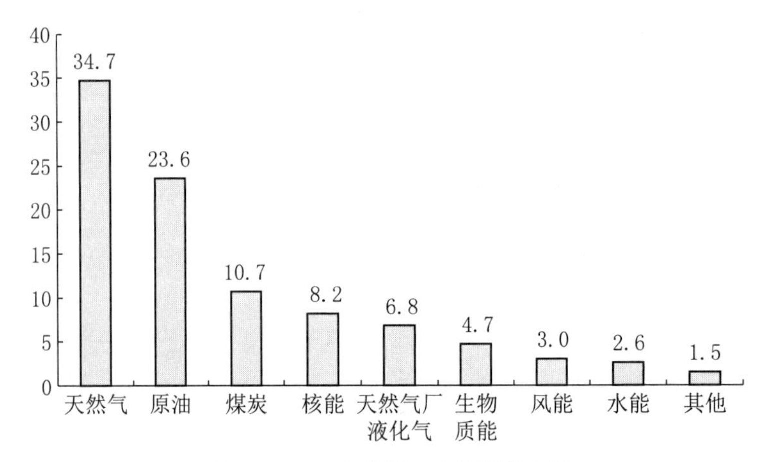

图 5-3　2020 年美国一次能源总产量

资料来源:美国能源信息署(2021),详见 U.S. Energy Information Administration, *April 2021 Monthly Energy Review*, April 27, 2021, p.5。

表 5-3　2020 年美国一次能源生产结构

一次能源总产量	95.74 千兆英热单位
燃料/能源	占总份额(%)
天然气	36
石油(原油和天然气厂液化气)	32

续表

一次能源总产量	95.74 千兆英热单位
可再生能源	12
煤炭	11
核电	9

注：可再生能源包括生物质能、风能、水电、地热能、太阳能。

资料来源：美国能源信息署(2021)，详见 U.S. Energy Information Administration, *U.S. energy facts explained*, https://www.eia.gov/energyexplained/us-energy-facts/(更新日期：2021 年 5 月 14 日)。

此期间，煤炭消费量的降幅最大，从 2000 年的 22.580 千兆 Btu 下降到 2020 年的 9.181 千兆 Btu，下降了约 59%；其次是石油消耗量，从 2000 年的 38.152 千万亿 Btu 下降到 2020 年的 32.331 千万亿 Btu，下降了约 15%；可再生能源消费量增幅较大，增长了约 88%；天然气消费量增长了约 32%(见图 5-5)。2020 年，美国一次能源消费量为 92.94 千万亿 Btu，石油消费量占比最大，达到 35%；其次是天然气，消费量占比 34%；可再生能源、煤炭、核电消费量占比分别为 12%、10%、9%(见图 5-6)。2020 年，能源总产量约为 95.74 千兆 Btu，比 2019 年下降了约 5%，但仍比消费量高出约 3%。①

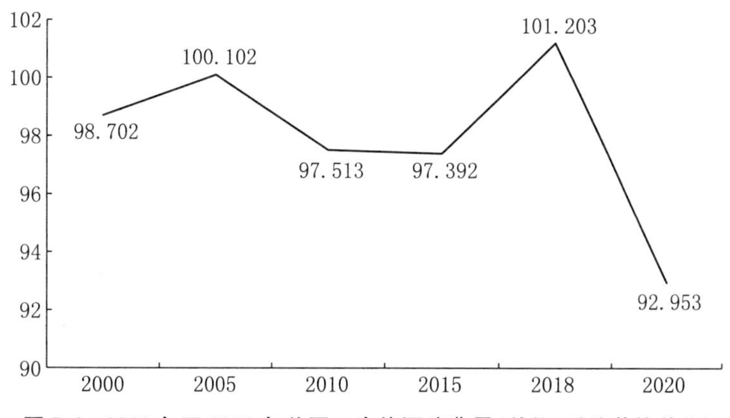

图 5-4　2000 年至 2020 年美国一次能源消费量(单位：千兆英热单位)

资料来源：美国能源信息署(2022)，详见 U.S. Energy Information Administration, *January 2022 Monthly Energy Review*, January 27, 2022, p.7。

① U.S. Energy Information Administration, *U.S. energy facts explained*, https://www.eia.gov/energyexplained/us-energy-facts/(更新日期：2021 年 5 月 14 日).

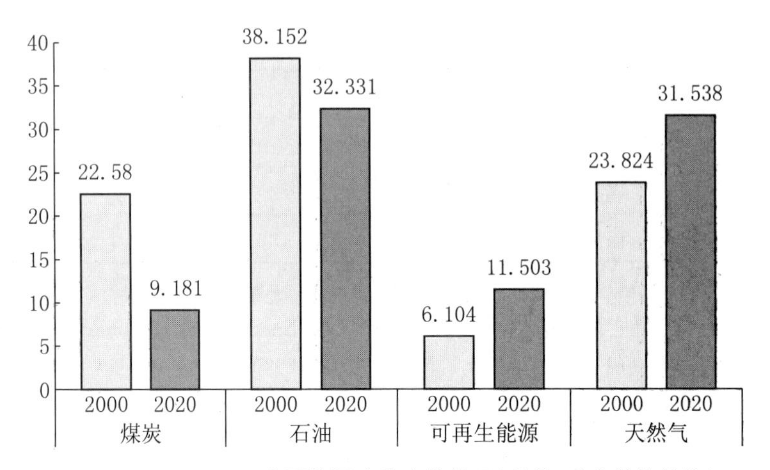

图 5-5 2000—2020 美国能源消费变化情况(单位:千兆英热单位)

资料来源:同上图。

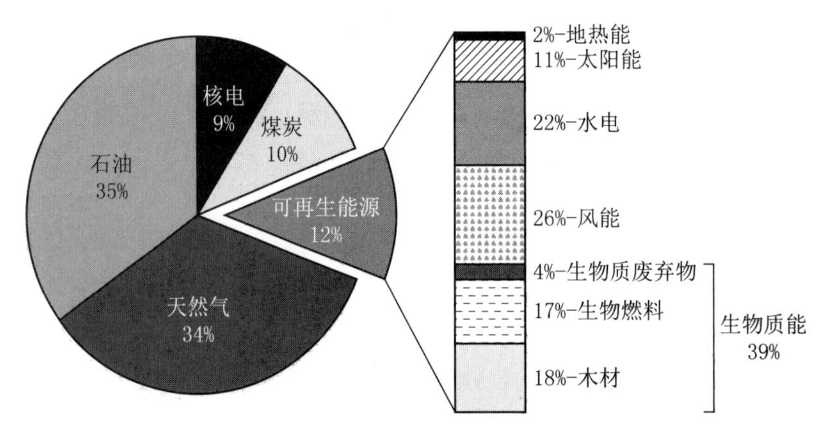

图 5-6 2020 年按能源划分的美国一次能源消耗量

资料来源:美国能源信息署(2021),详见 U. S. Energy Information Administration, *April 2021 Monthly Energy Review*, April 27, 2021, p.7, p.177。

(三) 能源安全

美国能源政策的核心是保障其能源安全,维护能源独立。自 20 世纪 50 年代中期,加大进口原油和石油产品(如汽油和蒸馏油),一次能源净进口总量在 2005 年达到历史最高水平,约占能源消费总量的 30%。自 2005 年以来,年度能源进口总量开始下降,出口总量增加。2019 年美国自 1952 年以来首次成为能源净出口国。2020 年能源出口总量为 23.47 千兆 Btu,进口总量为 20.0

千兆 Btu(见图 5-7),为 1992 年以来最低水平,[1]能源出口总额超过能源进口总额 3.47 千万亿 Btu,创历史纪录。

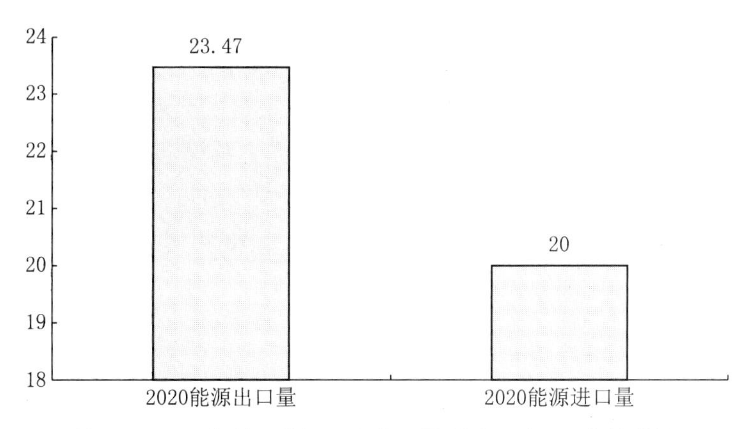

图 5-7 2020 年美国能源总进出口量(单位:千万亿英热单位)

资料来源:美国能源信息署(2021),详见 U.S. Energy Information Administration, *Use of energy explained*, *Imports & Exports*, https://www.eia.gov/energyexplained/us-energy-facts/imports-and-exports.php/(更新日期:2021 年 5 月 17 日)。

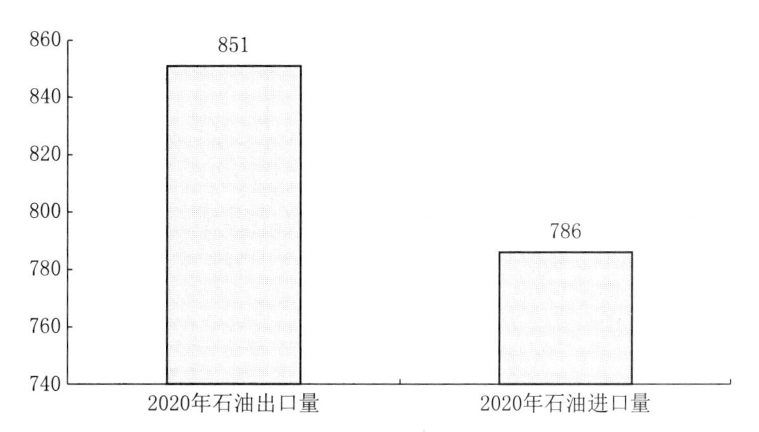

图 5-8 2020 年美国石油总进出口量(单位:万桶/天)

资料来源:美国能源信息署(2021),详见 Oil and petroleum products explained, Oil imports and exports, https://www.eia.gov/energyexplained/oil-and-petroleum-products/imports-and-exports.php/(更新日期:2021 年 4 月 13 日)。

2020 年美国的石油出口量约为 851 万桶/天,进口量约为 786 万桶/天

① U.S. Energy Information Administration, Use of energy explained, Imports & Exports, https://www.eia.gov/energyexplained/us-energy-facts/imports-and-exports.php/(更新日期:2021 年 5 月 17 日).

(见图 5-8),这是自 1949 年以来美国首次成为年度石油净出口国。①2020 年美国仍是原油净进口国,但原油进口量降至每天约 588 万桶,为 1985 年以来的最低水平。自 2010 年以来,美国每年的原油出口总量逐年增加,并在 2020 年达到最高水平,约为每天 318 万桶。自 2014 年以来,天然气出口总额逐年增加,在 2017 年时成为自 20 世纪 50 年代后期以来首次天然气净出口国。2020 年天然气出口总量创历史新高,达到 5.28 万亿立方英尺,天然气进口总量降至 2.55 万亿立方英尺,为 1993 年以来的最低水平(图 5-9)。自 1949 年以来,美国一直是煤炭净出口国,煤炭出口在 2017 年和 2018 年均有所增长,但在 2019 年和 2020 年均有所下降。②

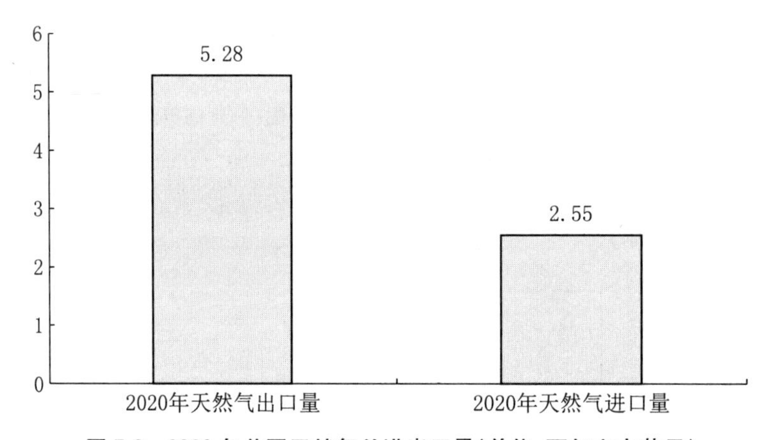

图 5-9　2020 年美国天然气总进出口量(单位:万亿立方英尺)

资料来源:美国能源信息署(2021),详见 U.S. Energy Information Administration, Use of energy explained, Imports & Exports, https://www.eia.gov/energyexplained/us-energy-facts/imports-and-exports.php/(更新日期:2021 年 5 月 17 日)。

三、零碳之路

美国的工业化过程也带来了比较严重的环境污染,其累计碳排放(1900 年至 2019 年)排名全球第一。但是美国两党执政理念存在差别,导致减碳政策

① Oil and petroleum products explained, Oil imports and exports, https://www.eia.gov/energyexplained/oil-and-petroleum-products/imports-and-exports.php/(更新日期:2021 年 4 月 13 日).

② U.S. Energy Information Administration, Use of energy explained, Imports & Exports, https://www.eia.gov/energyexplained/us-energy-facts/imports-and-exports.php/(更新日期:2021 年 5 月 17 日).

在各阶段表现出截然不同的态度，使减碳政策的发展经历了一波三折的过程。

早期美国以重工业发展为主，产生了环境污染以及化石资源依赖问题，还面临着能源危机。因此其减碳政策整体上呈现出以污染治理、提高能源效率并调整能源结构为主线的特征，先后出台了《空气污染控制法》(1960 年)、《清洁空气法案》(1963 年)等多项法律法规。《清洁空气法案》一直沿用至今，是美国温室气体排放控制法案的蓝本。同时成立了美国环保局以推动美国环境保护。在实际执行中，由于早期行政管制手段存在财政压力大、环境治理成本高且治理效率低、难以调动企业自主治理污染等弊端，导致单一的行政管制手段难以发挥应有的效果，由此美国政府开发了环境税体系、排污权交易体系、财政补贴体系，利用政策引导市场。

在污染问题得到缓解后，气候变化问题得到重视，在国内开始以能源政策为核心推出减碳政策，利用税收、财政等手段持续调动市场积极性，通到调整能源结构、提高能源利用效率来实现节能减排。1993 年，克林顿政府发布了《气候变化行动计划》，首次提出明确的减排目标：将 2000 年的碳排放量减少 1.09 亿吨。在国际方面，美国为提高自身国际领导力、引领全球发展以获取经济与政治利益，表现得相对积极，主张使用市场机制的手段来解决全球碳排放问题，并促进了《联合国气候变化框架公约的京都议定书》的签署。①克林顿政府时期美国减碳政策落脚点转变为能源政策，提出了《国家能源综合战略》及替代燃料免税举措、碳封存项目开发、可再生能源和分布式系统集成计划、清洁燃料资助计划、生物质能研发计划等一系列举措。

进入 21 世纪之后，国际上对气候变化问题的重视程度逐渐提高，但是此时美国在国际上呈现出较为消极的态度。2001 年 3 月，时任总统小布什政府宣布退出《京都议定书》，因其认为协定目标会损害美国经济。但鉴于能源对外依存度较高且低碳经济具有巨大的发展潜力，美国政府为维护国内能源安全与避免失去技术优势，仍以相对积极的态度制定国内减碳政策，相继提出了《能源安全法案》(2005)、《低碳经济法案》(2007)等一系列政策法规，以此推动美国新能源的发展。2002 年 2 月小布什政府宣布《晴朗天空和全球气候变化行动》，旨在改善空气质量，并承诺采取积极战略，在未来 10 年内将温室气体强度降低 18%。2007 年美国实现碳达峰。

---

① 1997 年 12 月该条约在日本京都通过，并于 1998 年 3 月 16 日至 1999 年 3 月 15 日间开放签字，共有 84 国签署，条约于 2005 年 2 月 16 日开始生效，到 2009 年 2 月，一共有 183 个国家通过了该条约。

奥巴马政府时期，为提高国际地位并主导国际关系，美国在全球共同应对气候问题上表现出积极的态度，在哥本哈根气候大会上对碳减排的目标做出了承诺。在2015年，美国与中国签署了《中美元首气候变化联合声明》，之后在两国合作推动下，巴黎气候变化大会终于达成了《巴黎协定》。在国内，奥巴马政府重视低碳发展，提出以“绿色经济复兴计划”作为从经济危机中恢复的首要任务，将清洁能源与减排技术的开发视为美国经济新的增长点。2009年出台了《美国复苏与再投资法案》，将开发利用新能源与限制温室气体排放写入了法案中。2015年出台《清洁电力计划》，对美国能源供给侧与消费侧两方面进行改革，推动清洁能源技术创新，推广清洁能源的利用和普及，并且开始关注温室气体减排。

特朗普政府时期，美国在应对气候问题上“开倒车”。上任伊始就宣布退出《巴黎协定》，并撤销了部分气候相关的减碳政策法案，最重要的是废止了《清洁电力计划》，并且在政策上向化石能源倾斜，限制了清洁能源的发展。

拜登政府以来，美国在减碳政策方面又表现出较为积极的态度。上任伊始就宣布重新加入《巴黎协定》，推动全球气候治理，试图在全球解决气候变化问题的过程中占据领导地位。在国内，拜登政府恢复了奥巴马政府时期的积极态度，2021年11月发布《长期战略：到2050年实现温室气体净零排放》，提出了碳中和发展的完整战略框架和一系列具体目标，发布了《应对国内外气候危机的行政命令》《清洁未来法案》等。

四、面对问题

一是两党博弈，政策反复。美国是一个联邦制国家，实行两党制，即民主党和共和党。两党派代表的利益集团不同，不同党派执政时推行不同的气候政策。美国东西部沿海地区是新兴产业集聚地，也是金融、政治、教育中心，而中西部和中南部地区则是传统行业分布地，比如农业、采矿业、汽车和石化工业。从美国历任总统选举的票仓来看，共和党票仓与传统产业利益集团绑定，在气候变化问题上更为宽松，民主党票仓则与新兴产业利益集团绑定，对待气候问题更为严格。[①]实现碳中和目标是一个长期的过程，两党利益博弈、政策反

---

① 高瑞东：《全球能源革命：一场政治与经济博弈》，载《全球能源革命系列》第一篇（光大证券，2021年12月21日，第11页）。

复不定将大大提高实现碳中和目标的难度和成本。

二是基础设施不足。美国耶鲁大学经济学教授雷·费尔(Ray Fair)的研究显示,从20世纪70年代开始,美国基础设施支出占国内生产总值的比重一直呈下滑态势,导致美国基建投资严重不足。[①]实现零碳目标需要大量的基础设施投资来应对美国目前基础设施不足的境况。交通运输行业是目前美国排放量最高的行业。拜登总统的目标是确保在2030年销售的所有新车中有一半是零排放汽车。目前仍然存在较大障碍,比如充电基础设施成本很高,电动汽车充电站数量不足等。美国提出到2035年实现100%无碳污染电力的目标,目前电网基础设施诸如输电、配电、存储等无法推动实现这一目标。此外,亟须新建长距离高压输电项目,更好地整合可变发电资源、降低电力成本。

三是技术创新有待提升。实现2050净零排放目标,需要各行业包括电力行业、交通运输行业、建筑业、工业等通过持续的技术创新实现脱碳。电力行业转型将需要以足够的速度增加大量新的零碳电力容量,以取代不受控制的化石燃料发电,同时为不断增长的电气化经济提供充足的清洁供应。然而,这类先进技术,包括清洁的氢燃烧或燃料电池、长时间的能源储存技术、先进的核能技术,以及使用CCS的化石发电等,还未得到充分快速的开发和部署。交通行业脱碳,需要加大支持电池技术、制造等产业链的发展,目前美国在这些领域尚未占据优势。建筑行业脱碳需要新的技术包括外墙的改进技术、热泵技术的快速推进部署,用于空间供暖、制冷和水供暖。目前,美国工业行业的温室气体排放量也较大,由于工业流程相对而言较为复杂,各个流程需采用的脱碳方式也不一致,这对工业脱碳造成了不小的挑战,需要采取针对性的方法和技术。

第二节　碳中和战略构架

《美国长期战略:迈向2050年净零排放》(下称《长期战略》),对2050年前实现碳中和提出了雄心勃勃的战略目标和计划,包括综合气候战略、到2030年关键十年的计划、迈向2050年净零排放途径、迈向2050年的能源系统转型、迈向2050年的非碳温室气体排放。

① 高攀、许缘:《拜登签署万亿美元基础设施投资法案》,详见新华丝路,https://www.imsilkroad.com/news/p/468672.html(发布日期:2021年11月16日)。

一、战略认知与理念

面对全球气候变化的挑战，美国政府认识到必须采取行动到本世纪中叶实现净零排放。为了实现此目标，必须重组全球能源经济，改革农业系统，制止和逆转森林砍伐，果断解决非二氧化碳排放问题——特别关注甲烷（CH_4），还必须通过基于自然和技术的二氧化碳去除来实现负排放。

《长期战略》提出，动员起来实现净零将为所有美国人带来强大的净收益。降低温室气体排放将刺激投资，使美国经济现代化，解决环境污染和气候脆弱性的分配不公平问题，改善每个社区的公共卫生，并降低气候变化带来的严重成本和风险。一是公共卫生。通过清洁能源减少空气污染，到 2030 年将避免 8.5 万到 30 万人过早死亡，以及 1 500 亿到 2 500 亿美元的健康和气候损害。到 2050 年将避免 1 万亿到 3 万亿美元的损失。这些措施还将有助于减轻有色人种社区、低收入社区和土著社区承担的污染负担。二是经济增长。对新兴清洁产业的投资将提高竞争力并推动持续增长。美国可以在电池、电动汽车和热泵等关键清洁技术方面处于领先地位，而不会牺牲对工人的关键保护。三是减少冲突。气候变化引发的干旱、洪水和其他灾害导致大规模流离失所和冲突。美国的早期行动将鼓励全球加快气候行动，包括降低无碳技术的成本。这些行动最终将支持全球的安全与稳定。四是生活质量。使美国经济现代化以实现净零排放可以从根本上改善人们的生活方式。高铁和以交通为导向的发展等措施不仅可以减少排放，还可以创造更联通、更方便、更健康的社区。

二、目标与愿景

（一）总体目标

拜登政府提出，为实现《巴黎协定》温控 1.5 ℃目标，美国需要在不晚于 2050 年实现整个社会经济系统的净零排放。该战略作为美国提升全球气候行动与雄心目标的一部分，提出短、中、长期不同时间段目标，包括：(1)到 2030 年国家自主贡献（NDC），即 2030 年将温室气体净排放量在 2005 年基础上减少 50%—52%，涵盖所有行业和所有温室气体；(2)到 2035 年实现 100%零碳电力的目标；(3)不迟于 2050 年实现整个社会经济系统的净零排放，包括国际航空、海运等。

（二）重点行业目标

相关能源消耗行业的转型是至2050年实现净零排放目标的关键。为此，《长期战略》针对各个重点行业制定了脱碳目标。

1. 电力

电力行业的快速脱碳是美国实现其2050净零排放目标的基石，因此美国制定了到2035年实现100%无碳污染电力的目标，旨在将脱碳电力的使用扩大到更多领域，取代污染燃料。电力行业占美国温室气体排放量的1/4，未来预计随着可再生能源发电增加和存储成本的持续降低将加快电力行业的脱碳。到2030年，预计排放将减少约70%—90%。美国将加大对电网基础设施和先进技术的投资。新建长距离高压输电项目，投资清洁的氢燃烧或燃料电池，地热系统，长时间能源储存，先进核能，以及使用CCS的化石发电等，从而加快大规模部署可再生能源。到2050年，清洁发电将为其他经济部门提供零排放电力，所有电力将提供15%—42%的一次能源。①

2. 交通运输

轻型汽车、卡车和越野车，中型和重型卡车、公共汽车、航空、铁路和航运大量使用化石燃料，使得车辆排放成为美国目前最大的排放来源，占美国所有排放量的29%②。美国制定了2030目标，即到2030年销售的所有新型轻型车辆中有一半为零排放汽车（包括电池电动车、插电式混合动力车或燃料电池电动车），生产30亿加仑的可持续航空燃料，并大力投资火车、自行车和公共交通等替代交通方式的基础设施网络。美国将继续加强交通运输行业的电力使用，包括加强铁路系统的电气化，助力铁路系统脱碳；将继续扩大公共交通选择和基础设施网络；同时还将加快清洁氢、可持续生物燃料等低碳燃料的研发，助力难以实现电气化领域诸如航空、海洋运输、中重型运输等脱碳。

3. 建筑

建筑行业包括住宅和商业建筑的排放量占美国能源系统的1/3以上，其

---

① United States Department of State and United States Executive Office of the President, *The Long-Term Strategy of the United States: Pathways to Net-Zero Greenhouse Gas Emissions by 2050*, Washington DC, November 2021, pp.26—27.

② United States Environmental Protection Agency, "Inventory of U.S. Greenhouse Gas Emissions and Sinks: 1990—2019", Washington DC, 2021, 转引自 The United States Department of State and the United States Executive Office of the President, *The Long-Term Strategy of the United States: Pathways to Net-Zero Greenhouse Gas Emissions by 2050*, Washington DC, November 2021, p.33.

中约2/3排放来自电力，其余则是由于空间供暖、水供暖、烹饪和其他服务产生的天然气、石油等燃料的直接燃烧排放。美国电力系统销售电力的约3/4是用于建筑领域，因此，美国实现2035年100%无碳污染电力的目标，也将有助于建筑行业脱碳。建筑行业到2030年的目标是快速提高能源效率，增加清洁高效电器的销售份额，比如空调用热泵，热泵热水器、电磁炉、电烘干机等。美国将重点部署三大领域。首先是投资技术，比如技术改进围护结构，包括阁楼和墙壁绝缘、密封泄漏和节能窗。第二大领域是电力终端使用效率的提高，例如照明、制冷、电器和电子产品。第三大领域是实现现有和新建建筑中空间供暖、水供暖以及衣物烘干的高效电气化。根据《长期战略》，预计到2030年，热泵和其他电暖器和电炊具的销售额占比将达到60%以上，到2050年将占比近100%。建筑物的能源需求预计在2030年将减少9%，而到2050年将减少30%。[①]

4. 工业

目前，工业部门温室气体排放量约占总排放量的23%，其中能源密集型和排放密集型行业如采矿、钢铁制造、水泥生产、化工生产等的排放量占据工业总排放量的近一半。[②]针对工业部门的目标是推动钢铁、水泥、化工等行业的生产技术，使这些行业实现低碳生产，同时工业生产从化石燃料转向清洁、生物燃料。工业领域各子行业的流程复杂，因此将针对各行业的需求制定不同的脱碳方法和目标。为了加速工业部门转型，美国部署了五大战略：提高能源效率、加大废热回收利用、加速采用增材制造等先进技术，从而降低能源需求；推动制造业结构转型、加大产品回收和再利用从而提高关键材料利用率；加速实现能源消耗工业过程和设备的电气化；针对难以实现电气化的工业过程，加大对低碳燃料比如清洁氢的采用；在水泥、化工和钢铁行业采用碳捕集和储存(CCS)技术。

三、战略推进路径

该战略指出要在不迟于2050年实现净零排放，需要在四个战略支柱上采

① United States Department of State and United States Executive Office of the President, *The Long-Term Strategy of the United States: Pathways to Net-Zero Greenhouse Gas Emissions by 2050*, Washington DC, November 2021, pp.34—35.

② United States Environmental Protection Agency, "Inventory of U.S. Greenhouse Gas Emissions and Sinks: 1990—2019", Washington DC, 2021.

取持续、协调的行动。第一大战略支柱是联邦政府的领导，包括支持在所有部门部署清洁技术的投资和激励措施，以及加强支持自然和工作用地、促进市场转型的伙伴关系、改善气候与金融市场的整合。第二大支柱是创新，联邦政府支持新的无碳技术和工艺的研究、开发、示范和部署，此外联邦政府、地方政府以及私营部门的采用，会极大推动将无碳技术和工艺带入工厂并推广到各大市场。第三大支柱是非联邦领导，美国的总体气候行动将跨越各级地方政府，而地方政府出台的战略将补充国家整体战略。第四大支柱是整个社会的参与和行动。实现 2050 的宏伟目标，需要动员大学、文化机构、研究机构、投资者、企业和各类非政府组织积极参与研究、科技创新、投资等。

此外，根据《长期战略》，实现 2050 净零排放目标的所有路径都必须经过五大关键转型。

一是推进电力脱碳。近年来电力系统一直在加速转型，向清洁电力过渡。目前，可再生能源发电量已超过煤炭。2010 年至 2019 年间，超过 546 个燃煤发电机组退役，总装机容量达 102 吉瓦。另外，预计到 2025 年，将有 17 吉瓦的装机容量退役。①电力脱碳是推动如交通运输（电动汽车）、建筑（电力供暖）等其他行业绿色低碳转型的重要基础。

二是推动终端使用电气化，或改用清洁燃料。美国将追求在交通运输、建筑、工业等领域实现电力化，提高能源效率。到 2050 年，这些转变将推动每年减少近 200 亿吨碳排放。②针对一些因为技术困难，暂时无法实现电气化的领域，比如航空、航运和某些工业流程，将更多使用清洁燃料包括无碳氢燃料和可持续生物燃料。

三是减少能源浪费。减少能源浪费的途径多种多样，包括使用更高效的设备，采用可持续的替代制造过程等。到 2050 年，仅这一个路径就可以贡献约 100 亿吨的年度减排。③

---

① United States Department of Energy, Energy Information Administration, "More U.S. coal-fired power plants are decommissioning as retirements continue", Washington DC, 2019，转引自United States Department of State and United States Executive Office of the President, *The Long-Term Strategy of the United States: Pathways to Net-Zero Greenhouse Gas Emissions by 2050*, Washington DC, November 2021, p.28.

② Ibid., p.27.

③ United States Department of State and United States Executive Office of the President, *The Long-Term Strategy of the United States: Pathways to Net-Zero Greenhouse Gas Emissions by 2050*, Washington DC, November 2021, p.24.

四是减少甲烷和其他非二氧化碳气体排放。甲烷(CH_4)、一氧化二氮(N_2O)和氟化气体(包括 HFC)占据了大部分美国非 CO_2 温室气体排放量。2021 年 9 月,美国和欧盟宣布全球甲烷承诺(Global Methane Pledge),承诺到 2030 年,将全球甲烷排放量在 2020 年水平上至少减少 30%,以及到 2050 年将全球变暖至少降低 0.2 ℃。根据《长期战略》,美国致力于到 2030 年将国内甲烷排放量在 2020 年的水平上减少 30%以上。[①]美国将通过一系列举措降低甲烷排放,包括制定针对垃圾填埋场,石油和天然气运营的新标准;大力投资对废弃煤炭、石油和天然气矿井的修复;加大研发力度减少农业甲烷和农业 N_2O 排放,比如实行精准农业等。

五是扩大二氧化碳去除量。由于相关技术和成本上的困难,某些特定排放如非二氧化碳气体无法完全消除,必须通过相应手段去除二氧化碳。美国将通过自然方法和技术手段两种方式来去除二氧化碳。首先是利用自然碳汇包括陆地和海洋来加强二氧化碳的去除,比如植树造林、改善森林管理;保存或增加土壤碳;采用创新土地管理方法包括轮牧、残留物管理等。美国拥有世界 8%的森林(3.1 亿公顷)和 8%的全球农业用地(4 亿公顷),[②]这对于实现 2050 年脱碳目标至关重要。2019 年,美国陆地碳汇产生了 813 吨二氧化碳当量的净去除量,抵消了整个经济范围温室气体排放量的约 12.4%。[③]第二种方法是采用技术性手段,潜在战略部署包括生物质碳去除和储存、直接空气捕集和存储(DACS)、增强矿化、基于海洋的二氧化碳去除(CDR)。

第三节　碳中和技术创新战略

为实现美国 2050 年净零排放目标,美国在具体技术层面制定了一系列战略来促进双碳技术创新,包括氢能技术、储能技术、核能技术、碳捕集与储存技术(CCS)等,旨在利用先进技术推动深入脱碳,并保持美国在技术创新上的全球领先地位。

---

① United States Department of State and United States Executive Office of the President, *The Long-Term Strategy of the United States: Pathways to Net-Zero Greenhouse Gas Emissions by 2050*, Washington DC, November 2021, p.39.

② Food and Agriculture Organization of the United Nations, "Global Forest Resources Assessment", Rome, 2020.

③ United States Environmental Protection Agency, "Inventory of U.S. Greenhouse Gas Emissions and Sinks: 1990—2019", Washington DC, 2021.

一、氢能技术

目前美国99%氢气生产来自化石燃料，只有1%的氢气来自电解。[①]2020年7月，美国能源部发布战略《氢能战略：赋能低碳经济》，不断加快氢技术的研究、开发和部署。2020年11月，能源部发布《氢计划》，旨在开发可负担的清洁氢技术，刺激对清洁氢的商业需求。2021年6月，美国能源部制定了首个氢射击计划“氢能攻关”(Hydrogen Shot)，提出在10年内将清洁氢的成本降低80%，至每公斤1美元。

(一) 制氢技术

两种最常见的制氢技术是蒸汽-甲烷重整(SMR)和电解(用电分解水)。目前，美国几乎所有商业生产的氢气都来自蒸汽-甲烷重整法(SMR)，该制氢技术已被认作是一种广泛应用的工业制氢方法。美国大部分的氢气是通过大规模的天然气重整生产的。电解制氢技术主要利用电流将氢从水中分离出来，这一过程被称为电能转化为气体，这项技术已经成熟，并可用于商业用途。电解本身不产生除氢和氧以外的任何排放物。目前，美国正在研究其他制氢技术，包括采用通过光来制造氢气的微生物、将生物质转化为气体或液体，并分离氢气、利用太阳能技术从水分子中分离氢等。

(二) 应用领域

在美国，氢气的应用领域多种多样，比如工业、交通、发电、航空等，其中工业领域使用氢的比例最高，主要用于提炼石油、处理金属、生产肥料和加工食品，炼油厂使用氢来降低燃料中的硫含量。美国国家航空航天局(NASA)在20世纪50年代开始使用液态氢作为火箭燃料。氢燃料电池还可以通过氢原子和氧原子结合来发电。截至2021年10月底，美国113个设施中约有166台燃料电池发电机在运行，总发电能力约为260兆瓦。[②]

此外，氢动力燃料电池汽车兼具高效性和低排放性，可在减少相关车辆温

① Office of Fossil Energy United States Department of Energy *Hydrogen Strategy Enabling a Low-Carbon Economy*, Washington DC, July 24, 2020, p.5.

② U.S. Energy Information Administration, *Hydrogen Explained Use of Hydrogen*, https://www.eia.gov/energyexplained/hydrogen/use-of-hydrogen.php/(更新日期：2022年1月20日).

室气体排放，如卡车、中重型车辆、货车、货车、轮船等发挥重大作用。美国目前大约有 48 个氢燃料汽车加气站，几乎都在加州。①为平衡电力需求的季节性变化，氢气还可用作长期储存，用于广泛的固定发电领域，包括大规模发电、分布式发电、热电联产(CHP)和备用电源。

(三) 未来研发重点领域

使用气化和重整技术生产碳中性氢。化石能源办公室将持续发展 CCUS 技术，包括电力和工业部门的前期及后期技术，以及直接空气捕获技术。为证实化石燃料、生物质和废塑料制氢的零碳或负碳排放，化石能源办公室将推进制氢过程中燃烧前二氧化碳捕集技术的开发。利用 CCUS 开发先进气化材料、组件(气化炉、净化系统、膜、催化剂)和系统(小型和大型等离子、热和微波)，从而可利用多种燃料(煤、生物质和废塑料)生产低成本的碳中性氢。

大规模氢气运输基础设施。主要有四种大规模氢气输送方式：气态管拖车、管道(气态氢)、液态罐车和化学氢载体。目前美国有超过 2 575 公里(1 600 英里)的专用氢气输送管道，主要集中在墨西哥湾沿岸。②将研究解决将氢混合到现有天然气基础设施中，并最终用氢替代天然气的设计和材料要求。加速开发与人工智能相结合的新组件、配置和传感器技术，用于实时运行监控和早期故障检测，从而能在商业应用中安全运输氢气。

大规模现场和地质储氢。在实现大规模现场和地质储氢中，将致力于研究以下领域：开发先进的储氢材料和系统来大规模储氢，以支持电力工业和多联产；开发混合天然气氢混合物的管道技术和组件，以确保在现有天然气基础设施内实现可靠输送；开发转化技术(催化剂、材料和工艺)，利用氢气生产附加值产品和/或化学产品，特别是氨，以储存能量用于未来的电力生产。

氢气用于发电、燃料、制造。计划开展一系列研究，包括开发氢燃料涡轮机技术，用于一系列领域的潜在改造，比如内燃机、工业燃气涡轮机和用于发电和运输(地面、空中和海洋)的燃烧系统；开发固体氧化物电池作为电解槽(SOEC)运行，以生产用于储存的氢气，以及开发可逆系统，在电力生产需求旺盛时作为固体燃料电池(SOFC)运行；为炼油、冶金、食品加工、水泥、运输和其

---

① U.S. Energy Information Administration, *Hydrogen Explained Use of Hydrogen*, https://www.eia.gov/energyexplained/hydrogen/use-of-hydrogen.php/(更新日期：2022 年 1 月 20 日).

② United States Department of Energy, *Department of Energy Hydrogen Program Plan*, November 12, 2020, p.19.

他部门的氢或衍生化学品的利用制定规范和安全标准;利用液化天然气出口许可审查的工作来确定安全和出口终端的要求,从而支持向对氢具有高需求经济体的出口。

二、储能技术

2020 年 12 月,美国能源部发布综合储能战略《储能大挑战》(ESGC),该战略目标是至 2030 年,开发并在国内制造能满足美国所有市场需求的储能技术,保障储能技术的供应链安全。

(一) 储能技术总体介绍

根据 ESGC,储能技术主要分为三大重点领域:双向蓄电(固定式和移动式)、化学及热能存储、灵活发电和可控负荷。双向储能技术是指能够吸收电能,将电能储存一段时间,并以电能的形式调度所存储能量的技术和系统。化学和热能储存侧重于不包括在其他类别中的能够利用化学或热能转化为电能或从电能转化为电能的介质和控制技术。灵活发电和可控负荷包括能够提高生产或消费资源灵活性的技术、设备和系统。

(二) 应用领域

根据 ESGC,将开发一系列能以高性能、低成本方式实现的未来应用场景,开发 2030 年以后储能服务于终端用户的方式。未来主要应用场景包括:(1)推动不断发展的电网构建:主要用于电力系统,解决可变可再生能源(VRE)需求增加、客户需求变化,以及天气、物理和网络威胁等问题。(2)为偏远地区提供服务:主要用于岛屿、沿海和偏远地区,解决柴油发电燃料物流和维护成本、燃料供应中断等问题。(3)电动交通:主要用于充电基础设施、电动汽车储能系统,解决快速配电对电网的压力、制造成本及电动汽车电池性能等问题。(4)相互依存的网络基础设施:主要用于对电网运行极具重要性的基础设施部门比如天然气、通信、信息技术、水和金融服务,解决因能源输入短期中断而造成的关键基础设施无法正常运行问题等。(5)关键服务:主要用于国防工业基础部门、应急服务部门、政府设施部门、卫生保健和公共卫生部门等,解决因特殊情况导致长时间断电问题。(6)设施灵活性,效率和价值提升:主要用于商业和住宅建筑以及能源密集型设施,利用高性能、低成本的储能技术提高商业和住宅建筑价值，以及解决能源密集型设施中能源转换和运输问题。①

（三）未来重点领域行动

美国将采取五大路径进行储能战略部署。（1）技术开发路径：将继续围绕以用户为中心的目标和保持长期领导地位，进行当前和未来的储能研发。（2）制造和供应链路径：将为美国制造业开发技术和战略，降低制造储能技术的成本，减少对外国关键材料的依赖。（3）技术转型路径：将通过现场验证、示范项目、公私合作伙伴关系、银行担保的商业模式、融资、技术标准等，促进能源储存技术的商业化、私营部门融资和部署。（4）政策和评估路径：将提供数据、工具和分析，以支持政策决策并最大限度地提高储能对各行业价值。（5）劳动力发展路径：将专注技术教育和劳动力发展计划，培养有能力研究、开发、设计、制造和运营储能系统的人才队伍。②

三、核能技术

2012 年，美国共有 104 座核反应堆运行，核电发电能力达到峰值，约为 10.2 万兆瓦。③截至 2021 年 12 月底，美国 28 个州，总计 55 商用座核电站，共有 93 座核反应堆在运行。④2021 年 1 月，美国能源部核能办公室发布《核能战略愿景》，助力实现先进技术开发，加速先进反应堆设计和部署。

（一）核反应堆技术

美国目前共有五大反应堆技术。（1）小型模块化反应堆技术（SMR）：先进 SMR 是能源部实现安全、清洁和可负担的核电方案目标的关键部分，使用非轻水堆冷却剂，如液态金属、氦或液态盐。（2）轻水反应堆技术：该技术使用普通水作为冷却剂和中子慢化剂，主要类型有压水堆（PWR）、沸水堆（BWR）和

① U.S. Department of Energy, *Energy Storage Grand Challenge Roadmap*, December 2020, pp.25—26.

② Ibid., pp.13—15.

③ U.S. Energy Information Administration, *Nuclear Explained U.S. Nuclear Industry*, https://www.eia.gov/energyexplained/nuclear/us-nuclear-industry.php/（更新日期：2021 年 4 月 6 日）.

④ U.S. Energy Information Administration, "How many nuclear power plants are in the United States, and where are they located?", https://www.eia.gov/tools/faqs/faq.php?id=207&t=21/（更新日期：2022 年 3 月 7 日）.

超临界水堆(SCWR)。(3)高温气冷反应堆技术:该技术可以为各种工业用途提供电力和高温工业用热。(4)多功能试验反应堆(VTR):2019年2月,美国能源部宣布建造多功能测试反应堆(VTR)计划,该反应堆将能在比目前可用水平更高的中子能量通量下进行辐照测试,将加速先进核燃料、材料、仪器和传感器的测试。预计最早将于2026年在能源部国家实验室完成;(5)空间电力系统:能源部太空和国防动力系统办公室为美国国家航空航天局提供放射性同位素动力系统(RPS),性能优于燃料电池、太阳能和电池电源。

(二)五大战略目标

根据《核能战略愿景》,美国制定了以下五大战略目标:

维持和延长现有核反应堆的运行。将开发能降低运营成本的技术、将核能应用领域扩展到电力以外的市场,如生产用于运输和工业的氢气,提炼化石燃料等。此外,计划到2022年运营氢气生产试验工厂;2025年用事故容错燃料替换现有燃料;2026年完成必要的工程和许可证活动,以证明在运行中的核电站成功部署数字反应堆安全系统;2030年实现事故容错燃料的大范围使用。

开启先进核反应堆部署。将降低部署先进核技术所需的风险和时间,开发能扩大核能市场机会的反应堆。计划到2024年,测试采用先进制造技术的燃料微反应堆堆芯;2025年,实现商业微反应器演示;2027年,演示运行核可再生混合能源系统;2028年,实现与工业界成本分摊,展示两个先进反应堆设计;2029年,实现首座商用小型模块化反应堆顺利运营;2035年,至少再展示2个先进反应堆设计。

开发先进核燃料循环。将通过解决国内核燃料供应链短缺问题、解决先进反应堆国内核燃料循环差距问题、对建立综合废物管理系统的各种选择进行评估来实现此目标。美国于2021年启动建立铀储备的采购程序;2022年实现国产高浓度低浓缩铀(HALEU)技术示范;到2023年非国防性原料提供多达5吨HALEU,到2030年评估先进反应堆的燃料循环。

保持美国在核能技术领域的领导地位。为实现此战略愿景,美国将加强与国际伙伴的合作,为核能产业提供更多全球机遇、保持世界级的研发能力、支持高校研究、培养优秀科学家,以构建顶尖核能研发人才队伍。2022年,将加强美国在促进和平利用核能的多边组织中的领导力;到2026年,建造多功能试验反应堆,并建成样品制备实验室;到2030年,与美国国家航空航天局

(NASA)合作,示范裂变动力系统(用于外星球地面电力和推进)。

启用高绩效组织。大力支持并实现核能计划、项目、研发投资和合同的高效率管理,并定期与利益相关者沟通。2022 年,将更新核能战略愿景以反映相关进展,并将部落地区核能工作组(NETWG)[①]成员数量从 11 个增加到 13 个。

四、碳捕集与储存技术(CCS)

美国能源部化石能源和碳管理办公室(FECM)一直在组织推进碳管理技术开发,主要优先领域之一就是碳捕集和储存技术(CCS)。该技术将助力电力行业以及钢铁、化肥和水泥等难以减排的工业领域实现深度脱碳。

(一) CCS 技术及应用领域

目前主要有三种碳捕集技术手段:燃烧后捕集;预燃捕集(气化);富氧燃烧捕集。燃烧后捕集主要包括从燃烧化石燃料或生物质的烟气中捕集二氧化碳,一些可商用的技术,其中一些是利用化学溶剂的吸收作用,可用于从烟道气体中捕集大量的二氧化碳。预燃捕集(气化)主要通过将燃料与空气和/或蒸汽结合,产生燃烧用的氢和可储存的单独的二氧化碳流,将二氧化碳从燃料中分离出来。佛罗里达州的普尔克(Polk)发电站使用的便是此气化技术,拥有 250 兆瓦(MW)的机组,利用现场生产和净化的煤制合成气发电。[②]富氧燃烧捕集主要使用纯氧代替空气进行燃烧,产生的烟气主要是 CO_2 和水,易于分离。目前富氧燃烧捕集项目仍处于实验室阶段。捕集到二氧化碳后,需要将其压缩运输,美国目前最常用的运输方式是管道运输,约有 5 000 英里的管道。[③]

根据全球 CCS 研究所(GCCSI)收集的数据,2020 年全球有 24 个商业 CCS 设施正在运营,其中有 12 个在美国。[④]根据 GCCSI 的数据,美国运营或开发中的 CCS 设施分布在五大领域:化学生产、氢气生产、化肥生产、天然气加

① NETWG 是美国能源部特许的工作组,专注于与对能源部核能办公室活动感兴趣的部落政府进行接触。NETWG 致力于协助发展和维持能源部与印第安部落之间的政府关系。

② Congressional Research Service, *Carbon Capture and Sequestration (CCS) in the United States* (October 18, 2021), p.5.

③ Ibid., p.8.

④ Global CCS Institute, *Global Status Report 2020* (December 1, 2020),转引自 Congressional Research Service, *Carbon Capture and Sequestration (CCS) in the United States* (October 18, 2021), p.13。

工和发电。此外，捕集的二氧化碳主要用于泵入油气储层以提高产量(EOR)，美国在这项技术方面处于世界领先地位。

(二) 未来重点领域

美国将继续加大力度推动 CCS 技术的大规模部署，能源部在 CCS 技术研发、部署、商业化方面发挥组织推动作用。进一步扩大适用于二氧化碳运输的管道基础设施，以支持 CCS 技术的大规模部署。进一步推进点源碳捕集和储存技术，并实现商业部署。美国能源部 2021 年 10 月宣布为 12 个项目提供 4 500 万美元的资金，以推动点源碳捕集和储存技术发展，这类技术可以捕集至少 95%的二氧化碳排放。进一步开发二氧化碳地质封存技术。化石能源和碳管理办公室通过其区域倡议和 Carbon SAFE 倡议积极探索将二氧化碳永久储存于地下的方法，重点探索开发地质储存场所，储存至少 50＋百万吨二氧化碳，预计到 2026 年注入。

第四节　碳中和产业战略

产业层面，美国制定了一系列战略和政策促进产业发展，包括新能源汽车产业、电池产业、太阳能光伏产业、航空业等，大力支持美国实现碳中和目标。

一、新能源汽车产业

为加强美国在新能源汽车产业领域的竞争力，实现 2050 脱碳目标，拜登政府提出，电动汽车产业 2030 愿景，到 2030 年电动汽车销售份额达到 50%(销售的所有新车中，有一半是零排放汽车，包括电池电动汽车、插电式混合动力汽车或燃料电池电动汽车)。

(一) 产业概况

美国新能源汽车领域领军企业主要包括纯电动车企业比如特斯拉、Rivian、Lucid 等，总部均位于加利福尼亚州。此外，一些传统老牌车企也纷纷加入电动汽车制造领域，如福特汽车、通用汽车、斯特兰蒂斯等。众多车企中，特斯拉主导新能源汽车市场，2021 年，特斯拉 Model Y 成为全美最畅销的插电式电动汽车车型，销量约为 172 700 辆，2021 财年特斯拉在美国销售额达到约 240 亿美元。[①]随着各大传统车企制定并实施新能源汽车战略规划，美国新能源汽车产业竞争加剧。通用汽车承诺到 2025 年，推出 30 款电动汽车，其中超过 2/3 将在北美上市；还将与合作伙伴合作，在 2025 年底前建设 2 700 多个快速充电站。[②]

（二）市场分析

截至 2020 年，全球电动汽车存量达到 1 000 万辆，中国电动汽车占比份额最大，达到 450 万辆；2020 年全球电动汽车销量共有约 300 万辆，其中欧洲 140 万辆，中国 120 万辆，美国 29.5 万辆，美国电动汽车市场在 2020 年下降了 11%。[③]2021 年，全球电动汽车销量翻了一番多，达到 660 万辆，占全球汽车市场的近 9%。中国引领全球电动汽车市场，销量达到 340 万辆，美国电动汽车销量超过 50 万辆。[④]

（三）战略推进路径

美国在战略具体层面上，重点关注以下领域：研发下一代清洁技术、为国内制造供应链重组和扩张提供资金、实施电动汽车贷款计划和补贴措施；美国将加大对电池、电动车型等方面的创新。美国能源部贷款项目办公室（LPO）为先进技术汽车制造贷款项目（ATVM）提供约 177 亿美元的贷款授权，迄今为止，该计划已为支持 400 多万辆先进技术汽车生产的项目提供了 80 亿美元贷款。2021 年 11 月，拜登总统正式签署《基础设施投资与就业法案》，其中 75 亿美元用于电动汽车充电基础设施。

建设首个全国电动汽车充电站网络。2020 年全球公共充电器达到 130 万台，其中 30%为快速充电器，中国在此领域领先世界；至 2020 年，美国慢速充电器安装数量达到 82 000 台，快速充电器达到 17 000 个，其中近 60%是特斯拉超级充电器。[⑤]截至 2022 年 1 月，美国插电式电动汽车（PEV）充电插座达到

---

① Mathilde Carlier, Best-selling plug-in electric cars in the United States in 2021, based on new registrations, Statista, https://www.statista.com/statistics/257966/best-selling-electric-cars-in-the-united-states/（发布日期：2022 年 3 月 23 日）.

② General Motors, *Our Path to an All-Electric Future*, https://www.gm.com/electric-vehicles/.

③ International Energy Agency, *Global EV Outlook 2021*, April 2021, pp.19—20.

④ International Energy Agency, "Leonardo Paoli, Timur Gul, Electric cars fend off supply challenges to more than double global sales", https://www.iea.org/commentaries/electric-cars-fend-off-supply-challenges-to-more-than-double-global-sales/（发布日期：2022 年 1 月 30 日）.

⑤ International Energy Agency, *Global EV Outlook 2021*, April 2021, p.39.

近 11.36 万个，大部分位于加利福尼亚州。[①]2021 年 12 月，拜登-哈里斯政府发布电动汽车充电行动计划，建立可靠便捷的全国充电网络。2022 年 2 月，美国交通部和能源部宣布将根据两党基础设施法制定的国家电动汽车基础设施(NEVI)方案计划，在 5 年内提供 50 亿美元资金，帮助各州沿着指定的替代燃料走廊，特别是沿州际高速公路系统建立充电站，旨在建立拥有 50 万充电器的国家充电网络。

制定更为严格的燃油效率和排放标准。2021 年 12 月，美国环保局确定了最终乘用车和轻型卡车温室气体排放标准(2023—2026 款车型)，规定 2023—2026 年新出厂车辆排放标准每年提升 5%—10%，至 2026 年所有新车型的二氧化碳排放目标限制在 161 克/英里，实现每加仑行驶 40 英里的燃油经济价值，美国环保局预计到 2026 年，纯电动汽车和插电式混合动力汽车的市场份额将达到 17%。[②]

二、电池产业

目前，美国电池材料供应链并不完整。2021 年 6 月，美国能源部发布《锂电池蓝图：2021—2030》，该蓝图由联邦先进电池联盟(FCAB)[③]制定，提出 2030 愿景，即美国和合作伙伴将建立可靠的电池材料和技术供应链，提升美国经济竞争力，保障国家安全。

（一）产业概况

2020 年，全球电动汽车锂离子电池制造产能为 747 千兆瓦时(GWh)，其中美国产能约为 8%(约 59 千兆瓦时)，预计到 2025 年，全球电动汽车锂离子电池制造产能将增至 2 492 GWh，美国产能将增至 224 GWh。[④]基于锂电池的

---

① Statista, "Mathilde Carlier, Electric vehicle charging stations and outlets in U.S.", https://www.statista.com/statistics/416750/number-of-electric-vehicle-charging-stations-outlets-united-states/(发布日期：2022 年 1 月 13 日).

② U.S. Environmental Protection Agency, *Revised 2023 and Later Model Year Light-Duty Vehicle Greenhouse Gas Emissions Standards, December 2021*, EPA-420-F-21-078.

③ FCAB 由能源部、国防部、商务部和国务院领导，包括政府内许多组织。

④ Benchmark Mineral Intelligence, "Lithium-Ion Battery Megafactory Assessment", https://www.benchmarkminerals.com/megafactories/,转引自 FCAB, NATIONAL BLUEPRINT FOR LITHIUM BATTERIES 2021—2030, June 2021, U.S. Department of Energy, p.12。

固定储能系统，年度部署预计将从 2020 年的 1.5 吉瓦增长到 2025 年的 7.8 吉瓦。[①]

(二) 市场分析

商用市场。商用市场主要包括商用及乘用电动汽车、固定存储、航空。电动汽车是锂电池需求的关键驱动力，随着拜登政府加快电动汽车的普及，将推动锂电池需求的持续增长。在航空领域，先进锂离子电池有潜力推动电动飞机的发展。近期电动垂直起降(eVTOL)飞机正处于发展中，正在研发的锂离子电池将协助实现 eVTOL 飞机的初步商用。2028 年，预计将推出首批 50 至 70 座的混合动力电动飞机，强大的全球市场将加速锂离子电池技术的进步以及商业化应用。

国防市场。国防部需要可靠、安全、先进的储能技术，以支持联合部队、应急基地和军事设施执行关键任务。随着先进锂电子电池战略地位愈发重要，必须保证关键矿物和材料的供应。国防部预计包括作战平台、武器、传感器、个人作战装备，以及混合作战平台和战术微网引进等，都将对这类电池形成很大需求。

(三) 五大战略目标

根据《锂电池蓝图：2021—2030》，美国制定以下战略目标，以确保原材料、精炼及加工材料的安全供应。近期目标是到 2025 年，建立电池关键原材料包括国内国际关键矿物供应链，提高关键电池矿物(锂、镍和钴)安全和可持续生产能力。长期目标是到 2030 年，支持研发消除锂离子电池中的钴和镍，将回收材料纳入循环电池经济范畴。

支持材料加工基地发展，满足国内电池制造需求。近期来看，到 2025 年，将为国内电池材料加工发展制定激励机制，促进生产低/无钴活性材料实现规模化；创新工艺改进现有材料从而降低成本并提高性能，使电池成本为 60 美元/千瓦时。长远来看，到 2030 年将激励材料加工创新发展，生产无钴和无镍活性材料并实现规模化。

---

① Wood Mackenzie Power & Renewables/U.S. Energy Storage Association, U.S. Energy Storage Monitor, *2020 Year in Review Full Report* (March 2021)，转引自 FCAB, NATIONAL BLUEPRINT FOR LITHIUM BATTERIES 2021—2030, June 2021, U.S. Department of Energy, p.13。

刺激电极、电池和电池组制造业发展。到2025年，将推动新兴电池设计，提高组装效率并降低成本，加快新技术和制造技术尽快实现商业化和规模化应用。到2030年，将通过多个国内供应商满足关键国防电池需求，通过开发下一代电池组材料、组件、设计创新以及先进制造和装配工艺，将电动汽车制造成本降低50%。

促进报废再利用和关键材料实现大规模回收，形成完整竞争价值链。到2025年，促进电池组设计更易二次使用和回收，建立有利于降低成本的收集、分类、运输和处理回收锂离子电池材料的体系，提高钴、锂、镍、石墨等关键材料的回收率，同时开发能使这类材料重新用于供应链的加工技术。制定联邦循环政策促进锂离子电池的收集、再利用和循环。到2030年，将制定激励措施，促进消费型电子产品、电动汽车和电网存储电池达到90%的回收利用率。

通过大力支持研发STEM教育，加强美国在电池技术领域的领导地位。短期来看，到2025年，将支持开发无钴阴极材料和电极组合的研究，在政府范围内启动锂电池技术和配置标准化，加强知识产权保护战略、研究安全、国内制造业出口管制政策以及国际盟友参与；加强与行业伙伴合作，确定劳动力需求并支持教育计划。长远来看，到2030年，将开发无钴和无镍阴极材料和电极组合物，提高能量密度、电化学稳定性、安全性和成本等；此外还将加快研发，实现包括固态和锂金属在内的革命性电池技术的示范和规模化生产，保证这些技术的生产成本低于60美元/千瓦时，比能达到500瓦时/千克，且不含钴和镍。

三、太阳能产业

美国能源部太阳能技术办公室和美国国家可再生能源实验室合作提出，通过大规模削减成本、制定支持性政策以及实现大规模电气化，到2035年太阳能在美国电力供应中的占比提高到40%，到2050年占比提高到45%。①

（一）市场分析

2021年美国太阳能市场装机容量达到创纪录的23.6吉瓦(GW)，比

① U.S. Department of Energy, Solar Energy Technologies Office, *Solar Futures Study*, https://www.energy.gov/eere/solar/solar-futures-study.

2020 年增长 19%；2021 年美国 3.9%的电力来自太阳能，太阳能发电占美国新增发电量的 46%，这是连续第三年占据最大份额；2021 年得克萨斯州成为太阳能发电能力最强的州，首次超过加利福尼亚州，主要归功于该州公用事业太阳能的强劲发展。从各大细分市场来看，2021 年，住宅太阳能安装总量达到 4.2 GW，创下年度纪录，首次在一年内安装超过 50 万个项目，安装量同比增长 30%，这是自 2015 年以来的最高年增长率；社区太阳能发电量达到 957 兆瓦(MW)，同比增长 7%；商业太阳能发电量达到 1 435 MW，接近 2020 年发电量；公用事业规模太阳能装机容量达到 17 GW，创下了年度安装纪录。①

(二) 战略愿景

2021 年 3 月，美国能源部宣布 2030 目标，即在未来 10 年内将太阳能成本降低 60%，还将提供近 1.28 亿美元资金，助力提高性能和加快太阳能技术的部署。太阳能技术办公室(SETO)目标是将美国每年新增的光伏生产能力提高 1 GW，并安装太阳能硬件，使其国内价值至少达到 40%；此外 SETO 还宣布到 2030 年将公用事业规模的光伏发电(UPV)产生的基准均化发电成本(LCOE)降低到 2 美分/千瓦时(kWh)，商业光伏 LCOE 为 4 美分/kWh，住宅光伏 LCOE 为 5 美分/kWh，聚光太阳能热发电(CSP)LCOE 为 5 美分/kWh。②

(三) 战略推进路径

将通过大力支持技术研发、提供公共融资选项等路径实现其战略愿景。美国能源部将提供资金支持两种制造太阳能电池的先进材料：钙钛矿和碲化镉(CdTe)薄膜；将向 22 个项目提供 4 000 万美元的奖金，推进钙钛矿光伏设备的研究和开发，并通过建立价值 1 400 万美元的测试中心来提供新钙钛矿设备性能验证；还将提供 300 万美元的钙钛矿创业奖，为新成立公司提供种子资金，加速其钙钛矿技术商业化部署；另外将投资 2 000 万美元用于 CdTe 薄膜太阳能技术研发；提高硅基光伏系统使用寿命，改进光伏系统组件。晶体硅技

---

① SEIA/Wood Mackenzie Power & Renewables US Solar Market Insight, *Solar Market Insight Report 2021 Year in Review*, https://www.seia.org/research-resources/solar-market-insight-report-2021-year-review(发布日期：2022 年 3 月 10 日).

② U.S. Department of Energy, Solar Energy Technologies Office, *2030 Solar Cost Targets*, https://www.energy.gov/eere/solar/articles/2030-solar-cost-targets(发布日期：2021 年 8 月 13 日).

术目前占据全球市场的90%以上,中国在此领域,占据主导地位。美国能源部将重点关注聚光太阳能发电(CSP),其中3 300万美元用于推动CSP技术进步,500万美元用于下一代CSP电厂示范,桑迪亚国家实验室将组建设施供研究人员、开发商、制造商测试下一代CSP组件和系统,旨在实现2030年CSP电厂成本目标,即5美分/kWh。①

四、航空业

2021年9月,拜登政府提出要推动美国可持续航空燃料发展,到2030年生产30亿加仑可持续燃料,减少20%的航空排放。2021年11月美国交通部发布首个《航空气候行动计划》,提出到2050年实现美国航空业温室气体净零排放目标。

(一)产业概况

至2019年,美国航空业连续11年实现盈利,2020年受新冠肺炎疫情影响,客运航空业处于严重低迷状态。2020年,美国航空共运送了3.69亿乘客(未经调整,其中国内旅客3.35亿,国际旅客3 400万),比2019年减少了5.57亿人次,同比下降60%,2020年的客运量是自20世纪80年代中期以来的最低水平。②美国定期客运航空公司报告称,2020年全年税后净亏损350亿美元,是连续7年实现税后利润后出现的下降;税前运营亏损465亿美元,是连续11年实现税前利润后出现的下降。③

(二)现状分析

《航空气候行动计划》涉及的航空温室气体排放主要包括生命周期内二氧化碳(CO_2)、氧化亚氮(N_2O)和甲烷(CH_4)排放。减排目标主要包括:(1)美国

---

① U.S. Department of Energy, *DOE Announces Goal to Cut Solar Costs by More than Half by 2030*, https://www.energy.gov/articles/doe-announces-goal-cut-solar-costs-more-half-2030 (March 16, 2022).

② Bureau of Transportation Statistics, *Full Year 2020 and December 2020 U.S. Airline Traffic Data*, https://www.bts.gov/newsroom/full-year-2020-and-december-2020-us-airline-traffic-data (March 20, 2022).

③ Bureau of Transportation Statistics, *U.S. Airlines 2020 Net Profit Down $35 Billion from 2019*, https://www.bts.gov/newsroom/us-airlines-2020-net-profit-down-35-billion-2019 (March 20, 2022).

和外国运营商在美国国内航空(即在美国领土内起飞和抵达的航班);(2)美国运营商的国际航空(即在两个不同的国际民航组织 ICAO 成员国之间的航班);(3)美国机场产生的二氧化碳排放。根据美国联邦航空局(FAA)数据,2019 年美国国内和国际航空的喷气燃料燃烧占航空业二氧化碳排放量的 97%以上,其余排放来自机场运营和活塞发动机使用的航空汽油燃料使用。[①]目前,美国航空排放(包括美国境内和离境的所有非军事航班)占美国交通相关排放量的 11%。[②]

(三) 战略推进路径

为实现航空业脱碳的战略愿景,将推进技术创新、燃料研发、机场运营管理等方面发展,美国政府、航空业各界都将积极助力实现战略目标。

政府层面。根据《航空气候行动计划》,将增加可持续航空燃料(SAF)的生产。一是加大对新型飞机技术研发。美国国家航空航天局(NASA)和美国联邦航空局(FAA)通过国家可持续飞行伙伴关系与业界合作,加大对更高效发动机和飞机技术的研发,旨在将燃油节约率提高 30%。二是提高运营效率。飞行的各个阶段比如滑行、起飞、降落等都可通过提高效率来减少燃油消耗等,将加大投资基础设施以及基于飞行轨迹的空中交通管理(ATM)工具。三是减少机场排放。将通过一系列计划帮助减少机场温室气体排放,包括"能源效率计划",机场合作研究计划(ACRP)等。此外,2021 年拜登-哈里斯政府已拨款 3 亿多美元用于机场设备电气化。

航空业各界。包括美国航空公司、飞机制造商、燃料供应商等,承诺将与政府一同助力实现航空脱碳目标。(1)航空公司承诺增加对 SAF 的使用,并提高运营可持续性。联合航空公司宣布到 2035 年将其碳排放强度在 2019 年的基础上降低 50%,并加大投资针对 SAF 的大规模生产;达美航空公司承诺到 2030 年使用的航空燃料中有 10%为 SAF;美国航空公司计划到 2025 年购买 1 000 万加仑 SAF 等。(2)在航空货运方面,货运航空协会(CAA)成员正在

---

① Federal Aviation Administration(FAA), *2021 Aviation Climate Action Plan*, November 9, 2021, pp.3—4.(注:不包括与燃料生产和分配相关的生命周期排放,也称为油罐排放。)

② The White House Briefing Room, *Biden Administration Advances the Future of Sustainable Fuels in American Aviation*, https://www.whitehouse.gov/briefing-room/statements-releases/2021/09/09/fact-sheet-biden-administration-advances-the-future-of-sustainable-fuels-in-american-aviation/(发布日期:2021 年 9 月 9 日).

通过购买燃油效率高的飞机、实现地面设备电气化、推广和使用 SAF 以及率先使用电动短途货运飞机来推进可持续性。(3)多家燃料供应商宣布将探索多种途径扩大 SAF 生产,比如通过乙醇、脂肪、油类和润滑脂生产;(4)众多机场致力于实现可持续运营,减少排放,国际机场协会—北美(ACI-NA)加入 2050 实现净零排放目标承诺。

参考文献

[1] 先进能源科技战略情报研究中心,"美国发布 2050 净零排放长期战略",https://mp.weixin.qq.com/s/QJ6JpZpyi2Md6tghv-PHEA(2022 年 2 月 26 日).

[2] United States Census Bureau, https://www.census.gov/quickfacts/fact/table/US/PST045217(February 28, 2022).

[3] Gross Domestic Product, Fourth Quarter and Year 2019(Third Estimate); Corporate Profits, Fourth Quarter and Year 2019(February 15, 2022).

[4] Gross Domestic Product (Third Estimate), GDP by Industry, and Corporate Profits, Fourth Quarter and Year 2020(February 26, 2022).

[5] Gross Domestic Product (Third Estimate), Corporate Profits, and GDP by Industry, Fourth Quarter and Year 2021(March 05, 2022).

[6] U.S. Energy Information Administration, *Use of energy explained*, https://www.eia.gov/energyexplained/use-of-energy/(March 05, 2022).

[7] U.S. Energy Information Administration, April 2021/January 2022 Monthly Energy Review.

[8] Oil imports and exports, Oil and petroleum products explained, https://www.eia.gov/energyexplained/oil-and-petroleum-products/imports-and-exports.php(March 06, 2022).

[9] 高瑞东:《全球能源革命:一场政治与经济博弈》,载《全球能源革命系列》第一篇(光大证券,2021 年 12 月 21 日)。

[10] 高攀、许缘:《拜登签署万亿美元基础设施投资法案》,新华丝路,https://www.imsilkroad.com/news/p/468672.html(2021 年 11 月 16 日)。

[11] United States Department of State and United States Executive Office of the President, *The Long-Term Strategy of the United States: Pathways to Net-Zero Greenhouse Gas Emissions by 2050*, Washington DC, November 2021.

[12] *Hydrogen Strategy Enabling a Low-Carbon Economy*, July 24, 2020, Office of Fossil Energy United States Department of Energy Washington, DC 20585

[13] U.S. Energy Information Administration, *Hydrogen explained Use of hydrogen*, https://www.eia.gov/energyexplained/hydrogen/use-of-hydrogen.php(March 15, 2022).

[14] United States Department of Energy, *Department of Energy Hydrogen Program Plan*, November, 12, 2020.

[15] U.S. Department of Energy, *Energy Storage Grand Challenge Roadmap*,

December 2020.

[16] U. S. Energy Information Administration, *Nuclear Explained U. S. Nuclear Industry*, https://www.eia.gov/energyexplained/nuclear/us-nuclear-industry.php (March 15, 2022).

[17] U.S. Department of Energy, Office of Nuclear Energy, *Nuclear Reactor Technologies*, https://www.energy.gov/ne/nuclear-reactor-technologies.

[18] U.S. Department of Energy, Office of Nuclear Energy, *Office of Nuclear Energy: Strategic Vision*, January, 2021.

[19] Congressional Research Service, *Carbon Capture and Sequestration (CCS) in the United States* (October 18, 2021).

[20] General Motors, *Our Path to an All-Electric Future*, https://www.gm.com/electric-vehicles.

[21] International Energy Agency, *Global EV Outlook 2021*, April, 2021.

[22] International Energy Agency, "Leonardo Paoli, Timur Gul, Electric cars fend off supply challenges to more than double global sales", https://www.iea.org/commentaries/electric-cars-fend-off-supply-challenges-to-more-than-double-global-sales(March 15, 2022).

[23] 思客:"'万亿'基建法案生效,能否落实存疑",http://www.news.cn/sikepro/20211119/b57ab8a93b744d03805ae7288b5d0eee/c.html(2022-03-20).

[24] Mathilde Carlier, *Electric vehicle charging stations and outlets in U.S.*, Statista, January 13, 2022, https://www.statista.com/statistics/416750/number-of-electric-vehicle-charging-stations-outlets-united-states/(March 14, 2022).

[25] U. S. Environmental Protection Agency, *Revised 2023 and Later Model Year Light-Duty. Vehicle Greenhouse Gas Emissions Standards*, December 2021, EPA-420-F-21-078.

[26] FCAB, *NATIONAL BLUEPRINT FOR LITHIUM BATTERIES 2021—2030*, June 2021, U.S. Department of Energy.

[27] U. S. Department of Energy, Solar Energy Technologies Office, *Solar Futures Study*, https://www.energy.gov/eere/solar/solar-futures-study(March 16, 2022).

[28] Solar Market Insight Report 2021 Year in Review, SEIA/Wood Mackenzie Power & Renewables US Solar Market Insight, https://www.seia.org/research-resources/solar-market-insight-report-2021-year-review(March 10, 2022).

[29] U.S. Department of Energy, "DOE Announces Goal to Cut Solar Costs by More than Half by 2030", https://www.energy.gov/articles/doe-announces-goal-cut-solar-costs-more-half-2030(March 16, 2022).

[30] Bureau of Transportation Statistics, "Full Year 2020 and December 2020 U.S. Airline Traffic Data", https://www.bts.gov/newsroom/full-year-2020-and-december-2020-us-airline-traffic-data(March 20, 2022).

[31] Bureau of Transportation Statistics, "U.S. Airlines 2020 Net Profit Down $35

Billion from 2019", https://www.bts.gov/newsroom/us-airlines-2020-net-profit-down-35-billion-2019(March 20, 2022).

[32] Federal Aviation Administration(FAA), *2021 Aviation Climate Action Plan*, November 9, 2021.

[33] The White House Briefing Room, *Biden Administration Advances the Future of Sustainable Fuels in American Aviation*, https://www.whitehouse.gov/briefing-room/statements-releases/2021/09/09/fact-sheet-biden-administration-advances-the-future-of-sustainable-fuels-in-american-aviation/(March 17, 2022).

执笔：冯玲玲、王振（上海社会科学院信息研究所）

第六章　欧盟碳中和战略

欧盟是《巴黎协定》的积极维护者和全球示范者，是全球率先提出碳中和计划的经济体之一。欧盟委员会早在 2011 年就提出了针对 2050 年的低碳路线展望，在 2018 年首次提出“碳中和”愿景，于 2019 年发布《欧洲绿色协议》[①]，提出了欧洲迈向碳中和的七大转型路径。2020 年 12 月，欧盟提交给联合国气候变化大会（COP26）更新版的国家自主贡献目标（NDC），提出以 1990 年为基准年，到 2030 年温室气体排放量拟减少至少 55%，2050 年实现碳中和目标，成为全球第一片碳中和大陆。2020 年出台《欧洲气候法案》，从法律层面确保欧洲到 2050 年实现气候中和，为欧盟各政策设定了具体目标和努力方向。

第一节　战 略 背 景

欧盟整体上早在 1990 年就实现了碳达峰。长久以来，欧盟一直积极推动全球应对气候变化谈判，在应对气候变化理念上走在前列，在推进碳中和进程中起步早、进步快，已经构建了比较完善的碳中和战略框架和政策体系。

一、基本情况

欧盟现拥有 27 个成员国，面积 1 634 472 平方英里，约 4.47 亿人口，堪称现今世界上经济实力强、一体化程度最高的国家联合体，并已形成较大竞争力的“欧洲”规模。2021 年欧盟的国内生产总值约为 14.5 万亿欧元；其中，德国为 3.6 万亿欧元，是欧盟最大的经济体；其次是法国，2.5 万亿欧元；第三是意

---

① European Commission, “European Green Deal”, https://eur-lex.europa.eu/resource.html?uri=cellar:b828d165-1c22-11ea-8c1f-01aa75ed71a1.0002.02/DOC_1&format=PDF（发布日期：2019/12/11）.

大利,1.78 万亿欧元。其中,人均 GDP 水平最高的是卢森堡,达到 11.5 万欧元;其次是爱尔兰,为 8.51 万欧元;第三是丹麦,为 5.77 万欧元(见表 6-1)。目前,欧盟在航天航空、国防、农业食品、建筑、能源密集型产业、可再生能源、电池、纺织、氢能等行业和领域具有全球领导地位。

表 6-1 欧盟 27 成员国基本国情表(2021 年)

国 别	国土面积 (平方英里)	人口 (百万人)	GDP (百万欧元)	人均 GDP (欧元)
比利时	11 787	11.554 767	506 205	43 809.19
保加利亚	42 855	6.916 548	67 872.1	9 813.00
捷 克	30 450	10.494 836	238 238.2	22 700.52
丹 麦	16 631	5.840 045	336 718.8	57 656.88
德 国	137 847	83.155 031	3 601 750	43 313.68
爱沙尼亚	17 462	1.330 068	30 660.1	23 051.53
爱尔兰	27 133	5.006 324	426 283.4	85 148.98
希 腊	50 960	10.678 632	182 830.2	17 121.13
西班牙	194 610	47.398 695	1 205 063	25 423.97
法 国	247 368	67.656 682	2 500 870	36 964.12
克罗地亚	21 851	4.036 355	57 199.5	14 171.08
意大利	116 347	59.236 213	1 775 436.4	29 972.15
塞浦路斯	3 572	0.896 007	23 436.7	26 156.83
拉脱维亚	24 938	1.893 223	32 866.5	17 360.08
立陶宛	25 200	2.795 680	55 383.1	19 810.24
卢森堡	998	0.634 730	73 313.5	115 503.44
匈牙利	35 920	9.730 772	154 124.4	15 838.87
马耳他	122	0.516 100	14 684.8	28 453.40
荷 兰	16 040	17.475 415	856 356	49 003.47
奥地利	32 377	8.932 664	402 710.9	45 082.96
波 兰	120 728	3.784 000 1	574 385.4	15 179.32
葡萄牙	35 670	10.298 252	211 279.7	20 516.07
罗马尼亚	92 043	19.201 662	240 154	12 506.94

续表

国　别	国土面积（平方英里）	人口（百万人）	GDP（百万欧元）	人均 GDP（欧元）
斯洛文尼亚	7 827	2.108 977	52 020.2	24 666.08
斯洛伐克	18 933	5.459 781	97 122.5	17 788.72
芬　兰	130 666	5.533 793	251 431	45 435.56
瑞　典	173 732	10.379 295	537 830	51 817.58

资料来源：欧洲统计局(2022)。

二、能源结构

(一) 能源生产

欧盟 27 国的能源供应中初级生产在 2020 年 1 月 12 日达 573 703.891 千吨石油当量，受全球疫情影响，比 2019 年下降超过 7%。1990 年至 2019 年 10 年间减少 20.07%，总体呈下降趋势(见图 6-1)。

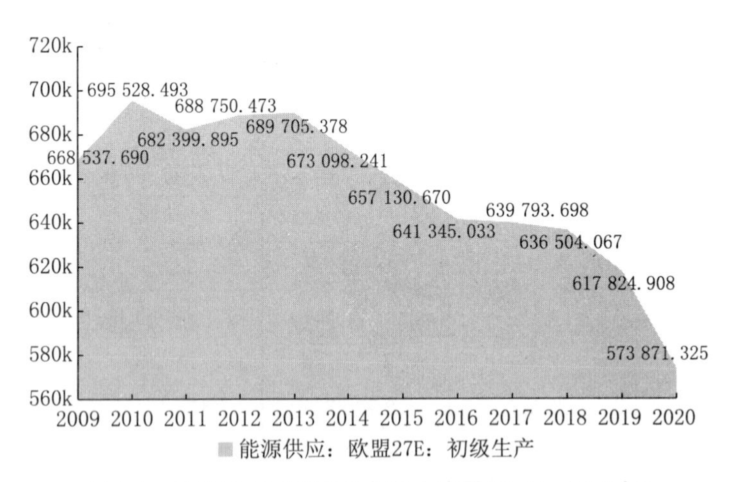

图 6-1　欧盟 27 国能源供应初级生产量(2009—2020 年)

资料来源：欧洲统计局(2022)。

根据 2019 年的数据，欧盟能源生产结构中，可再生能源占 37%，构成第一大来源；其次是核能占 32%，再次是固体燃料占 19%、天然气占 8%和原油占 4%(见图 6-2)。

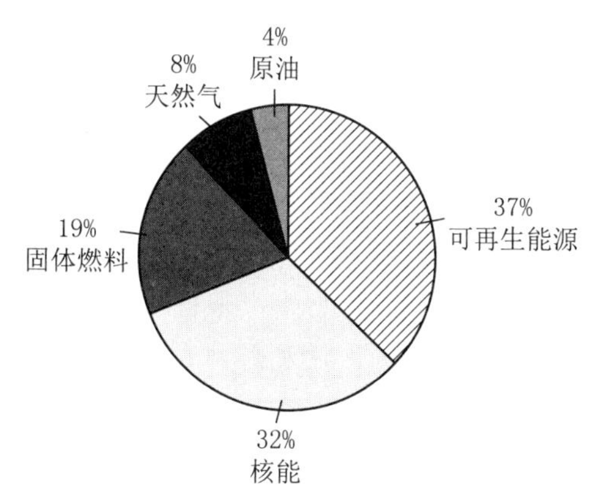

图 6-2　欧盟能源生产结构(2019 年)

资料来源:欧洲统计局(2019)。

从 2000 年以来的能源生产结构变化看,化石燃料占比大大下降。固体化石燃料占比从 2000 年的 28.54%,减少到 2020 年的 25.03%;天然气占比从 2000 年的 16.88%,减少到 2020 年的 7.40%;石油和石油产品占比从 2000 年的 6.70%,减少到 2020 年的 3.83%。同期可再生能源和生物燃料占比则大大上升,从 2000 年的 14.45%,增加到 2020 年的 42.07%(见表 6-2)。

表 6-2　欧盟能源生产结构　　单位:千吨油当量

年份	固体化石燃料	天然气	石油和石油产品(不包括生物燃料)	可再生能源和生物燃料	核能	热	总计
2000	189 777	112 230	44 567	96 103	222 051	258	664 988
2010	146 621	109 504	33 104	168 189	219 621	726	677 765
2015	133 781	72 379	28 265	200 358	203 782	998	639 563
2018	116 091	59 195	24 521	219 918	195 248	1 076	616 048
2019	100 066	52 263	22 667	227 288	196 181	1 087	599 553
2020	83 590	41 205	21 319	234 175	175 175	1 107	556 572

资料来源:欧洲统计局(2022)。

从电力生产,2019 年欧盟 39%的电力生产来自化石燃料发电站,35%的电力来自可再生能源,而 26%电力来自核电站。在可再生能源中,电力的最大份额来自风力发电机(13%),其次分别为水电站(12%)、生物燃料(6%)和太阳能(4%)。

欧盟各成员国的电力生产来源亦不相同。2020年,欧盟一次能源生产的最大贡献来源是可再生能源(占欧盟能源总产量的41%)。可再生能源是马耳他初级生产的唯一来源,是许多成员国的主要来源。法国近四分之三(75%)的电力生产来自核电,其次是斯洛伐克(60%)。在丹麦超过一半的电力生产(55%)来自风能,而奥地利60%的电力生产来自水力发电。在核电方面,依次为法国(占国家能源总产量的75%)、比利时(63%)和斯洛伐克(60%),核安全重要性尤为突出。可再生能源是许多成员国能源的主要生产来源,其中马耳他、拉脱维亚、葡萄牙和塞浦路斯等占比达到该国能源生产总量的90%以上;固体燃料依次在波兰(71%)、爱沙尼亚(58%)、捷克(45%)的占比最高;天然气是荷兰电力生产的主要能源(63%);原油是丹麦电力生产的主要能源(38%)。

(二) 能源消费

根据欧洲统计局的统计,欧盟27国能源消耗历史最低值为2020年1月12日的61 548.699千吨石油当量,因全球新冠肺炎疫情,比2019年下降7.48%。在2009年至2019年的10年间,能源总消费总体上呈下降趋势,下降总幅度为7.81%(见图6-3)。

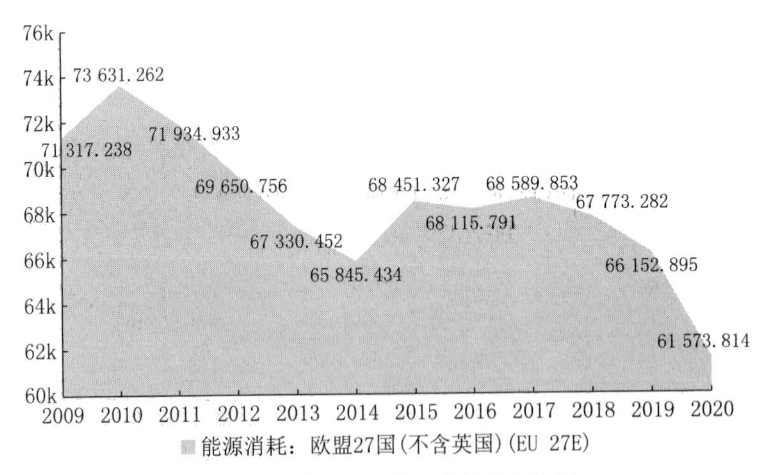

图6-3 欧盟27国能源消耗历史数据

资料来源:欧洲统计局(2022)。

从部门能源消费看,2020年最大能耗部门是运输,占29.55%;其次是家庭部门，占 29.11%；第三是工业部门，占 27.11%；第四是商业公共服务部门，占 14.23%。从近十年的情况看，能耗的部门结构基本没有变化，家庭能耗占比略有增加(见表 6-3)。

表 6-3 欧盟最终能源消费情况 (单位：千吨油当量)

年份	家庭	商业和公共服务	运输业	工业	总计
2011	251 827.991	128 249.536	278 927.981	244 695.806	903 701.314
2012	262 944.968	131 127.497	269 164.775	240 038.199	903 275.439
2013	266 032.655	132 699.736	265 646.991	237 133.541	901 512.923
2014	234 580.172	123 385.900	269 127.741	233 796.269	860 890.082
2015	245 012.797	128 547.796	272 834.671	233 689.381	880 084.645
2016	250 844.669	130 203.536	279 114.659	237 994.427	898 157.291
2017	251 688.854	133 919.177	284 800.490	240 289.953	910 698.474
2018	249 776.686	131 641.761	286 272.524	242 693.617	910 384.588
2019	248 218.755	128 624.468	289 013.779	239 416.854	905 273.856
2020	248 243.382	121 376.491	251 969.934	231 211.890	852 801.697

资料来源：欧洲统计局(2022)。

(三) 能源强度

能源强度是衡量一个经济体能源效率的重要指标，表明生产一个单位的国内生产总值(GDP)需要多少能源。例如，如果一个经济体在能源使用方面变得更有效率并且其国内生产总值保持不变，那么该指标的比率应下降。欧盟从 1990 年到 2017 年间，由于能源效率的提高，其能源强度减少了 37%，这种下降趋势在整个统计期间是持续的，且平均每年下降 1.7%。

在欧盟成员国中能源强度的差别比较大。根据欧洲统计局的统计，2019 年，欧盟能源强度最不密集的经济体为爱尔兰、丹麦和罗马尼亚，即相对于在其整体经济规模(基于购买力标准的 GDP)中使用最少能源的经济体。相反，能源密集型的经济体成员国是马耳他和芬兰。值得注意的是，一个国家的经济结构在确定能源强度方面发挥着重要作用，如服务型经济体将先验地显示出相对较低的能源强度，而重工业经济体(如钢铁生产)由于相当一部分经济活动在工业部门中进行，从而将导致更高的能源强度。欧盟各国能源强度具体情况如下(见图 6-4)：

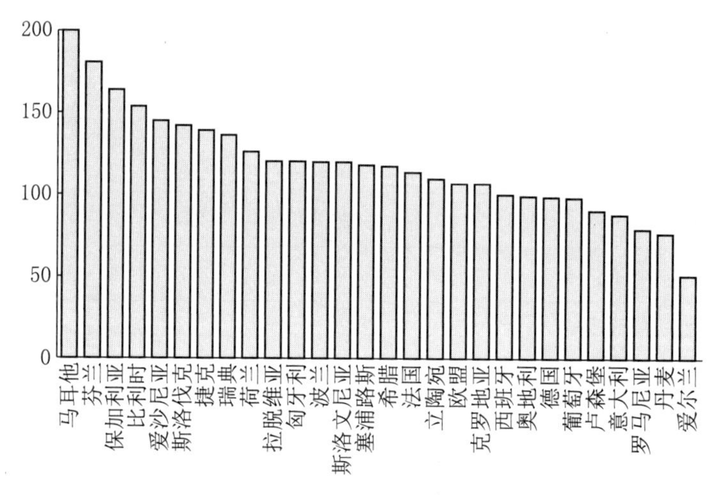

图 6-4　欧盟成员国能源强度对比(2019 年)

资料来源：欧洲统计局(2019)。

(四) 能源进出口

欧盟各成员国中，由于能源生产结构极度不平衡，在能源安全上较多依赖能源进口，容易受外部能源供应商影响。为降低对能源进口的依赖、推动能源供应多元化，早在 2015 年 2 月，欧盟委员会已经宣布正式启动欧洲能源联盟(EU Energy Union)建设进程，旨在建立欧洲单一能源市场，改变欧洲长期以来能源对外依存度过高、进口渠道单一的局面。2019 年，欧盟 61%的能源消费仍然依赖进口，其主要进口能源产品为石油产品(包括主要成分的原油)，占欧盟能源进口的近 2/3，其次是天然气(27%)和固体化石燃料(6%)。

俄罗斯是欧盟主要的原油、天然气和固体化石燃料供应国，其次是来自挪威的进口原油和天然气。2019 年，欧盟以外国家近 2/3 的原油进口来自俄罗斯(27%)、伊拉克(9%)、尼日利亚和沙特阿拉伯(均为 8%)，以及哈萨克斯坦和挪威(均为 7%)。类似的分析表明，欧盟近 3/4 的天然气进口来自俄罗斯(41%)、挪威(16%)、阿尔及利亚(8%)和卡塔尔(5%)，而超过 3/4 的固体燃料(主要煤炭)进口来自俄罗斯(47%)、美国(18%)和澳大利亚(14%)。塞浦路斯、马耳他、希腊和瑞典超过 80%的能源进口为石油产品，匈牙利、意大利、奥地利和斯洛伐克超过 1/3 为天然气。在波兰和斯洛伐克，大约 20%的能源进口是固体燃料。

根据欧盟委员会披露的信息，过去五年里，尽管可再生能源比例不断提高，欧洲能源消费中依然有 57%到 60%来自化石能源，并且绝大部分依靠进口（见表 6-4）。

表 6-4　欧盟能源进口依存度（2000—2020 年）　（单位：%）

	固体化石燃料	石油和石油产品（不包括生物燃料）	天然气
2000 年	29.849	93.279	65.721
2010 年	38.235	93.966	67.763
2015 年	40.994	96.748	74.492
2018 年	43.766	94.520	83.258
2019 年	43.259	96.728	89.633
2020 年	35.838	96.996	83.597

资料来源：欧洲统计局（2022）。

在出口方面，欧盟 27 国能源出口在 2020 年 1 月 12 日达 409 233.515 千吨石油当量，比 2019 年减少 9.19%。自 2009 年以来，至 2017 年之前出口不断扩大，达 504 233.150 千吨石油当量，此后不断下降（见图 6-5）。

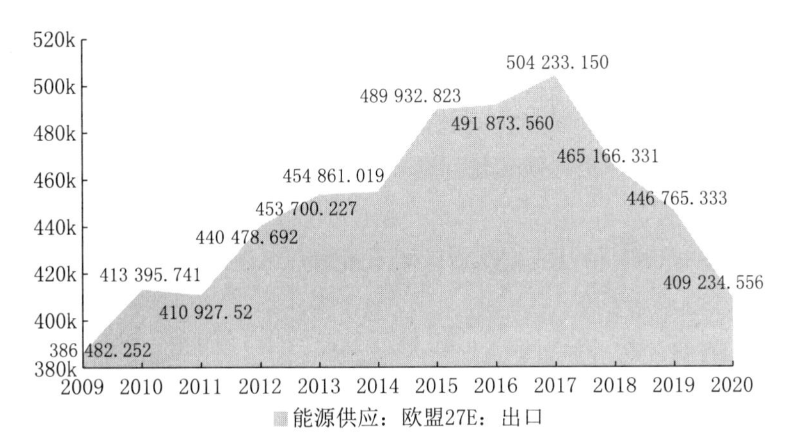

图 6-5　欧盟 27 国能源出口情况

资料来源：欧洲统计局（2022）。

三、零碳之路

欧洲统计局的数据显示，欧盟温室气体排放量从1990年至2018年期间基本都处于下降水平，特别是2016年以来呈现加快下降趋势。2018年，欧盟温室气体排放量较1990年水平下降了21%，绝对减少了10亿吨二氧化碳当量，使欧盟实现了到2020年将温室气体排放量减少20%的目标。[①]欧盟委员会在《欧洲绿色协议》和《欧洲气候法》中提出了到2030年将温室气体净排放量在1990年水平上减少至少55%的法定减排目标（见图6-7）。

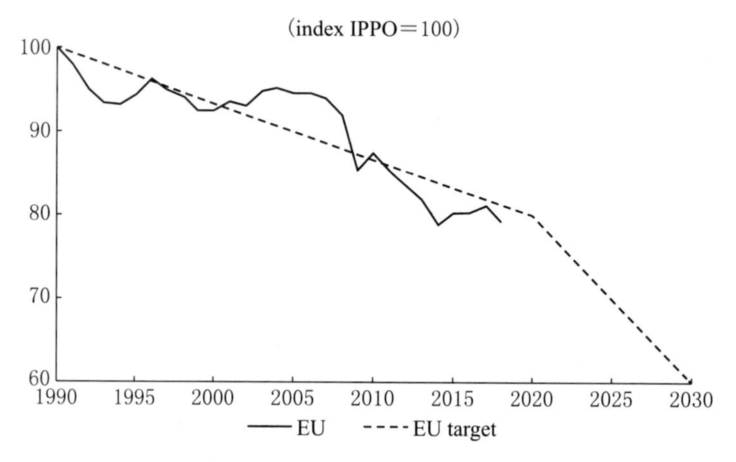

图6-6 欧盟温室气体排放(1990—2018年)

资料来源：欧洲统计局(2018)。

欧盟是全球应对气候变化问题的积极推进者，其自身较早就开始以环境治理为出发点着手解决气候变化问题，欧盟零碳战略可以分为萌芽、探索发展和成型三个时期。

萌芽时期（1990年以前）：欧盟减碳政策最初可追溯到欧洲环境保护运动，

---

① 2007年3月，欧洲理事会提出《2020年气候和能源一揽子计划》，确定欧盟2020年气候和能源发展目标，即著名的“20-20-20”一揽子目标：将欧盟温室气体排放量在1990年基础上降低20%，将可再生能源在终端能源消费中的比重增至20%，将能源效率提高20%。2020年10月国际能源署发布《世界能源展望特别报告》(*World Energy Outlook Special Report*)，发现欧盟2019年的温室气体排放量比1990年减少了23%，这意味着欧盟已经实现了到2020年温室气体排放量减少20%的目标。

由于早期欧洲各国为了经济的快速发展而忽视重工业及能源消耗给环境造成的严重污染问题，因此，这一时期政策的主要特点是以污染治理为重点，辅之以能源结构调整。这一时期首次发布了欧共体第一环境行动规划，此后每几年进行一次更新，具体政策如下(见表 6-5)：

表 6-5　欧盟萌芽时期主要政策(1990 年以前)

年份	政　　策	主　要　内　容
1952	《欧洲煤钢共同体条约》	旨在建立以共同市场、共同目标与共同机构为基础的欧洲煤钢共同体。
1957	《欧洲原子能共同体条约》	确认核能是发展与振兴工业必不可少的资源，共同体利用核能有助于推动和平事业。
1958	《欧洲经济共同体条约》	旨在欧洲建立一个共同市场和经济货币联盟，在整个共同体内促进经济活动的协调平衡发展，促进商品、服务、劳务和资本的自由流动。
1973	《第一环境行动规划》(1973—1976 年)	采取措施减少环境污染物，确定环境治理的重点领域，如水污染治理、空气污染治理等，但规划的制定和应对措施主要体现了当时环境污染后末端治理理念。
1977	《第二环境行动规划》(1977—1981 年)	减少污染和有害物；对土地、环境和自然资源的无害化利用和管理；保护和提高环境质量的一般行动；国际层面的共同体行为。
1983	《第三环境行动规划》(1982—1986 年)	强调将环境政策纳入欧共体其他各部分政策的必要性，同时注重衡量环境政策所带来的社会和经济影响，正式开展工程计划的环境影响评价。
1986	《第四环境行动规划》(1987—1992 年)	建立了严格的环境标准，并且环境政策的领域继续扩大至六个方面：空气污染、水和海洋污染、化学污染、生物技术、噪声污染以及核安全等。
1986	《欧洲能源政策》	确立开发利用可再生能源。
1987	《单一欧洲法令》	第一次将环境保护问题写入欧盟基本法，确立了欧盟环境决策的法律地位。
1988	《能源内部市场报告》	构建欧盟天然气与电力市场一体化。

资料来源：作者自制。

探索发展时期(1991—2017 年)：欧盟一直是应对气候变化的积极倡导者，也是积极推动全球气候治理的重要力量，在京都时代和后京都时代的国际气候治理中，一直试图并实际上发挥了“领导”作用。《京都议定书》生效后，欧盟率先采用市场机制应对气候变化，建立了全球最早的碳排放交易制度，经历几次改革和修订，已经取得了一定的效果，成为全球最大的区域碳市场之一。2009 年哥本哈根气候大会上，欧盟出于各种原因在最后的谈判中被“边缘化”，领导力受到削弱，但从 2011 年南非德班气候会议到 2015 年的巴黎气候大会最终达成《巴黎协定》，使其领导力在很大程度上得以恢复。早在哥本哈根气候会议前，欧盟除了提出具有约束性的 2020 年减排和能源目标之外，还提出了 2050 年在 1990 年的基础上减排 80%—95%的长期目标。

2014 年 11 月，欧盟委员会容克主席时代，正式公布了总额达 3 150 亿欧元的欧洲投资计划，也称作“容克计划”，旨在促进基础设施、新能源、信息技术等领域的投资。容克委员会接替巴罗佐委员会以来，为拯救欧洲经济危机，确立了十大优先领域，主要包括：第一，就业、增长与投资；第二，数字化单一市场；第三，能源联盟与气候；第四，内部市场；第五，深入和公平的经济与货币联盟；第六，平衡的欧美自由贸易协议；第七，工作与基本权利；第八，移民；第九，强有力的全球角色；第十，民主转型等。这一时期的应对气候变化战略与政策主要如下（见表 6-6）：

表 6-6　欧盟探索发展时期主要政策（1991—2017 年）

年份	政　　策	主　要　内　容
1992	《马斯特里赫特条约》	欧洲联盟的宪制性文本、欧盟法律的重要组成部分。
1993	《第五环境行动规划（1993—2000 年）》	确立“走向可持续性”战略，广泛的工具包括：制定环境标准的立法；鼓励生产和使用环境友好型产品和工艺的经济手段；横向支持措施（信息、教育、研究）；财政支持措施（资金）等。
1995	《欧盟能源政策白皮书》	制定了欧盟能源发展总政策。
2003	《碳排放交易指令》	建立了以“限额-交易”（cap & trade）为核心的 EU-ETS，统一对符合条件的单个排放设施进行强制性排放配额控制。
2006	《可持续、竞争和安全的欧洲能源战略绿皮书》	欧洲已进入一个新能源时代，智能电网技术是保证欧盟电网电能质量的关键技术和发展方向。
2007	《2020 气候能源包裹法案》	2020 年将温室气体排放量降至 1990 年的 80%；积极加快可再生能源建设，使可再生能源占能源总消耗的 20%；在欧盟范围内提高 20%能源效率。

续表

年份	政　　策	主　要　内　容
2009	《第六环境行动规划》(2002—2012)	四大优先事项:气候变化、自然与生物多样性、环境与健康、自然资源与废弃物。
2009	《第三能源市场包裹法案》	启动第三次能源市场自由化改革方案。
2011	《2050 能源路线图》	2050 年碳排放量比 1990 年下降 80%—95%。
2012	《第七环境行动规划》(2014—2020 年)	提出 2050 年目标:"我们在地球的生态极限内生活得很好。我们的繁荣和健康环境源于创新的循环经济,在这种经济中,没有任何东西被浪费,自然资源得到可持续管理,生物多样性得到保护、重视和恢复,从而增强我们社会的复原力。我们的低碳增长早已与资源使用脱钩,为安全和可持续的全球社会设定了步伐。"
2014	《2030 气候能源政策框架》	2030 年将温室气体排放总量降低至 1990 年的 60%,在未来的 16 年间积极引入可再生能源,使其至少占能源供给的 27%,全面提高能源效率 27%。
2015	《一个有远见的气候变化政策弹性能源联盟框架战略》	启动欧盟能源联盟战略。
2017	《强化欧盟地区创新战略》	通过技术创新推动欧盟脱碳。

资料来源:作者自制。

成型时期(2018 年至今):2017 年 6 月 1 日,美国总统特朗普在白宫玫瑰园正式宣布退出《巴黎协定》,与此同时,还推行了其他一些如恢复传统煤炭产业、取消奥巴马政府时期的《清洁电力计划》等"去气候化"政策。面对特朗普政府的"去气候化"行动,欧盟进行了坚决回应,在其内部和国际方面都采取了积极应对之策,继续推动《巴黎协定》的执行与落实,提出了碳中和目标,多领域合力推动碳减排。美国的退却在一定程度上为欧盟发挥领导作用打开了"机会之窗",但由于欧美之间相互投资和贸易依赖度较高,欧盟的脆弱性和敏感性更高于美国,实质上影响到欧盟的经济竞争力,加大了欧盟在能源和其他生产方面的成本;但也使欧盟在气候减缓技术(低碳技术)、清洁能源和生态产业的市场竞争中处于更加有利的地位,从长远看,有利于欧盟在低碳经济时代提升竞争力。在此背景下,2018 年 11 月,欧盟通过了《2050 战略性长期愿景》,标志着减碳政策进入成型时期。

2019 年 12 月,欧盟委员会新任主席冯德莱恩为欧盟向低碳经济转型的政策方向奠定了基础,并将以更加开放的姿态聚焦地缘政治问题。冯德莱恩委员会确立了九大目标计划：一是气候政策，使欧洲于2050年之前成为首个气候中性的大陆；二是英国脱欧后的贸易协定谈判；三是处理与美国的关系；四是全球贸易；五是经济政策，目标是完成欧洲货币联盟；六是金融监管；七是数字保护，目标是鼓励政府和企业共享数据；八是人工智能；九是继续扩大欧盟等。

2022年7月26日，欧盟委员会发布《第八环境行动计划》作为2030年前环境和气候政策制定和实施的指南。这一计划的目标是以公正和包容的方式加速绿色转型，其确立的2050年的长期目标是“在地球的边界内过上美好的生活”，六个优先领域的目标涉及减少温室气体排放、适应气候变化、加速向循环经济转型、零污染目标、保护和恢复生物多样性以及减少与生产和消费相关的主要环境和气候压力。2021年6月，《欧洲气候法》从法律层面明确了欧盟实现碳中和的成员国义务。

四、面对问题

欧盟实施碳中和战略将主要面临以下三个方面的挑战：

一是能源独立性与能源安全的忧虑。2019年欧盟的能源依赖率为61%，这意味着欧盟一半以上的能源需求由净进口满足。自2000年以来，对能源进口的依赖率有所上升，2020年时的欧盟依赖率仅为56%（见图6-7）。在俄乌

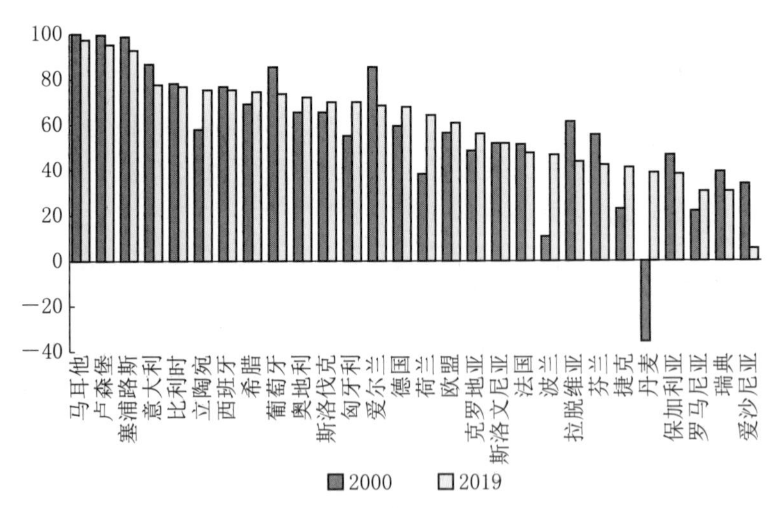

图6-7 欧盟成员国能源依赖率(2019年)

资料来源：欧洲统计局(2019)。

冲突持续之际，饱受能源价格剧烈波动和供应危机困扰的欧盟正在努力摆脱对俄罗斯的能源依赖，为此，2022 年 3 月 8 日，欧盟委员会发布了《欧洲廉价、安全、可持续能源联合行动》的能源独立路线图，根据这一行动计划，欧盟计划多元化进口天然气源、加速可再生天然气开发、减少供暖、发电环节的天然气使用，从而降低对俄罗斯进口天然气的依赖。在 2022 年底前，减少 2/3 的俄气进口。面向未来，欧盟还将采取加速可再生能源、水电的开发，多元化能源供应、提高能效等措施来降低对俄罗斯能源的依赖。新的地缘政治风险和能源市场现实要求欧盟大力加速清洁能源转型，并提高欧洲的能源独立性，使其免受不可靠供应商和化石燃料供应不稳定的影响。

二是温室气体排放的行业压力。能源行业转型是欧盟经济脱碳的关键驱动力。到 2018 年，欧盟的温室气体排放总量中，能源生产行业所占份额最大(28.0%)，其次是用户燃料燃烧(25.5%)和交通运输行业(24.6%)。与 1990 年相比，大多数来源的份额有所下降，但运输业从 1990 年的 14.8%增加到 2018 年的 24.6%(见图 6-8)。欧洲工业在许多领域都处于全球前列，为了保持其领先地位，2018 年，欧盟委员会发布了《我们对人人共享清洁地球的愿景：工业转型》，对工业领域的减排做出了部署。此外，交通运输业的温室气体排放量占欧盟温室气体排放总量的 1/4，并且仍在增长。为此 2021 年欧盟委员会发布《可持续交通・欧洲绿色协议》，制定了到 2050 年将交通运输业温室气体排放量减少 90%的目标。

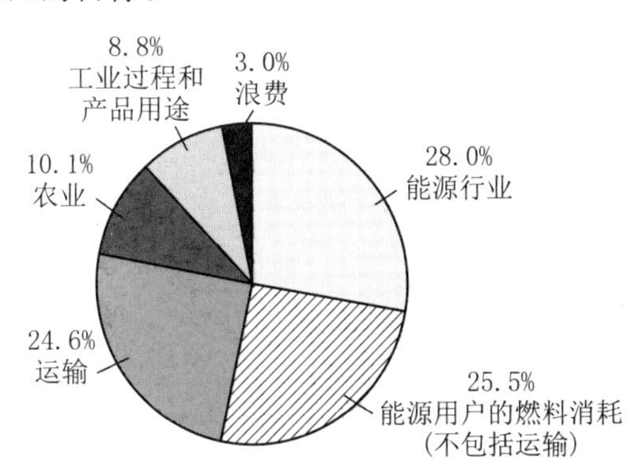

图 6-8　温室气体排放源行业分布(2018 年)

资料来源：欧洲统计局(2019)。

三是国际贸易与产品依赖度。欧盟是世界上最大的制成品和服务贸易国，在出入境国际投资中均世界排名第一，也是 80 个国家的最大贸易伙伴。在经济全球化背景下，国际贸易的发展使生产和消费行为跨越国界，带来了碳排放的区域转移以及“碳泄漏”问题。国际贸易中商品的“隐含碳排放”问题涉及碳减排的国际责任分配。为保持本土产品与未支付碳价的进口产品之间的价格竞争力、避免碳泄漏，欧盟启动了碳边境调节机制。2022 年 3 月，在欧盟理事会的经济与金融事务委员会（ECOFIN）会议上，欧盟 27 国的财政部部长采纳了欧盟理事会轮值主席国法国的碳关税提案，这意味着欧洲各国支持采取碳关税措施。①

在进口到欧盟的 5 200 种产品中，确定了欧盟高度依赖进口的敏感生态系统中的 137 种产品（占欧盟商品总进口价值的 6%），这些产品主要集中在能源密集型行业，以及其他支持绿色和数字化转型的产品。这些进口依赖的产品中约有一半从中国进口，其次是越南和巴西。在产业分布方面，这 137 种进口依赖的产品中，约有 20 种是属于能源密集型产业生态系统中的原材料和化学品。欧盟对原材料、电池、活性药物成分、氢、半导体以及云和边缘技术等战略领域进行了 6 项深入审查，进一步洞察战略依赖的起源和造成的影响。欧盟委员会将对这些关键领域的潜在依赖关系启动第二阶段的深入审查，包括对双重转型至关重要的产品、服务或技术，例如可再生能源、能源存储和网络安全。欧盟委员会通过关键技术观察站的监测系统和定期审查过程，将分析涵盖当前的依赖关系和未来（技术）依赖关系的风险。

第二节　碳中和战略构架

欧盟在《欧洲绿色协议》中提出到 2030 年将温室气体排放量降低到 1990 年水平的 55%，到 2050 年实现碳中和的目标。2021 年 7 月，欧盟委员会提出了一系列应对气候变化的提案，被称为迄今为止世界主要经济体为减少温室气体排放提出的雄心勃勃的计划之一。为实现这一目标，欧盟着力从绿色化和数字化两大方向，全面加速和构建碳中和战略体系。

一、战略认知与理念

《欧洲绿色协议》作为一项新的增长战略，旨在将欧盟转变为一个公平和

① Council of the EU, “Council agrees on the Carbon Border Adjustment Mechanism (CBAM)”, https:// www. consilium. europa. eu/en/press/press-releases/2022/03/15/carbon-border-adjustment-mechanism-cbam-council-agrees-its-negotiating-mandate/（发布日期：2022 年 3 月 15 日）.

繁荣的社会，一个现代化、资源高效和有竞争力的经济体，确立到2050年温室气体的净零排放，经济增长与资源使用脱钩的战略认知。2021年7月，欧盟委员会向欧盟议会、理事会、欧洲经济和社会委员会以及地区委员会提交了“Fit for 55”一揽子立法提案，涵盖了广泛的政策领域，涉及气候、能源、交通和税收等，并列出了欧盟委员会实现其最新的2030年目标的具体方式。目前，欧盟理事会正在对“Fit for 55”项下的多个行业政策进行讨论，如环境、能源、交通以及经济和金融事务等。

《欧洲绿色协议》确立了长期绿色增长的四大战略认知：

第一，促进欧盟经济向可持续发展转型。具体包括两个方面，一是设计一套深度转型政策。欧盟需要重新考虑经济、工业、农业、土壤、食品、交通等领域的清洁能源供应政策；同时，必须更加重视保护和修复自然生态系统、实现资源的可持续利用。二是将可持续性纳入所有欧盟政策，如绿色投融资、国家环保预算、新技术、支持可持续的解决方案和颠覆性创新政策等。

第二，欧盟致力于成为可持续发展的全球领导者。一是将继续确保《巴黎协定》仍是应对气候变化不可或缺的多边框架。二是将继续与二十国集团各经济体展开合作并加强与伙伴国家的双边联系，将根据需要建立创新合作模式。三是将通过贸易政策支持生态转型，欧盟委员会提议将尊重《巴黎协定》作为未来全面贸易协定的核心要素。四是欧盟的国际合作和伙伴关系政策将帮助引导公私资金支持实现转型发展。

第三，欧盟以法治保障战略目标的实现，推动公众对绿色转型发展的参与。公众和所有利益相关者的参与和承诺是成功实现绿色增长转型目标的重中之重。欧盟委员会发布《欧洲气候法》，就气候行动与公众合作提出了三种方式：一是鼓励信息共享、激励启发，加强公众对于气候变化和环境退化威胁的认知，提升公众应对环境风险挑战的能力。二是公众可以线上或线下自由表达观点，发挥创造力，共同努力达成目标。三是欧盟委员会开展自身能力建设，监督气候变化和环境保护等计划的制定和实施。2022年1月28日，欧盟委员会通过了有史以来最全面的《能源统计法规(修正案)》，并于同年2月生效，该法要求通过提供统计数据来监测欧洲经济脱碳的效果。其中，包括对欧盟能源联盟、“Fit for 55”、《欧洲氢能战略》和欧洲电池联盟(EBA)倡议等战略的跟踪统计。

第四，欧盟推动社会公平转型。短期内，欧盟气候政策可能对家庭、中小型企业和交通用户造成额外的压力。为此，欧盟建议为成员国设立新的社会气候基金，在能源效率、供暖制冷系统以及清洁交通等方面为公民提供资金支持，社会气候基金所需资金由欧盟预算提供。2025—2032 年期间，社会气候基金将向成员国提供 722 亿欧元，该基金将为社会公平转型筹集 1 444 亿欧元，让所有欧洲公民尽快感受到气候行动带来的好处，并为最弱势家庭提供支持。此外，欧盟将加强公民的可持续发展教育与培训，以提高绿色经济环境下民众的就业能力。

二、目标与愿景

（一）长期目标

为实现“使欧洲到 2050 年成为世界上第一个‘气候中立’的大洲”这一重大战略目标，《欧洲绿色协议》确立了绿色转型的长期发展战略，具体行动计划如下：第一，加快推进气候变化减缓进程，调整 2030 年和 2050 年气候与能源框架中的减排目标；第二，提供清洁的、可负担的、安全的能源供应，推进能源系统的深度脱碳化进程；第三，推动工业向清洁循环经济转型；第四，倡导建筑业翻新，进一步提高能效和资源利用率；第五，推行可持续与智慧交通出行方式；第六，建立均衡、健康、环保的食品体系；第七，保护与修复生态系统和生物多样性；第八，大气、水和土壤的零污染行动计划等。

（二）全产业与全社会的“绿色化”目标

在工业方面：2020 年 3 月，欧盟委员会发布《欧洲新工业战略》，旨在实现全产业的绿色化，向绿色和数字经济双重过渡，使欧盟工业在全球更具竞争力，并增强欧洲的战略自主权。

在能源行业方面：2020 年 7 月，欧盟委员会发布《能源系统整合战略》，将为欧盟向绿色能源过渡搭建框架，旨在让不同的能源生产载体、基础设施及消费行业彼此关联，实现统一规划和运营，以提高效率并降低成本。

在农业和食品业方面：2020 年 5 月，欧盟委员会发布《从农场到餐桌战略》，旨在建立公平、健康和环境友好型粮食和食品体系，推动欧盟向更健康、可持续的粮食生产体系转变，减少粮食体系的环境和气候碳足迹，确保公民健康并维护粮农生计。

在交通业方面：2020 年 12 月，欧盟委员会通过《可持续和智能交通战略》，旨在推动交通领域绿色和数字化转型，全力打造可持续与智能交通体系。欧盟力争交通运输行业到2050年减少90%的碳排放，减少运输业对化石燃料的依赖。

在促进工业清洁和循环经济产业方面，2015年12月，欧盟委员会通过《循环经济行动计划》(CEAP)，旨在促进欧洲经济从线性向循环经济的转型。该计划包含了54项立法和非立法行动，并提出了4项关于废弃物的立法提案，明确了在2030年和2035年前要实现的垃圾填埋、重复使用和循环利用目标，并新增了纺织品和生物废弃物的分类收集义务。2020年3月，欧盟委员会通过了《新循环经济行动计划》，拟在未来三年推出35项立法建议，旨在推动欧洲经济适应绿色未来，激励环境保护与竞争力齐头并进，赋予消费者更多权益。

在化学品方面：2020年10月，欧盟委员会通过《化学品可持续战略》，旨在保护公民和环境，促进安全和可持续的化学品创新。该战略提出了一系列行动，包括禁止或限制在消费品中使用有害化学物质，在欧盟范围内逐步淘汰氟化有机化合物(PFAS)等。

在空气、水和土壤方面：2021年5月，欧盟委员会通过《欧盟行动计划：实现空气、水和土壤零污染》，致力于到2050年将空气、水和土壤污染降低到对人类健康和自然生态系统不再有害的水平。

在建筑业方面：2020年10月，欧盟委员会发布《欧洲的创新浪潮-绿化我们的建筑物、创造就业机会、改善生活》，旨在促进数字化友好型建筑物翻新，到2030年将住宅和非住宅建筑的年能源改造率至少提高一倍；并且，到2030年将翻新3 500万个建筑单元。

在欧洲社会方面：2010年3月，欧盟委员会发布《欧盟2020智慧、可持续、包容性增长战略》，旨在加强各成员国间经济政策的协调，在应对气候变化的同时促进经济增长，扩大就业，实现以发展绿色经济和提高能源使用效率为主的可持续增长，并提高欧盟公民的就业水平。

(三)“数字化”服务于减碳目标

随着第四次工业革命的纵深发展和数字时代的全面来临，人工智能、大数据、云计算、物联网等新兴技术深刻影响着人类社会的进步与发展。位居世界最强大经济体之列的欧盟却日益明显地察觉到自己在数字经济方面渐趋落后的态势。在此背景下，欧盟陆续推出多个重磅数字化转型规划，助力实现数字单一市场构建，在数字经济领域成为与美、中比肩的第三极。

2020年2月，欧盟委员会同时发布《塑造欧洲的数字未来》、《人工智能白皮书》和《欧洲数据战略三大文件》。2020 年 12 月，欧盟委员会宣布 2021—2027 年建立“数字欧洲”计划，拟投资 75 亿欧元以促进数字技术的广泛部署；2021 年 1 月，欧盟委员会正式推行《目的地地球》计划；2021 年 3 月，欧盟委员会发布《2030 数字指南针：数字十年的欧洲之路》；2021 年 6 月，欧盟委员会通过《“地平线欧洲”框架计划（2021—2022 年）》，拟投资 147 亿欧元建设更加健康、环保的数字化欧洲。

在《欧洲数据战略》中，欧盟委员会提出了数字化的新目标，即创建欧洲单一数据市场，以确保全球竞争力和数据主权。到 2025 年该单一数据市场目标如下：第一，数据规模将提升至 175 泽字节；第二，数字经济的价值将提升到 8 290 亿欧元；第三，数据专业人才将提升至 1 090 万人；第四，掌握数据基本使用技能的欧洲公民比例将提升到 65%。①

在区块链战略中，欧盟委员会提出了区块链技术的减碳应用，该技术将允许彼此不认识或不信任的个人和组织在不需要第三方授权情况下，集体同意并永久记录信息，利用智能合约区块链来计算、跟踪和报告整个价值链中碳足迹的减少情况。欧盟希望成为区块链技术的领导者、创新者以及重要平台。

在《目的地地球》计划中，欧盟委员会旨在建立一个用户友好且安全的云数字建模和仿真平台，侧重于研究气候变化、极端天气事件的产生，并制定相应策略。“目的地地球”的关键里程碑在于：到 2024 年，开放核心数字平台和极端自然事件和气候变化适应的数字孪生；到 2027 年，将其他数字孪生纳入数字平台中，为特定行业提供服务；到 2030 年，实现地球的“完整”数字复制品②。

此外，在国际合作方面，2021 年 6 月 15 日，美国和欧盟为确保《巴黎协定》得到落实，承诺成立“欧盟-美国高级别气候行动小组”，同日，欧盟委员会发布《欧盟-美国峰会声明：“迈向新的跨大西洋伙伴关系”》并且建立了“高级别欧盟-美国贸易和技术委员会”（TTC）。美国白宫通过了《美国-欧盟峰会声明》，声明称：“我们打算以身作则，在 2050 年之前成为净零温室气体（GHG）经济体，并实施我们各自 2030 年的增强目标。”《美国-欧盟峰会声明》中指出双边合作的一个关键方面为“在 2030 年扩大技术和政策，以进一步加速从不减弱的煤炭产能向绝对脱碳的电力系统过渡”。

---

① European Commission, “European Data Strategy”, https://ec.europa.eu/.../api/files/attachment/862109/European_data_strategy_en.pdf(2020/2/19).

② European Commission, “Destination Earth”, https://digital-strategy.ec.europa.eu/en/policies/destination-earth(2021/1).

三、战略推进路径

（一）能源密集型行业的现代化和脱碳化

能源密集型产业（水泥、化学品和工业等）是欧洲经济不可或缺的组成部分，也是其他行业的基础。随着欧洲向气候中立大陆的过渡，能源密集型产业的脱碳与现代化改革将是首要任务。欧盟委员会在《欧洲绿色协议》中提出，要利用钢铁、水泥和基本化学品等不影响气候的循环产品来创造新市场。因此，欧洲需要新的工艺流程和技术来降低生产成本。

在水泥行业，2020 年 11 月，新气候研究所发布了《欧盟水泥行业的脱碳路径》，提出水泥行业脱碳化路径图：短期内（至 2025 年），启动行业层面的对话，确定欧盟水泥行业脱碳路线图；中期内（2030—2035 年），通过专门的研发投资计划、试点项目和监管措施来确保水泥行业脱碳的落实；长远来看（至 2050 年），系统引入水泥脱碳的新技术和实践。

在化学品行业，2020 年 10 月，欧盟委员会发布《化学品可持续战略：迈向无毒的环境》，化学制造作为欧盟第四大产业，该战略致力于打造无毒环境，要求化学品的生产和使用方式应避免对地球和当前环境造成危害，并确保可持续化学品的生产和使用在全球具有竞争力。

在工业方面，2020 年 3 月，欧盟委员会发布《欧洲新工业战略》，指出工业是欧洲未来进步和繁荣的核心，占欧盟经济的 20%以上，欧洲工业提供了大约 3 500 万个就业岗位。欧盟是全球最大外国直接投资提供者和目的地。同时，欧洲还需要充分利用机会进行工业本地化，将更多制造业带回欧洲。

在资金支持方面，2015 年 7 月，欧盟委员会修订欧盟排放交易体系（EU ETS）的改革方案，设立欧盟排放交易体系创新基金[①]，为能源密集型行业的创新低碳技术和工艺提供资金。2021 年，在“Fit for 55”中提出对现有 EVETS 改革的方案，建议与 2005 年相比，到 2030 年相关行业的总体排放量减少 61%，并建议为建筑和道路交通建立一个新的独立的交易体系。环境委员会在 2022 年 3 月的会议上讨论了《关于修订欧盟排放交易体系》的提案。

---

① 创新基金的资金由全球最大的碳定价系统欧盟排放交易系统（EU ETS）提供，2020 年到 2030 年将拍卖 4.5 亿配额。新基金将通过以下方式为减少温室气体排放做出贡献：第一，帮助为欧盟低碳转型所需的下一代技术的新投资制定正确的财务激励措施；第二，通过使具有先发优势的公司成为全球清洁技术领导者来促进增长和竞争力；第三，支持成员国的创新低碳技术起飞并进入市场。

(二) 更加开放的竞争战略

不断变化的地缘政治正在对欧洲的工业、天然气、石油等产业产生深远的影响。全球竞争、保护主义、市场扭曲、贸易紧张局势，以及对基于规则的贸易体系的挑战都在增加。2021 年初以来，受冬季供暖需求和经济快速复苏等因素的影响，欧洲能源需求量暴增，但由于北海风速下降，风力发电量远低于往年，欧洲能源市场出现了巨大的供应缺口，能源价格疯涨，欧洲陷入能源危机。为此，欧盟委员会在《欧洲绿色协议》中提出，欧洲的反应不能是设置更多壁垒、保护缺乏竞争力的行业或模仿其他国家的保护主义或扭曲政策。欧盟将继续努力维护、更新和升级世界贸易体系，构建更加开放的竞争战略，使其应对当今挑战。

(三) 引领和制定全球标准

欧盟试图通过经济拓展和外交加强其海外战略利益。欧盟委员会在"Fit for 55"中提出，全球参与和国际合作是应对气候危机的关键，欧盟准备强化气候外交，加强与国际伙伴的合作并促进全球向净零经济过渡，欧盟将利用各种外部政策工具来实现这些目标，并支持气候融资，以帮助脆弱国家适应气候变化并投资减少温室气体排放。《欧洲绿色协议》和"Fit for 55"中皆提出要引领和制定全球标准，强调欧盟必须利用其单一市场的影响、规模和整合力来制定全球标准，打造具有欧洲价值观和原则标志的全球高质量标准，增强欧盟的战略自主权和产业竞争力。

(四) 建立以规则为基础的多边贸易体系

欧盟委员会对碳排放交易体系进行修订，旨在到 2030 年碳排放量预计将减少 43%，到 2027 年，将逐步取消航空业的免费碳排放配额。本次修订将使企业碳排放上限更严格、年减幅度逐步提高、企业排碳成本增加。作为碳排放交易体系的补充，欧盟委员会在《欧洲绿色协议》中正式提出"碳边境调整机制"(CBAM)①；在"Fit for 55"中，欧盟委员会明确了碳边境调整机制分阶段实施的目标：2023 至 2025 年作为试点阶段，涵盖电力、钢铁、水泥、铝和化肥五个

---

① "碳边境调整机制"(Carbon Border Adjustment Mechanism, CBAM)，即通过对在生产过程中碳排放量不符合欧盟标准的进口商品征收关税(即"碳边境税")的方式，避免自身气候政策的完整性及有效性因"碳泄漏"而被破坏，同时还可以保护欧盟企业的竞争力。2022 年 6 月 22 日，欧洲议会通过 CBAM 方案。2022 年 6 月 29 日欧盟成员国环境部长会议讨论形成了欧盟理事会关于 CBAM 的最终立场。至此，欧盟委员会、欧洲议会和欧洲理事会就 CBAM 已达成一致。

领域，进口商只需要报告进口产品数量及其相应的碳含量，欧盟在此期间不征收任何费用；2026 年前，欧盟委员会将考虑是否扩大碳边境调节机制的调整领域；自 2026 年 1 月 1 日起，欧盟将正式开始征收碳边境税；至 2035 年将完全取消免费配额。

（五）创造清洁技术领先市场，确保行业全球领先者

《欧洲绿色协议》的目标是为钢铁、水泥和基础化学品等气候中性和循环产品创造新市场。为了引领这一新的变化，欧洲需要通过新颖的工业流程和更清洁的技术来降低成本并提高市场准备度。欧盟委员会支持实现零碳炼钢工艺的清洁钢铁突破性技术，到 2030 年实现零碳炼钢工艺，并将研究欧洲煤钢共同体下的部分清算资金是否可用。欧盟碳排放交易体系创新基金将帮助此类大规模创新项目落地。

《欧洲绿色协议》尊崇企业家精神，欧盟机构、成员国、地区、行业和所有其他相关参与者将共同努力，创造清洁技术的领先市场，并确保欧盟成为全球行业领先者。欧盟的监管政策、公共采购、公平竞争政策，以及中小企业的积极参与，对于实现这一战略目标的实现至关重要。

（六）长期绿色投资战略转型支持

欧洲议会与成员国就“下一代欧盟”①复兴计划达成一致，这项总额超过 1.8 万亿欧元的长期投资计划中，37%的资金将投入与绿色转型目标相关的领域。欧盟委员会预测截至 2050 年，仅能源领域的绿色转型就可在 2020 年基础上多创造 300 万个就业岗位。欧盟投资的优先领域包括：第一，“面向未来的清洁技术”，开发和使用更多可再生能源；第二，整修公共和私人建筑物，以提高能源效率；第三，再次推广“面向未来的清洁技术”，以加速使用可持续智能交通工具、充电站和加油站；第四，建造数字基础设施，加强欧洲大数据能力。

迈入“后疫情时代”，欧洲绿色复苏政策持续出台，在欧洲议会与欧盟成员国达成的“下一代欧盟”复兴计划中，欧盟将继续支持成员国通过“欧洲共同利益重要项目”（IPCEI），即基于欧洲共同利益解决市场失灵或其他重要系统失

---

① 下一代欧盟（NGEU）基金是一项欧盟经济复苏计划，旨在支持在新冠肺炎疫情中受到不利影响的成员国。欧洲理事会于 2020 年 7 月 21 日同意成立“下一代欧盟”，该基金价值 7 500 亿欧元。NGEU 基金将从 2021 年至 2023 年运作，并将与欧盟多年期金融框架（MFF）的 2021 年至 2027 年常规预算挂钩。NGEU 和 MFF 一揽子计划综合预计将达到 18 243 亿欧元。

灵的大型项目。欧盟的IPCEI重点关注欧洲的基础设施和战略价值链，成员国和公司共同参与该项目，主要包括下一代云、氢、低碳工业、制药和关于尖端半导体的第二个IPCEI等①。欧盟委员会将仔细审查这些项目计划，并在符合标准的情况下，欧洲产业联盟②可以帮助推广此类IPCEI。

（七）中小企业支持与绿色技术联盟

2021年5月，欧盟委员会发布《2020年新工业战略》（更新版），提出加强单一市场弹性的新措施，该战略设立了三大目标和八大行动计划，提出加速绿色和数字化转型的新措施，并响应了识别和监测整个欧盟经济竞争力主要指标的呼吁，包括单一市场一体化、生产力增长、国际竞争力、公共和私人投资以及研发投资等。其中，中小企业（SME）目标维度是更新战略的核心。

欧洲的2 500万家中小企业是欧盟经济的支柱，占欧盟全部企业的99%，雇用了大约1亿人口，占欧洲GDP一半以上，并在每个经济部门发挥着关键作用。2020年3月，欧盟委员会发布《中小企业战略》，旨在增加参与可持续商业活动和使用数字化技术的中小企业数量，以构建可持续发展的欧洲与数字化发展的欧洲。该战略提出以下行动：第一，中小企业增强能力建设和支持向可持续性和数字化发展；第二，减轻监管负担并改善中小企业市场准入限制；第三，改善中小企业融资渠道。从而，让欧洲成为最具吸引力的地方，让中小企业在单一市场中成长并扩大规模。

第三节　碳中和技术创新战略

欧盟推出了一系列推进先进技术创新的战略文件，在《欧洲氢能战略》（2020年7月）、《电池战略行动计划》（2018年5月）、《欧洲海上可再生能源战

---

① 2021年1月26日，欧盟委员会根据欧盟国家援助规则批准了第二个欧洲共同利益重要项目（IPCEI），以支持电池价值链中的研究和创新。该项目为"欧洲电池创新"计划，由奥地利、比利时、克罗地亚、芬兰、法国、德国、希腊、意大利、波兰、斯洛伐克、西班牙和瑞典共同准备和通报。

② 欧洲工业联盟（Industrial Alliances）是促进所有感兴趣的伙伴之间加强合作和联合行动的工具。包括欧洲原材料联盟（European Raw Materials Alliance）、欧洲清洁氢联盟（European Clean Hydrogen Alliance）、欧洲电池联盟（European Battery Alliance）、循环塑料联盟（Circular Plastics Alliance）、欧洲工业数据、边缘和云联盟（European Alliance for Industrial Data, Edge and Cloud）、处理器和半导体技术产业联盟（Industrial Alliance on Processors and Semiconductor Technologies）。详见 https://ec.europa.eu/growth/industry/strategy/industrial-alliances_en。

略》(2020 年 11 月)、《碳捕集、利用与封存:技术发展报告》(2019 年 1 月)、《欧洲数据战略》(2020 年 2 月)和《目的地地球》计划(2021 年 1 月),这些文件确立了氢能、电池、海上风电、CCUS 等战略优先发展方向。2022 年 4 月,欧盟委员会发布《能源密集型行业低碳技术的 ERA 工业技术路线图》,概述了能源密集型行业实现脱碳的关键技术路径,关键领域创新方向等。

一、氢能技术

(一) 概述

欧洲的清洁氢技术制造具有很强的竞争力,并且有技术能力将清洁氢作为主要的能源载体。电解槽是电解水生成氢气的主要设备,欧洲的电解槽产能居世界领先地位,占全球装机容量的 40%。为此,2020 年 7 月,欧盟委员会发布《欧洲氢能战略》,提出了欧洲发展氢能的长期战略蓝图,绿氢将成为欧盟未来发展的重点。该战略概述了全面的投资计划,包括制氢、储氢、运氢及投资现有的天然气基础设施、碳捕集和封存技术等,预计总投资超过 4 500 亿欧元。欧盟希望通过降低可再生能源成本并加速发展相关技术,将可再生能源制氢应用于所有难以去碳化的领域。

(二) 重点优先技术

氢可通过不同的技术和能源生成,且成本各不相同。《欧洲氢能战略》在技术上,提出了以下制氢方式:第一,电解水制氢,通过电解槽产生氢;第二,可再生氢(绿氢),通过可再生资源产生氢;第三,清洁氢,指可再生氢;第四,化石氢,指以化石燃料为原料,通过多种工艺生产的氢气;第五,碳捕集的化石基氢,制氢过程中排放的部分温室气体将被捕集;第六,低碳氢,包括具有碳捕集的化石基氢和电解水制氢;第七,氢衍生合成燃料,指以氢和碳为基础产生的各种气体和液体燃料等。

目前,化石氢在欧盟的能源结构中占据主导地位。可再生氢、低碳氢、具有碳捕集功能的化石基氢的生产成本皆高于化石氢,不具有竞争优势。同时,欧盟指出在可再生电力便宜的地区,电解槽有望在 2030 年与化石氢展开竞争。欧盟在《欧洲氢能战略》中确立的首要任务是利用风能和太阳能开发可再生氢。从长远来看,可再生氢是欧盟气候中和及零污染目标的最佳选择;在中短期内,未来能源系统需要其他形式的低碳氢协同发展。

(三) 发展路径

欧盟清洁氢能的发展预计将分为三个阶段，具体路线目标如下：

第一阶段（2020—2024 年），安装至少 6 吉瓦的可再生氢电解槽，生产 100 万吨的可再生氢，对现有的氢生产脱碳，增加电解槽的制造，并通过碳捕集基础设施生成低碳氢。

第二阶段（2024—2030 年），安装至少 40 吉瓦可再生能源电解槽，氢年产量达到 1 000 万吨。在可再生电力充足且价格低廉时将电力转化为氢，通过碳捕集改造现有的化石氢。

第三阶段（2030—2050 年），可再生能源制氢技术将逐渐成熟，其大规模部署将使所有脱碳难度系数高的工业领域使用氢能代替。到 2050 年，大约 1/4 的可再生电力可能用于生产可再生氢。

二、电池技术

在当前清洁能源的转型背景下，电池开发和生产是欧洲的首要战略要务。每年欧盟要进口约 80 万吨汽车电池、19 万吨工业电池和 16 万吨消费电池。2020 年，亚洲占全球电池总产能的 80%，中国占全球电池总产能的近 70%，欧盟仅占全球产能的 4%。因此，欧盟将加大对电池项目的支持力度，以谋求未来在全球电池市场的主导地位。

(一) 概述

2017 年 10 月，欧盟委员会、成员国、工业界和科学界共同发起建立欧洲电池联盟，旨在推动欧盟和成员国内部“促进产业之间和跨价值链的合作”；2018 年 5 月，欧盟委员会通过《电池战略行动计划》，支持原材料提取、采购和加工、电池生产、电池系统以及电池回收，构建欧盟电池价值链；2020 年 12 月，欧盟委员会发布《新电池法规》提案 2020/353(COD)，将逐步替代现行《电池指令》(2006/66/EC)，2022 年 2 月 10 日，《新电池法》在欧洲议会环境、公共卫生和食品安全委员会通过，并于 3 月 10 日，欧洲议会通过。

(二) 重点优先技术

《新电池法》将“电池”具体分为：第一，便携式电池，即质量小于 5 kg 的密封、非工业用途、非电动汽车或车用的电池；第二，汽车电池；第三，电动汽车电池，即专门为混合动力和电动汽车提供的电池；第四，工业电池。其中，欧盟将重点研发电动汽车电池，采用锂离子电池技术，由镍锰钴氧化物（NMC）和磷酸铁锂（LFP）构成电池。欧盟正在寻找提高锂离子电池体积和重量密度，同时保证安全性的材料，未来镍锰钴氧化物（NMC）和固态技术是电池的研发方向。

为实现《电池战略行动计划》提出的目标，其关键行动包括：第一，研究和创新将是设计下一代电池技术的关键；第二，扩大欧洲电池联盟成员[①]；第三，制定电池标准，确保欧盟电池绿色、安全、有竞争力；第四，提高劳动力的水平，以减轻绿色转型对就业的影响；第五，推进循环经济；第六，发展电池回收能力，确保可持续获取原材料和二次材料；第七，制定电池监管措施。

（三）发展路径

目前，欧盟对电池进口的依赖揭示了其供应链的高成本和风险。2019 年 11 月 18 日，欧盟“电池 2030＋”（BATTERY 2030＋）计划工作组发布了《电池研发路线图》（第二版草案），提出未来 10 年欧盟电池技术的研发重点：第一，将电池实际性能（能量密度和功率密度）和理论性能之间的差距缩小至少 1/2；第二，将电池的耐用性和可靠性至少提高 3 倍；第三，（对于特定的电力组合）将电池的生命周期碳排放量至少减少 1/5；第四，使电池的回收率达到至少 75％，并且关键原材料回收率实现接近 100％。

三、海上风电技术

风能是目前唯一可在商业上部署的海上可再生能源，即使只能开发一些潜在地点，但在世界海洋中仍有巨大的开发潜力。欧洲工业部门和实验室正在迅速研究如何从漂浮的海上风电中生产绿色电力，如波浪或潮汐、浮动光伏装置和使用藻类生产生物燃料等。

（一）概述

海上风电是一种非常有前景的可再生能源，将为全球和欧洲到 2050 年实

---

① 根据 InnoEnergy 的数据，欧洲电池联盟已吸引了约 440 个行业参与者和约 1 000 亿欧元的投资承诺。

现经济脱碳做出巨大贡献。欧盟拥有最大的海上风电市场，在关键风力涡轮机部件以及基础和电缆行业的制造方面处于全球领先地位。欧洲占全球海上风电装机容量的 80%，海上风电为其创造了 21 万个工作岗位。欧盟致力于成为可再生能源的全球领导者。

（二）重点优先技术

欧洲议会普遍支持海上风能，早在 2013 年 5 月就通过了《欧洲内部能源市场中可再生能源的当前挑战和机遇》的评估报告；2014 年 2 月，欧盟委员会发布《2030 年气候和能源框架》，这些文件中都强调了开发北海海上电网系统的重要性。2020 年 11 月，欧盟委员会发布《利用海上可再生能源的潜力，实现碳中和未来的战略报告》，重点提出发展以下技术：

第一，海上风电浮动技术。海上风电的重大改变是浮动技术的商业开发，将允许大型风力涡轮机在深度超过 50—60 米的水域中部署，该技术可以大幅度提高海上风电装机容量。欧盟预计到 2024 年将有 150 兆瓦的浮动式海上风力涡轮机投入使用。[①]

第二，混合项目技术。海上混合项目在跨境时可将海上能源发电和输电结合在一起，直接连接到跨境互连器。海上可再生能源的空间规划与海上和陆上电网发展密切相关，部署低成本、可持续的可再生能源，关键在于合理规划电网。

第三，通用高压直流（HVDC）电网连接技术。实践中混合项目连接存在不同的连接规则。尽管欧盟层面有连接网络的规则，但并未规定海上电网连接规则。因此，根据北海盆地的经验，将制定一种通用的高压直流（HVDC）电网连接要求方法。[②]

（三）发展路径

欧洲是海上风电产业的发源地，自 1991 年丹麦安装了世界上第一台海上风机以来，在海上风力发电装机和风机技术创新方面一直处于领先地位。欧

① European Parliament, "Offshore wind energy in Europe", https://www.europarl.europa.eu/RegData/etudes/BRIE/2020/659313/EPRS_BRI/(发布日期：2020 年).

② European Commission, "An EU Strategy to harness the potential of offshore renewable energy for a climate neutral future", https://eur-lex.europa.eu/legal-content/EN/TXT/PDF/?uri=CELEX:52020DC0741/(发布日期：2020 年 11 月 19 日).

盟委员会在该战略中预计，到 2030 年海上风电装机容量从当前的 12 吉瓦提高至 60 吉瓦以上，到 2050 年进一步提高到 300 吉瓦，并部署 40 吉瓦的海洋能及其他新兴技术（如浮动式海上风电和太阳能）作为补充。这将使欧盟海上风电的研发重点围绕风力涡轮机设计、基础设施开发、循环先进材料和数字化展开。

四、CCUS 技术

据 IEA 统计显示，截至 2021 年 4 月，世界各地的 CCUS 设施每年能够捕集超过 40 Mt CO_2。欧盟是 CCS 技术研发先驱，也是该技术应用的积极推动者。2001 年，瑞典成为欧洲第一个部署 CCS 技术的国家。截至 2021 年 11 月，欧洲 CCUS 项目占全球 27%，欧洲每年通过该技术捕集的 CO_2 总量约为 250 万吨。①

欧盟委员会联合研究中心在战略能源技术规划（SET-Plan）信息服务平台②相继发布了《碳捕集、利用与封存技术发展报告（2018）》和《2030 年 CCUS 路线图》，总结了碳捕集、利用与封存技术的现状、发展趋势、目标和需求、技术障碍以及到 2050 年的技术经济预测。

（一）CCUS 技术现状

碳捕集、利用与封存技术主要存在三代技术。第一代技术包括基准胺基溶剂（燃烧后捕集）、物理溶剂（燃烧前捕集）、富氧燃烧等。目前，第二代技术处于研发阶段；第三代技术处于早期开发阶段。在碳捕集领域的技术发展现状如下：

第一，基于溶剂的碳捕集。第一代单乙醇胺（MEA）碳捕集技术的技术成熟度已达到 7—8 级，溶剂再生的热负荷已经从 5 吉焦/吨 CO_2 降至 1.8 吉焦/吨 CO_2。第一代技术致力于强化高温下 CO_2 的承载能力、减少吸收热能、改

---

① 根据全球碳捕集与封存研究院的数据，CCUS 在全球 25 个国家均有部署，美国和欧盟在 CCUS 技术的部署上处于领先地位。2021 年美国和欧盟新增 CCUS 项目约占全球 2021 年新增项目数量的 3/4，累计项目约占全球累计项目数量的 63%，主要原因在于美国、欧盟对于 CCUS 技术的政策支持力度较强。

② 2008 年欧盟通过的 SET 计划（SET-Plan）是为欧洲制定能源技术政策的第一步。它是欧洲能源政策的主要决策支持工具。SET-Plan 的实施始于欧洲工业倡议（EII）的建立，该倡议将工业界、研究界、成员国和委员会聚集在一起，建立风险分担、公私合作伙伴关系，旨在快速发展欧洲关键能源技术的水平。

进再生条件从而在较高压力下回收 CO_2。

第二,基于吸附剂的碳捕集。对于固体吸附剂,通常将变压吸附或变温吸附用于吸附剂再生,气体与吸附剂的接触发生在固定床、移动床或流化床中。在此情况下,使用物理溶剂分离 CO_2 还可获得高纯度的 H_2 流。

第三,基于膜的碳捕集。膜分离-低温耦合技术是利用具有选择透过性的膜材料,在压力差作用下对不同排放源的 CO_2 进行直接捕集,从排放源上实现碳中和的目的。

第四,高温循环技术。此类技术的成熟度在 4—5 级,是当前研究的重点。目前,欧盟多集中在化学链燃烧项目及煤和天然气锅炉项目的应用层面,钙循环法的技术成熟度已达到 5 级。[①]同时,欧盟在《设置计划进度报告(2021)》(*Set plan progress report 2021*)中提到 CCUS 的六个重点项目。[②]

(二) 发展路径

欧盟碳捕集行业的整体开发目标为:远期计划将碳捕集成本降低至 15 欧元/吨 CO_2,效率损失降低至 5%;到 2030 年,欧盟委员会计划每年捕集约 6 800 万吨 CO_2;到 2050 年碳捕集率将达到 90%。[③]同时也需关注到,欧盟碳捕集行业仍面临着一定的障碍。[④]

---

① European Commission, "Carbon capture utilisation and storage Technology development report", https://op.europa.eu/en/publication-detail/-/publication/b454a7e5-0b4f-11ea-8c1f-01aa75ed71a1/language-en(2022/4/6).

② 欧盟现行 CCUS 重点项目:第一,LONGSHIP。挪威政府于 2020 年启动,是首批能够开发储存二氧化碳的开放式接入基础设施的工业 CCS 项目之一;第二,PORTHOS。2020 年 Porthos148 开发的一个项目,在该项目中鹿特丹港工业产生的二氧化碳将被运输并储存在北海下的枯竭油气田中;第三,NORTH-CCU-HUB。该项目由 20 多个合作伙伴组成公私联合体,为北海港口地区(比利时-荷兰)制定 CCU 战略;第四,POLAND EU CCS INTERCONNECTOR。旨在从格但斯克及其腹地建立一个开放、多模式的 CO_2 出口枢纽,将格但斯克工业排放的 CO_2 连接到正在北海开发的永久存储 CCS 链中;第五,H-VISION。重点是利用天然气生产低碳氢。生产过程中捕集的二氧化碳将安全地储存在北海下的枯竭油气田中,或用作基本化学品的原料;第六,COLUMBUS。该 CCS 项目位于瓦隆(比利时),其石灰生产过程产生的排放物将和可再生能源反应转化为合成甲烷(e-甲烷)氢。该项目预计将于 2025 年投入运营。

③ European Commission,"CCUS Roadmap to 2030", https://www.ccus-setplan.eu/wp-content/uploads/2021/11/CCUS-SET-Plan_CCUS-Roadmap-2030.pdf(发布日期:2020 年 10 月).

④ 影响碳捕集技术大规模部署的技术障碍主要包括:第一,改善因效率下降导致的碳捕集附加损失;第二,降低溶剂再生及捕集成本;第三,针对恶劣条件进行材料优化,以提高可用性并降低成本;第四,捕集过程中控制除 CO_2 以外的排放物;第五,规定 CO_2 捕集的锅炉和气化炉的最佳运行标准等。

根据《碳捕集、利用与封存技术发展报告》显示，欧盟 CCUS 的技术趋势及需求如下：第一，基于化学物理溶剂的吸附技术，重点研究溶剂降解技术；第二，固体吸附剂吸附技术，重点开发新型吸附材料，制定开发新材料的标准化测试流程；第三，膜技术，重点研究材料的竞争吸附、渗透以及 H_2 与 CO_2 之间反应造成的污染；第四，高温循环系统技术，重点进一步优化固体燃料反应器中的燃料转化过程；第五，CCUS 过程和系统改进，重点提升氧气分离效率，降低碳捕集成本。

五、甲烷技术

（一）甲烷技术现状

甲烷是仅次于二氧化碳的第二大温室气体。自工业化时代以来，全球地表甲烷平均浓度持续上升，目前大气中甲烷的浓度大约是工业化前水平的 2.6 倍，而且还在不断地上升。[①]

作为全球最大天然气进口地区，欧盟对于甲烷的排放和泄露问题关注已久。2020 年 10 月 14 日，欧盟委员会发布《甲烷减排战略》，侧重于跨部门行动以及能源、农业、废物和废水部门的具体行动，以减少欧盟和全球范围内的甲烷排放。

（二）发展路径

《甲烷减排战略》服务于欧盟的中长期温室气体减排目标。[②]2020 年 9 月 17 日，欧盟委员会发布了《2030 年气候目标计划影响评估》，指出甲烷仍将是欧盟主要的非二氧化碳温室气体，需强化当前的甲烷减排政策，将甲烷减排目标从 25%提高到 35%—37%（相比于 2005 年）。在全球范围内，如果未来 30 年内将人类活动所产生的甲烷排放量减少 50%，到 2050 年全球温升可以降低 0.18 摄氏度。[③]

---

① World Meteorological Organization（WMO），*WMO Provisional report on the state of the global climate in 2020*.

② 欧盟的中长期温室气体减排目标：2030 年相比 1990 年减排 55%，2050 年实现碳中和。

③ European Commission，"Communication from the Commission to the European parliament，the Council，the European Economic and Social Committee and the Committee of the Regions on an EU strategy to reduce methane emissions"，https://eur-lex.europa.eu/legal-content/EN/TXT/?qid=1603122077630&uri=CELEX:52020DC0663(2020/11/15).

《甲烷减排战略》提出了甲烷减排五大领域的行动方案，通过市场和技术手段来评估、修订现有的与气候变化和环境相关的法案和标准，完善监测、报告和核查制度来推进甲烷减排行动。

在跨部门领域：第一，支持企业改善甲烷监测与报告；第二，支持在《联合国气候变化框架公约》下建立国际甲烷排放观测站；第三，通过“哥白尼计划”加强卫星对甲烷排放的探测与监测；第四，审查欧盟气候和环境相关法案；第五，为废弃物处理产生的沼气建立市场机制。

在能源部门领域：第一，支持企业自愿减排行动，推动天然气企业开展泄漏检测和修复；第二，扩展油气甲烷合作伙伴关系框架范围，覆盖到油气行业上游、中游、下游和煤炭行业；第三，推动转型中的采煤地区进行修复等。

在农业部门领域：第一，支持研究农业全生命周期甲烷排放方法；第二，2021 年底完成农业部门最佳减排实践和技术清单编制；第三，2022 年完成农场温室气体排放和移除核算方法及模块；第四，2021 年开始部署发展“富碳农业”，推广减排技术等。

在废弃物领域：第一，加强监管，向成员国和各区域提供技术援助；第二，2024 年审核修订 1999 年《垃圾填埋场指令》，改善管理垃圾填埋物；第三，在 2021—2024 年“欧洲地平线”计划中，设立项目研究垃圾生产生物甲烷技术。

在国际合作领域：第一，通过气候和清洁空气联盟、北极理事会和东南亚国家联盟等机构加大对国际论坛的贡献；第二，同伙伴国家一起促进甲烷减排，并协调解决全球能源部门甲烷排放问题；第三，寻求提高能源部门减排透明度，建立国际甲烷供应指数。

第四节　碳中和产业创新战略

全球碳中和产业链中，欧盟在农业、食品、建筑、可再生能源、纺织等领域具有领导地位。为实现欧盟碳中和目标，欧盟重点发展低碳可持续的智能电表和电网、电动汽车、循环经济产业等。

一、智能电网和电表产业

（一）产业概况

智能电网是一种能源网络，可以自动监控能源流动并适应能源供需变化。

过去10年里，欧盟均将智能电网技术置于能源转型的中心。欧洲智能电网的发展主要以欧盟为主导，由其制定整体目标和方向，并提供政策及资金支撑。欧洲智能电网发展的最根本出发点是推动欧洲的可持续发展，减少能源消耗及温室气体排放。

欧盟安装智能电表的平均成本在180到200欧元之间，智能电表每个计量点可节省230欧元的燃气费和270欧元的电费，平均节能至少2%，最高可达10%。2019年12月，欧盟委员会发布《对欧盟28国智能计量部署设定基准》中指出，截至2018年，34%的欧盟成员国的电表配备了智能电表(约9 900万个智能电表)。家庭电费计量点和中小企业计量点的配备率分别为35%和28%。

(二) 产业前景

欧盟部署智能电网路径。2020年9月，欧盟委员会发布《2030年气候目标计划》，预计2021—2030年期间电网投资约为700亿美元(是2011—2020年支出的两倍多)。同时，JRC还与"Eurelectric"合作，提供智能电网和电表项目的交互式地图。该地图与全新的交互式可视化工具密切相关，允许用户生成可定制的地图、图形和图表，以跟踪在欧盟成员国以及英国、瑞士和挪威实现的智能电网项目的进展。智能电网产业的发展正在使欧洲能源供应行业从基础设施驱动转向服务驱动。

欧盟部署智能电表路径。2019年12月，欧盟委员会发布《对欧盟28国智能计量部署设定基准》，2020年前，欧盟智能电表覆盖率达到80%以上，并在智能计量架构和功能、数据安全等方面给予指导；到2024年，欧盟将推出近2.25亿个智能电表和5 100万个燃气智能电表，预计近77%的欧洲消费者将拥有智能电表，约44%的消费者将拥有一个为汽车提供汽油计费服务的智能电表。

(三) 推进路径

1. 智能电网产业

智能电网是跨欧洲能源网络(TEN-E)①下的三个优先主题领域之一，旨

---

① 跨欧洲能源网络(Trans-European Networks for Energy，简称TEN-E)，是一项专注于连接欧盟国家能源基础设施的政策。欧盟帮助优先能源廊道和优先主题领域的国家共同努力，发展更好的互联能源网络，并为新的能源基础设施提供资金。其中，与整个欧盟相关的三个优先主题领域包括智能电网部署、电力高速公路和跨境 CO_2 网络。

在完善欧洲能源市场。三个优先领域包括智能电网部署、电力高速公路和跨境 CO_2 网络。此外，未来智能电网投资的关键领域仍是 TSO/DSO 接口，提高系统可观察性并加强新服务的部署，确保整体智能电网系统安全，促进数据和能源服务的跨境交换，增加跨境流动和更有效地使用电力互连。

2019 年共同利益能源项目 PCI 清单①包括六个智能电网项目：第一，Sincro.Grid，致力于提高斯洛文尼亚和克罗地亚电力系统的运营安全性；第二，ACON，旨在促进捷克和斯洛伐克电力市场的整合；第三，Smart Border Initiative，支持德国和法国的能源转型战略及欧洲市场一体化战略；第四，Danube InGrid，该项目强化了跨境电力网络的协调管理，重点是通过智能电网收集和交换数据；第五，Data Bridge，旨在建立一个通用的欧洲数据平台，以实现不同数据类型（智能计量数据、网络运营数据、市场数据）的集成管理；第六，Cross-border Flexibility Project，通过分布式发电来提供灵活的跨境服务，从而整合可再生能源（RES）并提高其供应安全性。同时，欧盟联合研究中心（JRC）与能源总局密切合作，定期编制更新欧盟智能电网项目清单。

2. 智能电表行业

2009 年，欧盟委员会在《第三能源包裹法》中，提出智能电表作为高效可持续利用能源技术，即电网数字化的基石。在此背景下，欧盟成立了智能电网工作组，并颁布了一系列政策文件。其中，2009 年，《第三能源包裹法》（2009/72/EC+2009/73/EC）提出，促使更多欧盟国家推行 AMI② 建置政策。智能电表主要在以下两个产业中进行应用：

（1）智能电表应用于汽车业。智能电表可实际运用在汽车智能充电站，这对电动汽车的发展和推广至关重要。智能电表可以为电动汽车提供充电计费服务（通过中央数据中心或公用事业和供应商的数据系统进行计费服务）。智能电表将用于远程读取和有效管理能量流，促进清洁车辆的引入。智能充电桩建设预计稳定增长，荷兰、德国、法国、英国的配装占比将较高。根据欧洲汽车制造协会的数据，2020 年欧盟成员国总共安装 224 237 个电动汽车充电

---

① 共同利益项目（PCI），是连接欧盟国家能源系统的关键跨境基础设施项目，旨在帮助欧盟实现其能源政策和气候目标，即为所有公民提供负担得起、安全和可持续的能源。PCI 将欧盟国家的能源系统连接起来，并且可以从加速的许可程序和资金中受益。

② AMI 是指能够按需求自动、双向地获取并控制用电的计量系统，由包括智能电表在内的硬件设施、通信系统以及信息采集与分析决策的软件系统组成，目的是为用电信息采集系统建设和智能用电小区建设奠定技术基础。

站。同时,欧盟成员国针对智能充电桩建设提出了多重技术,如智能充电桩采用动态定价和使用时间(ToU)以避免电网拥塞技术、V2G和双向充电技术等。

(2) 智能电表应用于分布式发电业。引入分布式可再生能源是欧盟能源政策的另一个重要支柱,用以提高能源安全和独立性。可再生能源发电依赖于智能电网的实施,将智能电表作为分布式发电系统的一部分。智能电表根据需求和定价方案对能源进行分散式管理。

二、电动汽车产业

(一) 产业概况

随着环境污染和石油危机的加剧,全球各国都高度重视新能源汽车的发展。根据欧盟委员会气候行动部门的统计,机动车是欧盟境内 CO_2 排放的重要来源,约占总排放量的12%。2021年4月,IEA发布《2021年全球电动汽车展望》,指出2020年全球售出约300万辆电动汽车,其中,欧洲电动汽车消费量达到139.5万辆,同比增长142%。欧洲成为年度全球最大的新能源汽车市场,占当年度全球市场份额的43%,首次超越中国成为全球最大的电动汽车(EV)市场。

欧洲是电动汽车生产的发源地,早在19世纪中期,匈牙利工程师阿纽什·耶德利克就在实验室完成了电传装置,发明出全球第一台电动汽车。根据麦肯锡公司的报告,欧洲三大汽车制造厂福斯、BMW和戴姆勒,2020年电动车生产销量增长了3倍逼近60万辆大关,首度超越中国,欧洲已然成为全球第一大电动汽车市场。

(二) 推进路径

欧盟在《汽车和轻型商用车二氧化碳排放性能标准规章》中规定,到2025年新乘用车 CO_2 排放量在2021年的基础上降低15%;2030年再次在2025年的基础上降低37.5%。此外,一些欧洲国家和英国的电动汽车将对内燃机车辆的禁令推进到2035年。到2030年,电动LDV销售份额在既定政策情景中达到近40%。在可持续发展情景中达到80%。①

根据2019年4月欧洲议会和理事会颁布的《汽车和轻型商用车二氧化碳

① IEA, "Global EV Outlook 2021", https://iea.blob.core.windows.net/assets/ed5f4484-f556-4110-8c5c-4ede8bcba637/Glob/(发布日期:2021年10月).

排放性能标准规章》，自 2019 年 7 月起，欧盟针对电动汽车采取了严格的排放控制，以及产业支持的战略布局，具体如下：

第一，提高新车测试标准。对所有新车实施更严格测试标准，采用全球轻型车统一测试规程（WLTP）①，以取代原来的欧洲循环测试法（NEDC）。汽车生产企业只能通过生产新能源汽车或低油耗车来满足新标准。

第二，对汽车生产商 CO_2 排放限值进行算法修改。根据《欧盟碳排放法规》规定，自 2021 年开始，欧盟所有新车行驶每公里所排放的 CO_2 平均不得高于 95 克。这一规定使汽车生产商须对其公司的产品所排放的 CO_2 进行调整。

第三，提高对汽车生产商的潜在惩罚力度。如果生产商所制造的汽车无法达到前文提及的标准，即汽车行驶时排放超出 95 g/km 的法定排放限额时，汽车生产商将面临每超出 1 g/km 罚款 95 欧元/辆。

第四，超级积分制度。为鼓励生产商生产零排放和排放量 50 g/km 以下的低排放汽车，在考核车企排放标准时，每一辆零排放或低排放的汽车（＜50 g/km）的比重可乘以相应倍数进行计算，超级积分政策使得车企相比于生产混合动力汽车，更倾向于发展电动汽车。

第五，消费激励支持政策。欧盟大力支持电动汽车的发展，首先，对汽车生产商 CO_2 排放限值进行算法修改，从生产源头上降低了新车每公里行驶的 CO_2 排放量；其次，欧盟一方面引导消费者电动汽车需求，另一方面引导行业的研发和扩大电动汽车生产规模。

第六，公共采购补贴政策。首先，在符合欧盟碳排放标准的前提下，预计 2020 年至 2022 年将花费 200 亿欧元用于公共采购计划领域；其次，欧盟将建立 400 亿—600 亿欧元的清洁汽车投资基金，用于投资零排放汽车动力系统等。

三、循环经济产业

（一）产业概括

德国是循环经济的发源地，早期欧洲的循环经济产业主要从废弃物治理

---

① WLTP, "What is WLTP and how does it work?", https://www.wltpfacts.eu/what-is-wltp-how-will-it-work/. 全球统一轻型车辆测试程序（WLTP）实验室，用于测量乘用车的燃料消耗和 CO_2 排放量，以及它们的污染物排放量。

的角度出发，目标是降低固体废弃物对环境的影响。2008年国际金融危机爆发后，欧盟委员会提出经济发展要由线性增长到循环型增长模式转变，在不断提高资源利用效率的同时促进经济的转型发展。

欧盟委员会分别于2015年12月和2020年3月，通过了《循环经济行动计划》和《循环经济行动计划》(更新版)。《循环经济行动计划》(更新版)的核心内容是将循环经济理念贯穿于产品设计、生产、消费、维修、回收处理、二次资源利用的全生命周期。欧盟致力于促进经济可持续增长和创造就业机会，引领并成为全球循环经济发展的标杆。

(二) 推进路径

循环经济代表着可持续发展模式，将带来新的商业机遇，创造新的就业机会。欧盟在《循环经济行动计划》(更新版)中计划，未来10年减少欧盟的“碳足迹”，使可循环材料使用率增加一倍。欧盟并提议建立全球循环经济联盟，在全球范围内推广循环经济知识和治理模式，促进全球循环经济转型。

欧盟循环经济产业主要包括以下板块①：

电子和信息通信技术板块。该板块是欧盟增长最快的废弃物流之一，2021年的年增长率为2%。为了应对挑战，欧盟委员会提出“循环电子倡议”：第一，将电子和信息通信技术作为实施“维修权”的优先领域；第二，改善废弃电气和电子设备的收集处理，探索欧盟范围内的回收计划等。

塑料板块。欧盟委员会预计，未来20年欧盟塑料的消费量将翻一番。因此，为提高再生塑料的使用率并促进塑料的可持续使用，欧盟委员会拟采取以下方式：第一，规定非故意释放微塑料的测量方法；第二，制定非故意释放微塑料的标签和监管措施等。

纺织品板块。纺织品属于对原材料和水产生高压的第四类别。②并且，据艾伦麦克阿瑟基金会2017年的估算，全球只有不到1%的纺织品被回收制成新纺织品。为此，欧盟将通过以下方式促进纺织品市场循环可持续发展：第

---

① 欧盟循环经济产业包括七个板块：(1)电子产品和信息通信技术；(2)电池和汽车；(3)包装；(4)塑料；(5)纺织品；(6)建筑物；(7)食物、水和营养物。因篇幅有限，这里着重介绍电子和信息通信技术板块、塑料板块和纺织品板块。

② 2019年11月，根据欧洲环境署(EEA)发布的简报，纺织品属于对原材料和水产生高压的第四类别，仅次于食品、住房和交通。

一，促进纺织品的分类、再利用和回收；第二，改善欧盟纺织品业的监管环境；第三，提高国际合作透明度等。

参考文献

[1] European Commission，“A hydrogen strategy for a climate-neutral Europe”，https://ec.europa.eu/energy/sites/ener/files/hydrogen_strategy.pdf(2020/7/8).

[2] European Commission，“European Green Deal”，https://eur-lex.europa.eu/resource.html?uri=cellar:b828d165-1c22-11ea-8c1f-01aa75ed71a1.0002.02/DOC_1&format=PDF (2019/12/11).

[3] European Commission，“A Clean Planet for all A European strategic long-term vision for a prosperous，modern，competitive and climate neutral economy”，https://eur-lex.europa.eu/legal-content/EN/TXT/PDF/?uri=CELEX:52018DC0773(2018/11/28).

[4] European Commission，“European Climate Law”，https://eur-lex.europa.eu/legal-content/EN/TXT/PDF/?uri=CELEX:32021R1119(2021/7/9).

[5] IEA，“World Energy Outlook Special Report”，https://www.iea.org/reports/world-energy-outlook-2021(2021/10).

[6] Eurostat，“How are emissions of greenhouse gases by the EU evolving?”，https://ec.europa.eu/eurostat/cache/infographs/energy/bloc-4a.html?lang=en(2021/7).

[7] European Commission，“REPowerEU: Joint European action for more affordable，secure and sustainable energy”，https://eur-lex.europa.eu/legal-content/EN/TXT/?uri=COM%3A2022%3A108%3AFIN(2022/3/8).

[8] World Meteorological Organization(WMO)，“WMO Provisional report on the state of the global climate in 2020”，https://public.wmo.int/en/our-mandate/climate/wmo-statement-state-of-global-climate(2020/12).

[9] European Commission，“EU Energy System Integration Strategy”，https://eur-lex.europa.eu/legal-content/EN/ALL/?uri=COM:2020:299:FIN(2022/7/8).

[10] The White House，“U.S.-EU Summit Statement”，https://www.whitehouse.gov/briefing-room/statements-releases/2021/06/15/u-s-eu-summit-statement/(2021/6/15).

[11] New Climate Institute，“Decarbonisation pathways for the EU cement sector”，https://newclimate.org/2020/12/15/decarbonisation-pathways-for-the-eu-cement-sector/(2020/12/17).

[12] 项梦曦：《欧洲绿色经济转型驶入“快车道”》，《金融时报》2021年9月17日第8版。

[13] JRC，“Carbon Capture Utilisation and Storage: Technology Development Report”，https://setis.ec.europa.eu/carbon-capture-utilisation-and-storage-technology-development-report_en(2019/1/1).

[14] ACEA，“Making the Transition to Zero-Emission Mobility”，https://www.acea.auto/publication/2021-progress-report-making-the-transition-to-zero-emission-mobility/(2021/7/12).

[15] 陈晓径：《欧盟“气候中和”2050愿景下的低碳发展路径及其启示》，《科技中国》

2021年1月15日。

[16] 董文娟、孙铄、李天枭等:《欧盟甲烷减排战略对我国碳中和的启示》,《环境与可持续发展》2021年4月16日。

执笔:彭峰、张梁雪子(上海社会科学院法学研究所)

第七章　日本碳中和战略

2020 年 10 月，日本政府首次提出在 2050 年实现“碳中和”发展目标，同时计划在 2030 年将温室气体排放量较 2013 年减少 46%，并将“经济与环境的良性循环”作为经济增长战略的支柱，最大限度地推进绿色发展。[①]2020 年 12 月，日本政府发布《2050 年碳中和绿色成长战略》，为日本实现“碳中和”提出了比较完整的战略构架和推进路径。2021 年 10 月又进一步发布《基于巴黎协定作为成长战略的长期战略》，提出要加强创新驱动绿色发展，同时，要加速向低碳社会、循环经济和分散型社会的“三个转型”，构建可持续发展、具有韧性的经济社会体系。本章将系统梳理日本零碳战略的背景、定位和推进路径，并分析日本在零碳技术创新、产业创新方面的战略重点和线路。

第一节　日本碳中和战略背景

作为世界经济强国的日本，同时也是一个能源消费大国和能源进口大国。由于对国外能源依赖较大，日本一方面大力布局国外能源资源开发，另一方面持续推进节能技术创新和产业结构调整，能源利用效率位居世界前列。特别自福岛核事故以来，积极调整能源供给结构，并紧随《巴黎协定》推出能源革新战略，进一步加快对氢能、风能、光伏等新能源的战略布局。

一、基本国情

根据 2021 年统计数据，日本 GDP 总量为 588 万亿日元，折合美元为 5.38

① 2013 年是日本温室气体排放总量的峰值，此后连年下降，其中二氧化碳排放 2019 年已降至 12.13 亿吨。

万亿美元，居全球第 3 位；人均 GDP 为 4.48 万美元，居全球第 19 位；进出口贸易 168.8 万亿日元，贸易总量居全球第 4 位。

在 20 世纪 70 年代之前的经济高速增长时期，日本能源消耗增长速度高于国内生产总值(GDP)增速。在经历 20 世纪 70 年代的两次石油危机后，日本着力推进产业结构调整，并以制造业为中心实施节能化战略和节能产品开发。这些努力使得日本在控制能源消耗的同时实现了经济增长。在原油价格处于低位的 20 世纪 90 年代，日本家庭和商用的能源消耗开始增加，最终能源消费在 2005 年见顶后呈下降趋势；但同时原油价格逐步上扬，2005 年以后呈现持续上升趋势。2011 年东日本大地震后日本节电意识全面提高，通过技术革新和全民节电，促使最终能源消耗趋于减少。2019 年实际 GDP 比 2018 财年只下降 0.3%，而最终能源消耗下降了 2.1%。

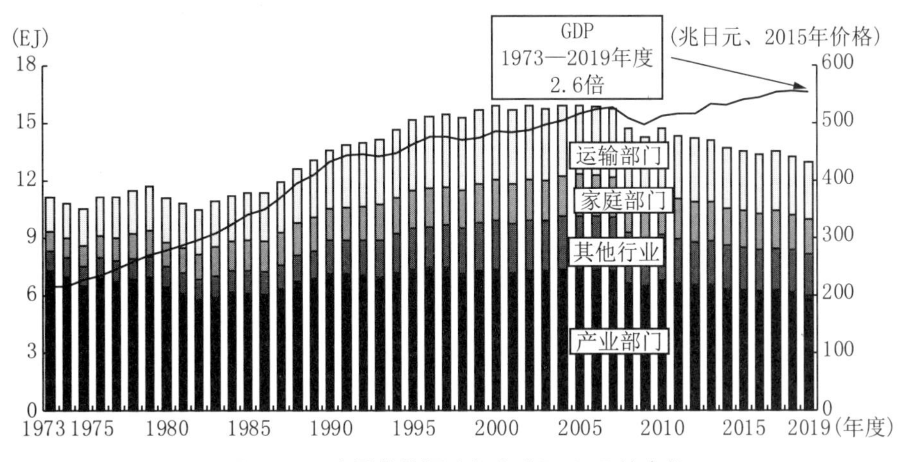

图 7-1　日本最终能源消耗和实际 GDP 的变化

数据来源：資源エネルギー庁「総合エネルギー統計」、内閣府「国民経済計算」、日本エネルギー経済研究所「エネルギー・経済統計要覧」。

从每单位 GDP 所需要的一次能源供给量来看，1973 年为 69PJ3/万亿日元，但 2019 年几乎是 1973 年的一半，为 35PJ3/万亿日元。这是自 2010 年以来连续第 9 年下降，能源效率稳步提高。从国际比较看，日本一直保持在远低于世界平均的水平。2018 年每单位日本实际 GDP 的能源消耗量约为印度和中国的 1/5 到 1/4，即使与欧洲主要国家相比也毫不逊色。

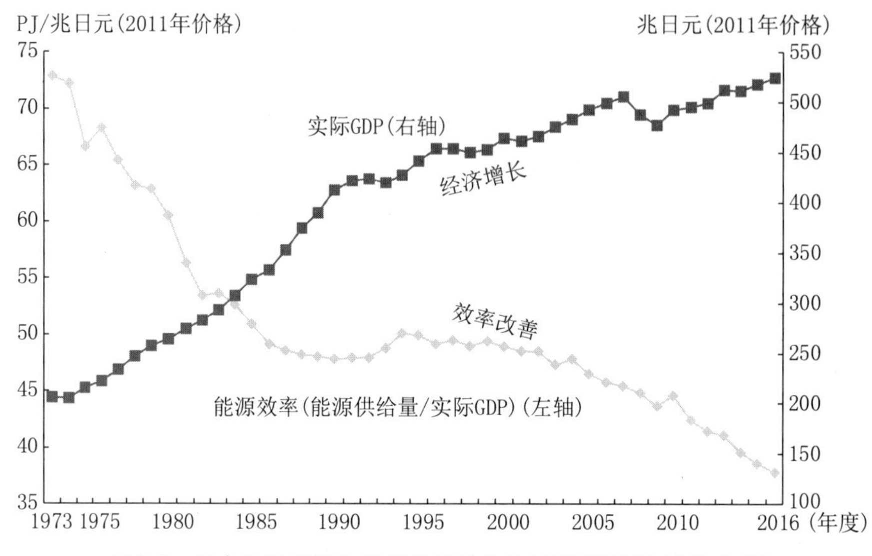

图 7-2　日本实际 GDP 和能源效率的变化(能源供给量/实际 GDP)

资料来源:资源能源厅「综合能源统计」。

二、能源结构

日本能源供给中仍以化石能源发电为主。2020 年日本化石能源发电中石油占 6.3%、煤炭占 31%、天然气占到 39%,合计为 76.3%;不产生温室气体的核电占 3.9%,可再生能源占到 19.8%。各类可再生能源占发电量的比重,水力发电占 7.8%,太阳能发电占 7.9%,风力发电占 0.9%,地热发电占 0.3%,生物发电占 2.9%,风力发电比重比较低。值得关注的是太阳能发电,在 2012 年日本采用了"FIT 制度"之后,太阳能发电的比例大幅提升。"FIT 制度"即固定价格收购制度,对于可再生能源所产生的电力,电力公司按照固定且较高的价格进行收购,并对可再生能源利用者进行补贴。根据日本新能源开发机构的报告,由于采用了"FIT 制度",太阳能发电的发电量从 2012 年的 5.6 GW 增加到 2019 年 49.5 GW,特别是非住宅用的太阳能发电的比例从 2012 年的 16%,迅速上升到 2019 年的 78%。

与欧洲比较,日本的化石能源发电占比仍然偏高。欧洲各国的可再生能源占比都比较高,特别是丹麦,可再生能源的比例已经达到 80%,瑞典和葡萄牙的可再生能源的比例也已超过化石能源。

日本可再生能源增长较快,但与中国、美国比,仍有一定差距。2020 年可再生能源成长最快的是中国和美国，全世界新增可再生能源的发电量之中，中国就占到了52%。

2019年，日本针对中小企业实施“再生能源100宣言行动”，以此促使中小企业更多参与生产和使用可再生能源，参与企业需要公布自己达成100%可再生能源的目标和行动方案。同时实施“自家发电”“从电力零售公司处购电”“再生能源证书”三项政策。

日本的住宅太阳能使用率在2019年时为9%。根据“FIT制度”，实施期间个人住宅多出来的可再生能源发电量，可以用固定价格由电力公司收购。即便“FIT制度”结束之后仍将继续实行“FIP制度”(Feed-in Premium)，逐渐降低可再生能源的家庭使用难度。

三、零碳之路

日本碳排放量与GDP总量大致经历了同步变化、震荡波动和脱钩变化三个阶段:20世纪90年代前半期，日本碳排放量与GDP总量保持同步；1996—2012年，受金融危机、互联网泡沫破裂和福岛核事故影响，碳排放量与GDP震荡波动；2013—2019年，在《能源革新战略》的推动下，氢能、风能、光伏等新能源快速发展，GDP总量与碳排放量脱钩。

围绕第21届联合国气候变化大会(巴黎气候大会)上通过的《巴黎协定》(2015年12月12日)，日本在2016年开始启动能源革新战略。2016年推出《能源革新战略》《能源环境技术创新战略》《全球变暖对策计划》；2017年推出《氢能基本战略》；2018年推出《能源基本计划》(第五期)；2019年推出《2019年综合技术创新战略》《氢能与燃料电池技术开发战略》《碳循环利用技术路线图》《2019节能技术战略》；2020年推出《2050年碳中和绿色增长战略》；2021年推出《基于巴黎协定作为成长战略的长期战略》。

温室气体的总排放量自2014年度以来已连续6年下降。2019年度为12.13亿吨，比2013年度减少14.0%；自计算排放量的1990年度以来，继2018年之后再次创出了最低纪录。

2020年的全球新型冠状病毒蔓延对日本以及世界各国和地区产生重大影响。全世界在应对这场危机的同时，并没有停滞应对气候变化和环境恶化的步伐。2020年9月，召开了以日本为主席国的网络平台部长级会议，日本与世界各国就进一步加强团结合作应对这两大挑战，达成一致共识。

时任日本首相菅义伟在日本第203届临时国会上宣布(2020年10月),日本将力争在2050年实现碳中和。2020年11月,在第203届国会上,众议院和参议院全体会议通过了气候紧急事态宣言决议案。在2020年12月通过的《2025年基础设施系统海外出口战略》中,还加入了"通过碳中和、数字化转型等提高产业竞争力以实现经济增长"和"解决出口国的社会问题,为实现可持续发展做出贡献"等核心内容。除了在法律层面上明确将2050年碳中和作为基本理念写进法律外,还向204届国会提交了"关于推进全球变暖对策相关法律的修正案",该修正案将促进地区间形成共识,建立促进可再生能源利用的机制,并实现企业二氧化碳排放情况数据的数字化和公开化。

另一方面,日本地方政府的零碳城市宣言也不断扩大。在2020年8月的全国知事会议上设置了零碳社会建设推进项目组。同时,全国知事会议向国会提出了积极应对气候变化对策,宣布"到2050年实现二氧化碳零排放"的地方宣言。2020年12月,菅义伟批准成立"实现脱碳社会国家与地方协调会",由内阁官房长官任议长,相关政府机构大臣和地方政府负责人参与,旨在商讨制定大众生活和社会领域如何实现碳中和的路线图,以及中央政府与地方如何协调行动的方案。为实现2050年碳中和计划,在各地开展可再生能源普及工作,促进脱碳创新、企业脱碳管理和ESG金融。截至2021年4月,日本39个都道府县以及市、町、村共计357个地方自治体宣布将于2050年之前实现碳中和,这些地方自治体的人口总数占日本总人口数的87.1%。

四、面对问题

日本推进碳中和绿色成长战略,面临一系列挑战,其中主要集中在产业结构调整、能源供给结构调整和基础设施领域。

比如日本是汽车产业大国,现每年仍在生产数百万辆燃油汽车,大规模削减燃油汽车生产,培育新能源汽车新优势,对汽车厂商将是很大挑战。按照日本绿色增长战略提出的,最迟至21世纪30年代中期,乘用车新车销售市场将禁售传统燃油汽车,而且要求到2030年将汽车电池成本削减一半以上。这一计划势必对其汽车产业带来很大挑战。丰田汽车社长丰田章男就曾表示,日本还没有条件在2035年停止销售燃料汽车,如果日本政府想要在2035年停止销售燃油车,那么就必须增加投资,增设基础设施,最重要的是保证电力。

尽管日本有大力发展可再生能源的决心,但森林和多山的地形也极大限制了太阳能和风电的发展空间,使得日本成为全球清洁发电成本最高的国家。日本通过大规模进口原油,降低了国内发电成本,特别在2014年以来国际原油价格的下降,让日本享受了较多的能源红利,反过来则增强了日本对化石能源的依赖性。可再生能源自2012年引入FIT制度(固定价格收购制度)以来,可再生能源设备容量快速增长,年均增长率达到19%,但FIT的购买费用也持续增加,2020年的购买费用达到约3.8万亿日元,其中一部分作为"附加金"由居民们承担。

日本向清洁能源过渡,必须对全国能源基础设施进行全面改革和升级,这是一项艰巨任务。至今日本全国约六成的输电塔是已使用超过36年的老旧设备,将这些老旧设备进行更新换代的同时,还需要提高整个输配电网的技术水平。

第二节　碳中和战略构架

《2050年实现碳中和的绿色成长战略》完整提出了日本碳中和发展的战略构架。该战略将努力实现碳中和这一挑战视为发展绿色经济的大好机遇,同时提出要积极推进经济社会的转型发展,通过实施一系列有针对性的技术创新和产业政策,构建面向碳中和的绿色产业体系,最终实现经济与环境的良性循环。

一、战略认知与理念

日本政府认为,把应对全球气候变暖作为制约经济增长的因素,这个时代已经结束,世界各国都进入了抢抓绿色发展机遇的时代,所以必须转变传统观念,积极采取行动,推动产业结构和社会经济的变革。在产业界,很多企业也认为,有必要对至今的经营模式及其战略进行根本性变革,把握引领新时代的机遇。对于实现2050年碳中和目标,能源领域的变革尤其关键,因此更要高度重视和深化研究能源政策及能源供需趋势。要重点关注推动社会经济的三个转型。

一是向脱碳社会转变。日本在合理利用国土面积的同时,要不断推广使用可再生能源。太阳能设备的单位面积设备导入容量要处于主要国家的领先水平,同时要解决发展可再生能源面临的成本、用地与环境共存等诸多问题。

为最大限度地挖掘各地丰富的可再生能源潜力，使可再生能源成为主要电力来源，需要举日本全国之力攻克这些问题，推动各地可持续发展。主要措施包括促进可再生能源“地产地消”，支持当地企业节省传统电力，为下一代有轨电车系统(LRT)供电，创建紧凑型城市等。2021年1月，时任日本首相菅义伟在第204届国会的施政演讲中宣布，到2035年将100%出售电动汽车，以实现无碳社会。以电力为动力的电动汽车包括电动汽车(EV)、燃料电池汽车(FCV)和插电式混合动力汽车(PHEV)。

二是向循环经济社会转变。循环经济是在传统的3R(Reduce Reuse Recycle)措施的基础上，减少资源投入和消耗，有效利用存量，并通过服务创造附加价值。建设循环经济社会的目的在于实现资源和产品价值的最大化和资源消耗的最小化，遏制废物产生。实施“塑料资源循环利用战略”，提高生物塑料的实用性，采取生产设备补贴、技术开发支持、政府主导采购等政策措施，加快替代化石燃料塑料。通过国际合作解决海洋塑料垃圾问题，到2050年将海洋塑料垃圾造成的额外污染减少到零。建立可持续的废弃物处理系统，针对垃圾处理人员短缺、垃圾处理效率低下等问题，改进垃圾处理系统，更新垃圾处理设施。

三是向分散型社会转变。新型冠状病毒的传播暴露出人群集中在城市的风险，且由于远程办公等的普及，工作场选择所呈现出多样化、分散化趋势。此外，自然和健康意识的提高，也推动了分散型社会发展，并且通过提升国家公园对游客的吸引力，可以进一步振兴当地经济。很多地区加入零碳城市建设行列，增加了各地引入自给自足可再生能源和分布式能源的需求。基于自然灾害加剧而发生大规模停电的事实，需要有效利用该地区现有的能源资源，构建独立的分布式能源系统，这是日常生活所必需的生命线。

二、目标与愿景

日本计划至2030年总体上碳排放比2018年的10.6亿吨减少25%，2050年达到零排放。《绿色成长战略》提出，至2050年对电力的需求将比现在增加30%—50%，即便最大限度地开发利用可再生能源以及氢、氨等无碳燃料，并对二氧化碳进行回收再利用，也不可能做到100%的电力需求都由可再生能源发电加以满足。为此，至2050年，光伏、风力、水力、地热、生物质能等可再生能源需满足发电量的50%—60%，氢能和氨燃料发电在总发电量中的占比达到10%，原子能与二氧化碳可回收的火力发电占比为30%—40%。氢的消费量到2050年达到每年2 000万吨左右，按单纯计算为国内整体设备容量的两成左右；氢在火力发电的使用比例，到2030年达到20%。在核能方面，将在安全性更高的小型核电站开发方面推进国际合作，到2050年维持核能利用方针。关于住宅和建筑物，力争新建建筑的平均排放量到2030年度实现净零排放，将功率半导体的耗电量到2030年减为现在的一半。

为了达成2050年实现脱碳社会的目标，日本政府设定海上风力和氢能等14个重点领域，具体发展目标如下：

海上风电产业：推进风电产业人才培养，完善产业监管制度，推进新型浮动式海上风电技术研发，打造完善的具备全球竞争力的本土产业链。到2030年安装10 GW海上风电装机容量，到2040年达到30—45 GW，同时在2030—2035年间将海上风电成本削减至8—9日元/千瓦时；到2040年风电设备零部件的国内采购率提升到60%。

氨燃料产业：开展混合氨燃料/纯氨燃料的发电技术实证研究，到2030年，实现氨作为混合燃料在火力发电厂的使用率达到20%，到2050年实现纯氨燃料发电。围绕混合氨燃料发电技术，在东南亚市场进行市场开发，到2030年计划吸引5 000亿日元投资。建造氨燃料大型存储罐和输运港口，与氨生产国建立良好合作关系，构建稳定的供应链，增强氨的供给能力和安全，到2050年实现1亿吨的年度供应能力。

氢能产业：推进可再生能源制氢技术的规模化应用，开发电解制氢用的大型电解槽，开发高温热解制氢技术研发和示范，到2030年将年度氢能供应量增加到300万吨，到2050年达到2 000万吨。开展燃氢轮机发电技术示范和废弃塑料制备氢气技术，发展氢燃料电池动力汽车、船舶和飞机等相关产业，在发电和交通运输等领域将氢能成本降低到30日元/立方米，到2050年降至20日元/立方米。

核能产业：积极参与SMR国际合作（如参与技术开发、项目示范、标准制定等），融入国际SMR产业链，到2030年争取成为小型模块化反应堆（SMR）全球主要供应商，到2050年将相关业务拓展到全球主要的市场地区（包括亚洲、非洲、东欧等）。开展利用高温气冷堆高温热能进行热解制氢的技术研究和示范，到2050年将利用高温气冷堆过程热制氢的成本降至12日元/立方米。继续积极参与国际热核聚变反应堆计划（ITER），同时利用国内的JT-60SA聚变设施开展自主聚变研究，在2040—2050年间开展聚变示范堆建造和运行。

汽车和蓄电池产业:制定更加严格的车辆能效和燃油指标,扩大充电基础设施部署,出台燃油车换购电动汽车补贴措施,大力推进电化学电池、燃料电池和电驱动系统技术等领域的研发和供应链的构建,开发性能更优异但成本更低廉的新型电池技术。到本世纪30年代中期时,实现新车销量全部转变为纯电动汽车(EV)和混合动力汽车(HV)的目标,实现汽车全生命周期的碳中和目标;到2050年将替代燃料的经济性降到比传统燃油车价格还低的水平。

半导体和通信产业:打造绿色数据中心,将数据中心市场规模从2019年的1.5万亿日元提升到2030年的3.3万亿日元,届时实现将数据中心的能耗降低30%。开发下一代云软件、云平台以替代现有的基于半导体的实体软件和平台,开展下一代先进的低功耗半导体器件(如GaN、SiC等)及其封装技术研发,并开展生产线示范,到2030年半导体市场规模扩大到1.7万亿日元。2040年实现半导体和通信产业的碳中和目标。

船舶产业:促进面向近距离、小型船只使用的氢燃料电池系统和电推进系统的研发和普及,推进面向远距离、大型船只使用的氢、氨燃料发动机以及附带的燃料罐、燃料供给系统的开发和实用化进程,积极参与国际海事组织(IMO)主导的船舶燃料性能指标修订工作,以减少外来船舶CO_2排放,提升LNG燃料船舶的运输能力,提升运输效率。在2025—2030年间开始实现零排放船舶的商用,到2050年将现有传统燃料船舶全部转化为氢、氨、液化天然气(LNG)等低碳燃料动力船舶。

交通物流和建筑产业:在全日本范围内布局碳中和港口,推进交通电气化、自动化发展,鼓励民众使用绿色交通工具(如自行车),打造绿色物流系统,推进公共基础设施(如路灯、充电桩等)节能技术开发和部署,推进建筑施工过程中的节能减排,到2050年实现交通、物流和建筑行业的碳中和目标。

食品、农林和水产产业:在食品、农林和水产产业中部署先进的低碳燃料用于生产电力和能源管理系统,开发智慧食品供应链的基础技术,大规模部署智慧食品连锁店,积极推进各类碳封存技术(如生物固碳),实现农田、森林、海洋中CO_2的长期、大量贮存,助力2050碳中和目标实现。

航空产业:开展混合动力飞机、纯电动飞机、氢动力的技术研发、示范和部署,研发先进低成本、低排放的生物喷气燃料,推动航空电气化、绿色化发展,到2030年左右实现电动飞机商用,到2035年左右实现氢动力飞机的商用,到2050年航空业全面实现电气化,碳排放较2005年减少一半。

碳循环产业：发展 CO_2 封存进混凝土技术，发展 CO_2 氧化还原制燃料技术，实现 2030 年 100 日元/升目标；发展 CO_2 还原制备高价值化学品技术，到 2050 年实现与现有塑料相当的价格竞争力；研发先进高效低成本的 CO_2 分离和回收技术，到 2050 年实现大气中直接回收 CO_2 技术的商用。

商业建筑和太阳能产业：针对住宅和商业建筑制定相应的用能、节能规则制度，利用大数据、人工智能、物联网（IoT）等技术实现对住宅和商业建筑用能的智慧化管理，建造零排放住宅和商业建筑，开发先进的节能建筑材料；加快包括钙钛矿太阳电池在内的具有发展前景的下一代太阳电池技术研发、示范和部署，加大太阳能建筑的部署规模，推进太阳能建筑一体化发展。到 2050 年实现住宅和商业建筑的净零排放。

资源循环产业发展：发展各类资源回收再利用技术（如废物发电、废热利用、生物沼气发电等），促进资源回收再利用技术开发和社会普及，开发可回收利用的材料和再利用技术，优化资源回收技术和方案降低成本。到 2050 年实现资源产业的净零排放。

生活方式相关产业：普及零排放建筑和住宅，部署先进智慧能源管理系统，利用数字化技术发展共享交通（如共享汽车），推动人们出行方式转变。到 2050 年实现碳中和生活方式。

三、战略推进路径

为实现 2050 碳中和目标，2021 年的第 204 次国会通过对地球温暖化对策推进法律的修订案，把 2050 年碳中和作为基本理念予以法定化，并围绕实现中期目标、建设减碳社会、提高政策延续性和可预见性、加快减碳投资与创新等提出路径方案。在《基于巴黎协定作为成长战略的长期战略》中，提出了六大推进路径：

（一）科学制定推进政策

对接国际政府间气候变化专门委员会（IPCC）提出的目标与方案。IPCC 是由 195 个国家和地区参加的政府间组织，大约每 7 年公布评估报告，不定期公布特别报告等。IPCC 的报告以大量现有文献为基础编成，各国政府对草案进行审查，最终在 IPCC 大会上达成共识。2021 年 8 月公布的第六次评估报告第一工作组报告书明确表明，人类对环境的影响是造成气候变暖的原凶已无可争议。后续还将陆续发布影响(第一工作组)、适应及脆弱性(第二工作组)、减缓气候变化(第三工作组)和综合报告,将提供许多重要意见和建议,可作为日本制定政策的重要基础。

(二) 推进经济与环境的良性循环

环境对策将不再是经济发展的制约,积极采取应对全球变暖的措施,将带来产业结构和经济社会的变革,从而能够实现经济的大幅增长。要推动社会经济大变革,促进投资,提高生产效率。政府肩负着地球变暖对策的整体框架设计和地球变暖对策的综合施策。要认识到世界进入了减碳大竞争的时代,在减碳领域获得更多的技术和市场,是日本成长战略不可或缺的重要任务。特别是把政策重点放在规制改革、标准化,以及通过金融市场创造需求、扩大民间投资、降低价格。促进 240 兆日元现金存款的活用,进而吸引 3 500 兆日元全世界环境相关投资资金进入日本,创造就业和实现经济增长。同时,要通过创造新的生活方式等培育扩大碳中和需求,实现经济社会的变革。为应对少子老龄化的进程,各地区一方面要结合自身优势推进创新创业,挖掘潜力创造多样的地方社会,造就出可作为未来发展源泉的地区资源优势;另一方面要考虑到经济社会变革也将影响气候变化进程,例如消费观的转变、数字技术的发展、分散型社会、工作方式转变等,都有助于实现碳中和。

(三) 重视劳动力的公正转型

在产业界,有很多企业需要从根本上改变至今为止的商业模式和战略,这也是引领新时代的机会。新产品或新服务不仅会带来正面影响,也会给相关产业带来一定程度的负面影响。对此,政府要应对并采取相应措施。《巴黎协定》规定,要实现脱碳社会,“劳动力的公正转型”是必不可少的。2018 年 12 月在波兰卡托维茨召开的关于气候变化的国际联合框架公约第 24 届缔约国会议(COP24),通过了有关公正转型的《西里西亚宣言》,国际层面已认识到“公正转型”的重要性。在实现有价值的雇佣和提高劳动生产率的同时,公正转型也是很重要的。此外,由于很多企业扎根于地区,除了劳动力之外,地区经济和地方企业的转型也需要进行一体化探讨。这些转型虽然存在挑战,但也将成为促进产业新陈代谢、实现经济和环境良性循环的机会。

为顺利推进脱碳社会过渡时期劳动转型,国家、地方公共团体、企业以及金融机构要紧密合作,共同推进各地区劳动者的职业培训、企业经营形式的转换、培育新企业和劳动者再就业等。同时，要努力实现地区社会经济的平稳过渡。比如对应汽车的电动化，要促进发动机零部件供应商向电动零部件制造商转型，推动高速服务站（SS）、维修点等行业的转换，支持重构新商业模式。

（四）促进需求侧变革

在日常生活中，对于交通、居住、能源、食物、休闲等各种物品和服务，人们都会从便利性、可入手性、价格、品牌、设计等方面来选择能够满足自己需求的东西。如果消费者能考虑到这些物品或服务，是经过怎样的过程被生产和提供给消费者的，然后也能考虑到在消费和废弃处理阶段，又将给环境和地区造成什么影响的话，将有助于减少环境负担大的经济活动，促进地区可持续发展，并有可能大幅削减碳足印。为实现社会的减碳化，在技术创新的同时，还要普及新技术，这是“创新经济社会系统的创新”“创新生活方式”不可缺少的一环。为了使所有主体都能够选择可持续发展的物品和服务，在提供多样选择和必要信息的同时，还要构建采购标准与减碳化相衔接、各类需求相衔接的市场体系，改善基础设施和制度配套。

（五）加强各领域、各主体的协同

从城市构造、大型基础设施到住宅，一旦投入使用就会长期影响温室气体的排放。距离2050年碳中和所剩时间不多，新建并长期投入使用的基础设施，在建设、运营阶段不仅要节能，而且从整个使用周期的角度出发，也要努力掌握二氧化碳排放情况，在计划设计、建设施工、更新乃至拆除等各阶段，都有必要充分利用减少二氧化碳排放的新材料，研究开发如何降低环境负荷新技术，强化落实各项减碳措施。另外，从商业的观点来看，未来为获得全球市场，关键在于创新的速度。为此产品和服务的需求者、地方公共团体、地方企业和国民也都需要尽快采取行动。要制定包括预算、税制、规制改革、标准化、碳定价、人才培养计划等在内的组合政策，迅速落实减碳化行动。

（六）继续对全世界做出贡献

气候变化问题不是一个国家的课题，而是全球性的课题。正如联合国制定的可持续发展目标（SDGs）和《巴黎协定》的理念不谋而合那样，气候问题需要整个世界共同行动减少温室气体排放。特别是，全世界认可日本高质量的工业产品和高水平的科学技术，因此有必要通过长期战略的实践继续对世界做出贡献。为了实现以商业为主导的经济和环境的良性循环,引领世界的减碳化进程,日本要率先示范,先在日本国内积极行动、形成模式。扩大全球减碳商业机会,使日本成为技术、人才和投资的集聚地,为全球温室气体排放削减做出贡献。

第三节　碳中和技术创新战略

日本始终把技术创新及引领全球技术创新作为基本国策。随着深化能源、移动、数字化等跨领域的融合,全球新一轮变革与创新的浪潮已经全面到来,这也意味着大幅减少温室气体排放所需的技术创新也将迎来最好时期。这里我们重点梳理日本在以下四大双碳技术领域的创新战略。

一、氢能

氢(日本将氢能定义为用化石燃料+CCUS、可再生能源等制造的氢)是碳中和的关键技术,在发电、运输、产业等领域都有广泛的应用前景。日本是世界上第一个制定氢基本战略的国家,在多个领域技术上处于领先地位,欧洲各国、韩国等国家也紧追其后也制定了相关战略。日本将氢定位为一种新资源,而且不仅可用于汽车,还将广泛应用于其他领域。

(一) 目标

到 2050 年将不产生二氧化碳的氢制造成本降低到 1/10 以下(与天然气价格持平),将氢气成本(工厂交货成本)降低到约 20 日元/Nm^3。实现与现有能源同等的成本。关于加氢站,降低装备费和运营费,目标是到 2020 年后半期实现该事业的独立化,在 2050 年之前建立移动燃料电池的基础能源设施网。关于氢能发电,以 2030 年左右实现商用化为目标,确立相关技术和降低氢能成本。全球二氧化碳削减量总计约为 60 亿吨。

(二) 技术开发

1. 对关键技术开发阶段的甲烷直接分解成不产生二氧化碳的氢,实用化技术开发阶段的天然气、褐煤等开发氢改质制造技术(通过 CCS 不产生二氧化碳),降低生产成本(二氧化碳分离成本等)。为提高效率(节能化等)的技术，在国家项目层面上进行开发，目标到2030年左右构建商用规模的供应链。

2. 在国家主导的项目中，利用实用化技术开发阶段的可再生能源，提高水电解系统效率，开发部件等耐久性技术，到2032年左右实现商用化。对于能够降低成本和扩大应用的核心技术，要考虑到技术竞争和应用场景建设，在合适的地方配置实施，利用国家项目和先行研究等推进开发。

3. 着眼于地区内低碳氢供应链整体的低成本化和扩大其应用范围，从氢的制造、储存、运输到运用进行整体性的地区验证。

4. 进行以移动、氢能发电、产业利用等为目的的氢能运输和储存（压缩氢、液化氢、有机氢化物、氨、贮氢合金等）的技术开发。对处于关键技术开发阶段的运输、储存高效率新技术，利用国家项目和先行研究等推进技术开发。在压缩氢气、液化氢、有机氢化物、氨、贮氢合金实用化技术开发阶段，利用这些技术优势或应用场景，解决运输、储存系统面临的问题，到2030年构建商用规模的供应链。

5. 为降低加氢站的维修费和运营费，在修改规定的同时，切实实施要素技术开发。

6. 在氢发电方面，在降低氢采购成本的基础上，实现氢能燃烧发电所需的技术（低NOx燃烧器开发、燃烧振动对策、冷却技术开发等）。另外，为推进系统整体的实用化，开展提取氢供应设备大型化的课题研究。

（三）实施体制

1. 建立加氢站与加氢站运营企业和制造商、氢能发电与涡轮制造商和电力公司，以及与大学和研究机构合作的联合攻关体系。

2. 在关键技术开发方面，大学、公共研究机构和企业展开合作；在实用化和实证开发方面，以商用化为目标，促进工程公司、商社和物流相关企业形成合作体制。

3. 围绕实际应用进行部件特性改良和降低制造过程整体成本等，构筑大学、部件制造商、成套设备制造商、系统运用企业等合作体制。

二、蓄电池

在“脱碳化社会”中，成为竞争力源泉的是可再生能源和蓄电池技术。利用数字技术构筑强韧的电力网络的重点是开发低成本的下一代蓄电池，助力可再生能源成为主力电源。

（一）目标

为了在2050年前使可再生能源成为主力电源，开发每单位电池成本低于5 000日元/kWh的车载用新一代蓄电池，并准备广泛应用于定置用蓄电系统上。用作可再生能源的储电手段，发挥其调节作用，为系统整体的二氧化碳减排做出贡献。

（二）技术开发

1. 以大量导入的电动汽车车载蓄电池技术为基础，通过应用开发，推动降低储电成本的技术开发。包括车载蓄电池的再使用，推进最大限度活用蓄电池的劣化评价技术和再利用技术研究开发。

2. 面向移动用途的性能要求较高，针对该用途的关键技术开发方向是全固体电池、空气电池等革新型蓄电池。除了考虑采购原料的稳定性因素，还要考虑提高能量密度和电极等的耐用性和安全性等因素，推进固定用蓄电池作为初期应用开发。研究开发比车载蓄电池储电成本更低、使用寿命更长、容量更大的固定用蓄电池。

3. 利用物联网等技术，开发包括固定用蓄电池在内的分散型能源控制技术。

（三）实施体制

对于处在关键技术开发阶段的技术，通过产学官的合作进行研究开发。对于应用转化试验，建立国内外研究机构的合作体制，推进共同开发。

三、农业甲烷减排技术

图7-3为日本国立环境研究所对日本甲烷排放量的数据统计，表明日本2020年度的甲烷排放量为2 820吨（换算成二氧化碳）[比上一年减少14吨（0.5%），比2013年度减少180吨（6.0%），比2005年度减少640吨（18.5%）]。甲烷的世界排放量中有9%来自水田，如何减少水田的甲烷排放是一个重要课题。

	1990年度排出量占比	2005年度排出量占比	2013年度排出量占比	2019年度排出量占比	2020年度(速报值)			
					排出量占比	变化量(变化率)		
						2005年度比	2013年度比	2019年度比
合计	43.8 (100%)	34.6 (100%)	30.0 (100%)	28.4 (100%)	28.2 (100%)	−6.4 (−18.5%)	−1.8 (−6.0%)	−0.14 (−0.5%)
农业 (家畜消化道内的发酵产物、农耕稻作)	24.8 (56.6%)	23.7 (68.3%)	22.3 (74.1%)	21.9 (77.2%)	21.9 (77.7%)	−1.7 (−7.3%)	−0.32 (−1.5%)	+0.03 (+0.1%)
废弃物 (填埋、废水处理等)	12.6 (28.9%)	8.6 (24.8%)	5.9 (19.7%)	4.6 (16.3%)	4.5 (15.9%)	−4.1 (−47.6%)	−1.4 (−24.1%)	−0.13 (−2.8%)
燃料物的燃烧	1.3 (2.9%)	1.4 (3.9%)	0.98 (3.3%)	1.1 (3.9%)	1.1 (3.9%)	−0.26 (−19.3%)	+0.11 (+11.1%)	−0.00 (−0.2%)
燃料泄露 (生产天然气、挖掘煤炭时的泄露等)	5.0 (11.4%)	0.99 (2.9%)	0.82 (2.7%)	0.72 (2.5%)	0.68 (2.4%)	−0.31 (−31.2%)	−0.14 (−17.5%)	−0.04 (−5.1%)
工业生产过程中以及工业产品的使用 (化学产业、金属产业)	0.06 (0.1%)	0.05 (0.2%)	0.05 (0.2%)	0.04 (0.1%)	0.04 (0.1%)	−0.02 (−29.2%)	−0.01 (−17.8%)	−0.00 (−7.4%)

(注)变化量"0.00"为不满5千吨　　单位:换算成百万吨CO_2

图 7-3　日本的甲烷排放量

数据来源:日本环境省《2019年度温室气体排放量(速报值)》。

(一) 目标

到2050年,将开发出与现有生产流程同等价格的材料和管理技术,以减少来自农田、畜牧的甲烷的排放。换算成二氧化碳全球的削减量约为17亿吨。

(二) 技术开发

1. 推广甲烷产生少的水稻品种、家畜育种,开发从农田土壤和家畜排泄物中减少甲烷产生的材料。

2. 推进减少甲烷排放的农田、家畜管理技术开发。

3. 推进甲烷削减量可视化系统的开发。

(三) 实施体制

通过向海外输出技术来开展国际贡献和商业活动,构建国内外研究机构、地方自治团体、饲料制造商等民间企业共同实施的体制。

四、二氧化碳捕集、利用与封存技术(CCUS)

随着净零排放举措的不断扩大,将二氧化碳埋入地下的技术备受瞩目,如称为CCUS(二氧化碳捕集、利用与封存)的技术。日本能源政策的方针是在扩大可再生能源的同时,以一定比例继续使用火力发电。据日本经济产业省预估,至少可以封存100亿吨以上二氧化碳,相当于现在日本年排放量的10倍,如果增加使用油田及天然气田等,则有可能进一步增加封存量。

(一) 目标

2050年之前实现二氧化碳分离回收成本1 000日元/t-CO_2的技术开发,提高各种二氧化碳排放源的分离回收能力。通过CCS(包括EOR1和BECCS2)的全球二氧化碳削减量约为80亿吨。

(二) 技术开发

1. 为降低占CCS成本大部分的二氧化碳分离回收成本,研究开发使用燃烧后回收用(以大气压、低压气体为对象)固体吸收材料和燃烧前回收用(高压气体为对象)分离膜的分离回收技术。

2. 为确立和适用二氧化碳分离回收技术,继续进行模拟尺度试验等研究开发。

3. 面向环境友好型CCS的实用化,确立从废气中分离回收二氧化碳而不影响环境的技术。

(三) 实施体制

1. 关于固体吸收材料(主要适用于从煤炭火力发电厂的废气中的二氧化碳回收),由民间企业和大学开展合作,共同实施模拟规模的试验。

2. 实施分离膜适用于煤炭天然气化综合发电(IGCC)技术开放,以及实施从煤炭天然气炉中制造的燃料气体(高压,主要成分:H_2,CO_2,CO,H_2O,N_2)中提取二氧化碳的回收技术开发工程。

第四节　碳中和产业战略

截至2019年3月，日本115个行业制订了低碳社会实施计划，并根据各个行业的特性推进节能减排。这不仅有助于削减日本国内的碳排放，也有助于在其他国家和地区减少碳排放，并且根据各个行业的特性推进节能减排。本节将重点介绍日本电动车产业、半导体数字产业和海上风力发电产业的发展战略。

一、电动车产业

在全球大力推进电动汽车的潮流下，欧洲部分国家和美国加利福尼亚州相继出台了禁止销售燃油车的政策，汽车的电动化正在以超乎想象的速度发展。日本碳中和绿色成长战略中提到日本必须以成为该领域的领导者为目标，最晚到2030年中期，乘用汽车新车销售中，电动汽车达到100%；商用车也将按照乘用车的标准进行讨论。在接下来的10年里，将大力推进电动汽车的导入，以电池为首，构建世界领先的产业供应链和移动社会，将采取特别措施加速轻型汽车和商用车等向电动汽车和燃料电池汽车的转换。

（一）产业背景

欧洲和中国都在战略性地迅速推进电动汽车和插电式混合动力汽车。与欧洲和中国相比，日本电动汽车和插电式混合动力汽车的普及速度相对缓慢。根据欧洲汽车工业协会速报值，2020年第三季度欧盟整体电动汽车、插电式混合动力汽车的销量约为27万辆（与2019年同期相比增长了3倍以上），而日本约为6 000台，约是2019年同期的50%。[①]另外，各国对燃料电池卡车、巴士的开发支持力度也在加强。在电动汽车的普及上，还有一系列问题待解决，如，如何通过降低车辆价格来扩大社会的接受度，充电装、加氢站等基础设施建设，强化电池、燃料电池、马达等电动汽车相关技术开发、供应链价值链构建等。特别是轻型车、商用车等用户对成本和车身设计上有严格要求的汽车电动化，以及强化中小企业等供应商的竞争力，也成为重要课题。

---

① 根据经济产业省统计的关于日本汽车销售协会联合会公布的数据得出。

(二) 远景目标

关于汽车领域,日本计划在2030年代中期,将包括轻型汽车在内的新车全部转为纯电动汽车(EV)和混合动力车(HV)等电动汽车。电动汽车普及的课题在于如何抑制成本。一般来说,纯电动汽车价格比汽油车贵100万日元左右。计划目标是将作为成本增加主要因素的电池价格,到2030年降至每千瓦时1万日元以下,目前约为1.5万日元到2万日元。还要将纯电动汽车用户的负担降至汽油车水平。

(三) 推进措施

为了推进汽车电动化,将采取以下措施:一是推动电动汽车及相关基础设施配套措施,包括规制燃料费用、推进公共采购、扩充充电基础设施、促进换购等。二是强化电池、燃料电池、马达等电动汽车相关技术开发,以及建设供应链和价值链。支持大规模投资、技术开发、应用实验、轻型车和商用车等的电动化,探讨中小企业等供应商的商业转换和支持建设相关数字开发的基础设施。三是为推进减碳电力顺利入网、购买,方便电力需求者,探讨非化石价值交易市场等制度的存在方式。四是变革汽车使用方式,在促进用户对电动汽车的选择和利用的基础上,为实现可持续的移动服务、物流效率化和提高生产性,将致力于促进自动行驶、数字技术应用与城市基础设施和道路建设的合作。

二、半导体数字产业

日本经济产业省2021年6月发布《半导体数字产业战略》。通过补充预算,确保对尖端工厂的投资以及推动现有设备升级补贴。日本描绘的路线图是支援强化制造基础,以及21世纪20年代后半期实现新一代技术量产,到2030年代以光电融合技术等为依托,重振最尖端技术。日本经济产业省在2021年11月半导体战略实施指引中,提出要强化国内外合作,构建国家、企业和产学之间,以及人才与物流在全球有机合作的体制。

(一) 产业背景

随着社会数字化进程的推进,半导体芯片已成为汽车产业、物联网、数据中心和元宇宙的生命线,并涉及经济安全保障问题。日本经济增长长期低迷的主要因素之一是“数字化转型失败”。半导体芯片，日本预期的主要市场是电动汽车和自动驾驶领域。日本经济产业省认为日本的芯片产业主战场不在消费电子（电脑和手机）领域，不与美中韩以及中国台湾地区进行竞争，而需要瞄准车载、数据中心、物联网边缘领域。

（二）远景目标

在信息化、数字化快速发展中，碳中和将在制造、服务、运输、基础设施等所有领域实现电力化和数字化。因此，作为数字化、电力化基础的半导体数字产业是同时推进绿色和数字的关键。通过数字化带来能源需求的效率化、减少二氧化碳排放（“绿色 by 数字”）和数字智能设备·信息通信产业自身的节能、绿色化（“绿色 of 数字”），如同汽车的两个轮子那样推进半导体数字产业的发展。

（三）推进措施

根据日本政府发布的绿色成长战略，其中明确指出，为扩大日本国内的尖端半导体和蓄电池生产，将促进集中投资，同时提出“确保经济安全”，将增加用于援助生产技术开发的预算，支持企业新建工厂，并设置了总额 2 000 亿日元的基金，计划大幅扩充扶持政策，用于在日本国内扩大尖端半导体和蓄电池的生产。计划到 2030 年使日本在电动汽车使用的新一代功率半导体领域的全球份额提高到四成。把 2025 年之前设定为设备投资集中期，制订尖端半导体生产基地的选址计划，吸引海外企业投资，与日本企业进行共同研究、开发和生产。日本产业技术综合研究所 2021 年设立“尖端半导体制造技术联盟”，在茨城县筑波市基地引进尖端的生产设备，开发新一代半导体技术。

三、海上风力发电产业

日本拥有丰富的海岸线和海洋资源，大规模发展海上风力发电不仅可以降低成本，同时最有可能成为电力供应主要来源，还可带动相关产业发展，形成积极的经济波及效果。

（一）产业背景

全球海上风力市场正在稳步增长，根据国际机构的分析，2040 年全世界的海上风力市场投资将达到 562 GW(是现在的 24 倍),投资额预计将超过 120 兆日元,而且通过风车的大规模生产和风电场的大量投资,在过去 10 年里,发电成本不断降低。

另一方面,有预测到 2030 年,亚洲市场在世界市场的占比将达到 41%(96 GW),预计亚洲市场将快速增长。因此欧美风车制造商进军亚洲,亚洲各国也将展开引进竞争。在日本,根据 2019 年通过的《可再生能源海域利用法》,积极促进配备海洋可再生能源相关发电设备的技术创新和规模生产,同时每年计划推进若干风电场建设项目,促进形成以发电企业为中心的供应链合作。

(二) 远景目标

日本政府提出,到 2030 年形成 1 000 万千瓦、到 2040 年形成包括浮体式海上风力发电在内的 3 000 万—4 500 万千瓦的项目。通过努力将海上风力发电的售电价格的中标金额降至低于 10 日元/千瓦时,逐步减少对补助金的依赖。创造出在国际竞争优势的新一代海上风电产业。

(三) 推进措施

落实《可再生能源海域利用法》,有计划地建立健全推进系统,实施港湾基础设施建设计划,改善配套政策,吸引国内外投资。

构筑具有竞争力有韧性的国内供应链,通过供应链招标评价、对设备投资给予奖励、促进全球商业匹配等措施,打造具有魅力的日本国内市场。改善发展环境,政府部门于产业界合作,共同梳理和消除阻碍项目推进的各种规制。

为促进长期、稳定发展海上风力发电,需要培养风车制造相关的工程师、工程施工相关的技术人员、维护人员等多领域人才。

着眼于在亚洲开展下一代技术开发应用的国际合作,看准未来亚洲市场发展,通过政府对话和合作探索等,促进建立政府间合作关系和国内外企业合作。

参考文献

[1] 环境省 HP:《環境・循環型社会・生物多样性白書》(令和 3 年版)。

[2] 环境省 HP:《地方公共団体における2050 年二酸化炭素排出実質ゼロ表明の状況》。

[3] 环境省 HP:《地域脱炭素ロードマップ》。

[4] 环境省 HP:《「地球温暖化対策推進法」の成立・改正の経緯》。

[5] 环境省 HP:《地球温暖化対策計画》(2021 年 10 月 22 日)。

[6] 经济产业省 HP:《パリ協定に基づく成長戦略としての長期戦略》(2019 年 6 月 11 日)。

[7] 经济产业省 HP:《第 6 次エネルギー基本計画》(2021 年 10 月)。

[8] 财务省:《令和 4 年度財政投融資計画について》(2021 年 12 月 24 日)。

[9] 经济产业能源厅,https://www.enecho.meti.go.jp/about/special/johoteikyo/green_growth_strategy.html(2022 年 2 月 26 日)。

[10] "グリーン社会の実現",https://www.kantei.go.jp/jp/headline/tokushu/green.html(2022 年 2 月 17 日)。

[11] 环境省:《脱炭素ポータル》,https://ondankataisaku.env.go.jp/carbon_neutral/road-to-carbon-neutral/(2022 年 2 月 17 日)。

[12]《令和 2 年度(エネルギー白書 2021)》。

[13] 日本经济产业省:《半導体・デジタル産業戦略》(2021 年 6 月)。

[14] 刘平、刘亮:《日本迈向碳中和的产业绿色发展战略——基于对〈2050 年实现碳中和的绿色成长战略〉的考察》,《现代日本经济》2021 年第 4 期。

执笔:金琳、王振(上海社会科学院信息研究所)

第八章　德国碳中和战略

早在此轮“碳中和”热潮之前，德国便是世界范围内能源转型与低碳发展最为积极的国家之一。1990 年前德国就实现了碳达峰。2019 年 11 月通过的《德国联邦气候保护法》提出到 2030 年，温室气体排放总量较 1990 年至少减少 55%，到 2050 年实现碳中和。2021 年 5 月 6 日，德国前总理默克尔在第十二届彼得斯堡气候对话视频会议开幕式上表示，德国实现碳中和的时间将从 2050 年提前到 2045 年，同时德国将提高减排目标，2030 年温室气体排放较 1990 年减少 65%，高于欧盟减排 55%的目标。2021 年 5 月，再次通过的《联邦气候保护法》修订案确立了这一目标。为提前实现碳中和目标，德国正在实施一系列积极的低碳转型措施。

第一节　战 略 背 景

碳排放量与工业化、城镇化、农业现代化、信息化、智能化的“串联式”发展过程高度相关。多年来，德国在能源、工业、交通、食品和农业等重要领域，通过立法、引导等多种举措持续推进，能源转型与低碳发展力度不断增强。

一、基本国情

根据 2020 年统计，德国共有 8 298 万人口，是欧盟人口最多的国家；每平方公里人口密度 231 人，是欧洲人口最稠密的国家之一；国民生产总值达到 3.8 万亿美元，人均 GDP 达到 4.6 万美元，是高度发达的经济体。作为全球能源转型最积极、工业化和城市化高度发达的国家，德国碳达峰在时间上同步于英国，领先于欧盟整体水平（1990 年）、美国（2000 年）和日本（2013 年）。

(一) 能源消耗

基于燃料和电力消耗结构的相对稳定、交通和家庭能耗量的增加，自 1990 年代以来，德国能源消耗呈小幅下降趋势。2020 年，德国终端能源消费量为 11 899 PJ，化石能源供应占比达 2/3。

从终端用能部门构成来看，2020 年住宅和生活部门占比 28.9%，工业部门占比 28.3%，交通运输部门占比 27.5%，三者合计占比 84.7%。总体来说，前述三大门类终端能源消费结构保持稳定，1990—2000 年间基本维持 3%的波动水平，商业/贸易/服务部门呈整体下降趋势(见图 8-1)。

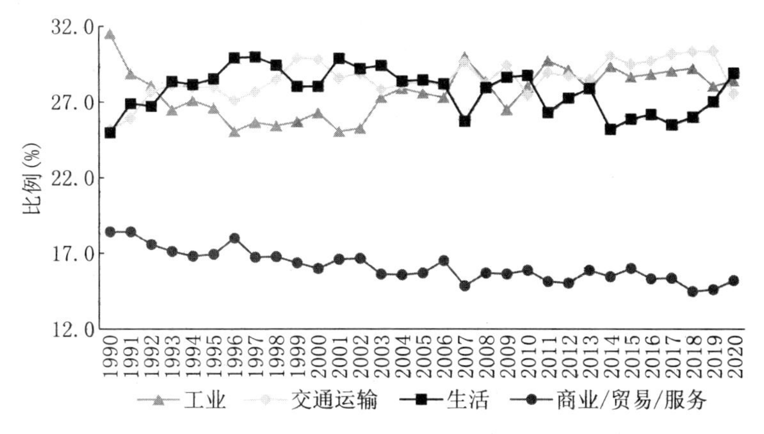

图 8-1　德国部门能源消费情况

资料来源：德国经济和气候保护部(2022)。

(二) 碳排放总量

德国碳排放量峰值出现在 1979 年(见图 8-2)，按照“2045 年实现碳中和”的既定目标，碳达峰与碳中和的间隔时间为 66 年，碳排放下降通道长且缓，属于较高经济发展水平与较长缓冲期下的主动达峰。与此同时，自 2000 年至 2020 年，德国初级能源消耗水平与温室气体排放量的双降趋势极其明显，降幅逼近 20%—25%；将 1990 年作为基准年，2020 年减排比例高达 40.08%。

(三) 行业差异

首先，从 2020 年不同行业门类碳排放量(将 1990 年作为基准年)来看(见图 8-3)，第一，能源部门碳排量占比最高，为 29.82%；第二，工业及制造过程约占总排放量的 24.09%，属于第二量级，减少 37.2%；第三，交通运输行业与建

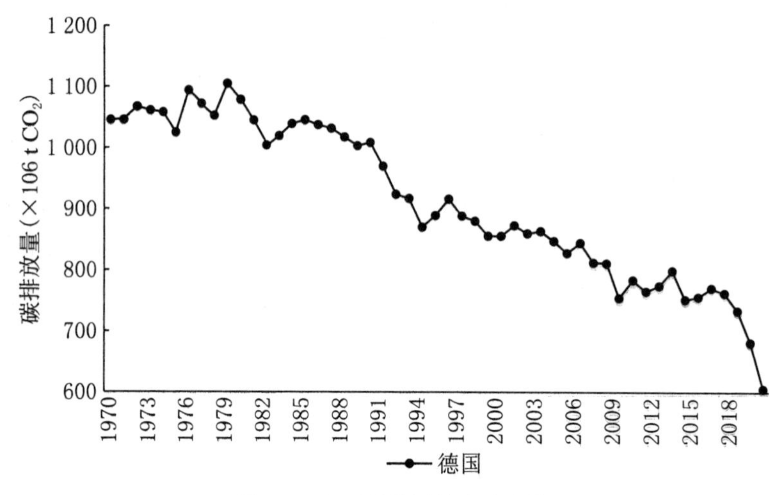

图 8-2 德国碳排量的变动趋势

资料来源:Statista(2021)。

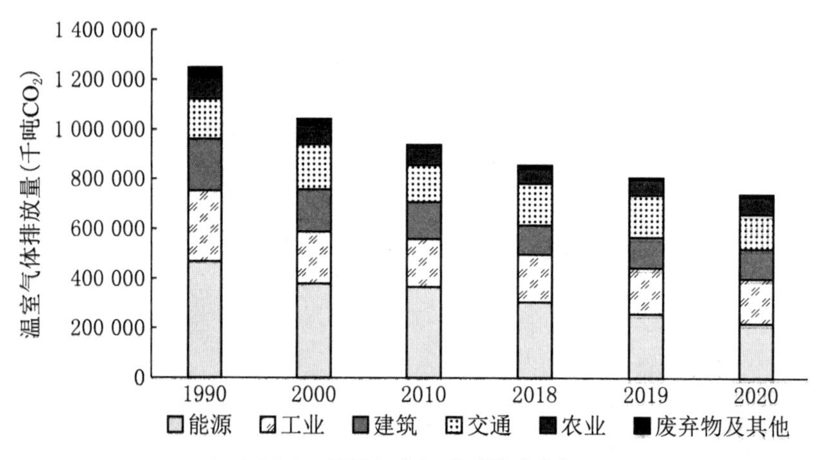

图 8-3 不同行业门类碳排放指标

资料来源:德国联邦环保部(2022),详见 Umweltbundesamt,"Vorjahreschätzung der deutschen Treibhausgas-Emissionen für das Jahr 2020",https://www.umweltbundesamt.de/daten/klima/treibhausgas-emissionen-in-deutschland#treibhausgas-emissionen-nach-kategorien(发布日期:2022 年 3 月 10 日)。

筑行业碳排放量属于第三层级,占比分别为 19.68%、16.23%,碳排放量下降 42.8%和 11.1%;第四,农业及土地利用占比为 8.98%,废弃物温室气体排放量比例仅为 1.2%。

其次,从燃料类别来看,由于排放交易市场的成功改革、较低的天然气价格、以风能和太阳能为代表的可再生能源比例的扩张,以及燃煤电厂的关闭,以硬煤和褐煤为代表的煤炭排放量大幅下降(图 8-4)。

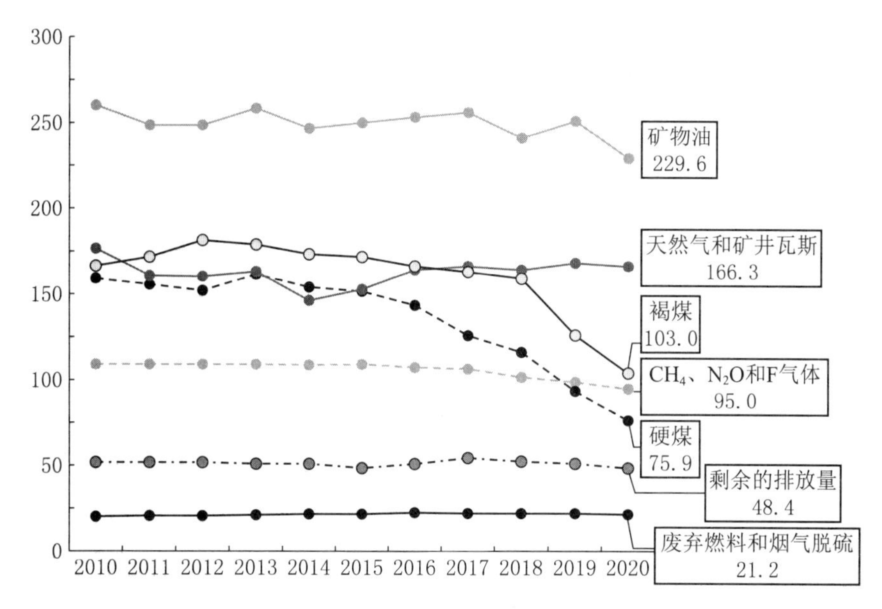

图 8-4　按燃料分类二氧化碳排放量

资料来源:德国经济和气候保护部(2021)。

二、能源转型之路

德国能源转型的成功主要得益于其系统的政策法规、完备的监管制度、清晰的能源转型战略、碳排放权交易系统、持续的科研投入等因素。

(一) 能源生产结构

德国是全球最积极实施能源转型的国家。从能源供应整体结构来看(见图 8-5),尽管可再生能源占比逐年增加并呈现跨越式增长,硬煤和褐煤为主的煤炭供应占比逐渐下降,但石油和天然气为代表的传统化石能源仍是初级能源供应的核心,即德国能源供应结构尚处绿色多元化发展初期阶段。2020 年,石油、天然气和煤炭的初级能源供应量占比分别为 34.3%、26.4%和 15.6%。

从电力供应能源构成来看(见图 8-6),可再生能源的发电量与占比逐步增长。2020 年全德 2 520 亿千瓦时电力供应中,45%来自可再生能源,是历史最高值；2021 年，由于天气条件特别是风力较小的影响，可再生能源占比出现小幅度下滑至 42％。

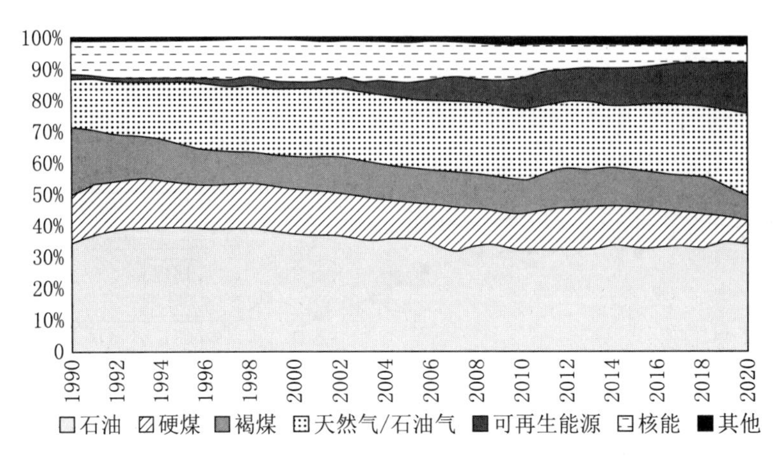

图 8-5　德国初级能源供应结构

资料来源：德国经济和气候保护部(2022)。

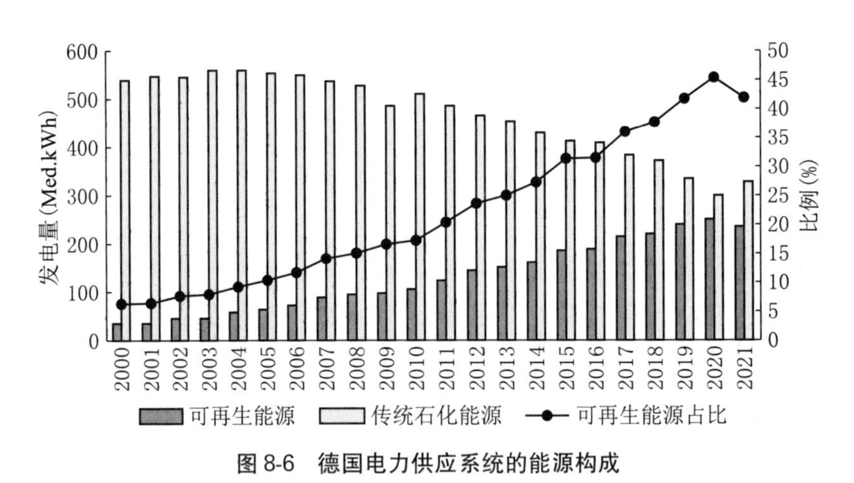

图 8-6　德国电力供应系统的能源构成

资料来源：德国联邦环境署(2022)。

从可再生能源内部结构来看，风力(尤其是陆上风电)是德国最核心的门类，占可再生能源总发电量的 50％左右，生物和光伏发电紧随其后。

(二) 能源安全结构

德国政府密集发布和出台了大量政策法规引导社会各界聚焦可再生能源

开发利用、能效提升等领域，力求能源供应体系的环保、经济、安全。

1. 能源配套政策

在摆脱对化石燃料依赖，确保能源安全的同时，德国极为注重能源系统的区域合作和数字化转型（见表 8-1）。根据《2021 年联邦能源研究报告》显示，全德共资助了约 6 000 个研究项目，投入资助资金逾 12 亿欧元。

表 8-1　德国能源转型关键配套政策

维　　度	政 策 名 称
总体框架	欧盟绿色新政 德国国家氢能战略 国家能源和气候计划（NECP） 德国绿色经济复苏计划
可再生能源	德国可再生能源法修正案 德国海上风电法修正案 德国节能建筑联邦资助计划
能源效率	2050 能效战略路线图
区域合作	北海能源合作—欧洲海上风电跨国合作 波罗的海沿岸国家推进海上风电合作
退煤	减少和终止燃煤发电并修改法律的法案
电网运行能源供应安全	2019—2030 电网发展规划 电力高速路计划 跨国界电力交易行动计划 联邦电网需求规划法
数字化转型	系统服务市场采购法 智慧能源计划

资料来源：作者自制。

2. 能源设施布局

目前，全德共有 2 023 项发电基础设施，其中可再生能源占比 64.36%，传统石化/不可再生能源占比 35.64%（见表 8-2）。德国能源设施的发展目标是：2022 年退出核能，最晚 2038 年关闭德国所有燃煤电站，可再生能源发电量 2050 年达到 80%。

表 8-2 德国能源基础设施数量

可再生能源		不可再生/传统石化能源	
类 别	数 量	类 别	数 量
陆上风机	907	天然气	317
太阳能	145	煤 炭	197
江河流水	90	废弃物	85
生物质	58	石 油	56
储水蓄能	9	核 能	9
抽水蓄能	67	瓦 斯	2
离岸风力	26	其 他	55
合 计	1 302	合 计	721

资料来源：作者根据德国联邦经济和能源部和联邦网络管理局信息自制。

从德国能源基础设施的空间布局来看[①]，可再生能源在62.5％的联邦州占据主导地位；从区域分布状况来看，巴伐利亚州排名第一且以光伏电力为主；下萨克森州位于第二，以陆上风电为主；与此相反，褐煤和原硬煤矿产区的北莱茵威斯特法伦州依旧是传统能源装机容量大户。

3. 电力运输网络

能源转向不仅仅要求发展“绿色”电厂，还必须在保证能源安全供应的前提下，形成适应电力运输的网络结构。截至2020年，德国境内电网线路长度已达1 921千公里，其中，低电压、中电压、高/极高电压长度分别为1 264、525、132千公里。[②]近年来，德国尤其注重对投资可再生能源进行“动态”调整，将北德生产的风电就能够长距离、低损耗地输送到经济实力强劲的南部电力消费中心；政府也提供更多的资金支持以及优化长期购电协议的监管条件等政策支持，包括加快推进电网互联与认证、调整电价和规划屋顶光伏系统等。

（三）能源创新项目

2019年7月，德国公布真实实验室战略及其操作手册（Reallabore），旨在营造一个前瞻、灵活、可支持创新想法自由发挥的法规环境，同时希望借由在真实实验室所得数据抢抓技术创新的机会。其中，能源真实实验室支持数量

① 德国联邦经济和能源部：《德国能源转型时事简报》2021年第1期。

② 联邦网络管理局，https://www.netzausbau.de/Vorhaben/de.html（March 06，2022）。

最多、分布范围最广的项目①,重点领域包括:如何以低廉的成本大批量地利用可再生能源来生产和储存氢气?如何使居民家庭和服务型企业联网,从而实现最优的电力和热力供应?如何使现有基础设施更好地为能源转型服务?

三、面对问题

2021年以来,受天然气短缺,碳价、油价上升等方面原因影响,德国能源缺口初现;特别是2022年2月23日俄罗斯与乌克兰冲突爆发的背景下,德国碳中和战略挑战巨大,具体来说:

一是过早退出煤电和核电,高比例可再生能源使德国停电风险激增。随着煤电装机的减少和2022年完全弃核,再加上太阳能和风能的不可控因素(如德国2021年夏季风较少,风力发电量下降了超过20%),按照2035年电网发展计划的设想,德国将面临44 GW供应缺口,可能面临电力短缺的威胁。

二是德国能源整体对外依存度高达63.6%,以石油(98%)和天然气(95%)尤甚。截至2021年,32%的天然气、34%的原油和53%的硬煤均来自俄罗斯。然而,基于新近乌俄军事冲突的背景下,北溪-2号天然气项目暂且搁置,对德国能源安全的冲击较大。

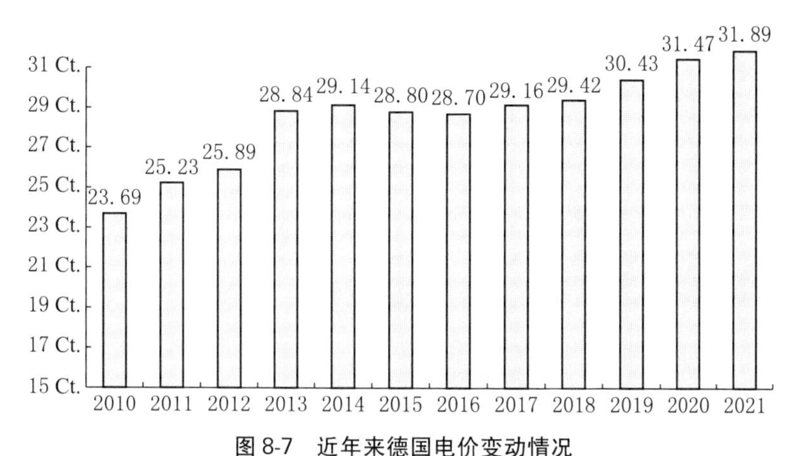

图8-7 近年来德国电价变动情况

资料来源:SMARD电力市场数据。

① Bundesministerium für Wirtschaft und Klimaschutz, "Die Energiewende praktisch umsetzen", https://www.bmwi.de/Redaktion/DE/Schlaglichter-der-Wirtschaftspolitik/2019/10/kapitel-1-4-die-energiewende-praktisch-umsetzen.html(March 16, 2022).

三是电价突破历史纪录。德国装机虽以可再生能源为主，但可再生能源享受价格补贴，可以较低价格进入市场，因此决定系统出清价格的往往为燃气等成本较高的机组报价，在前述大背景下，2021 年德国电价已飙升至历史新高（见图 8-7），高居世界主要国家电价榜首。

第二节 碳中和战略构架

德国联邦政府在气候立法前，就已经制定及发布了一系列国家长期减排战略、规划和行动计划，为实现由碳达峰向碳中和转换的目标逐步确立了相应的政策和路径。2019 年 9 月，德国联邦政府内阁通过了《气候行动计划 2030》（*Climate Action Program 2030*），并进而于 2019 年 11 月在德国联邦议院通过了《联邦气候保护法》（*Climate Action Act*）。未雨绸缪、顶层设计、前瞻立法是德国能够享有全球气候行动领导者声誉的重要原因。

一、战略发展过程

作为工业领先，并在环境治理上较早提出方案的国家，早在 20 世纪 80 年代开始，便着手制定及发布了各种适应气候变化的发展战略、规划和行动计划（见表 8-3）。

表 8-3 德国双碳战略大事件一览

时间	代表性事件
1987	成立大气层预防性保护委员会
1990	成立“二氧化碳减排”跨部工作组
1992	签署联合国《21 世纪议程》
1995	召开柏林世界气候框架公约大会
1997	签署《京都议定书》
1999	《生态税改革法》
2000	《国家气候保护计划》《可再生能源优先法》
2002	《热电联产促进法》《节约能源条例》
2004	《碳排放权交易法》
2005	《国家气候保护计划》再修订

续表

时间	代表性事件
2007	《能源利用和气候保护方案》《生物燃料油比例法》
2009	《可再生能源供热法》《车辆购置税改革法》
2008	《德国适应气候变化战略》
2016	签署《巴黎协定》《2050 年气候保护计划》
2019	《可再生能源法》《联邦气候保护法》、退出煤炭委员会、《气候保护计划 2030》《海上风能法案》《建筑能源法》《充电基础设施总体规划》
2020	颁布国家氢能战略
2021	《联邦气候保护法修订版法案》《可再生能源法案》《2022 气候保护紧急计划》《德国可持续发展战略-继续前行 2021》

资料来源:作者自制。

总体来说,德国绿色低碳转型发展和碳中和战略体系和实施路径可划分为三个阶段:

第一阶段(2008 年以前):自 1987 年德国成立首个应对气候变化的机构开始,德政府高度重视生态保护、低碳转型与气候保护,并认为绿色低碳转型不仅为经济可持续发展提供长期的保障,同时具有社会、就业的间接连带效应。此后,伴随着《21 世纪议程》等国际环境条约的签署,德国先后成立了跨部二氧化碳减排工作组、举办联合国气候框架公约会议、签署《京都议定书》《国家气候保护计划》及修订版本等多种行动计划。

第二阶段(2008 年至 2016 年):德国政府开始注重从全局出发,在研判如何适应气候变化的基础上,将各部门工作整合,形成了多个战略性框架,诸如《适应气候变化战略》《适应行动计划》《气候保护规划 2050》等一系列国家长期减排战略、规划和行动计划。

第三阶段(2017 年至今):聚焦工业 4.0 及数字经济背景下,通过低碳技术科技创新和数字经济转型,先后通过了《可再生能源法》《联邦气候保护法》和《国家氢能战略》等一系列法律法规,并确定了 2045 碳中和的战略目标。

二、目标与愿景

德国 2045 碳中和战略以《联邦气候保护法》作为引领,并结合《可再生能源法》《国家氢能战略》等一系列配套法律法规及行动计划，将德国打造成为推动气候保护、引领未来经济的领先国家。

（一）总体目标

与2050年碳中和目标相比，德国2045年碳中和战略具有两方面的益处：一是使德国累计减少900百万吨碳排放；二是助推德国成为低碳技术和气候保护的领先者，为优势产业创造更大市场和出口潜力。

与此同时，根据相关法律法规和具体行动计划，德国对每个产业部门的减排指标、推进路径进行了研判，通过压力传导链条，形成倒逼目标的机制（见表8-4），并形成了2030年前加速退煤、2045年100%的可再生能源电力系统、能源数字化改革、氢能经济、负排放技术解决方案等关键策略。

表8-4　德国2045碳中和目标重点推进措施

部门	减排（百万吨）	措　施
农业	104	基于牛奶和肉类替代品的需求增加，减少牲畜数量；扩大有机耕作，占比达25%；扩大泥炭地再湿化和增加生物多样性
交通	73	2032年起，不允许新的内燃机或插电式汽车的生产；2045年，几乎没有内燃汽车和卡车；2031年起，内陆水路运输逐渐推行PtX
建筑	68	加快扩展热泵和区域供热网络；2045年取代所有化石供热技术
工业	308	加快CCS和BECCS基础设施建设；加快能源结构向电力和氢气的转变
能源	345	加速可再生能源；通过DACCS增加负排放；加快用氢气替代天然气；增加内陆氢气生产

资料来源：作者自制。

（二）分阶段目标

德国碳中和战略凸显了能源、工业、生活等各部门有序转型的发展理念：2030年前的重点减碳领域是以电力为主的能源行业，占该阶段全部减碳量的50%，工业领域紧随其后，占比17%；2030年后，随着氢能、可再生能源等先进低碳技术在大规模应用，后期将减碳重点向建筑、交通和生活领域倾斜。根据德国2045碳中和的总体战略部署，2030年和2045年作为两个关键时间节点，分别对应具体的减排指标(见表8-5)。

表8-5　德国2045碳中和目标的关键指标①

	2030年	2045年
能源部门碳排放(Mt)	175	−18
工业部门碳排放(Mt)	140	−30
运输部门碳排放(Mt)	95	0
建筑部门碳排放(Mt)	70	3
农业部门碳排放(Mt)	58	41
废物和其他部门碳排放(Mt)	5	2
部门碳排放总数(Mt)	543	−2
相对于(1990年)减少(%)	65	100
LULUCF	2	−11
一次性能源消耗(PJ)	8 578	6 458
煤炭	349	0
石油	2 108	17
天然气	2 613	27
总耗电量(TWh)	643	1 017
可再生能源占比(%)	69	100
陆上风电(GW)	80	145
海上风电(GW)	25	70
光伏发电(GW)	150	385
电动汽车的数量(百万辆)	14	36
铁路货物运输(十亿公里)	190	230
热泵数量(百万台)	6	14
建筑物净能源需求(KWh/(m·a))	85	57
德国电气化(GW)	10	50
氢气的使用(TWh)	63	265
可再生氢气生产(TWh)	19	96

① Öko-Institut and Wuppertal Institut, Prognos: Towards a Climate-Neutral Germany by 2045 (March 15, 2022).

续表

	2030 年	2045 年
氢气进口(TWh)	44	169
其他合成燃料进口(TWh)	1	158
碳捕集与封存(Mt CO_2)	−1	−73
过程排放和废物利用(Mt CO_2)	−1	−16
负排放(Mt CO_2)	0	−57
BECCS(Mt CO_2)	0	−37
DACCS(Mt CO_2)	0	−20

资料来源:Wuppertal 环境保护研究所。

1. 第一阶段:2030 年减排 65%

参照 1990 年排放标准,2030 年的刚性目标是总体水平降低 65%(见图 8-8),并将减排目标在建筑和住房、能源、工业、农业、运输、废弃物利用等六大部门进行了分解,规定了对应的减排措施、减排效果和定期评估机制。

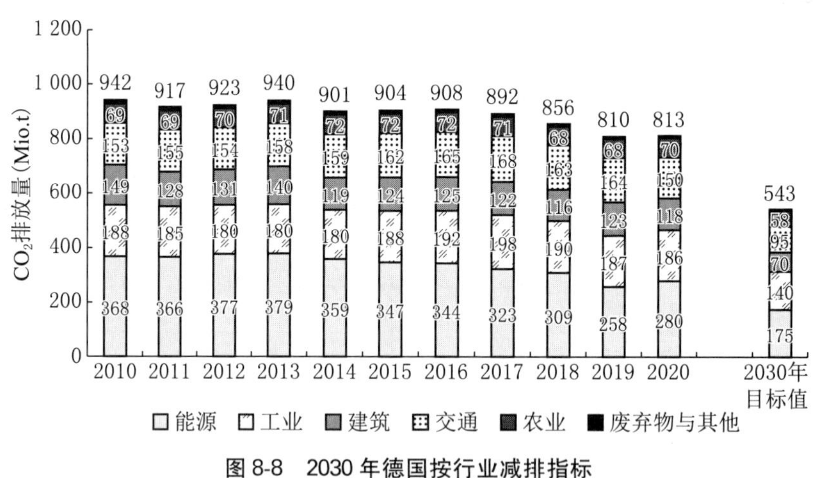

图 8-8 2030 年德国按行业减排指标

资料来源:德国联邦环境署(2021)。

从能源部门来看,基于煤炭的逐步淘汰、可再生能源的发电量的增加以及氢气在发电和热电领域的尝试性应用,加之其他相关部门电气化程度不断提高,预计碳排放将在 2030 年将减少至 175 百万吨。其中,可再生能源占比须达到 70%左右,海上风力、陆上风力和光伏发电将分别扩大到 25 GW、

80 GW、150 GW。

从工业部门来看，以新兴工业材料加工技术的研发和应用为着力点，2030年碳排水平减少至140百万吨。今后10年之内完成德国基础行业（特别是钢铁工业）50%的生产设施的更新换代，能源供应向以氢气为主、天然气为辅的结构转换；持续加大基础设施和绿色氢气技术领域投资，在水泥、石灰、钢铁和化工领域，大规模推行碳捕集与封存技术（CCS/BECCS）应用；投资循环材料产业链，提高二级原料的比例；水泥行业第一批CCS工厂最早于2030年投入使用。

从建筑部门来看，主要通过改变供热能源构成、扩大区域供热网络以及改造建筑三个途径来实现，预计2030年碳排放量减少至70百万吨。特别是，提高热泵在单户和复式住宅区新型供暖系统中所占比例，保持年均1.6%的改造率，预计2030年将有600万热泵投入使用；在城市地区，限制燃油或天然气的新供热系统的安装，提升绿色供热能源占比。

从交通运输行业来看，注重以公共交通、自行车和步行为核心可持续出行方式的打造；德国计划1400万辆电动汽车（包括插电式混合动力汽车）投入使用；货物运输则更依赖于铁路运输系统；以电池、架空电力线等为绿色能源卡车货运里程占比1/3。截至2030年，交通运输行业减排至95百万吨。

在农业部门，技术减排是关键之举，包括农场粪便发酵、改进和储存以及低排放的泥浆和粪便撒布技术的使用。同时，注重通过农业生产方式的改变来实现进一步减排，包括扩大有机农业、转向氮需求较低的作物、减少牲畜数量等。此外，在生物能源领域，从气体生物向固体生物燃料转变。根据目前趋势，农业领域2030年的碳排量将减至58百万吨。

从废弃物管理与利用来看，减排潜力较小，但基于垃圾填场曝气性能的提升，将进一步加速甲烷排放的减少，进而在2030年碳排放量减少至5百万吨。

2. 第二阶段：在不产生负排放的情况下减少95%

2030年后，德国只在零碳领域进行投资，是三步走实现2045年净零排放目标的关键环节（见表8-6）。

表8-6　德国第二阶段目标及重点推进措施

部　　门		减排(Mt)	关键指标
能源	可再生能源 水力发电	94	平均每年增加总容量：光伏(19 GW)、离岸风电(3 GW)、在岸风电(7 GW) 平均每年增加总容量：2.7 GW

续表

部　门		减排(Mt)	关键指标
工业	CO_2 捕集 水泥和钢铁	109	年均投资额:3 410 千吨级产能 平均年投资:有碳捕集的水泥 1 404 千吨级产能、DRI 钢铁厂 1 048 千吨级产能
建筑	供热 改造	62	每年供热公寓:区域集中供暖(34 万间)、热泵(92 万间)、燃气(减少 99.5 万间) 年均平均率:1.75%
交通	电动车 电动和 H2 型卡车	89	年平均注册数量:2 411 000 辆 年平均数:半挂车 13 000 辆、卡车 40 000 辆
农业	肉类和奶类 养护	17	每人:肉类替代品 1 310 千卡、乳制品替代物 2 160 千卡、肉类减少 1 450 千卡、乳制品减少 2 500 千卡 平均每年修复 9 187 公顷、牧/草地 21 649 公顷

资料来源:德国联邦环境署(2021)。

第一,2030 年至 2045 年期间,由于电气化和氢气生产,电力需求将激增 60%,达到 1 000 TWh。因此,能源部门需要更快、更多地部署可再生能源,包括 385 GW 光伏装机容量、145 GW 陆上和 70 GW 海上风力发电容量。

第二,在建筑部门,在 2030—2045 年期间,接受能源改造的住房存量份额已被上调至每年近 1.75%,超过 90%的商业和住宅建筑将完成能源改造;2025 年以后,只有在特殊情况下才会安装依赖化石燃料的新供热系统,到 2045 年,以化石能源为基础的加热装置被取代,绿色供热系统和区域集中供热网络将几乎消除建筑部门的碳排放;2045 年热泵数量增加到 1 400 万台,平均每年有 92 万个住宅连接入网。

第三,在农业部门,其一是肉类和牛奶替代品的需求增加,到 2045 年,这些替代品将占据 15%的市场份额,进而减少牲畜存栏量和相关碳排放;其二是通过改造和沼气发酵,处理牲畜粪便,实现大幅减排;其三是在农业土壤领域,通过养护和修复,扩大有机农业及增加非生产性土地的面积。

第四,交通运输部门的主要变化是电气化速度的加快。一方面,从 2032 年开始不再注册新内燃动力汽车,到 2045 年,家庭用车、公路货运与公共汽车将全部以电动汽车或燃料电池驱动。另一方面,合成燃料的部署速度加快,内河运输 2040 年合成燃料需求覆盖率达 100%;航空和水路运输中的份额到 2045 年达 100%;由于合成燃料成本的上升,并叠加其他管治举措,将减缓国际航空运输需求。

第五，鉴于对电力、氢气和生物质的依赖程度不断增加，工业部门预计到2040年可以实现碳中和。一方面，从2035年开始，碳捕集网络将加速扩展，并在2045年之前完成全域覆盖；年捕集量为3 000万公吨的工业碳生产商将在2030—2040年之间接入电网，到2045年增加到5 200万公吨。另一方面，由于建筑活动的放缓、产品需求下降，能源密集型产品特别是水泥、钢铁和塑料的需求持续走低，工业部门的碳排放量将大幅减少。

第六，在废弃物领域，来自垃圾填埋场、生物处理和废水处理的残余排放将在2045年持续存在，预计废物部门的填埋场曝气项目将在2030年和2040年之间加速扩张。

3. 第三阶段：负排放的解决方案

此阶段，德国还有6 300万吨相当于1990年排放量5%的温室气体排放无法通过减排手段进行消除，主要包括：农业部门的畜牧业和肥料的使用、工业生产的残余排放和生活废弃物等，具体负排放的解决方案包括BECCUS技术和直接空气碳捕集和封存(DACCS)两种(见图8-9)。一方面，绿色原料/材料用空气中或生物质中捕集CO_2，被进一步加工成绿色塑料，在垃圾焚烧过程中与CCS相结合时，避免碳排放；2045年以后，空气捕集设施将继续扩大，德国将实现3 000万吨二氧化碳的净负排放。另一方面，增加森林和泥炭地等自然碳汇的目标，加强土地利用、土地利用变化和林业(LULUCF)部门对气候减缓的贡献。随着LULUCF措施的扩大，2045、2050年可抵消11 Mt、16 Mt碳排放量。

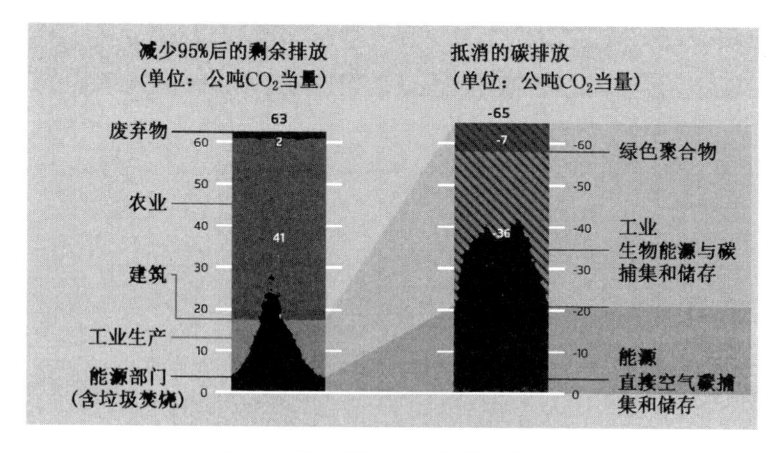

图8-9　德国碳中和负排放解决方案

资料来源：德国联邦环境署(2021)。

三、战略推进途径

德国2045碳中和的目标亟需各产业部门密切互动，注重能源领域渗透性强、带动作用大特点，将供应安全性、经济性、环保性与创新型、智能型气候保护进行结合。与此同时，政府尤其注重在细微环节与脆弱地区的投入与保护，以最大限度地减少负面影响，兼顾社会的可承受力。

（一）兼顾提高能源效率与减少能源需求

第一，碳定价。2021年1月1日起，德国启动国家碳排放交易系统，初始价格为每吨25欧元；此后将逐年提高，2025年为55欧元，到2026年预计价格在55—65欧元之间。

第二，减少能源需求。德国也尝试通过减少各行业部门以及生活的能源需求，直接实现减排的最终目标（见表8-7），并在循环经济、低碳生活等多个领域展开尝试。诸如：供暖和运输部门将为排放温室气体付出代价；鼓励市民乘坐铁路出行，降低长途铁路出行增值税，提高航空增值税。

表8-7　德国能源消费目标及分阶段预测　（单位：Mt）

	2025	2030	2035	2040	2045
总　量	9 557	8 330	7 505	6 799	6 562
生　产	3 563	3 531	3 926	4 679	5 244
净进口	6 444	5 254	3 994	2 512	1 690
最终消费	7 706	6 944	6 252	5 820	5 469
工　业	2 259	2 185	2 132	2 136	2 138
陆路运输	1 911	1 482	1 073	842	702
非公路运输	119	118	125	130	129
商　业	1 262	1 166	1 048	951	865
住　宅	2 095	1 946	1 808	1 676	1 549

数据来源：德国联邦环境署（2021）。

第三，能源使用效率提高。以建筑领域为例，德国于2020年11月1日生效的《建筑物能源法》明确了用基于可再生能源有效运行的新供暖系统代替旧供暖系统的要求。此外，德国注重能效改善和对可再生能源的投资，如：设立节能建筑和节能改造提供免税与信贷支持。

（二）建构可再生与电气化并重的能源供应体系

第一，淘汰煤电，加速扩张可再生能源。德国预计在2038年之前逐步淘汰煤电。根据预测，从2030年到2045年，由于进一步电气化和国内氢气产量的增加，德国电力消耗将增长近60%。因此，2030年后新的可再生能源重点将继续放在风能和光伏上，并出台配套举措，不仅有利于提振可再生能源产业信心，同时为产业发展带来更多的投资。诸如，从2023年开始，所有新建筑都必须在屋顶上安装光伏系统；如果更新现有住宅楼的屋顶，则从2025年起必须在安装太阳能发电系统；取消《可再生能源法》中的光伏发电装机补贴上限；《建筑能源法》在规划开发陆上风力发电厂的区域方面，为各个联邦州提供了更多的余地。

第二，支持电动汽车替代发动机技术，将其应用于当地公共交通和铁路运输。一是政府鼓励电动汽车购买，将购买电动汽车的环保补贴延长至2025年，并增加了补贴总金额；到2030年，将在全国范围内为多达1 000万辆电动汽车安装用户友好的充电基础设施。二是政府向受空气污染影响的城镇提供约20亿欧元的资金，用于加强交通电气化、当地交通系统数字化和当地柴油公交车改造。三是到2030年，投资860亿欧元来实现铁路网络的现代化，这也将有利于货物运输。

（三）符合社会需求且投入合理的财政支持体系

在诸如碳捕集利用与封存技术、移动和固定式储能系统电池技术、材料节约型和资源节约型的循环经济技术等领域，德国宣布到2030年前将投入数千亿欧元用于应对气候变化和能源转型。自2020年初到2022年3月，政策支持金额已达699.8亿美元，其中化石燃料能源转型270.5亿美元，清洁能源研发与应用269.4亿美元（见表8-8）。

表8-8　德国新近出台的财政支持政策汇总

相关政策	部门	金额（美元）	发布时间
德国和沙特阿拉伯签署《绿色氢能合作意向声明》	能源	—	2021年12月3日

续表

相关政策	部门	金额(美元)	发布时间
柏林首部行人法	交通运输	—	2021年1月28日
汽车行业的创新和转型	交通运输	11.4亿	2020年11月17日
卡车报废计划	交通运输	11.4亿	2020年11月17日
电动汽车计划	交通运输	11.4亿	2020年11月17日
对燃料、供暖和天然气的温室气体排放征税	跨部门	—	2020年10月8日
《2038年煤炭淘汰法案》	跨部门	—	2020年7月3日
《褐煤运营发电补偿方案》	能源	49.7亿	2020年7月3日
汉莎航空救助	交通运输	102.7亿	2020年6月25日
电动汽车免税从2025年延长至2030年	交通运输	—	2020年6月3日
电动汽车基础设施、汽车以及电池研发支持	交通运输	28.5亿	2020年6月3日
支持汽车产业转型	交通运输	22.8亿	2020年6月3日
社会服务车型更换交换	交通运输	22 831万	2020年6月3日
德铁实现铁路现代化	交通运输	57.1亿	2020年6月3日
公共汽车和卡车现代化	交通运输	13.7亿	2020年6月3日
飞机类型加速转换	交通运输	11.4亿	2020年6月3日
航运现代化基金	交通运输	11.4亿	2020年6月3日
监管措施:取消太阳能可资助上限	能源	—	2020年6月3日
在市政预算范围内支持公共交通	交通运输	28.5亿	2020年6月3日
建筑现代化以提高能源效率	建筑	22.8亿	2020年6月3日
电动汽车购买保费翻倍	交通运输	25.1亿	2020年6月3日
基于碳排放的新车辆税	交通运输	—	2020年6月3日
氢能对外贸易伙伴计划	跨部门	22.8亿	2020年6月3日
国家氢能战略	跨部门	79.9亿	2020年6月3日
《削减可再生能源征税法案》、EEG-surchange降低消电价	能源	125.6亿	2020年6月3日
Condor救助计划	交通运输	62 785万	2020年4月27日
救助TUI AG(包括TUI Fly和多家邮轮企业)	跨部门	54.8亿	2020年4月8日

资料来源:作者自制。

（四）兼顾脆弱地区和人群的低碳转型压力

一方面，德国联邦政府非常注重从细小环节考虑居民对政府大笔气候保护政策的认同感。例如，政策设计中包含了为低收入者增加通勤津贴以及增加住房福利，对这部分群体给予财政援助；提供针对性的资助措施，如针对气候友好型运输和节能建筑减少可再生能源税等。

另一方面，对于低碳转型受影响较大的地区，帮助它们进行结构性改革。诸如，《退煤法》规定了电厂关闭和向经营者支付补偿时要采取的程序；根据《结构发展法》，已拨出高达400亿欧元的资金支持受影响的地区，帮助这些地区在煤炭逐步淘汰的过程中实现更高质量的就业和经济可持续发展。

第三节　碳中和技术创新战略

德国政府采取多项鼓励绿色低碳技术的创新战略，以此降低能源和资源消耗的同时，通过技术创新打造其在世界范围内可持续性发展的竞争力水平。本节重点基于德国2045碳中和关键技术需求报告（*Klimaneutralität 2045: Neue Technologien für Deutschland*），从轻质结构技术、节能减排技术、储能技术和智能电网技术四个方面进行介绍。

一、轻质结构技术

轻质结构是一种设计理念，旨在减轻重量，同时提高资源效率。一方面，采用新型材料和创新的生产工艺或结构设计可减轻产品的自身重量；另一方面，轻质构造产品的较长使用寿命和气候友好的回收性能也有助于节省资源和减少碳排放量。

（一）技术总体介绍

由于轻质结构技术涉及不同技术应用领域，德国联邦经济和能源部于2021年发布了轻质结构战略，旨在为德国的轻质结构技术提供必要的政策支持，并为轻质结构研发每年资助7 000万欧元。全德企业、高校、研究机构的参与积极性颇高。

（二）技术应用场景

塑料、碳纤维或玻璃纤维等加强型塑料，铝、镁、钢等金属和合金，陶瓷、黏土等矿物材料,以及木材、纤维素等天然材料,均为轻质结构材料。材料来源的广泛性和用途的多样性使轻质结构成为通用技术工艺,也就是说是一种能进行跨领域创新和不断开发的技术工艺,广泛应用于汽车、航空、建筑、生产、生活等多种领域。

(三) 技术发展方向

根据德国2045碳中和战略关键技术的研究报告以及研发和生产可持续的轻质产品的发展计划,创新复合材料和全氧燃烧工艺成为重点发展方向。

1. 创新复合材料。作为一种基本的建筑材料,混凝土替代物被认为是水泥工业及建筑行业减排的关键,寻求可再生混凝土或可再生矿物/建筑垃圾取代碎石或天然石材等原材料,成为破解之法。此外,德国目前正在攻克生物混凝土的新方法:由生物基原料或在细菌的帮助下生产碳中性水泥替代品;使用真菌根系网络(菌丝体)将混凝土部件连接,或用真菌菌丝体和有机材料制成绝缘材料来填充混凝土块。

2. 全氧燃烧工艺。以纯氧为燃烧气体,高效捕获水泥生产过程中的二氧化碳,并将二氧化碳压缩后直接使用、储存或转运,打造"变废为能"的工艺链。

二、节能减碳技术

为提前实现2045碳中和的目标,德国实施了一系列节能减碳的技术低碳转型措施,包括:翻新建筑物、提高能源效率、大力倡导绿色交通、数字化应用等。

(一) 技术总体介绍

德国节能减排技术路线的突出特点是多与数字化改革结合,特别是能源领域信息化建设加快推进,为能源与信息深度融合奠定了基础。这一论点在德国信息和电信行业的行业协会(Bitkom)2021年3月发布的研究报告中被广泛证明:数字技术在气候保护和能源效率提升方面具有潜力,特别是加热、照明和冷却的自动控制以及多智能部门耦合领域;以居住设施为例,到2030年,数字化改造可最多减少1 470万吨碳排放。

(二) 技术应用场景

以可持续供热领域为例(见图8-10),德国节能减排措施除了设备因素外,注重热力供应的数字化联网，即热力生产和交易，以及热力与电力市场的接点尽可能智能联动；通过对热力供应和需求的详细分析预测使相关设备得到最佳协同运作；数字热力市场平台汇总了当地热力生产和消费的所有数据，就如在真实市场上一样，数字热力市场也可提供不同的热力信息，即来自不同源头的热能数量，居民可根据数字市场提供的信息自行决定热力源。

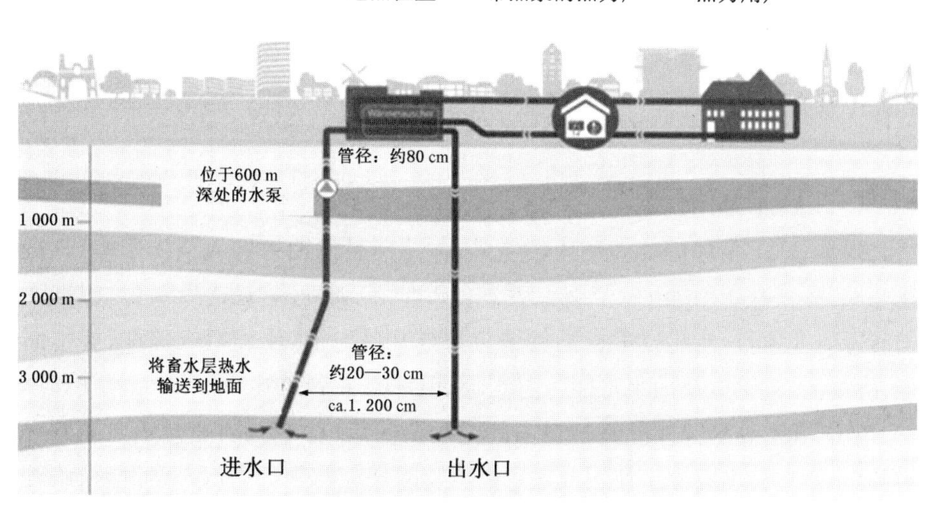

图 8-10 德国可持续智能供热系统

资料来源：德国联邦经济和能源部，详见《德国能源转型时事简报》2021 年第 5 期。

（三）技术发展方向

目前德国节能减排技术的发展方向主要集中在绿氢价格竞争力提升、电热蒸汽裂解、石化能源合成物、蓄电池回收技术等多个领域。

绿氢价格竞争力：在质子交换膜（PEM）、阴离子交换膜（AEM）和固体氧化物（SO）电解器领域实现技术飞跃，以此提升绿氢的价格竞争力。

蒸汽裂解装置：在基础化学品的生产中，蒸汽裂解装置扮演着关键角色。德国计划开发并推广蒸汽裂解装置电热解决方案，在未来大规模应用这项技术后，碳排放有望减少高达 90%，示范工厂落户巴斯夫路德维希港的生产基地。

石化能源合成物：二氧化碳和绿色氢气生产的可再生合成石蜡（所谓的 E 煤油、动力煤油、PtL 石蜡）、合成甲醇、电子柴油在未来航空领域、内陆和沿海航运等领域可作为替代性推进燃料。

蓄电池回收：据估计，2030 年对电池电力的需求将激增 10 倍到2 000 GWh。在这种背景下，增加使用效率外循环利用和关键原材料的回收率至关重要。

三、储能技术

储能技术是促进德国能源转型的重要驱动因素，同时可以与其他能够提升高比例可再生能源电力系统灵活性的技术相结合，例如电网扩容、需求响应和能源效率技术。

（一）技术总体介绍

根据 2021 全球储能专利申请量来看，德国是储能第四大技术来源国，占比 9.34%，仅次于中国（35.75%）、日本（19.99%）和美国（15.27%）[①]。根据德国能源研究项目，储能技术资助领域包括：储电（电池、压缩空气储能、虚拟储能、冷凝器、飞轮以及抽水蓄能）、材料储能（将任意量的电能转换为氢气和甲烷、地质储能、高效释放存储材料中的电能）、储热（针对太阳能光热电站的材料和设计原则，供应楼宇使用或输入供热管网）、综合领域（分布式储能设施管理、制造工艺、系统分析、储能设施的公众接受度）。

（二）技术应用场景

按照技术类别来看，德国储能技术应用项目主要集中在锂离子电池、热能存储、液流电池等领域（图 8-22）。按照行业类别来看，机械储能重点关注抽水蓄能，电化学储能则主要聚焦于大规模和小规模储能方案以及电动汽车向电网服务方案，化学储能则基于氢气（电制氢）和合成气体的储能方案。

（三）技术发展方向

预计重点技术今后集中在家用电池和兆瓦级储能系统、高温储存卡诺电池、大型热泵相关技术的攻克。

---

① 前瞻产业研究院：《2021 年全球储能行业技术全景图谱》，https://www.qianzhan.com/analyst/detail/220/211025-354201b2.html（March 23, 2022）。

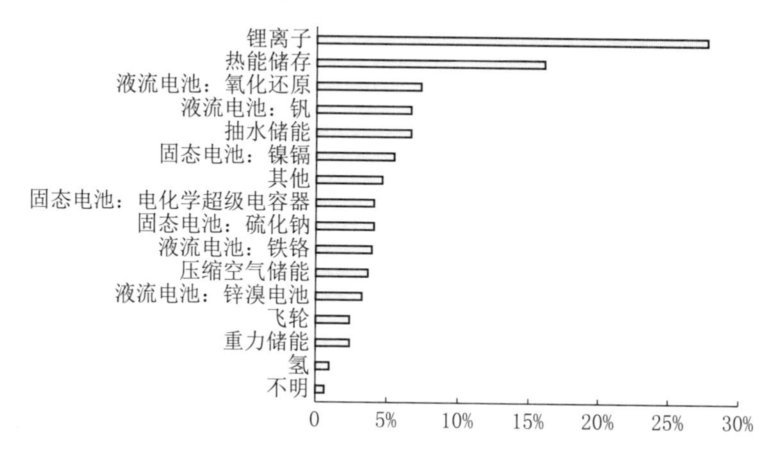

图 8-11　德国储能系统及对应技术类型

资料来源：中德能源与能效合作伙伴(2020)。

固态电池：被誉为下一代蓄能器，基于存储时间更长、安全性更高等优势的存在，在电动汽车方向被视为一种最优前途的技术。

高温储存卡诺电池：有望解决全球面临的可再生电能储能难题，并且能够给出相比于传统电池储能更为经济、环境友好的储能方案，涉及相关技术目前已经成熟，如抽热储能技术或称为热泵储电技术、液态空气储能等。

大型热泵：通过用大规模热泵等创新制热技术取代用于区域供暖的燃煤和燃气供热电厂，可以进一步提高区域供暖的利用率。

四、智能电网技术

德国高度重视信息化、数字化建设，特别是基于工 4.0 的国家战略，德国电力供应系统也提出利用先进信息通信技术对全环节进行数字化改造。

(一) 技术总体介绍

德国一直致力于在可再生能源时代领军世界，而智能电网是未来低碳电力系统的重要一环，其中企业、政府的支持与管制对智能电网的发展尤为重要。德国 E-energy(信息化能源)试点项目，旨在通过一个开放式的区域电力市场，将发电商、用电可调节的消费者、能源服务供应商、电网运营商集成为一体，借助信息和通信技术将发电直至消费的全部流程集成在一个平台，及时地交换信息进而优化整个系统。①

(二) 技术应用场景

德国 E-energy 项目(见表 8-9)和 C-sells 项目,从市场、技术、系统层面全方位探索了信息通信技术推动不同能源系统之间耦合、互联、交易的潜力和实现方式,并致力于打造小型的数字化能源互联系统,实现区域内的能源产消微平衡和优化。

表 8-9 德国 E-energy 代表性项目应用场景

项目名称	成 效
库克斯港 eTelligence	智慧的能源、市场与电网:用冷库作为储能设备来调节风电出力,并引入动态电价来激励发用电进行匹配;虚拟电厂来对分散的发用电设备进行集中管理
莱茵鲁尔区 E-DeMa	未来分布式能源系统的数字化交易:分布式的能源社区中能源交易如何帮助系统运行和平衡
斯图加特 MEREGIO	基于简单信号的需求侧响应:通过红绿灯电价信号引导用户的用能来解决硬件层面的阻塞问题
曼海姆 MoMa	城市级别的细胞电网:根据不同的城区以及卫星城组合形成多级嵌套的微网模型
哈慈山区 RegModHarz-100%	可再生区域能源系统:虚拟电厂、动态电价和储能技术并将其整合到一个系统中
亚琛 Smart W@TTS	能源互联网下的自调节能源系统:基于动态电价开发了许多落地的软硬件应用

资料来源:北极星售电网、中国电力、国网能源研究院(2022)。

(三) 技术发展方向

为实现 2045 碳中和的发展目标,德国智能电网重点集中在向电网提供辅助服务以及增加太阳能光伏的自发自用(特别是与电动交通领域的部门耦合),如:浮动式光伏(FPV)、建筑一体化光伏(BIPV)、城市光伏(UPV)、车辆一体化光伏(VIPV)、交通循环路径中的光伏(RIPV)等一体化光伏应用技术成为下一步发展的关键。

① 李慧杰:《德国智能电网的实践及启示》,《科技导报》2016 年第 18 期。

第四节　碳中和产业战略

一个国家要实现碳中和目标必然要经历复杂的制度、技术、市场和社会变迁过程。其中，低碳可持续产业产业政策和技术研发建设至关重要。以氢能、新能源汽车、生物质能为代表的德国产业界也纷纷响应，制定绿色发展战略及可持续供应链的打造计划，助力德国 2045 碳中和的战略目标的实现。

一、氢能产业

2020 年 6 月，德国政府通过了国家氢能源战略，为清洁能源未来的生产、运输、使用和相关创新、投资制定了行动框架。2021 年 7 月，德国国家氢委员会发布《氢行动计划 2021—2025》，制定了包括绿氢获取在内的 80 项推进措施。总体来说，由于自身得天独厚的前提条件，德国已成为氢能市场推广的推动者，以及国际氢能技术的先行者。

（一）产业概况

截至 2021 年 5 月，德国可用氢气约为 55 TWh，在欧洲共同利益重要项目的框架下共有 62 个氢能项目受到资助①，涵盖氢气生产、运输、工业应用整个价值链，全力支持德国在整个价值链上实现氢经济市场的增长。

（二）市场分析

德国氢能优先考虑发展特定的运输和工业领域，并涉猎绿氢制取、供暖、基础设施等多个维度（见表 8-10）。

表 8-10　德国氢能战略第一阶段重点实施计划

	措施	
氢能制取	1	国家主导公平定价的能源价格，加强绿氢生产
	2	电解槽运营商与电网、天然气网运营商之间新业务模式和合作模式

① EMCEL GmbH, "Welchen Mehrwert haben die Wasserstoff-IPCEI für Deutschland?", https://emcel.com/de/wasserstoff-ipcei/(March 20, 2022).

续表

	措　　施	
氢能制取	3	电解槽的扶持向氢能转型;钢铁和化工业脱碳的“绿氢”生产的招标模式审查
	4	利用海上风能生产“绿氢”;加强可用于陆上氢生产和 PtX 生产的场地的布局、可再生能源生产所必要的基础设施
应用:交通领域	5	确立“绿氢”应用于动力燃料的生产,以及氢能作为常规动力燃料替代品的地位
	6	增强氢能和燃料电池技术提供资助的可能性;激活市场支持对氢能汽车(轻、重型卡车/商用车、大客车、火车、内河和沿海航运、车队使用的轿车)的投资;“HyLand-德国氢能示范区域”计划
	7	开发和资助生产电基燃料,特别是电基煤油和高级生物燃料的设备
	8	建造符合需求的汽车加油基础设施;商用车加氢站的建设开发方案,扩建加氢站网
	9	燃料电池驱动的跨境交通
	10	燃料电池系统配套产业
	11	支持城市交通中的零排放汽车
	12	货运卡车根据碳排放差异定价,鼓励采用环保型驱动装置
应用:工业领域	13	扶持工业生产过程工艺转型
	14	“碳差价合约”(CfD)新试点项目
	15	低排放工艺和用氢生产的工业产品需求
	16	以氢能为基础的长期脱碳化战略(从 2020 年开始,为化工、钢铁、物流和航空业;其他行业后续跟上)
应用:供热领域	17	联邦节能建筑资助计划
	18	在热电联产的框架下审查资助“氢气制备”设备的可能性
基础设施/供应	19	建设和扩建氢能基础设施
	20	推进供电、供热和天然气基础设施的交叉融合
	21	按需扩建加氢站网络

资料来源:氢智会(2022)。

根据弗劳恩霍夫协会对德国氢能市场的需求与预测分析，在高能源需求和低能源市场需求两种情境下，预计 2030 年和 2050 年，氢能需求分别为 20/4 GW、80/50 GW(见图 8-12)。

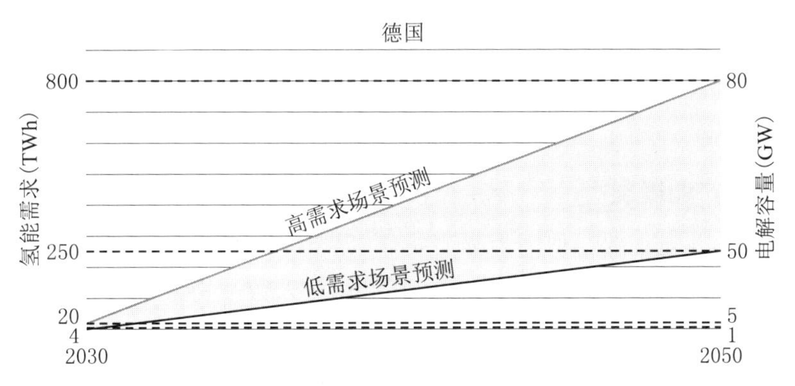

图 8-12　德国氢能市场需求的预测分析

资料来源：弗劳恩霍夫协会系统创新和光伏能源研究所(2022)。

(三) 愿景目标

事实上，德国很早就已经认识到了氢能技术的发展前途，出台多项法律与条例，如：《国家创新计划氢能和燃料电池技术的框架》《能源经济法修正案》《氢能管网收费条例》、“氢能全球”(H2Global)融资工具、未来一揽子计划规定等。根据氢能战略的总体部署，德国的愿景目标主要包括：其一，“绿氢”及其价值链的市场推广和应用；其二，在未来十年内将会形成全球和欧洲碳中和氢交易市场，占据主导权。

与此同时，德国提出了氢能产业两步走战略：第一阶段从 2020 年到 2023 年，为德国氢能源国内市场打好基础；第二阶段从 2024 年到 2030 年，要稳固国内市场，塑造欧洲与国际市场，服务德国经济。为了监控氢能战略的执行和继续开发，一种灵活的和以结果为导向的监管机制应运而生，包括氢能国务秘书委员会、国家氢能理事会以及指挥部三个关键部门，成为保障德国氢能网络建设和产业发展的重要组织。①

① 氢智会：“德国国家氢能战略：90 亿欧元用于氢能绿氢将成投资重点》，https://news.bjx.com.cn/html/20210113/1129119(March 29, 2022).

二、新能源汽车产业

汽车工业作为制造业中的集大成者，是能源消耗和使用较为密集的部门，以电气化、自动化、连接性、数字化、脱碳、去中心化和标准化为主要特征的新能源汽车成为德国乃至全球汽车制造业的主流发展趋势。

（一）产业概况

德国汽车制造业包括汽车制造商、汽车零部件和配件供应商以及拖车和车身制造商。2020 年，德国汽车工业直接就业人数平均接近 80.9 万人，德国每 7 个工作岗位中就有一个与汽车行业有关；目前，全德共有 968 家企业活跃在德国汽车制造行业，奔驰、大众、宝马等世界知名车企云集。根据德国经济与能源部的调查，全球市场共有超过 70 款新能源汽车源于德国制造商（截至 2021 年 8 月）。

（二）市场分析

2020 年，德国汽车制造业年营业额约为 3 780 亿欧元，是继中国、美国和日本之后，第四大汽车生产国；德国制造商在全球范围新能源汽车的相关技术储备全球第一；根据 2021 年 7 月发布的麦肯锡电动汽车指数，预计德国会在 2022 年超越中国，全球市场占有率在 2024 年增加到 29%，领导地位得到完全巩固。

（三）愿景目标

自 2012 年以来，德国已有 22 个新能源汽车旗舰项目获得了资助，包括：传动系统技术（例如整车、传动系统技术、制造技术、轻量化结构）、能源系统和能源存储（例如材料开发、燃料电池技术和电池、模块化制造技术、安全性和寿命）、充电基础设施和电网整合（例如智能电网、能量回收、通过感应的能量传输、快速充电系统）、移动概念（例如电动巴士系统）、回收利用效率和信息通信技术。预计到 2030 年，德国将有 800 万辆电动汽车上路，将建设 100 万个充电站，635 万辆市场需求（见图 8-13）。

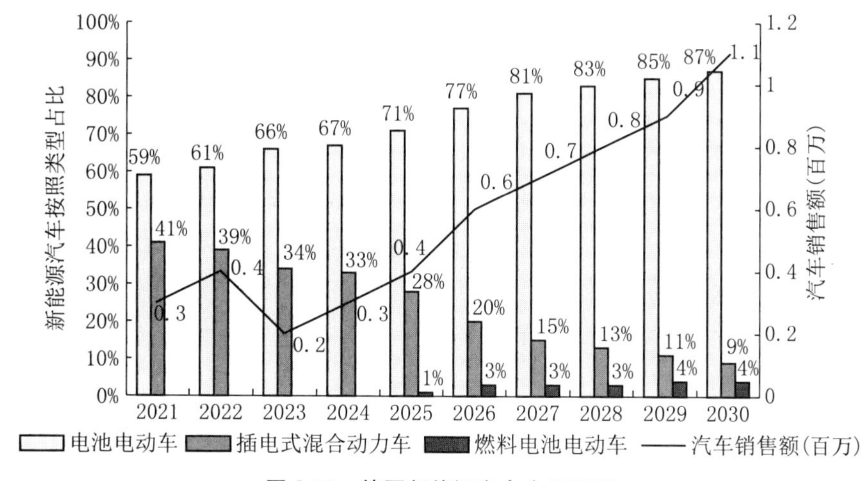

图 8-13　德国新能源汽车市场预测

资料来源：吕贝克城市有限责任公司(2022)。

三、生物质能产业

德国生物质能产业在创新和产业能级方面长期处于世界领先地位。2020 年 1 月 15 日通过的《德国国家生物经济战略》提出，将在 2020 年至 2024 年期间投资 36 亿欧元用于生物质能产业，标志着德国另一产业新赛道正式确立。

(一) 产业概况

生物经济战略首先将生物技术(Biotechnologie)(不同于以往的“Biotechinik”，即传统意义的生物化学技术，“Biotechnologie”可以理解为生物技术加工艺)定性为德国可持续经济发展的动力，是未来可持续发展的潜能所在，目标是尽可能建立以生物为基础的生产、服务和产品。2021 年，在德国可再生能源领域对初级能源消费的贡献率中，生物质能以 52%份额居首，领先于风能(28%)、光伏(12%)、水电(4%)和地热(4%)；可再生能源供热中，生物质能占比为 86%。

(二) 市场分析

多年来，德国支持了很多生物质能的研究项目，例如“国家政治战略生物经济”、国家“2030 生物经济研究战略”等。2020 年，德国对生物质能行业的投资约为 22.7 亿欧元，经济效益达 116 亿欧元，就业人数达 11.2 万；目前，全德共有约 9 600 个沼气厂，700 多座木材(加热)发电厂。

(三) 愿景目标

根据《德国国家生物经济战略》，生物质能战略旨在确保德国在生物经济在全球领先地位，保持生活与经济增长可持续性发展。具体来说：

第一，生物技术应用的指标不限于生物经济的贡献，例如发展的可持续性，德国也在生物技术的研究尤其是专利技术、促进科学研究方面有突出的作为。

第二，增加生物经济及相关质能行业在整个国民经济的比重，制定到 2025 年的达标指数，生物技术战略要求与替代化石资源的经济生产原料比重同步。

第三，除了发挥乡村生物经济优势外，还应该重视城市是生物垃圾潜能的发挥。

第四，采用生物甲烷和生物质能替代天然气，将生物甲烷计入汽油和总配额之内，进一步促进生物甲烷在运输部门的使用，为生物甲烷的制备和向电网供料提供新的动力。

参考文献

[1]《2020 德国能源转型政策和新闻回顾》(2020 年 9 月 17 日)。

[2] IWES:《2030 年供暖转型:实现建筑领域中长期气候目标的关键技术》(March 1, 2020)。

[3] Bundesministerium für Bildung und Forschung, Bundesbericht Forschung und Innovation 2020(May, 2020).

[4] Cuevas F., Zhang J., Latroche M., *The vision of France, Germany, and the European Union on future hydrogen energy research and innovation*, *Engineering*, 2021(6).

[5] Bundesministerium für Wirtschaft und Energie, *Freiräume für Innovationen: Das Handbuch für Reallabore*(July, 2019).

[6] Acatech IMPULS, *Innovationen für einen europäischen Green Deal*(Dezember 16, 2020).

[7] Proff H., *Automobilindustrie im Umbruch*, Neue Dimensionen der Mobilität. Springer Gabler, Wiesbaden, 2020, pp.49—63.

[8] Öko-Institut and Wuppertal Institut, *Prognos: Towards a Climate-Neutral Germany by 2045*(April, 2021).

[9] Federal Ministry for Economic Affairs and Energy, *The National Hydrogen Strategy*(June, 2020).

[10] Umweltbundesamt, "Vorjahreschätzung der deutschen Treibhausgas-Emissionen für das Jahr 2020", https://www.umweltbundesamt.de/daten/klima/treibhausgas-emissionen-in-deutschland#treibhausgas-emissionen-nach-kategorien(March 15, 2022).

[11] 赛迪智库:《德国〈国家氢能战略〉评析》(2020 年 6 月 15 日)。

[12] 德国联邦经济和能源部:《能效绿皮书——德国联邦经济和能源部讨论文件》(2016 年 8 月).

[13] Deutsche Energie-Agentur, *Klimaneutralität 2045—Neue Technologien für Deutschland*(March 17, 2022).

[14] 杨艳、谷树忠、李维明等:《从战略到行动:德国经济绿色低碳转型历程及启示》,《发展研究》2021 年第 4 期。

[15] 德国联邦经济和能源部:《德国能源转型时事简报》2021 年第 4 期。

执笔:吕国庆(赤峰学院资源环境与建筑工程学院)

第九章　英国碳中和战略

英国是最早实现碳达峰的国家之一。根据《巴黎协定》的规定，英国对《联合国气候变化框架公约》(UNFCCC)做出的国家自主贡献承诺是与1990年的排放量水平相比，到2030年至少将整个经济领域的温室气体排放量减少60%。这一承诺涵盖了能源、交通、工业过程和产品使用、农业、林业、土地利用和废物处理等行业。为适应气候减排目标，2021年，英国发布了《净零战略：重建绿色》，阐述了英国实现到2050年净零排放承诺的重要举措和发展路径。在应对全球气候变化和低碳转型领域，英国的理论、政策和国际行动一直走在世界前列，很早就开始关注气候变化和低碳经济，对引领全球气候变化议题和变革表现积极，并试图在新一轮创新变革中保持世界领导力。

第一节　战略背景

英国是最早的资本主义工业化国家，"二战"结束后，其国际地位被美国所取代。随着产业结构的调整，英国的工业能源消费占比逐渐下降，并且在1998年后逐渐从能源出口国变为能源进口国。英国是全球首个以国内立法形式确立净零排放目标的国家。然而，英国的净零之路仍然受到个别部门贡献乏力、低碳能源发电增幅放缓等诸多现实挑战。

一、基本国情

英国的本土位于欧洲大陆西北面的不列颠群岛，被北海、英吉利海峡、凯尔特海、爱尔兰海和大西洋所包围。英国具有丰富的自然资源，主要矿产资源包括煤、铁、石油和天然气。其中，硬煤总储量为1 700亿吨，铁的蕴藏量约为38亿吨。英国西南部康沃尔半岛有锡矿，在柴郡和达腊姆蕴藏着大量石盐，斯塔福德郡有优质黏土，康沃尔半岛出产白黏土，奔宁山脉东坡可开采白云石，兰开夏西南部施尔德利丘陵附近蕴藏着石英矿。在英国的北海大陆架，石油蕴藏量约在 10 亿—40 亿吨之间。该国天然气蕴藏量约在 8 600 亿—25 850 亿立方米左右。

根据英国 2011 年人口普查数据显示，英国人口约为 6 318 万。[①]英国国家统计局数据显示，2021 年英国经济在经历疫情后复苏反弹，按 2019 年不变价格计算，2021 年英国实际 GDP 为 21 957.17 亿英镑，同比增长 7.5%，两年平均下降 1.3%。英国人均名义 GDP 为 34 320 英镑，同比增长 6.9%，两年平均增长 0.8%，扣除价格因素后，实际增长 6.7%，两年平均下降 1.9%。根据世界银行和 IMF 的排名，英国的 GDP 总量全球排名第五，人均 GDP 全球排名第 29 位。

英国是传统的工业强国，近 100 年来，其能源结构由煤炭时代过渡到石油天然气时代，并向低碳时代迈进，石油消费比例下降，天然气消费比例上升，可再生能源产量迅速增长。

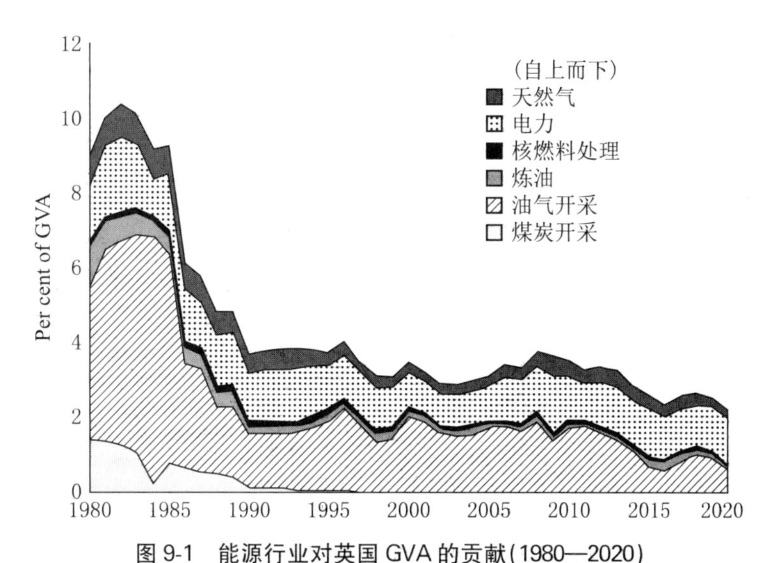

图 9-1　能源行业对英国 GVA 的贡献(1980—2020)

资料来源：英国商业、能源和工业战略部。

注：GVA(Gross Value Added)被译为“总增加值”，是总产出与净产出的差值，可以作为一种经济生产力指标，也是估计国民生产总值(GDP)的重要方法。

---

① Office for National Statistics, *Census 2011*, https://www.ons.gov.uk/census(2022/5/6).

根据英国国家统计局数据，能源行业对英国经济的贡献在1982年达到了峰值，占比为10.4%。2020年，能源行业对英国经济的贡献为GVA的2.1%，比2019年下降了0.3个百分点。尽管石油和天然气的开采在1986年以后大幅下降，但在2014年之前一直是英国经济的主要能源贡献者，之后被电力部门赶超。2020年，由于新冠肺炎大流行对能源供需产生影响，石油和天然气的产量和价格均有下降。在2020年的能源对经济贡献中，电力贡献（包括可再生能源）占56%，石油和天然气开采贡献占27%（见图9-1）。

二、能源结构

（一）能源生产结构

从1970年至2020年，英国原油、天然气液体、天然气总产量都在2013年前后基本处于逐渐递减态势，之后经历了历史最低点后又呈现缓步上升的趋势；可再生能源一直处于稳步上升趋势；煤炭总产量在经历1984年的历史最低点之后，在短期内呈上涨趋势，但在1988年达到峰值之后不断下降，2020年达到了历史新低。

2020年能源生产结构中，原生石油（原油和液体天然气）占能源总产量的43%，天然气占30%，原生电力（包括核电、风电、太阳能和自然流水电）占15%，生物能源和废弃物占10%，而煤炭占剩余的1%。①

2020年，英国原油产量为4 565.8万吨，比2000年减少一半多，比2015年略有增加；天然气液体产量为332.7万吨，也比2000年减少一半多，但比2015年增加近90万吨；生物能源和垃圾发电为1 213.6万吨油当量，比2010年增加一倍多，比2015年增加300多万吨油当量（见表9-1）。

（二）能源消费结构

1990年以来的三十年间，英国能源消耗变化不明显，以2008年为划分界限，2008年前能源消耗一直处于缓步上升趋势，而在2008年以后呈现逐渐下降趋势。

---

① UK National Statistics, "Digest of UK Energy Statistics(DUKRS)2021", https://www.gov.uk/government/statistics/digest-of-uk-energy-statistics-dukes-2021.

表 9-1　英国初级燃料生产情况(2000—2020)

类别 \ 年份	2000 年	2010 年	2015 年	2020 年
原油总产量(千吨)	117 882	58 047	42 826	45 658
天然气液体总产量(千吨)	8 363	4 915	2 462	3 327
天然气总净产量(百万立方米)	—	52 682	36 091	34 918
生物能源和垃圾发电(千吨油当量)	2 306	5 827	9 106	12 136

资料来源:英国商业、能源和工业战略部(2022)。

根据英国国家统计局数据,该国 2020 年一次能源消费总量为 163.3 百万吨油当量,其中液化气占 41.9%,石油占 31.2%,原生电力(包括核电、风电、太阳能和自然流水电)占 12.5%,生物能源和垃圾发电占 11.0%,煤炭只占 3.4%。与 1990 年对比,液化气占比大幅增加,煤炭占比大幅减少(见图 9-2)。

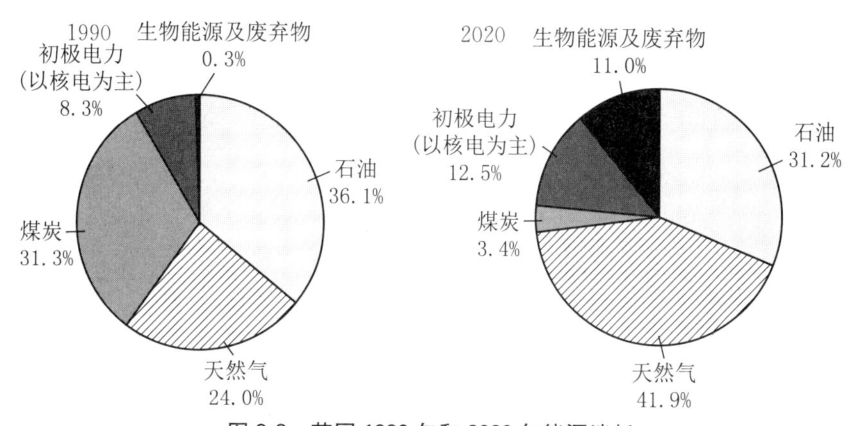

图 9-2　英国 1990 年和 2020 年能源消耗

资料来源:英国商业、能源和工业战略部(2022)。

2020 年英国最终能源消费总量为 12 092.8 万吨油当量,近 10 年基本处于逐年减少趋势,比 2010 年减少了 32.04%,比 2015 年减少了 14.06%。从部门能源消费结构看,2020 年运输业占 33.46%,家庭占 32.79%,工业占 17.37%,服务业(含农业)占 16.69%。与 2010 年比,工业能源消费减少程度最大,达到 53.82%,其次是运输业,减少 45.31%,第三是家庭部门,减少 21.72%,服务业(含农业)基本稳定,增加 2.89%(见表 9-2)。

表 9-2 英国最终能源消费分部门情况 （单位：千吨油当量）

	家庭	服务业（包括农业）	运输业	工业	总计
1990 年	40 756	19 218	48 635	38 660	147 268
2000 年	46 851	21 547	55 461	35 506	159 365
2010 年	47 805	20 774	58 793	32 303	159 676
2015 年	38 906	19 715	55 013	24 303	137 936
2020 年	39 276	20 190	40 461	21 001	120 928

资料来源：英国商业、能源和工业战略部(2022)。

（三）能源进出口

英国能源进口依存度情况变化比较明显（见图 9-3）。在 20 世纪 70 年代，英国是一个能源净进口国。随着北海石油和天然气生产的发展，英国在 1981 年成为能源净出口国。20 世纪 80 年代末，在发生派珀·阿尔法灾难之后，[1]产量有所回落，90 年代中期重新成为净出口国。北海的油气产量在 1999 年达到顶峰，出口量随之达到历史最高值，2004 年英国首次成为初级石油的净出口国，2013 年科里顿炼油厂关闭后，石油产品的总进口超过了出口，汽油和

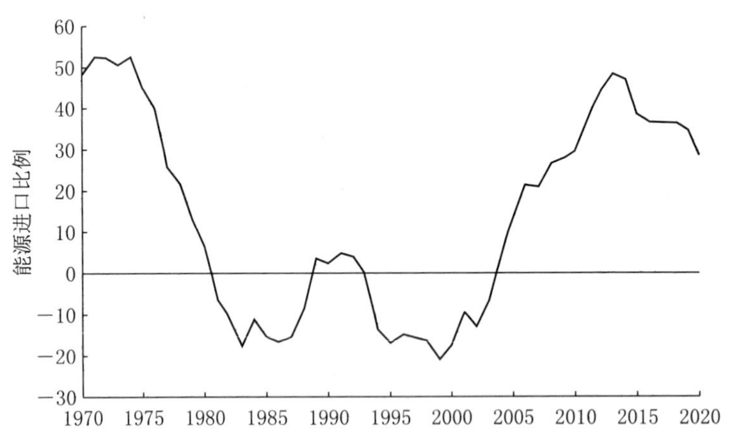

图 9-3 英国 1970 年至 2020 年能源进口依存度

资料来源：英国商业、能源和工业战略部(2022)。

① 派珀·阿尔法(Piper Alpha)石油钻井平台灾难发生于 1988 年，导致阿伯丁(Aberdeen)沿海 167 名工人死亡，它几乎是世界上最严重的石油钻井平台事故。

燃料油等主要燃料为净进口。2020 年，英国使用的能源中有 28%是来自进口的。

英国 2004 年以来成为能源净进口国，2015 年进口量占进出口总量的比重达到 60.77%，2015 年达到 63.43%，之后有所回落，到 2020 年其比例为 58.75%。2020 年能源进出口总量为 213.8 百万吨油当量，其中进口 125.6 百万吨油当量，出口 88.2 百万吨油当量，净出口 88.2 百万吨油当量(见表 9-3)。

表 9-3　英国能源进出口情况(2001—2020)（单位：百万吨油当量）

	2001 年	2005 年	2010 年	2015 年	2020 年
进出口总量	227.1	239.4	253.4	233.0	213.8
总进口	94.8	136.7	154.1	147.8	125.6
总出口	132.3	102.7	99.3	85.2	88.2
净出口	37.6	−34.0	−54.8	−62.6	−37.4

资料来源：英国商业、能源与工业战略部(2021)。

三、零碳之路

英国 2007 年至 2010 年间的三年，被认为是一个“气候变化与能源政策的激进时代”。在此期间，英国通过了“两法一计划”，即《2008 年气候变化法》[①]《2008 年规划和能源法》[②]和《低碳转型计划》[③]。《2008 年气候变化法》确立了减少温室气体排放的国内目标和具有法律约束力的长期减排框架，最初承诺与 1990/95 年基准年相比，到 2050 年至少将排放量减少 80%。《2008 年规划和能源法》提供了更多的补充性规则而非建设性的制度安排。《低碳转型计划》则提出了整套全面改革的政策主张，将减排目标提升到 2006 年设想的 4 倍以上，旨在彻底改变英国的能源系统与结构。在这个“激进时代”，以布朗为内阁首相的政府还组建了新的能源与气候变化部(Department of Energy and Climate Change)，由此，布朗领导下的工党政府在能源法律问题上更为激进，政府干预开始逐渐取代市场的主导性地位。

---

① UK Public General Acts, *Climate Change Act*, 2008.

② UK Public General Acts, *Planning and Energy Act*, 2008.

③ UK Government, *Low Carbon Transition Plan*, 2008.

2010 年至 2016 年期间，英国绿色低碳政策进入了向理性回归的转型期。最具标志意义的事件是，2013 年英国议会通过了《2013 年能源法》。[①]一方面，不再将气候变化目标作为唯一准则，而是强调去碳化与能源安全的协调统筹；另一方面，它一改核能建设上的踌躇不前，同步开启了英国新的电力市场改革。在此期间，保守党党魁卡梅伦领导下的英国政府将能源安全列为能源政策的首要原则，甚至取消了对碳捕集和封存技术（CCS）商业示范 10 亿英镑的经费支持，此举一度引起了英国国内环保主义者的不满。

2016 年至今，英国绿色低碳转型进入了再调整时代。英国脱欧后，原内政大臣特雷莎和外交大臣约翰逊相继成为英国新首相。特雷莎接任之际，迅速进行了部门改组，解散了能源与气候变化部，设立了新的商业、能源与工业战略部（Department of Business, Energy and Industrial Strategy, DBEIS），这就意味着包括可再生能源在内的能源法律政策可能会出现不同程度的弱化。除此之外，脱欧也为英国能源发展带来了机遇与挑战，亦可能会影响英国在能源方面的投资策略。

国际减排协议方面，2019 年 6 月，在联合国政府间气候变化专门委员会（Intergovernmental Panel on Climate Change, IPCC）作出关于全球变暖 1.5 摄氏度的特别报告之后，英国根据该委员会的建议，对《2008 年气候变化法》进行了修订，承诺英国到 2050 年会实现 100%的减排（净零），还将引入碳预算，为英国在预定的五年内可以排放的温室气体排放总量，设定了具有法律约束力的限制。

2019 年 5 月 2 日，英国气候变化委员会（Committee on Climate Change, CCC）发布题为《净零：英国对阻止全球变暖的贡献》（*Net Zero-The UK's Contribution to Stopping Global Warming*）的报告，[②]重新评估了英国的长期排放目标。该报告指出，英国可以设定一个宏伟的新目标，即至 2050 年将温室气体排放量降至零。

2019 年，英国成为第一个宣布气候变化紧急状态的国家。同年 9 月，该国通过了修改《气候变化法案》的修订案，设定了一个具有法律约束力的目标，正式确立英国到 2050 年实现“碳中和”。英国成为第一个通过立法形式明确于 2050 年实现零碳排放的发达国家。

---

① UK Department for Energy & Climate Change, *Energy Act*, 2013.

② UK Climate Change Committee, *NetZero—The UK's contribution to stopping global warming*, https://www.theccc.org.uk/publication/net-zero-the-uks-contribution-to-stopping-global-warming/ (2022/3/10).

2020年9月，英国首相约翰逊表示，英国将制定到2050年实现温室气体净零排放的具体措施。目前，英国温室气体排放量最高的四个领域是交通运输、能源、商业和居民住宅，这四个领域排放量总和约占总排放量的78%，未来碳中和措施的出台也将重点聚焦这些领域。

四、面对问题

（一）低碳能源发电增幅与低碳目标不匹配

虽然英国低碳能源发电增速不减，但仍被认为“停滞不前”。2019年，风能、太阳能、核能、水能和生物质等低碳能源的总发电量仅比上一年增加了1 TWh，增幅小于1%。这主要是由于位于苏格兰的亨特斯顿（Hunterston）和位于肯特郡的邓杰内斯（Dungeness）的核反应堆关停，核电发电量减少9 TWh，下降幅度约为14%。英国陆上风电的增幅也在下降，2019年英国陆上风电的新增装机发电量为629 MW，低于2018年的651 MW。但与此同时，英国建成了几个大型的海上风电场，2019年的风电发电量增长了8 TWh，基本上填补了核电发电量的下降数值。按照此前关于2050年减少80%的碳排放的目标测算，2030年碳排放需低至100 g/kWh，这一指标也成为新目标下2030年的最低指标。但以目前的增幅来看，这显然是不可能完成的任务。

（二）个别部门贡献迟缓

英国气候变化委员会于2021年发布的适应性报告指出，一些部门在减碳过程中作出的贡献明显不足。比如，住房、社区和地方政府部在提升建筑节能标准方面不够果断、强硬；环境、食品和农村事务部在农业和土地利用方面以及垃圾废物的填埋设施方面，也存在消极行政的情形。

关于英国绿色低碳转型遭遇困境的原因，其根源在于政府与市场关系的处理不当。一般认为，英国的能源法律政策格局是以政府的规制干预为主，这就导致了市场红利的耗竭、竞争的锐减、制度设计的失败，以及市场基础作用的丧失。有批评人士指出，聚焦气候变化的英国“净零战略”并没有提供足够的政策动力来推动绿色低碳转型。

第二节 碳中和战略构架

英国碳中和战略包括总体战略和其他专项技术/产业战略。其中,《净零战略:重建绿色》(*Net Zero Strategy: Build Back Greener*)(以下简称《净零战略》),[①]阐述了英国实现到2050年净零排放承诺的重要举措。该战略以《绿色工业革命十点计划》(*The Ten Point Plan for a Green Industrial Revolution*)(以下简称《十点计划》)为基础,[②]制订了全面计划以降低所有经济部门的碳排放,同时利用温室气体去除技术减少剩余排放,支持各产业向清洁能源和绿色技术转型,逐步实现净零排放目标。根据该战略,英国到2030年将撬动900亿英镑的私人投资,创造44万个绿色产业就业岗位。英国政府表示,该计划不仅代表着环境战略的转型,也代表了经济领域的重要变革。

一、战略认知与理念

为实现净零目标,《净零战略》确定了以下几项基本原则:第一,根据消费者的选择进行工作,而不是要求任何人拆除现有锅炉或报废现有的汽车;第二,通过公平的碳定价,确保最大的污染者为转型付出最大的代价;第三,确保通过政府的支持,以能源账单折扣、能源效率升级等形式保护最脆弱的群体;第四,与企业合作,通过支持最新的技术设备,继续大幅度降低使用低碳技术的成本。

除此之外,英国于2021年3月发布了《工业脱碳战略》(*Industrial Decarbonisation Strategy*)。[③]工业脱碳是《十点计划》的核心部分,旨在加速工业的绿色转型,确保工业部门在向净零过渡期间蓬勃发展,并积极应对气候变化。该战略涵盖英国所有工业部门,包括金属、矿产、化学、食品饮料、造纸、陶瓷、玻璃、炼油以及低能源密集型制造业等。该战略表明,英国将采取转变工业流

---

① UK Department for Business, Energy & Industrial Strategy, *Net Zero Strategy: Build Back Greener*, 2021.

② Department for Business, Energy & Industrial Strategy, Prime Minister's Office, 10 Downing Street, The Rt Hon Alok Sharma MP, and The Rt Hon Boris Johnson MP, *The Ten Point Plan for a Green Industrial Revolution*, 2020.

③ UK Department for Business, Energy & Industrial Strategy, *Industrial Decar bonisation Strategy*, 2021.

程、提高能源和资源效率、加速低碳技术创新等方式，最大限度地发挥英国的潜力，为全球市场净零贡献力量。

二、目标与愿景

英国目前的零碳目标，在国际谈判方面也有所体现。作为《巴黎协定》的缔约国之一，英国通过了与其相一致的本土排放目标：2021 年发布的第六次碳预算要求从 2019 年到 2035 年减排 63%，并在 1990 年的水平上减少 78%。在国内法方面，英国新修订的《气候变化法》承诺，将在 2050 年实现碳中和。同时，在《净零战略》和《工业脱碳战略》中，对各个部门的减碳目标进行了分解。

第一，电力部门。到 2035 年，在保证电力安全的前提下，电力系统将实现完全脱碳。电力系统将由丰富、经济的可再生能源和核能组成，并结合储能以及配备碳捕集、利用与封存技术（CCUS）的天然气、氢能等灵活性技术予以加强。

第二，燃料供应及氢能部门。根据 2021 年 3 月英国商业、能源与工业战略部发布的《北海过渡协议》的承诺，将大幅减少传统石油和天然气燃料供应的排放，同时扩大氢和生物燃料等低碳替代品生产，通过保护就业和投资、利用现有基础设施、维持供应安全和最大限度减少环境影响等方式来实现。

第三，工业部门。拟与 CCUS 技术和可再生能源一起发展低碳氢等新产业，加速工业集群的脱碳。通过 CCUS 技术，2030 年大约可保证20 TWh 的能量生成转向依靠低碳燃料，对比 2018 年，2035 年工业部门排放量至少减少 2/3，2050 年至少减少 90%。英国工业实现净零排放的指示性路线图清晰地展现了这一雄心抱负（见图 9-4）。

第四，供热及建筑部门。提高住房和非住宅的能效，以确保使用更少的能源来供热，在确保经济性、舒适性的同时减少对进口能源的依赖。到 2035 年，如果成本能下降到足够低，所有家庭和工作场所的新供热设备都将采用低碳技术，如电热泵或氢气锅炉。

第五，交通部门。推行更环保、快捷、高效的交通方式，通过实施零排放汽车（ZEV）授权开启道路交通转型，为低碳汽车技术提供额外资金支持，实行购车补贴，投资电动汽车基础设施，推进铁路电气化，投资 30 亿英镑改造公交服务、提供 20 亿英镑用于推广自行车，推出清洁航运多年期计划。

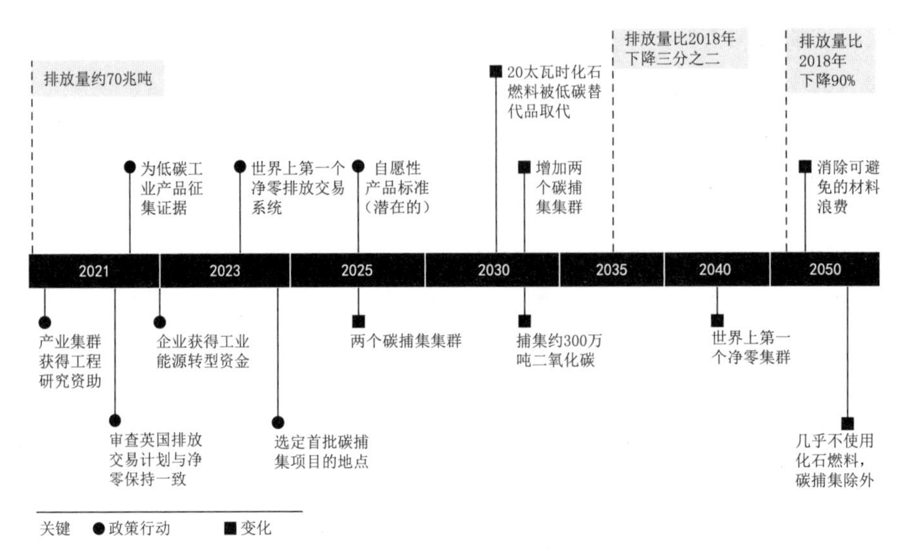

图 9-4 英国工业实现净零排放的指示性路线

资料来源：英国商业、能源与工业战略部(2021)。

第六，使用自然资源、废弃物和含氟气体等方面。通过恢复农村生态以减少排放和实现碳封存，提升适应气候变化的能力；支持农民实施一系列低碳农业实践，以提高生产力并更有效地利用土地；增加植树造林以实现固碳，并保护和恢复泥炭地；改革资源和废弃物制度，发展循环经济，提高资源效率；继续根据本国法律和国际承诺逐步减少含氟气体的使用。

第七，温室气体去除方面。通过技术创新使英国在温室气体去除方面全球领先，短期内将支持去除技术的早期商业部署，并开始建立市场框架。

第八，跨领域行动方面。支持技术创新和发展全球领先的绿色金融部门，并与私营部门合作，促进私人投资。将消费者置于转型的核心，使绿色技术更方便、低成本和有价值；对工人进行再培训，并通过能够适应变化的强大供应链建立低碳产业；此外，还将与地方政府合作，以确保所有地区都具备实现净零目标的能力；政府将气候纳入政策和支出决策的考量中，提高实现气候目标进展的透明度，并提供资金以推动学校和医院实现减排。

三、战略推进路径

在整体层面，《十点计划》提出了 10 个走向净零排放并创造就业机会的计划要点。在此基础上，英国政府发布的《净零战略》制订了全面计划以降低所有经济部门的碳排放，同时利用温室气体去除技术减少剩余排放，支持英国向清洁能源和绿色技术转型，逐步实现净零目标。

在具体层面，英国发布了《氢能战略》《清洁增长战略》等具体技术战略，以及《工业脱碳战略》《国际基础设施战略》《热力和建筑战略》《低碳运输创新战略》等产业战略，此外还出台了《绿色金融战略》《防空和海上风电战略》等与其他部门合作发布的战略，以降低技术成本，推动与企业及消费者的合作，鼓励私人投资。

2021 年 10 月，在净零创新委员会（Net Zero Innovation Board）的指导下，商业、能源和工业战略部发布了《英国净零研究与创新框架》，①确定了英国在未来 5—10 年内关键行业的净零研究、创新挑战以及需求，通过六个领域的协调行动，支持净零战略推进，具体包括以下内容。

（一）实现电力部门完全脱碳

系统集成和灵活性方面：加速向可互操作、数字化、网络安全系统的过渡；研究、支持和试验灵活的需求；促进、发展和示范能源储存；开发和推广灵活的智能市场平台；为能源系统转型和整合提供解决方案。

可再生能源方面：加速海上风电容量的部署；发掘超过 50 米以下深度的深水海上风电场；减轻风机的影响；开发和示范早期阶段的可再生能源使用情况。

核能方面：发展小型模块化反应堆（SMR）；开发和示范先进模块化反应堆（AMRs）；结合先进的核能与其他技术，支持灵活的能源系统；推动大规模核电的持续改进；以超越 2050 年目标的视角进行核聚变研究与开发；改进废物处理流程。

生物能源和生物质能碳捕集与封存（BECCS）方面：研发净零生物能源的整体系统方法；确保可持续、可靠的优质生物质供应；提高气化转化技术的性能和商业可行性；探索部署 BECCS 的路线。

（二）推动工业中低碳氢的供应

向净零工业基础过渡：提高资源和能源效率；转向低碳、零碳的燃料和原

---

① UK Department for Business, Energy & Industrial Strategy, *Net Zero Research and Innovation Framework*, 2021.

料;收集和储存工业排放。

扩大低碳氢的供应和需求:研发高效、经济、规模化的低碳氢气生产;示范有效、低成本的散装氢运输和储存方法;扩大低碳氢的发电;在系统层面有效利用氢;了解氢气对环境和社会的影响。

(三) 采用CCUS和温室气体去除(GGR)技术,减少能源浪费

这主要体现在以下方面:高效、低成本地从点源捕获二氧化碳;高效、低成本地从空气或海洋中直接去除温室气体;减少工程去除技术的能源需求;探索部署生物质能碳捕集与封存的路线以及二氧化碳运输和储存的基础设施;开发在产品或工艺中利用捕集的二氧化碳的经济方法;为今后扩大规模、部署和商业化创造条件;监测、报告和验证相关数据;管理环境影响和共同效益。

(四) 改善供热与建筑排放

这主要表现为以下方面:为建筑存量全系统脱碳创造环境;消除能源效率改造的障碍;降低低碳供暖与制冷的风险;最大限度地发挥热力网络的潜力;研究集成智能、低碳技术和解决方案;降低建筑的相关排放。

(五) 减少交通部门碳排放

在交通和移动出行合二为一的系统方面:实现一体化的多式联运系统;推动主动出行和公共/共享交通;满足区域需求和基于地方的方法;提高车辆、船舶和基础设施的效率,降低碳强度及消除排放;理解和促进氢在运输中的作用;支持所有运输模式的电气化;适应COVID-19导致的出行行为的变化。

在地面运输方面:支持零排放道路车辆的开发和部署;探究公路脱碳的补充方法;推动铁路脱碳。

在航空和海事运输方面:发展净零排放航空和相关业务;推动海事部门脱碳。

(六) 合理利用自然资源、废物和含氟气体

在土地利用的综合和动态方法方面:合理进行土地用途分配与规划;了解系统层面的温室气体排放和环境影响;研究可持续和负责任的土地利用变化及其对经济增长的影响。

在森林、土壤、泥炭地和海洋环境方面:增强森林可持续扩展与管理;提升

森林生态系统对气候变化影响的复原力；进行泥炭地可持续恢复和管理；管理土壤以改善土壤健康和恢复力；关注海洋环境可持续管理。

在粮食、生物质、多年生能源作物和短期轮作林业的可持续生产方面：发展可持续消费和可持续的生物经济。

在废弃物和含氟气体方面：减少废弃物及排放；减少废水处理部门的工艺排放和能源使用；最大限度降低含氟气体排放；扩大《蒙特利尔议定书》受控物质大气监测的全球覆盖范围。

第三节　碳中和技术创新战略

为实现净零目标，《净零战略》《清洁增长战略》《工业脱碳战略》等宏观战略以及《十点计划》等政策文件，均在技术层面制定了一系列战略，包括氢能、核能与碳捕捉、利用和封存等重点战略，推动技术创新。

一、氢能

氢能和可再生能源在净零目标战略体系中是重要的一环，根据《能源白皮书》，2050 年英国的能源结构将发生巨大变化，即化石燃料大部分将被氢能及其他可再生能源替代。

（一）概述

英国商业、能源和工业战略部发布的《氢能战略》(2021)①，在《十点计划》基础上，提出发展低碳氢产业，拟于 2030 年实现 5 GW 的低碳氢生产能力。基于氢能价值链的每个部分，该战略阐述了未来 10 年发展和扩大氢经济的综合路线图，以及实现 2030 年目标所需的关键步骤。《氢能战略》提出的关键措施包括氢气生产、氢运输和储存、氢应用、创造市场以及实现经济效益五个方面，提出了相应的目标愿景，即到 2030 年，将英国塑造为氢能领域的全球领导者，推动整个经济系统脱碳，支持英国的新就业和清洁增长。届时，英国氢能经济产值将达到 9 亿英镑，创造 9 000 多个工作岗位，吸引 40 亿英镑的私人投资。到 2050 年，英国氢能经济产值将达到 130 亿英镑，创造 10 万个工作岗位。

---

① UK Department for Business, Energy & Industrial Strategy, *UK Hydrogen Strategy*, 2021.

(二) 重点优先技术

英国氢技术发展路径中的重点技术开发具有复杂的结构性(见图 9-5)。

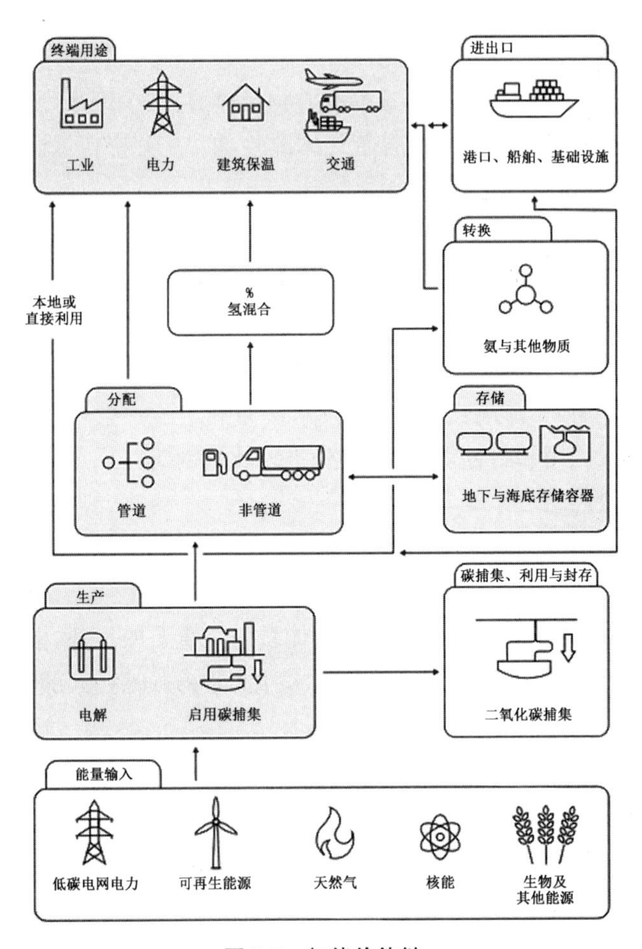

图 9-5　氢能价值链

资料来源:英国商业、能源与工业战略部(2021)。

在制氢方面,为兑现 2030 年达到 5 GW 的低碳氢产能承诺,主要技术方法是具有碳捕捉的气态甲烷重整和由可再生能源驱动的电解氢,其余方法还包括:(1)不具备碳捕集的气态甲烷重整;(2)棚电解;(3)低温核电解;(4)高温核电解;(5)具有碳捕集和储存功能的生物质气化;(6)热化学水分解;(7)甲烷热解。

在氢气网络和运输方面,英国也具有一定的创新性。氢气网络是指氢气的运输和分配，此类政策将探索氢网络基础设施的建设，并考虑现有石油和天然气基础设施、二氧化碳运输和储存基础设施以及电力基础设施的相互作用，此间重点是 CCUS 基础设施安装地点与 CCUS 制氢网络发展的协调考量。并且，准备通过卡车和其他公路运输配送，在没有管道连接的地区使用非管道配送，探索新型的氢网络和运输基础设施建设。

在储氢方面，根据英国国家电网的"2021 年未来能源情景"，到 2050 年，英国将形成 12 TWh 至 51 TWh 的储氢规模。战略中提到的氢气储存方式包括：(1)专门的储罐或储存容器，这适用于储存少量氢气或者缺乏基础设施的地区；(2)盐穴(地下)储存；(3)耗尽的天然气或油田、海底储存；(4)其余氢载体：氨(NH3)、液态有机氢载体(LOHC，如甲苯)、低温液体、金属氢化物等。为了实现与净零目标匹配的储氢规模，将进一步开发各种规模的、能量密度更高的方案，并了解不同储存方案对安全和环境影响。

在氢气使用方面，除了电气化，氢还可以提供一种重要的低碳替代品。首先，氢气可以运用于供暖，英国政府将支持关于氢气供暖、氢气混合到燃气管网等相关实验。其次，氢气可与运用于低碳运输，它将在国际航运和航空脱碳方面发挥重要作用。最后，氢气还可以在其他工业部门发挥重要作用。

(三) 发展路径

英国将清洁氢能的发展分为四个阶段，主要措施集中于 2020 年至 2030 年的十年期间，战略安排的路线图已臻完善，它从制氢、网络和存储、使用等方面提出了发展路径与阶段目标。具体的实现与保障措施包括运输和存储基础设施的建设、完善监管和法律框架、充分利用市场框架、财政支持、技术研究与创新、推动行业部门化发展、国际氢贸易和竞争性开放市场到位、调动社会以及利益攸关方的广泛参与、引进私人投资、推动产业发展与部署等(参见图 9-6)。

2022 年至 2024 年规划为：2021 年作出第一阶段的 CCUS 集群决定；2022 年初启动净零氢能基金(Net Zero Hydrogen Fund)，当年最终确定低碳氢气标准和商业模式；2022 年第三季度，为氢气混合燃料提供有价值、可参考的案例；2023 年完成氢气供暖的街区试验。

2025 年至 2027 年规划为：到 2025 年达到 1 GW 的氢能生产能力，且当年至少形成 2 个 CCUS 集群，完成供暖乡村试验；到 2026 年做出氢气供暖的决定；21 世纪 20 年代中期完成关于零排放重型汽车的试验。

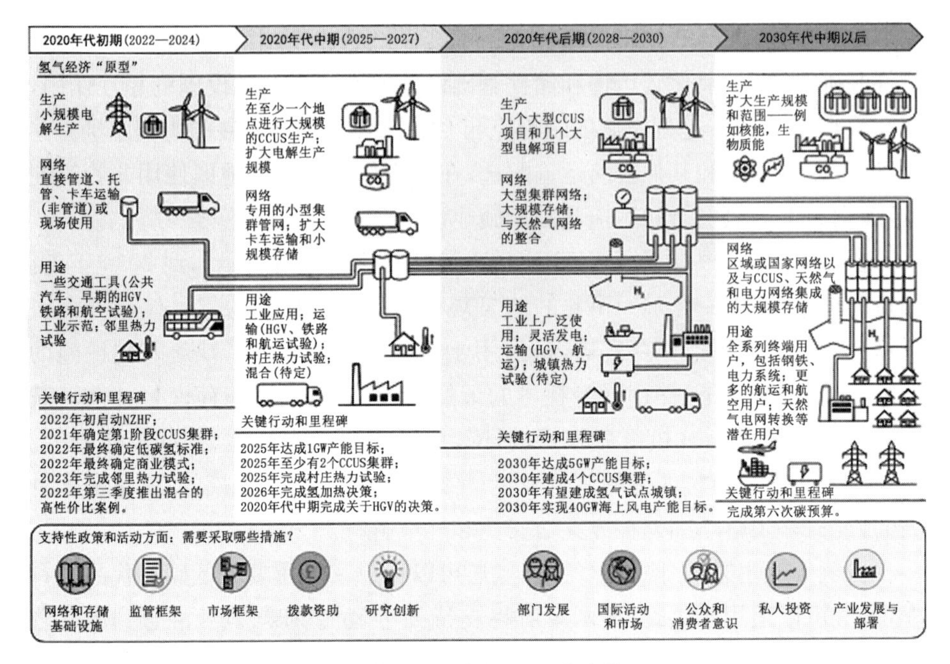

图 9-6　2020 年代氢经济路线

资料来源:英国商业、能源与工业战略部(2021)。

2028 年至 2030 年规划为:到 2030 年实现 5 GW 的氢能生产能力,且当年形成 4 个 CCUS 集群,完成供暖城镇实验,以及实现 40 GW 的海上风电产能。

二、碳捕集、利用和封存技术(CCUS)

(一) 概述

CCUS 技术的部署会以多种方式支持脱碳。首先,对于英国等在电力脱碳方面取得较大进展的国家,随着过渡到廉价但间歇性的可再生能源结构,CCUS 技术会减少在天然气发电过程中的碳排放。其次,CCUS 将有助于许多工业部门的过程脱碳。因此在未来的几十年中该技术可能成为低碳工业中心的重要组成部分。最后,CCUS 在发展氢经济,特别是在拥有先进天然气网络国家的热能脱碳过程中,也将发挥关键作用。

英国政府认为,发展 CCUS 的主要障碍不在于技术,而在于政府与市场的合作,政府和行业需要共同努力建立 CCUS 大规模部署的框架。这是一个伙伴关系,但政府只能承担不可降低的风险,市场机制必须承担起为纳税人提供最佳解决方案的责任。涉及这一领域的公司(其中许多公司的大部分收入依赖化石燃料)必须将研发和推广 CCUS 的方案视为其经营许可的关键,并能够分享在这方面领先的经验以回报其他部门。

2017 年 10 月,英国在《清洁增长战略》中宣布了其碳捕集、使用和储存的新方法,[①]并希冀在充分降低成本的前提下,确保英国政府能够在 21 世纪 30 年代大规模部署 CCUS,成为全球技术的领导者。目前,英国的 CCUS 技术成本还很昂贵,为此,政府重申了在降低成本的情况下于本国部署 CCUS 的承诺,同时制订了一项工作计划,成立了 CCUS 成本挑战工作组。根据工作组的建议,英国商业、能源与工业战略部于 2018 年 11 月发布了《英国 CCUS 部署途径:一项行动计划》[②],列出了政府和行业应合作采取的后续步骤。

(二) 重点优先技术

英国对 CCUS 的部署发生了重大变化,现在的重点是开发为 CCUS 集群奠定基础的二氧化碳运输和储存基础设施,而不是以前开发的单个 CCUS 点对点项目。因此,将专注于沿海工业区,即所谓的"工业集群"。将重点推进六个集群,它们分别位于默西塞德郡、亨伯河(两个地点)、南威尔士提赛德和苏格兰的圣弗格斯。这些集群的位置也促进了非管道运输方案的发展,其中二氧化碳可以在海外捕获并通过船舶运输到英国地下的近海储存。发展共享基础设施的 CCUS 集群,可以促使集中于英国工业中心地带的排放者大幅减少排放,从而实现显著的规模经济。预计随着时间的推移,将推动重工业部门对这些地区的投资,以寻求产品脱碳。

(三) 技术发展路径

英国的目标是到 2030 年每年捕获 10 公吨二氧化碳——相当于 400 万辆汽车的年排放量。将投资高达 10 亿英镑支持在 4 个产业集群中建立 CCUS,即在东北、亨伯、西北、苏格兰和威尔士等地区创建"超级场所"。《净零战略》将此目标进行了更新,明确规定了 CCUS 在减少本国排放方面的作用,即到 2030 年每年储存 3 000 万吨,到 2035 年将增加到每年存储 5 000 万吨。这是

---

① UK Department for Business, Energy & Industrial Strategy, *Clean Growth Strategy*, 2017.

② UK Department for Business, Energy & Industrial Strategy, *The UK carbon capture, usage and Storage(CCUS)development pathway:an action plan*, 2018.

需要公共和私营部门共同努力的严肃目标。

为实现2030年的目标所需的行动摘要			
解决政策障碍	审查部署CCUS的障碍，并就新的发现进行磋商	确定基础设施再利用的机会，并制定整个英国的政策	制定负责任地发展GGRS的政策选择
交付能力	在2020年期间评估项目所需的交付能力	在2030年期间审查规模部署交付的影响	在私营部门建立具有交付能力的工业
交付的基础设施	开始与业界就在英国提供CCUS的关键挑战进行详细接触	审查共享二氧化碳基础设施的机会	就工业能源转型基金的设计展开咨询
创新	交付40亿英镑用于研发CCUS创新方案	提出英国CCUS技术下一步的创新措施	与学术界和产业界共同发展创新研发项目并建立合作伙伴关系
国际合作	在全球“加速发展CCUS”峰会中取得进展	交付一个行动计划，推进创新CCUS的挑战	与其他国家政府合作，确定并解决二氧化碳跨境运输的障碍
CCUS委员会		CCUS理事会就优先事项和进展提出建议	

2019年　2020年代初　持续进行中

图 9-7　实现 21 世纪 30 年代 CCUS 目标的行动摘要

资料来源：英国商业、能源与工业战略部。

目前，英国列出了发展路径以及行动摘要（见图 9-7）。《英国 CCUS 部署途径：一项行动计划》指出，于 2019 年以前将完成以下目标：在消除政策障碍的方面，努力克服审查障碍、协商新问题以及确定基础设施；在基础设施的交付方面，与业界密切合作，并就工业能源转型基金的设计进行咨询；在国际合作方面，交付行动计划，推进完成 CCUS 的国际使命，解决二氧化碳跨境运输的障碍。

英国准备在 21 世纪 20 年代早期完成阶段性目标，即审查 21 世纪 30 年代大规模部署的交付影响，为私营部门配备交付能力，并且提供 4 000 万英镑重点关注 CCUS 的创新项目,为英国 CCUS 制订下一步计划。

有些目标在行动摘要里且在进行中,如开发新的创新研发项目,并与学术界和工业界建立合作伙伴关系;又如,与其他国家政府合作,查明并解决二氧化碳跨境运输的影响,同时 CCUS 理事会就优先事项和进展提供咨询。

三、核能

(一) 概述

核能是英国第三大能源,占英国能源供应总量的 10%,以及发电量的 21%。核电是一种能源密集型技术,可以从非常小的土地面积上提供大量电力,并且可以在低排放基础上降低系统成本。《十点计划》中指出,一座大型核电站在建设期间可以支持约 10 000 个工作岗位。

2013 年 3 月英国政府发布了《核工业战略:英国的核未来》(*Nuclear industrial strategy: the UK's nuclear future*),[①]确定了政府和工业界在长期伙伴关系中共同努力的优先事项,旨在通过增加核市场各个方面的份额,为经济增长和就业岗位创造更多机会。它涵盖了核新建计划、废物管理、运营维护、海外市场等四个方面。该战略建立了一个新的核工业委员会,汇集了整个核供应链的所有关键参与者,并提供了一项关于降低成本的倡议,发布了一个关于核工业的长期计划。与之配套发布的还有核工业愿景声明和长期核能战略。英国政府于 2015 年 3 月发布了名为《维持我们的核技能》的报告,以之作为核工业战略的附录,由此提供了一个评估整个核部门技术的方法。

(二) 重点优先技术

作为《十点计划》的一部分,英国政府有意发展核电,以满足到 2050 年电力需求翻番的预期。英国将为下一代核技术提供高达 3.85 亿英镑的先进核基金,旨在于 21 世纪 30 年代初开发小型模块化反应堆(SMR)设计并建造先进模块化反应堆(AMR)演示器。

小型模块反应堆(SMR)通常基于经过验证的水冷反应堆而生成,类似于

① UK Department for Business, Innovation & Skills and Department of Energy & Climate Change, *Nuclear industrial strategy: the UK's nuclear future*, 2013.

当前的核电站反应堆,但规模较小,是利用核裂变来产生低碳电力。SMR 被称为模块化反应堆,因为它们的组件可以在工厂使用创新技术制造,然后运输到现场进行组装。先进核基金中高达 2.15 亿英镑用于 SMR,目标是开发一种国内较小规模的电厂技术设计。SMR 设计在 21 世纪 30 年代就有可能提供具有成本竞争力的核电,创造新的制造技术和模块化结构会使 SMR 的建造速度比大型核电站更快,并且可能适合在全国更多的地点部署。为了帮助先进核技术推向市场,英国将以政府额外投资的形式提供 4 000 万英镑,并在 2021 年向 SMR 技术开放通用设计评估,同时增加供应链。

先进模块化反应堆(AMR)是使用新型冷却系统或燃料并可能提供新功能(如工业过程热)的反应堆。这些反应堆可以在超过 800 摄氏度的温度下运行,高品位的热量可以开启氢和合成燃料的高效生产。AMR(下一代核技术)的研发计划也获得了 1.7 亿英镑的先进核基金支持。

(三) 发展路径

《能源白皮书》确定的核能目标是在 21 世纪 30 年代初开发 SMR 设计,并建造 AMR 演示器。2040 年建立一个商业上可行的聚变发电厂,提供低碳、持续和有效的无线发电,将长期为全球能源生产脱碳发挥重要作用。英国在核聚变技术方面处于世界领先地位,英国政府已经承诺为新的英国核聚变计划投入 4 亿英镑,为球形托卡马克能源生产(STEP)开发概念设计,预计它将成为世界上第一个紧凑型核聚变发电厂。《净零战略》目标是在本届议会结束前至少将完成一个大型核项目最终投资决定并获得相关标准。

第四节 碳中和产业战略

从《净零战略》提出的路径政策来看,为实现净零目标,电力部门脱碳刻不容缓,而海上风电是清洁电力的重要组成部分,也是英国政府承诺转换能源供应的重点关注对象。英国气候变化委员会强调至少需要 100 GW 的海上风电才能满足英国的净零目标需求。从碳排放量行业"贡献"看来,英国温室气体排放量最高的三个领域是交通运输、工业和建筑,总和约占目前总排放量的 66%,英国碳中和措施的制定也将重点聚焦这几个产业领域。

一、海上风电业

（一）产业概述

英国在1990年开始实施的《非化石燃料义务政策》中，最早提出将发展海上风电作为提高非化石能源电力比例的一项重要措施。《非化石燃料义务政策》是英国可再生能源商业化的起点，在该政策的有力促进下，2000年12月英国第一个海上风电项目在布莱斯港口（Blyth Harbour）开始筹建，由此拉开了英国海上风电发展的大幕。目前，海上风电是未来全球风电发展的主要方向之一，而英国拥有世界上最大的海上风电装机容量，其海上风电产能已经领先世界。

《十点计划》第一点就强调了推进海上风电的战略部署，计划到2030年将英国海上风电产能提高两倍，实现40 GW的海上风能产量，包括在海洋中风最大的地方生产1 GW的创新浮动海上风能。目前英国拥有世界上最早的两个浮式动海上风电场，到2030年，其规模将扩大至12倍。为了整合像海上风电这样的清洁技术，英国还将改造能源系统，建设更多的网络基础设施，并利用储能等智能技术，以清洁和具有成本效益的方式连接海上风电。

（二）产业分析

早在2013年，英国商业、创新和技术部就发布了其与海上风电行业委员会合作制定的《海上风电产业战略——产业和政府行动》（*Offshore Wind Industrial Strategy—Business and Government Action*）。该战略的主要内容是政府和行业共同努力促进英国海上风电行业的创新、投资和经济增长。2020年3月，英国商业、能源和工业战略部又发布了《产业战略：海上风电行业交易》（*Industrial Strategy: Offshore Wind Sector Deal*），[①]标志着政府与行业之间伙伴关系不断深化，将共同推动海上风电产业转型，使其成为低成本、低碳、灵活的电网系统组成部分，并提高国际竞争力。

《产业战略：海上风电行业交易》是建立在英国海上风电领域的全球领先地位基础上，由英国政府与海上风电行业之间达成的协议，旨在提高该行业的

---

① UK Department for Business, Energy & Industrial Strategy, *Industrial Strategy: Offshore Wind Sector Deal*, 2020.

生产率、就业率和技术水平，并鼓励创新。在这份战略中，明确提出作为清洁能源的海上风电将在2030年前装机容量达到3 000万千瓦，为英国提供30%以上的电力，届时英国将首次实现可再生能源发电量超过化石能源。战略提出将通过以下方式实现其目标。

第一，承诺到2030年每个海上风电项目，在英国本土采购的设备和服务最低比例从目前的48%提高到60%。并且包括资本支出阶段，这也是在差价合同中纳入考虑的因素之一。差价合同(Contract for Difference，简称CFD)是英国政府支持低碳发电的核心机制，主要通过为项目开发商提供高昂的前期成本和长寿命的直接保护，来防止批发电价的无序波动，从而激励对可再生能源的投资。

第二，该协议约定由政府提供高达5.57亿英镑的支持。它将提供未来差价合约轮次的前瞻性、可见性，其中包括拨付2.5亿英镑来补贴英国本土海上风电供应链企业，使其在未来的国际海上风电创新中保持竞争力和领导地位。

第三，专门对海上风电女性就业人数提出目标。要求2030年的女性人数占比从目前的16%提高到33%，甚至到40%。为了提高行业内专业技术人员数量，还创新地提出了"海上能源护照"的概念，它在英国本土以外也得到认可，只要持有该"护照"就能在英国所有的海上相关行业工作，包括可再生能源和石油天然气等行业，实现不同海上行业的"无缝对接"。

此外，在海上风电场生命周期的运营和维护方面，风电场运营依赖于岸上和风电场之间广泛的海上物流，大多数船舶使用瓦斯油，目前估计每年排放284公吨二氧化碳当量。因此减少海上风电运营和维护相关的排放也是未来产业发展的要点，例如发展水下实时3D视觉技术、提供海底勘测服务等。

(三) 产业前景

从政府角度来看，海上风电产业帮助政府实现以较低能源成本提供大量清洁电力和就业机会的目标。政府将继续资助合作研发，专注于提高英国商品和服务的竞争力，包括用于测量、运营和维护的机器设备与技术，以降低成本。政府还将牵头促成与石油天然气、核能、汽车等其他部门的合作。

从产业角度而言，更稳定的政策支持使得更有竞争力的产业供应链和更少的属地化采购限制得到良好的平衡。支持海上风电的部门行动包括：建立一个系统管理和优化任务组为系统集成提供创新解决方案，并且与研究机构合作推动供应链创新；引入劳动力和技能模型，跟踪和报告劳动力数据，制定积极措施提高行业多样性、包容性、就业公平性。

海上风电也为英国沿海许多适应工业变革的城镇带来积极转变。由于过去 10 年的投资以及就业岗位数量的增加，英国看到了许多城镇在塑造经济未来并受益于更繁荣生活前景的潜力。目前 8 个大型海上风电项目正在建设中，还有许多区域集群正在出现。苏格兰就是一个适例，有 3 个大型风电场(Beatrice、Moray East 和 Neart Na Gaoithe)将在未来几年内投入使用。这将把海上风电的经济活动、工资水平和生产力收益扩展到威克和弗雷泽堡等苏格兰沿海社区，实现工业战略的目标，即在整个英国拥有繁荣的社区。随着该行业的发展，对建造、运营和维护风电场所需的组件以及高技能劳动力的需求也会增加，进而可以提高行业领导力，为当地经济投资和增长创造更多机会。

二、交通运输业

在过去 10 年中，交通运输一直是英国和许多其他国家增长最快的碳排放源，这反映了个人流动性增加和经济增长对商品和服务需求的影响。前瞻性的预测表明，英国国内运输的碳排放量可能在接下来的几十年中开始趋于平稳，虽然存在不确定性，但如果将国际航空和航运的排放量包括在内，那么总体上仍然是呈上升趋势的。

《十点计划》中近半数都与交通运输业有关，《净零战略》也将交通运输置于重要地位，其中明确提出，为零排放车辆及电动汽车基础设施提供 6.2 亿英镑的进一步资金，并与消费者合作，从交通转型中获取最大的经济效益，并且支持英国汽车及供应链的电气化。此外，英国政府还将扩大投资，以使自行车、步行和公共交通等出行方式更受欢迎。这种做法还将扩展到航空、航海和铁路领域，为净零目标的实现作出贡献。

值得注意的是，在传统的交通运输领域碳排放核算方法中，由于国际航运和海运的特殊性，属地国通常并不将其纳入交通碳减排计算中。然而在《交通脱碳计划》中，英国率先宣布将国际航空和海运纳入第 6 个碳预算核定中，并为其制定中远期脱碳路径。

（一）产业概述

根据英国能源统计摘要，虽然交通运输部门的最终能源消耗量在新冠肺炎疫情影响下比 2019 年度下降了 29%，但仍占据了第一位。其中，陆地交通是英国排放量最高的部门(见图 9-8)。

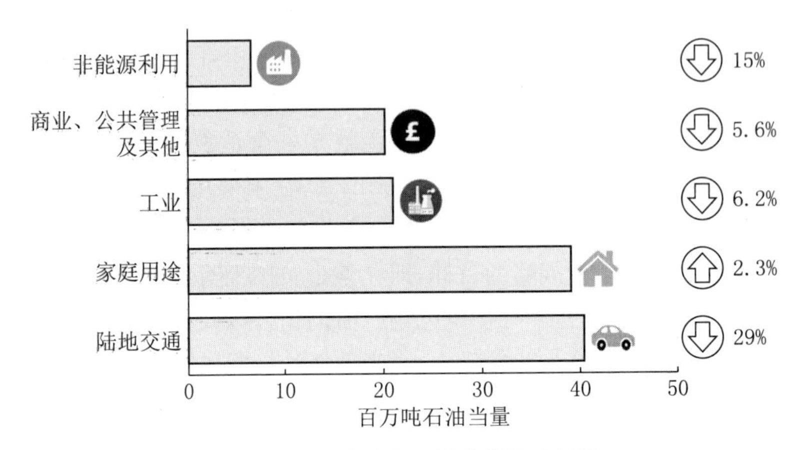

图 9-8　2020 年各部门最终能源消耗量

资料来源:英国商业、能源与工业战略部(2021)。

近年来虽然电动汽车的销售和配套充电基础设施的部署大幅增多,2020 年汽车总销量下降了 30%,但电动汽车的销量翻了一倍多,达到了 175 000 辆,插电式混合动力汽车(PHEV)也向电池电动汽车(BEV)转变,BEV 现在占电动汽车销量的 60%以上。但是,交通运输业依然存在许多令人担忧的趋势,比如高排放 SUV 的销量还在增加,占新车销量比例的 1/4。此外,由于网络购物的增加,货车、重型卡车的碳排放也在增加。因此,英国气候变化委员会承诺在未来的进展报告中将继续跟踪电动汽车普及率和公众对各种出行方式的态度,为电动汽车供应链的扩大提供安全、可靠、有吸引力的替代方案。

(二) 产业分析

英国交通运输脱碳减排具有鲜明特点。第一,加强全行业跨部门的有效协作;第二,鼓励创新。政府设立了专门的交通研究和创新委员会(Transport Research and Innovation Board, TRIB),并鼓励企业、地方参与研究。

《十点计划》承诺在 2030 年淘汰柴油、汽油汽车及货车,重点是向全电动汽车(EV)的过渡,还确认了支持英国电动汽车供应链发展的计划,包括加快充电点建设,实施国家充电基础设施战略以确保全国所有地区能够提供充足适当的充电设施。《十点计划》还承诺为零排放重型汽车(HGV)的实验提供

2 000 万英镑的初始资金，这笔资金将通过两项创新竞赛和独立的开发项目提供。

在战略层面，英国不仅推出了《低碳运输创新战略》(*Low Carbon Transport Innovation Strategy*)，还推出了一系列专项战略，如针对电动车行业的《零排放之路》(*The Road to Zero*)，针对公共交通的《国家公共汽车战略》(*Bus Back Better*:*National Bus Strategy for England*)，针对骑行与步行的《骑行和步行投资战略》(*Cycling and Walking Investment Strategy*)和《换挡战略》(*Gear Change*:*A bold vision for cycling and walking*)，针对铁路轨道的《轨道牵引网络去碳化策略》(*Traction Decarbonisation Network Strategy*)等。此外，关于航空领域的《净零航空战略》(*New Zero Aviation Strategy*)正在接受咨询，尚未发布。

《低碳运输创新战略》列出了英国正在采取的广泛行动，以鼓励低碳运输技术的开发创新，包括鼓励对研发活动的投资。其中至关重要的是鼓励开发低碳新技术和市场渗透，形成碳定价和能源效率等监管框架。该战略的一项重大举措是建设低碳汽车创新平台，这是一项为期五年的 1 亿英镑计划，由技术战略委员会、工程与物理科学研究委员会以及交通部进行支持。《低碳交通运输战略》中列举出了将来交通运输业最具贡献潜力的技术，包括：(1)汽油和柴油发动机改进；(2)新兴轻质材料研发；(3)混合动力汽油或柴油的电动汽车推广；(4)制作一代生物燃料(生物乙醇、生物柴油等)。与之相对，需要更长时间尺度的技术选择包括：(1)“插电式”混合动力车；(2)全自动汽车；(3)二代生物燃料(多种生物质来源)；(4)氢动力汽车。后一种技术选择从长远来看完全有可能实现道路运输几乎充分的去碳化，但是成本问题导致了其应用与推广将存在困难。

此外，《国家公共汽车战略》①战略旨在改善全国公共汽车的服务，包括更好连通性、更低票价和更多优先措施，不仅为英国生产和购买零排放公共汽车提供资金，进一步授权地方当局改善公共汽车服务，还将提供特别支持来改善公共交通的社交距离规则，以恢复民众对于公共交通安全的信心。预计即将出台的交通运输脱碳计划，将进一步为交通运输部门实现净零排放设定详细计划。

---

① UK Department for Transport, *Bus Back Better*:*National Bus Strategy for England*, 2021.

(三) 产业前景

2021 年 12 月,英国交通部就英国航空业的未来战略《航空 2050》发表了咨询意见。根据 2018 年 3 月举行的证据征集活动,塑造海事部门未来的战略《海事 2050》也将很快公布。新的立法将使交通部部长有权强制制造商召回车辆和排放控制系统发生任何故障的非道路移动机械,并采取有效行动,打击篡改车辆排放控制系统的行为。

对于国内道路运输,英国将与国际伙伴合作,研究和开发新的轮胎和刹车标准,解决车辆的有毒非废气颗粒物排放问题,这些颗粒物包括会污染空气和水的微塑料。该国还将探索减少城市地区非道路移动机械的排放。对于铁路运输,英国将减少乘客和工人对空气污染的接触,到 2040 年逐步淘汰纯柴油列车。针对海上运输,将发布指导方针,就如何制定有效和有针对性的空气质量战略向港口提供建议,以减少整个港口和相关水路的排放,包括岸上活动和来访船只的排放。一些港口如南安普敦和伦敦已经制定了战略,并已经取得进展。对于航空运输,英国已经审查了与航空有关的排放政策,以改善空气质量,并公布了关于新航空战略的咨询。此外,英国积极鼓励快递运输、居民出行等使用最清洁的运输方式,还将与财政部合作,审查目前红柴油的使用情况,并确保其较低的成本以及向更清洁的替代品过渡。

三、建筑业

家庭和工作场所的供暖几乎占了英国所有碳排放的 1/3。因此,实现净零必须提高英国各地住房和非住宅物业的能源效率,确保它们需要更少的能源来加热,使它们的运行成本更低,生活和工作更舒适,同时减少英国对进口能源的依赖。作为经济复苏的一部分,英国将加大建筑改造投资,这将有助于减排,兑现政府在燃料贫困、能源效率和供热方面的承诺;另外,由于建筑业是劳动密集型产业,建筑改造将实现更广泛的经济收益。

(一) 产业概述

建筑物排放是英国第二大排放源,90%的家庭目前仍使用化石燃料供应来实现取暖、烹饪等生活需求。这些家庭的 85%都连接着国家的燃气管网,而未连接的主要使用石油、液化丙烷气、电力或者连接到共享热网。大多数英国现有房屋的能源性能不够好,约有 66%的房屋能源绩效证书为 D 或更差(能源绩效证书，即 EPC，以向潜在业主或租户提供有关建筑物能源绩效的信息及改进建议，家庭 EPC 使用是基于运行建筑物的模拟能源费用成本的 A—G 评级量表）。

英国气候变化委员会在对第 6 次碳预算的建议中提出，把提高资源和能源效率、部署热泵列为未来 10 年净零排放道路 4 个优先领域中的 2 个，同时推出低碳热网络和氢气实验，采取必要措施升级建筑存量。能源效率措施的实施以及更严格的建筑法规改善了建筑物的能源性能，降低了消耗。在过去的 30 年中，英国各地建筑物的排放量下降了 18 $MtCO_2e$，占比约为 17%。

（二）产业分析

为实现建筑业减碳，英国《能源白皮书》作出以下承诺。第一，改善建筑能源性能，采取能源效率措施。2020 年 11 月，英国首相宣布拨款 10 亿英镑，以继续通过提高能源效率来支持建筑脱碳。这将分配给几个现有的政府计划，包括绿色家园补助券计划、公共部门脱碳计划和社会住房脱碳基金。[①]第二，设立未来住宅新标准。要求新建住宅配备低碳供暖设施设备，与现行标准相比，新标准将使新建住宅的碳排放量减少 31%。第三，提供价值 20 亿英镑的绿色家园补助券。尽可能使更多现有房屋在 2035 年之前达到 EPC 频段 C，即实用、具有成本效益和居民可负担的频段。第四，对于商业和工业建筑，到 2030 年，所有租用的非住宅建筑都将成为 EPC 等级 B，具有成本效益。第五，对于公共部门建筑，财政部门通过了第一笔的 10 亿英镑资金承诺，用于升级学校、医院和其他建筑物，该笔资金预计将到 2032 年实现减少 1.3 $MtCO_2e$ 的排放，相当于减少近 45 000 辆汽车上路。第六，减少建筑物供暖和制冷所造成的排放。完全摆脱传统的天然气锅炉，采用电热泵、氢气、绿色气体和共享热网，支持清洁能源替代品。

同时，《净零战略》指出，到 2035 年，英国将不再出售新的燃气锅炉。4.5 亿英镑的三年期锅炉升级计划将为家庭低碳供暖系统提供高达 5 000 英镑的补助，使得它们的成本与现在的燃气锅炉相同。6 000 万英镑的“热泵准备”计划，将为开创性的热泵技术提供资金[②]，并支持政府到 2028 年每年安装 60 万

---

① UK Department for Business, Energy & Industrial Strategy, Energy *White Paper*: *Powering our net zero future*, 2020.

② 热泵是一种非常高效的电动设备，可从空气、地面或水中提取热量，并将其集中到更高的温度、输送到其他地方，可以取代化石燃料的加热。

台的目标。在这10年里，还将通过重新平衡政策成本，提供更便宜的电力。为社会住房脱碳计划和家庭升级补助金提供进一步资金，投资17.5亿英镑。为公共部门脱碳提供14.25亿英镑的额外资金，旨在到2037年将公共部门建筑的排放量减少75%。启动氢气村试验，以便在2026年前就氢气在供暖系统中的作用作出决定。

2021年10月，英国发布《供热和建筑战略》(*Heat and Buildings Strategy*)，该战略的核心是制定能源效率和供热排放标准的轨迹，并提出政策建议，以适合家庭的方式实现这一目标。该战略围绕着成本、创新、快速、平衡以及政府支持的五项核心原则，还创造了数十万个绿色技术工作岗位，为英国企业的发展创造了机会。同时，它为扩大热泵和热网供应链提供明确的路线，并且考虑到个人以及地方的具体情况，启动扩大氢气使用的进程。还有一些关键问题需要解决，如谁来支付建筑脱碳的费用，以及如何确保复原力措施的整合和共同利益的最大化(如对健康和减轻燃料贫困)的考虑。该战略的主要目标是通过提高能源效率来减少能源费用，创造向低碳供热系统过渡所需的市场，并测试氢气供暖的可行性。

(三) 产业前景

《供热和建筑战略》提出的主要行动承诺包括以下内容：第一，几乎所有建筑物的热量都将进行脱碳；第二，脱碳建筑的改进是劳动密集型的，这将提供很多就业机会；第三，公平和负担能力是战略的核心，将以降低成本、与企业合作，并且政府介入支持低收入家庭等方式来保障；第四，化石燃料将完全被淘汰；第五，将在2026年之前就氢气在供热方面的作用作出战略决策，在各地区进行协调，以部署最合适的低碳热源；第六，立即采取行动，开发市场，到2028年每年至少部署60万个循环热泵系统；第七，改善建筑能源性能和使用更智能、更高效的产品和系统，同时，致力于支持企业和家庭将建筑升级到更高水平的能源效率和灵活性，确保低碳供暖系统的长期兼容性；第八，需要考虑将热量脱碳所需的措施以及其他行业所需的脱碳行动，包括能源的分配和储存，也包括建筑物能够以智能和灵活的方式使用能源。

到2035年，制造和建筑的排放量将比2018年减少71%。到2035年，一旦成本下降，所有新安装在家庭和工作场所的供暖设备都将是低碳技术，如电热泵或氢气锅炉。最重要的是，这将是一个渐进的过渡，它必须与消费者的选择相配合。当目前的天然气价格下降时，英国将研究在这10年内将能源税

(如 RO 和 FiTs)和义务(如 ECO)从电力转移到天然气的方案。

参考文献

[1] 英国国家统计局:《2021 英国能源简报》(*UK Energy in Brief 2021*), https://www.gov.uk/government/statistics/digest-of-uk-energy-statistics-dukes-2021。

[2]《工业脱碳战略》(*Industrial Decarbonisation Strategy*), https://www.gov.uk/government/publications/industrial-decarbonisation-strategy。

[3]《净零研究和创新框架》,https://www.gov.uk/government/publications/net-zero-research-and-innovation-framework。

[4]《能源白皮书》(*Energy White Paper: Powering our Net Zero Future*), https://www.gov.uk/government/publications/energy-white-paper-powering-our-net-zero-future。

[5]《英国氢能战略》(*UK Hydrogen Strategy*), https://www.gov.uk/government/publications/uk-hydrogen-strategy。

[6]《核工业战略:英国的核未来》(*Nuclear industrial strategy: the UK's nuclear future*), https://www.gov.uk/government/publications/nuclear-industrial-strategy-the-uks-nuclear-future。

[7] 国际能源署:《2019 年海上风电展望》,《世界能源展望特别报告》,https://www.iea.org/reports/offshore-wind-outlook-2019。

[8]《产业战略:海上风电行业交易》(*Industrial Strategy: Offshore Wind Sector Deal*), https://www.gov.uk/government/publications/offshore-wind-sector-deal/offshore-wind-sector-deal。

[9]《英国能源统计摘要》,《2020 年英国年度数据》,https://www.gov.uk/government/statistics/energy-chapter-1-digest-of-united-kingdom-energy-statistics-dukes。

[10]《英国气候变化委员会(CCC)2021 年向议会提交的报告:减排进展》,https://www.theccc.org.uk/publication/progress-reducing-emissions-in-scotland-2021-report-to-parliament/。

[11]《国家公共汽车战略》(*Bus Back Better: National Bus Strategy for England*), https://www.gov.uk/government/publications/bus-back-better。

执笔:姚魏、茹煜哲(上海社会科学院法学研究所)

第十章　法国碳中和战略

法国是最早提出可持续发展和绿色经济理念的国家之一，也是较早启动碳中和战略的国家之一。在气候变化问题提出之后，法国就积极参与其中，除改变本国发展模式外，法国还展开“绿色外交”攻势，主办联合国气候变化大会，推动达成《巴黎协定》，力促欧盟履行更多气候减排承诺，争取在国际舞台上扮演“生态先锋”角色。法国政府2015年首次提出“国家低碳战略”，2018—2019年期间对该战略进行修订，调整了2050年温室气体排放减量目标，并将其改为碳中和目标。[①]2020年4月法国政府最终以法令形式正式通过《国家低碳战略》。

第一节　战略背景

法国能源结构有其独特性，化石能源几乎依靠进口，2020年全法70.9%的电力靠核能提供。[②]法国的碳排放量在发达国家中一直处于低位，早在1991年时就实现了碳达峰，所以对推进全球碳中和议题和行动，国内障碍相对较少，也一直保持积极态度。

一、基本国情

法国本土面积为55万平方公里，是西欧面积最大的国家。其中，耕地面积为18.4万平方公里，占33.5%，林地占28.3%，草地占18.1%，葡萄园占

---

① 法国生态转型部：《国家低碳战略》，2020年3月。

② 财经十一人：《法国重新拥抱核电》，https://mp.weixin.qq.com/s/OpgghDaDxGewiDm-_OoxNg/（发布日期：2022年2月16日）。

1.8%，农用未开发土地占 4.6%，其他（湖泊、城市、基础设施等）占 13.7%。[①]根据 2021 年数据，法国人口总数为 6 780 万，[②]法国能源自给率为 55.2%，煤储量已近枯竭，所有煤矿均已关闭，98.8%的石油、100%的天然气和煤依赖进口。

在发达国家中，法国是碳密集度最低的国家之一，也是 G7 中排放量最少的国家。从 1990 年开始法国的单位 GDP 二氧化碳排放量在世界主要国家和地区中一直处于最低位。形成此种局面的原因主要有以下两点：第一，能源结构上向核能为主的转变。在 1973 年第一次石油危机之后，法国创建了节能机构，旨在发展"废物循环利用"和"核电计划"，以限制对进口石油的依赖；第二，生态补偿制度的发展。自 1992 年以来，随着气候变化问题的提出，法国出台了绿色农业政策，通过补贴产环境正外部性的农作方式来降低该部门的温室气体排放量。

根据 2022 年 7 月发布的 2021 年温室气体排放数据，法国总的温室气体排放量为 4.18 亿吨二氧化碳当量。[③]其中，交通运输业的排放量在所有部门中排名第一（31%），其次是工业（19%）、农业（19%）和住房（17%），以上四个部门占了全国总排放量的 86%。值得注意的是，从 1990 年到 2017 年，法国人均排放量从 9.5 吨二氧化碳当量下降到 6.9 吨二氧化碳当量，减少了 26.6%，同期 GDP 却增长了 51.8%。同期单位 GDP 排放强度下降 44.2%，反映了排放量与经济增长的去相关性。[④]

从法国本土的温室气体排放总量的演变观察，温室气体排放总量在 1990 至 2005 期间趋于稳定，自 2005 年开始以平均每年 1.4%的速率减少，即平均每年减少 0.075 亿吨。[⑤]其中，法国的工业是为减排作出主要贡献的部门。虽然 2008—2009 年经济危机导致的经济活动减少，从客观上对减排起到一定积极作用，但是该部门大部分的减排成果还是归功于新技术的使用和能源效率的改进与提升。

从温室气体排放的结构来看，表 10-1 对 1990 年和 2019 年的变化作出了展示。

---

① 中欧协会：《法国》，https://www.cnobor.org.cn/dongtaiouzhou/655.html（发布日期：2021 年 12 月 27 日）。

② INSEE（Institut national de la statistique et des études économiques）：《2021 年人口情况报告》（Insee，Bilan démographique 2021），https://www.insee.fr/fr/statistiques/6024136/（发布日期：2022 年 1 月 18 日）。

③ 数据来源于法国生态转型部官网，https://www.ecologie.gouv.fr/inventaire-national-des-emissions-gaz-effet-serre（发布日期：2022 年 7 月 25 日）。

④⑤ 法国生态转型部：《国家低碳战略》，2020 年 3 月，第 9 页。

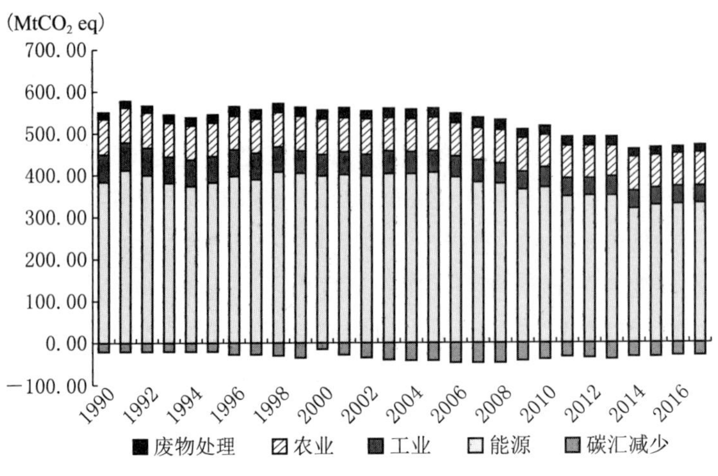

图 10-1　法国温室气体排放量变化

资料来源：大气污染研究跨专业技术中心(2021)。

表 1　法国温室气体排放的结构变化(1990—2019)　(单位：百万吨)

排放来源	年份	CO_2	CH_4	N_2O	Gaz fluorés	总量
能源使用	1990	350.7	12.4	3.4	0.0	366.5
	2019	291.2	2.3	3.4	0.0	297.0
工业生产	1990	42.8	0.2	23.8	11.8	78.7
	2019	31.5	0.1	0.9	15.2	47.7
农业	1990	1.9	42.2	37.3	0.0	81.4
	2019	2.1	37.5	33.6	0.0	73.2
废物处理	1990	2.2	14.3	0.9	0.0	17.5
	2019	1.4	16.1	0.7	0.0	18.1
除去碳汇的排放总量	1990	397.7	69.2	65.4	11.8	544.0
	2019	326.2	56.0	38.7	15.2	436.0
	2020	287.2	55.7	38.2	14.6	395.7
因为碳汇减少而增加的排放总量	1990	−26.1	1.0	3.2	0.0	−21.9
	2019	−35.1	1.2	3.1	0.0	−30.7
全部总量	1990	371.5	70.2	68.6	11.8	522.1
	2019	291.1	57.2	41.8	15.2	405.3
	2020	252.1	56.9	41.3	14.6	364.9

资料来源：大气污染研究跨专业技术中心(2021)。

二、能源结构

（一）能源生产结构

法国的一次能源生产总量从1973年的514太瓦时增加到了2020年的1 423太瓦时。从图10-2我们可以发现有以下几个值得注意的地方：第一，法国的能源生产结构中，核能占比很大。这种增长是因为核电计划的发展与实施，在1973年时核电在法国总的能源生产结构中只占到9%，而2020年核电的占比达到了75%。第二，在2000年之后化石能源趋近枯竭，法国也不再开采化石能源。第三，从2000年开始，可再生能源所占比例开始缓慢增长。第四，法国的能源生产在2000年以后出现了两次大的波动，一次是在2008年，因为金融危机的影响，一次是在2020年，因为新冠肺炎疫情的影响。

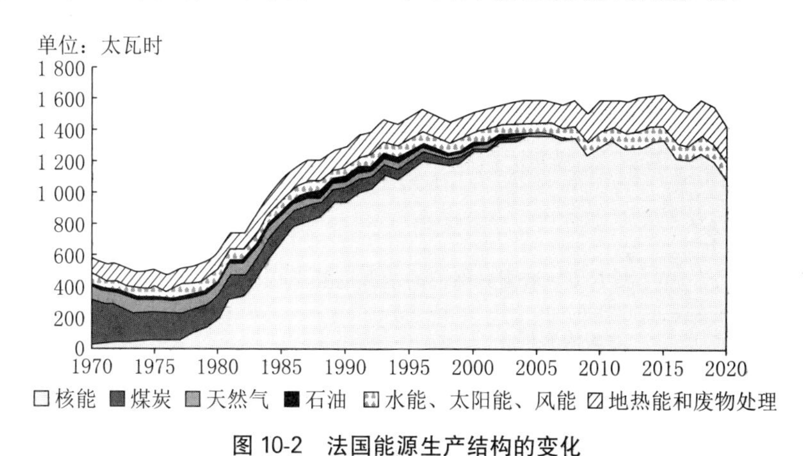

图10-2　法国能源生产结构的变化

资料来源：法国统计数据和研究部门（2021）。

（二）能源消费结构

2020年法国能源消费总量为2 571千瓦时，其消费结构如图10-3所示，核能消费占到40%，然后是石油消费占到28.1%，再次是天然气占到15.8%，可再生能源占到12.9%，还有2.5%的煤炭和0.8%的垃圾焚烧。值得注意的是，在可再生能源类型中固体生物质能源主要是用于取暖的木材，这远超水能的发电总量。①

① Le service des données et études statistiques(SDES), *Chiffres clés de l'énergie Édition 2021*, 2021(9), p.26.

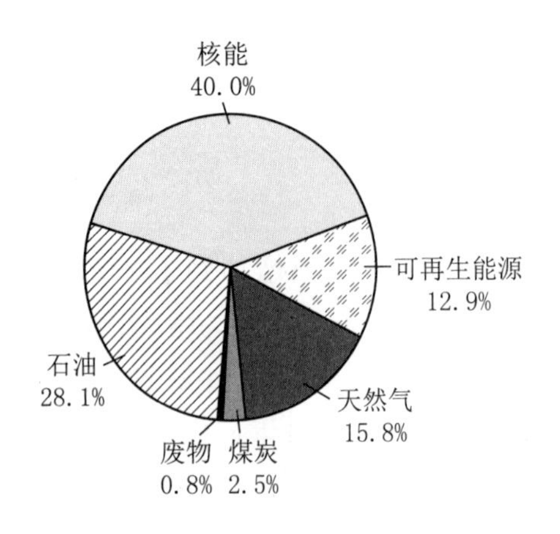

图 10-3 法国 2020 年能源消费结构(按能源类型)

资料来源:法国统计数据和研究部门(2021)。

从能源消费总量变迁的角度来看,法国在 2005 年到达其能源消费总量的最高点 3 155 千瓦时,此后开始缓慢下降,尽管下降过程中呈现出一些波动的态势。从能源消费结构的变化来看,与 1990 年相比,2020 年法国的煤炭和石油消耗分别减少了 72% 和 27%。与此同时,核能和天然气的消费总量分别增加了 15% 和 44%,可再生能源的消费总量也实现了翻倍。①

从最终能源消耗行业来看,2018 年总消费量为 1 628 TWh,其中运输业占 30.96%,住宅占 29.05%,工业占 19.53%,第三产业占 17.32%,农业占 3.07%。只有工业部门还在使用少量的煤炭,精炼石油产品主要被用于交通工具,天然气主要被用于工业和住房,电力除了交通和农业外都得到了广泛使用(见表 10-2)。

表 10-2 法国分部门的能源消费结构(2018 年) (单位:太瓦时)

部门	煤炭	精炼石油产品	气体(PCI)	热可再生能源和废物	电	热能	总量
工业	13	28	115	21	124	18	318
运输业		453	2	40	10	0	504
住宅	0	57	133	108	160	16	473
第三产业	0	36	89	10	137	10	282
农业		37	3	2	8	0	50
全部	13	610	341	180	439	44	1 628

资料来源:法国《国家低碳战略》。

---

① Le service des données et études statistiques(SDES), *Chiffres clés de l'énergie Édition 2021*, 2021(9), p.25.

值得注意的是，虽然法国能源消耗总量变化不大，但是能源使用效率不断提高，其指标为最终能源强度。最终能源强度是最终能源消耗与国内生产总值的比率。该指标越低，意味着经济能从能源使用中获得的附加值越多。自2004年以来，法国最终能源强度的年均下降为1.4%。[①]

三、零碳之路

法国很早就开始注重气候变化治理问题。在1989年3月参加了海牙举行的第一次气候变化重大国际会议后，1992年法国就在其国内成立了气候变化部长间项目，旨在沟通协调不同部门间的应对气候变化政策。1995年2月，法国在柏林举行的第一次气候变化框架下缔约方会议上提交了《国家气候变化预防计划》，该计划中列出了法国未来将要采取的措施，并确定了高于欧盟平均水平的人均碳排放量削减目标——26.5%，而同时期欧盟的人均减排指标为19.3%。在2003年2月19日的政府间气候变化专门委员会第20届会议上，雅克·希拉克总统首次倡议，为了达到预防气候变化的效果，需要将全球温室气体排放量减半，这对法国来说意味着其排放量需要削减3/4到4/5。

2004年，法国推出了《气候计划》，确定了达成气候变化防治目标的具体方法和路径，特别要求地方政府采取措施因地制宜地制定具体应对方案。2005年，法国的《能源政策导向法案》(*La loi de programme fixant les orientations de la politique énergétique*, dite loi POPE)更是第一次将气候变化政策与能源政策相结合起来。随后，法国提出了第一个《适应气候变化国家战略》。

在2007年法国举行的环境问题的重大辩论中(Grenelle de l'environnement)，法国的气候变化政策开始了重大发展，讨论和明确了一系列在住房、交通、城市化、科技、经济等一系列领域的气候能源政策，并在2009年8月以法律的形式赋予规范性效力。紧接着，法国在2010年颁布第一个《适应气候变化国家计划》，覆盖了2011—2015年的周期。

法国在2015年颁布《绿色增长能源转型法案》，确立了三个短期至中期目标，分别是在2030年将碳排放量减少至1990年的60%，在2030年化石能源的消耗量减少30%，在2025年电力生产中核能所占比例下降至50%。

---

① 法国生态转型部：《法国低碳战略》，2020年3月。

2017 年 7 月，时任生态转型部部长尼古拉斯 · 胡洛特（Nicolas Hulot）提出了新的《气候计划》，旨在加速法国对《巴黎气候协定》的落实，并揭示了法国在 2050 年实现碳中和的目标。

根据《绿色增长能源转型法案》第 173 条，法国于 2015 年 11 月通过了《国家低碳战略》。这项新的战略明确了法国在气候变化治理过程中的方向、原则、远景和路径。

四、面临的问题

虽然法国的减排目标已经明确，但是实现这个目标存在着多重的挑战，可能会导致与预设的减少温室气体排放的轨迹发生重大偏差。

一是技术进步达不到预期目标。通过技术进步来达到减少温室气体排放的目的是各国都在追求的最优减排路径，具体而言又可以分为能源载体的脱碳技术，比如用可再生能源发电代替煤炭发电；能源效率的提高技术，旨在用更少的能源提供相同的服务，比如用电动汽车代替热力汽车、建筑物的隔热。但是就目前的技术发展来看，一方面从技术本身来看，其实现难度大，不能达到大范围使用的程度；从另一方面，新技术的使用成本过高；更为重要的是，技术发展的潜力具有不可预见性。

二是经济的冲击。从国家整体层面看，零碳目标将带来两方面经济的冲击：第一，零碳目标需要零碳技术的助力，而这些技术往往都是昂贵的。政府为了发展相关技术，并促进企业转型，每年需要投入 300 亿欧元。其次，根据欧盟的要求，法国对化石燃料使用的成本会越来越高，客观上也提升了整个社会的能源使用成本。从个体上看，法国企业在减排政策的要求下，其生产成本一定会增加，这可能导致其国际竞争力产生一定的下降。

三是社会的冲击。有三种主要的途径来达到减排效果，分别是能源效率的提升、使用清洁能源和社会的节约。在前两种途径都极其依赖技术进步的情况下，第三种成为最可靠的路径。但第三条路径需要所有公民改变其生活方式，由于公民对气候变化问题的认识不深入，有可能导致其拒绝相关的政策限制，以及拒绝采取一些减排行为。当代的经济模式仍然以鼓励消费为基础，而零碳战略要求改变生活模式，比如购买更少的衣服（据统计法国人均衣服的购买数是 15 年前的 2 倍多），或者在饮食方面减少肉类的食用（养活一个素食者需要的农业用地比养活一个重度肉食者少 4 倍），抑或减少视频的传输，观看低分辨率的视频。[①]部分减排政策有可能带来社会动荡。比如法国的黄背心运动，就是因为对碳排放较大的柴油增税所引起的。因为价格低廉，法国大部分的柴油车使用者都为中低收入人群，加上法国公共交通并不发达，私家柴油车成为他们每天通勤的必备交通工具。所以，对柴油车增税实际加大了中低层人群的负担，导致他们的不满。

第二节　碳中和战略构架

国家低碳战略（SNBC）描述了法国实施气候变化减缓政策的路线图。它为所有活动部门实施向低碳经济转型提供了指导方针。它定义了在短期/中期法国范围内减少温室气体排放的目标——碳预算，以及两个长期目标：2050年实现碳中（2017年7月国家气候计划实现立法）和减少法国人的碳足迹。这一雄心勃勃的目标与法国长期致力于应对气候变化的承诺相一致。

一、战略认知与理念

在减少法国本土排放的同时，国家低碳战略旨在减少法国人民的整体碳足迹。这是一个新的可持续的增长模式，旨在提供更多就业机会的同时，创造新的财富和福祉，也使得未来的经济模式更具循环性和适应气候变化的能力。法国的国家低碳战略的理念包括以下几点：

一是制定具有雄心的战略目标。到2050年实现碳中和是一项真正的挑战（将总排放量减少至少6倍），这需要在能源效率和能源节约方面做出极大的努力，在投资和生产、消费模式上做出重大转变，以发展循环经济，节约资源、减少浪费。气候变化是全球性的问题，它与消费模式密切相关。因此，管理进口商品和服务的碳排放量同样是法国的责任。

二是承担国际公平责任。承担应对气候变化的责任，践行国际层面认可的共同但有区别的行动原则，根据法国的国情，特别是减排能力、潜力以及历史排放责任，采取相应的行动。

三是采取现实主义态度。具体实践路径上，主要立足现有技术的使用，并

① Fabrice Boissier, "Une France zéro carbone en 2050: pourquoi le débat sur la sobriété est incontournable, The Conversation", https://theconversation.com/une-france-zero-carbone-en-2050-pourquoi-le-debat-sur-la-sobriete-est-incontournable-172185/（发布日期：2020年5月8日）.

在有限和合理的范围内使用高度创新的技术。尽管依据不同行业的特点制定了相应的零碳计划，但是必须采取现实主义的态度。

四是保持技术和行为选择的多样性。零碳战略的实现需要调动发展各种绿色经济手段，尤其是提高所有部门的能源使用效率，减少所有部门能源使用中的不必要浪费，包括能源生产部门的脱碳（计划放弃所有的化石能源）、非能源领域的减排（农业育种和工业生产过程中产生的温室气体）、增强碳汇和生物质能源供给。这需要两个方面的努力：一方面，通过广泛传播最成熟的低碳技术，从而以最低成本实现过渡；另一方面，最大范围内推行有利于气候和能源转型的社会变革，特别是促进向更节约的生活方式和消费模式转型。

五是支持转型、创造财富和可持续就业。零碳战略通过减少居民碳足迹以提高经济的韧性，创造接近无碳的能源生产体系，创造不可迁移的就业机会。鼓励对研发和创新的投资，以更好地定位法国在新的绿色领域和未来市场中的地位。经济领域的脱碳还需要在空间经济上实施更好的设计和组织，创设"当地多用途生活区"，更好地分配就业机会，更好地促进农业、林业、生物资源部门的回收、维修和再利用。能源转型需要大量投资（建筑物翻新、购买清洁车辆等），这些投资从长远来看是有利可图的，但是在过渡期间，对家庭需要加强公共援助，特别是针对最贫困家庭的援助。

六是健康与环境的共同利益。零碳战略虽然是针对气候变化问题所做出的应对，但是其制定过程中没有忽略气候变化问题和其他环境问题之间的关联性，并强调，零碳战略对地下水和土壤质量、对生态多样性保护以及自然地保护都有积极作用；零碳战略可以促进对非能源型矿产资源的管理；零碳战略有助于空气质量的提升。

二、目标与愿景

法国《绿色增长能源转型法》确认了 2050 碳中和目标，并且对具体指标按照时间段进行细化，此目标在 2019 年 11 月 8 日依据《能源和气候法（LEC）》进行了调整：(1)2020 年，可再生能源的消耗占比达到 23%。(2)2030 年，温室气体排放量与 1990 相比减少 55%；能源消耗总量与 2012 年相比减少 20%；一次化石能源消耗总量与 2012 相比减少 40%；能源使用效率提高 27%；可再生能源占到能源总消耗的 32%，该目标按能源载体细分为 40%的电力生产、38%的最终热消耗、15%的最终燃料消耗和 10%的天然气消耗。将供热网络中的可再生和回收的热量和冷却量与2012年相比增加5倍。(3)2035年,将核电在电力生产中的份额降低到50%。(4)2050年,实现碳中和。

值得注意的是,欧盟委员会在2020年9月的《绿色协议》中提出了新的欧洲2030目标,即与1990年相比温室气体净排放量至少减少55%。由此,法国将不得不提高其国家目标,以符合欧盟的要求。

同时,法国绿色增长能源转型法(LTECV)为能源政策设定了以下原则:(1)通过动员所有工业部门,特别是绿色增长部门,促进就业的经济的竞争力,确保供应安全,减少对进口的依赖;(2)保持具有竞争力和吸引力的国际能源价格,并帮助控制消费者的能源支出;(3)保护人类健康和环境,特别是对抗日益恶化的温室效应和重大工业风险,减少空气污染,并确保核安全;(4)确保所有家庭获得能源的权利,不用花费与其资源相比过高的代价,来保障社会和领土的凝聚力;(5)与能源贫困做斗争;(6)为建立欧洲能源联盟做出贡献。

三、战略推进路径

总体上来说,法国作为一个中央集权的国家,在零碳战略的制定和实施过程中也十分强调政府的作用。一方面,政府通过制定具体的碳预算,来合理规划每一时期内温室气体排放总量;另一方面,在每一个碳预算周期内,政府也将采用不同的政策和市场工具来达到预期的减排效果。

(一) 温室气体排放的总量控制:碳预算

国家低碳战略制定了短期的减排目标——"碳预算",它以5年为一个周期,规定国家在此期间内总温室气体排放量不能超过预算上限。每个周期的碳预算随着时间的推移依次递减,最终实现2050年碳中和的目标。①

除了国家总体的碳预算以外,还依据类型对碳预算分类统计:(1)按是否纳入碳排放交易市场划分,分为ETS(欧盟碳排放交易市场)排放和ESR(未涵盖部门的温室气体排放)排放;(2)按主要活动部门划分,分为交通、住宅、工业、农业、能源生产和废弃物的排放;(3)依据温室气体的类型划分;(4)按碳预算周期内的年度划分。

比较温室气体实际排放量与碳预算的具体数据,是评估和监测战略实施

---

① 法国生态转型部:《国家低碳战略》,2020年3月,第37页。

的一个关键指标，此比较有助于政府观察已采取措施的实际效果，为下一步措施的制定提供实践依据。

在 2015 年通过的法案中确定了前三个周期，分别是 2019—2023 年（第一个碳预算周期只有四年，是为了使之后的碳预算周期与总统任期相匹配）、2024—2028 年和 2029—2033 年期间的碳预算。之后每 5 年，在战略审查期间内确定新的一个周期内的碳预算。

图 10-4 显示了法国本土到 2050 年的温室气体减排轨迹和碳预算。

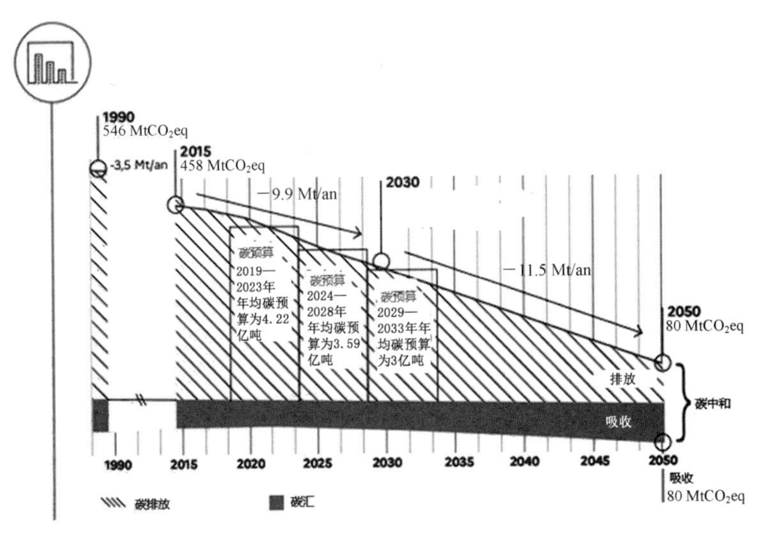

图 10-4　法国 2050 年温室气体减排轨迹、碳预算和碳中和目标

资料来源：法国统计数据和研究部门（2021）。

值得注意的是，碳预算制定后也会随着实际情况予以修改，这也是其现实主义态度的具体体现。比如，法国制定的第二个“碳预算”目标为，在 2019—2023 年期间温室气体排放总量需下降到 3.98 亿吨温室气体当量，即每年需要减少 2.3%的排放。可是，在 2020 年初，法国政府根据第一个“碳预算”的执行情况，将排放总量放宽到 4.22 亿吨温室气体当量，即每年只需下降 1.5%。造成第一个碳预算没有预期完成和第二个碳预算被调高的主要原因之一，就是能源价格一直保持低位，化石能源在性价比上更具优势。①

① 法国生态转型部：《国家低碳战略》，2020 年 3 月，第 37 页。

（二）实现碳预算和减排的路径

在执行碳预算的过程中，公共政策可以发挥核心作用。政策工具包括税收、法规、标准、补贴（包括对创新和低碳技术部署的支持）、欧洲碳排放权交易市场、对参与者和部门的支持与培训、公众意识、碳排放信息等。在选择的过程中，重要的是选择符合预期效果以及适应经济和社会背景的工具，特别要考虑到特殊家庭和活动部门面对减排措施的脆弱性，要采取有效政策工具以应对不同情况，实现过渡。

减少温室气体排放的主要途径有：一是提高能源效率，主要指用更少的能源提供相同的服务，例如用电动汽车替代汽油车；二是能源载体的脱碳，主要指能源生产过程中的脱碳，例如用可再生能源替代煤炭发电；三是节约能源使用，例如减少消费碳足迹高的商品和服务；四是提高"碳"效率，即降低每单位生产的温室气体排放量；五是提高碳汇能力。

第三节　碳中和技术创新战略

法国政府为了促进绿色技术研发，发布了《创新加速战略》，并将其作为第四个未来投资计划（PIA）的核心，从投入力度看，第四个未来投资计划将在 5 年内资助 200 亿欧元，这是 2014 年（120 亿欧元）和 2017 年（100 亿欧元）前两个计划的两倍。[①]这里选择两项技术创新项目进行介绍。

一、氢能技术

法国是最早发现氢能在解决温室气体排放上具有潜力的国家之一。自 2018 年以来，法国未来投资计划中就将氢能项目列为重点投资项目。随后在 2020 年 9 月 9 日，法国生态部部长芭芭拉·庞皮利（Barbara Pompili）和经济、金融复苏部部长布鲁诺·勒梅尔（Bruno Le Maire）向法国氢能和燃料电池协会以及相关产业伙伴介绍了法国发展低碳氢能的国家战略，对法国未来对"绿

---

① Secrétariat général pour l'investissement（SGPI）, "4eme Programme d'investissements d'avenir：20 milliards d'euros pour l'innovation dont plus de la moitié mobilisée pour la relance économique". https://www.gouvernement.fr/4eme-programme-d-investissements-d-avenir-20-milliards-d-euros-pour-l-innovation-dont-plus-de-la?msclkid=5e6606fecee011eca2bf0e11b30de240/（发布日期：2021 年 4 月 1 日）.

氢”技术的开发和使用做出部署。氢能是法国仅有的几个面对单一的技术和市场发布专门的战略规划之一。

(一) 技术概况

氢气已经在工业领域频繁使用,特别是石油业和化学工业之中。在法国,相关工业每年需要消耗 90 万吨氢气,其中很大一部分依然是含碳的氢能,这导致每年需要排放 900 吨二氧化碳。但是随着无碳制氢和氢气储存、运输和使用技术的发展,氢能已经成为了实现碳中和目标中的重要途径。

(二) 技术应用场景

未来氢气和制氢技术主要使用在以下三个方面:

氢气在工业去碳化中的作用。现在的氢能主要被使用在石油和化学工业之中。从全球范围上看,工业领域总高消耗氢能 6 000 万吨,具体到法国约为 100 万吨。在 2018 年,如果采用传统的使用矿石燃料的制氢方式,其成本在 1.5 至 2.5 欧元左右。但是,此种制氢方式只适合于大规模生产,如果加上运输和保存的费用,终端的使用价格在 10 到 20 欧元每公斤之间,最少不可能低于 8 欧元每公斤。因此,电解制氢能够就地制造,免去了运输成本,终端使用成本会低于传统制氢模式,具有广阔的市场前景。法国政府预计在 2023 年绿氢在工业领域的能源使用占比达到 10%,到 2028 年增加到 20%至 40%。

发展氢能在交通工具上的使用技术。理论上,氢能可以更好地适应大型运输货车对能源使用方式的需求,因为前者需要极大的能源储量、快速的储能方式以及符合空气污染标准和碳排放标准的需求。由于氢能汽车的普及度有限,其持有成本相较于一般的燃料汽车而言要高出 20%到 50%之间。但是,在经过初期的普及阶段以后,其持有成本可以与柴油车趋同。随着,电解制氢技术的发展,到 2030 年左右,氢气站所提供的氢气应该在 7 欧元每公斤左右,足以支持 100 公里的行驶距离。法国估计在 2023 年轻型氢能源汽车数量将达到 5 000 辆,到 2028 年将达到 20 000 到 50 000 辆。而重型氢能源汽车在 2023 年和 2028 年将分别达到 200 辆和 800 至 2 000 辆。

作为储能方案的氢能。作为一种能源载体,通过电解产生的氢气从长远来看是一种结构性的储能解决方案。如与电池储能方案的高成本和后续污染问题相比,电解制氢储能在可再生能源的储存和入网,以及跨季节储能手段上选择上都更具优势。但是,值得注意的是,2019 年 RTE(Gestionnaire du

Réseau de Transport d'Electricité)发布的研究显示，尽管从长期上来看电解制氢储能的方式对电网的帮助巨大，但是在2035年以前其所给电网带来的价值还极其有限。法国政府预计在2023年打造1到10个电解制氢项目，到2028增加到10至100个。

（三）重点优先技术

法国的氢能计划着重发展以下技术：

电解水制氢技术。法国投资15亿欧元参与了"欧洲共同利益重大项目"（PIIEC/IPCEI）制氢项目，旨在以更大的规模工厂化的电解水制氢，降低氢气的制造成本。

发展重型氢动力汽车。虽然现在已经有一些不同的氢动力汽车的技术路线，但是还需要在其可靠性、运输功能性和生产及维修成本上继续研究。法国在2020年的研究招标项目中资助了3.5亿欧元。

区域性氢气基础设施技术。该技术旨在为一定区域内交通和工业用氢的协同创设共同的基础设施，以提高氢能使用的便利性和经济型。以该技术设立的政府招标项目资助金额达到2.75亿欧元。

其他氢能利用的探索研究。

（四）技术发展前景

法国政府在发展氢能技术方面做出了很大的努力：(1)法国未来投资计划已经支出大量资金用来支持氢能示范项目和投资具有极大潜力的公司；(2)国家研究机构在过去10年中支出11亿欧元给相关公立研究机构进行氢能技术研究；(3)法国国家投资银行（Bpifrance）已经支持了许多初创企业和中小企业的技术创新和发展项目；(4)法国环境与能源管理署（Ademe）提供8亿欧元来支持氢能在交通工具上的部署；(5)地区银行也支持了很多地方政府开展的氢能项目；(6)法国发展低碳氢能国家战略预计的总投资额为70亿欧元，其中2020年至2023年总投资额在34亿欧元左右。

总体来说，法国在氢能技术产业领域有一个非常活跃的工业和研究生态系统，并且由极具潜力的公司引领投资并起到积极的示范作用。

随着氢能技术的不断发展，法国预期在2030年达到以下目标：第一，安装足够数量的电解水制氢装备，年制氢量达到6.5吉瓦；第二，随着氢能汽车技术的进步与成熟，法国将进一步发展氢能邮轮和氢能客机；第三，创造一个完整的氢能产业，提供5万到15万的就业岗位。

二、智能电网技术

(一) 技术概述

从2015年12月开始,法国电网(Enedis,以前叫ERDF)开始了名为“Linky”的智能电网部署。这项计划投资50亿欧元的项目,目的是将法国当前的电网智能化、数字化,以应对新的挑战。在未来的几十年里,法国的电力系统将产生深刻的变革,包括其电力的生产、传输、分配和消费方式都将发生转变。这种转变一方面是为了实现2050年法国能源消费中电力占比达到55%的目标,另一方面是为了实现法国《多年度能源计划》在去碳化和能源清洁方面所规定的电力结构演变目标。

虽然传统电路技术也能解决不同电路间的传输和协调问题,但是新的智能数字解决方案使不同的电网参与者——能源供应商、网络管理者、设备制造商、消费者等,得到了更好的整合,可以实现优化电力传输和灵活网络管理的目标。

因为电力难以储存的特性,新能源发电方式使传统电网自上而下的模式受到挑战。传统电网蕴含的是在计划下统一发电、统一分配的逻辑,需要对发电量和用电量都有良好的计划和预期。但是新能源电力带来了两个新的问题:第一,新能源发电的不稳定性,新能源发电量随着天气状况而受到很大变化;第二,新能源发电场所的分散,与传统电厂不同,新能源发电甚至可以在居民家中安装太阳能电板即可完成。

在这样的条件下,终端用电需求和电力生产总量都处于一种不确定之状态,打破了原有计划的模式,需要新的方式让终端用电需求和电力生产处于动态平衡的状态之中。智能电网基于通信和信息技术的加持,相较于传统在交互机制上做出重大的改变,由单向传输变为了双向信息交换,旨在解决上述问题。

(二) 技术应用场景

智能电网的运用方式贯穿于整个电力的生产、配送和消费过程之中,法国依据自身电网特点和技术优势,明确了智能电网的应用场景:

第一,通过智能电网解决新能源电力入网问题。通过智能电网终端的感知和预测,来有效的管理新能源电力生产不稳定对整个电网的冲击问题;第二，发展智能电网的储能能力；第三；对小型化、区域化的发电设备的连接；第四，电力的合理调配，包括使用智能电网数据来预测电力的流量；第五，预测和控制电力的需求量；第六，智能家居、智能工厂和智能建筑的实现；第七，公共智能照明设施；第八，电动车与智能电网的连接与互动。

（三）重点优先技术

法国智能电网着重用于发展和解决以下技术难点①：

保持智能电网频率和电压的稳定。频率和电压的稳定对于电力系统至关重要，而目前电网的稳定性主要由大型传统电厂通过热能发电手段实现。法国致力于在新能源比重越来越高的发电能源结构下，依然保持智能电网频率和电压的稳定性。

发展储电技术，以满足广泛的电力需求，促进电力系统的平稳运行。储电能力既要满足一天之内的高峰用电需求，也需要满足对季节性的用电高峰需求。

减少电动汽车的使用对智能电网的供需平衡影响。车辆到电网（Vehicule to grid）解决方案不仅允许车辆平稳地从电网获取电力，还能将车辆电池内剩余的电力注入电网。

高度的信息化和网络安全。基于相关软件和电信基础的布置，智能电网可以获取实时信息以便更有效地管理，同时这部分信息也会提供给市场参与者以便做出更好的决策。但同时需要注意的是，由于电网是重要的基础设施，因此必须特别注意网络安全，因为网络入口点和信息交换的增加可能导致电网更加脆弱。

（四）技术发展前景

为了实现智能电网在上述场景的实现，法国确定了以下方面的努力方向：第一，提升设备资产数据质量。收集设备运行状态数据，面向多业务部门提供决策支撑。计划至2020年完成3 500万个智能电表和60万个集中器的安装与更新，并以新一代智能电表“Linky”为战略发展核心，一表牵动电动汽车、智能城市、客户服务等发展；第二，建立一套完善的用户数据分析模型，包括客户

① *Stratégie française pour l'énergie et le climat—Programmation pluriannuelle de l'énergie 2019—2023，2024—2028*，2018/11/27，p.226.

投诉分析、客户分群和账单分析模型等，全面优化用户全流程体验，两年来实现投诉量下降约30%。注重科技创新，实现科技与业务的融合发展，持续培育新型优势；第三，打造成熟的大数据架构和丰富的大数据应用。构建公司级大数据中心，有效管理并应用海量用户数据，辅助各区域制定本地化营销服务策略，避免用户流失。

另外，智能电网技术蕴含着巨大的商业和社会价值。从商业上看，2020年法国智能电网市场估值为12亿欧元，预期将以每年20%的速率增长，到2030年其市场估值将达到60亿欧元。从社会价值来看，在2030年智能电网创造的就业岗位将达到6万个，达到2020年的4倍。

第四节 碳中和产业战略

法国的双碳产业发展充满了现实主义的考量，主要有绿色建筑产业、核能产业和地热能产业。

一、绿色建筑产业

在法国碳中和目标的实现过程中，绿色建筑产业占据着很重要的地位。绿色建筑产业又分为了两个部分：一个部分是要求将来新建的建筑需要符合2022零碳建筑标准，另一方面是对现有建筑的改造。

（一）产业概况

建筑节能改造计划被列为法国的国家优先事项，这一改造的内容包括：一方面，促进建筑在使用阶段所消耗能源朝着无碳化的方向发展。短期内在取暖上淘汰燃油和煤炭的使用，在热水供应上使用太阳能热，增加热泵和区域供热网络的使用。另一方面，鼓励对现有的住宅进行节能改造。

根据改造计划，在2022年之后每年进行37万次建筑的节能改造，在2030年之后每年进行70万次的节能改造。[①]再者，在未来的环境法规中提高建筑物的节能性能。例如推广碳含量最低、能源消耗低和对环境友好的建筑产品和设备，通过在建筑材料中储存大气中的碳来增加碳储量，以及在建筑物的整个

---

① 法国生态转型部：《国家低碳战略》，2020年3月，第86页。

生命周期中引入温室气体排放标准。另外，建筑的建造和拆除阶段产生的排放可能占广义建筑部门排放的很大一部分。因此，控制这些排放也是一项重大挑战。

（二）产业分析

2017年，法国住宅业/第三产业排放二氧化碳达9 000万吨，占法国全年二氧化碳排放量的19%。若将生产建筑物所消耗的能源产生的排放量纳入统计，则这一比例为28%。住宅业与第三产业的总排放量相较于1990略微下降了约3%。其中住宅业排放量减少了约14%，而第三产业的排放量则增长了19%。

从能源消耗总量的角度来看，法国住宅业与第三产业所消耗的最终能源的总量在近年保持稳定。从能源消耗结构来看，2017年，其所消耗三级能源的结构为：39.2%的电力、29.2%的天然气、12.7%的石油产品、15.2%的可再生热能和废物能源、3.4%来自供热网络的热能和0.1%的煤炭。

在温室气体排放方面，二氧化碳（CO_2）是住宅业/第三产业排放的主要气体：占2017年温室气体排放量的84.0%，其次是氢氟烃（HFCs，占排放量的11.4%），甲烷（CH_4，占排放量的3.7%）和其他温室气体（N_2O，SF_6，PFC，占排放量的0.9%）。①

当前，为实施建筑节能改造计划，法国已经进行了一系列举措，包括：设立了5 000万欧元的保障基金，预计每年将帮助到35 000个低收入家庭；通过一次性提供税收抵免和调整现有的零利率生态贷款提供援助；提高房屋能源标签、能源性能诊断（DPE）的可靠性；通过改革RGE标签（公认的环境保证），更好地培训专业人员并更好地控制工作质量；计划花费48亿欧元，鼓励对国家和社区的公共建筑进行大规模翻修。

（三）产业前景

法国已经并且将继续走上一条雄心勃勃的建筑业绿化之路，包括提高建筑的能源效率、尽可能地选择可再生能源使用、减少建筑材料的碳足迹。通过建筑节能改造计划，法国旨在实现以下目标：与2015年相比，2030年建筑产业排放量减少49%。到2050年实现碳中和，并大幅度降低该产业的能源消耗，

① 法国生态转型部：《国家低碳战略》，2020年3月，第86页。

只使用低碳能源，最大限度地生产最适合每栋建筑类型的无碳能源，在装修和施工上更多地使用碳含量最低、能源低和对环境友好的建筑产品和设备。法国计划在5年内为建筑节能改造计划提供约200亿欧元的公共财政支持。从长远来看，该计划未来30年的总资金需求估计为每年150亿欧元至每年300亿欧元。随着翻修进度的加快，投资需求的增长还将会继续增加。

二、地热能产业

法国是世界上最早启用地热供暖系统的国家，阿尔萨斯地区、巴黎地区、阿基坦地区拥有丰富的地热资源，早在14世纪，法国的绍德艾格就使用了世界上最早的地热区域供暖系统。20世纪70年代开始，法国积极开发开采地热井，应用于居民生活供暖。法国巴黎地区是全球仅次于冰岛，蕴藏低能位地热密度最高的区域，该地区地热资源一旦被开发，可提供17万户家庭及公共设施所需的供暖热能。法国巴黎有若干个地热集中供暖区，利用地热供暖与单纯烧油锅炉采暖相比，节约费用2/3。巴黎市至今仍旧拥有全欧洲最大的地热网路。目前巴黎市周边有一半地热装置是由法国电力公司EDF所经营。

（一）产业概况

地热能是对底土中所含热能的开发，包括浅层地热能以及深层地热能，这部分只对深层地热能产业进行阐述。《法国多年能源发展规划（2024—2028）》中依据地热能的能量密度将地热能分为极低能量的地热能（温度在30℃之下）、低能量的地热能（温度在30—90℃之间）、中等能量的地热能（温度在90℃以上）和高能量的地热能（温度在150℃以上）。之所以做这样的划分，是因为它们的使用方式各不相同，如极低热量的地热能一般通过热泵的方式予以使用，中等能量的地热能一般接到城市的供暖网络中加以使用，高能量的地热能一般直接用于发电。

（二）产业分析

20世纪80年代，法国政府也开始重视地热资源的勘察和利用，改进地热场评估和开发方法，提高钻探科学信息的利用率，并积极探索地热开发尖端技术，如“断裂热岩石”型深层（5 000米以下）地热开发的技术等，在法国建立增强型地热发电项目（EGS）试验电站，并产生出巨大的电能，以满足经济发展与生活的需求。但后期受限于财源与技术问题，很多地热设备被迫关闭，地热技术开发利用发展相对缓慢。

总体上看，法国现有 79 个深层地热装置，其中 49 个位于巴黎盆地，21 个位于阿基坦盆地，其余位于阿尔萨斯、罗丹尼亚走廊和利马涅。2017 年，这些设施的可再生热能生产总量为 1 970 GWh。其中 90%用于区域供热，8%用于农业，2%用于热力设施。

法国具有丰富的地热能资源，在气候变化背景之下，也重新燃起发展地热能的热情。深层地热能的发展潜力来源于其良好的经济性：(1)深层地热能的能源效率非常好，特别是当其与城市供热系统相连通时，其效率能达到 95%；(2)深层地热能是一种可长期开采的能源，一口热井的寿命至少能达到 30 年；(3)技术上看，低能量和中等能量地热能的开采技术十分成熟；(4)长期来看，深层地热能是所有可再生能源中成本最低的之一。虽然深层地热能项目初期建设成本较高——在没有政府补贴的情形下，通常需要 10 年才能回收成本。但是，其运营成本特别低，并且运营时间长，可以极大程度拉低其平均成本。

目前中能量和低能量地热产业的发展速度与之前法国多年能源计划的预测不符。由于很少有项目处于研究阶段，因此确实存在可能持续的停滞。2010 年至 2016 年的平均开发速度为 70 兆瓦/年，而必须达到 6 至 10 倍的速度才能达到之前法国多年能源计划的 2023 年目标。

(三) 产业前景

法国目前地热能产业已经达到 5.35 亿欧元的营业额，创造了直接和间接岗位共 2 500 个，每年节约二氧化碳排放量 350 000 吨。法国政府充分调动大区的积极性发展地热能，目前开发较好的地区为卢瓦河大区、北方大区以及东部大区，但是总体上来看，法国地热能产业的实际发展低于法国多年能源计划中的预期。

三、核能产业

(一) 产业概述

在法国的一级能源生产结构中，核能占据着最为重要的比例。据 2019 年的最新统计数据，法国全年依靠核能发电的总量为 379.5 TWh，占法国电力生产总量的 70.6%。法国的核反应的数量为 56 个，其中 1 450 MW 能量级以上的为 4 个,1 300 MW 至 1 450 MW 能量级的为 20 个,1 300 MW 能量级以下的有 32 个。

法国所有的核电站都采用的是压水反应堆技术。法国电力公司(EDF)作为法国主要的发电和配电公司,基本上由法国政府所有。

虽然核能不算做新能源的范畴,但是核能发电所产生的温室气体排放量是极低的,因此也划分在低碳能源之中,对零碳目标的实现有重要帮助。核能在法国一级能源生产中所占的比例之大,使得法国的生产平均每千瓦时所排放的温室气体低于 50 g,远低于德国的 400 g 和意大利的 260 g。[①]欧盟委员会在 2018 年 12 月公布的参考方案 9 中确认,核能和可再生能源将共同作为化石能源的替代方式,到 2050 年碳中和元年的预测中,核电将占欧洲电力组合的 18%左右。欧盟也将核能纳入为"绿色能源",扫清了法国发展核能的政策障碍。

(二) 产业发展方向

法国总统马克龙 2022 年 2 月 10 日在贝尔福(Belfort)发表的法国振兴计划中提到:"法国未来的能源战略将围绕两个支柱进行,一个是可再生能源,另一个是核能。"可见,核能之于法国的重要性。其实,法国在 2011 年福岛核事故之后,曾出现过是否继续使用核能的争论。加上 2015 年《巴黎协定》达成,发展可再生能源的呼声一度上升,这一度威胁到核能在法国未来能源转型中的地位。

就在 3 年前,马克龙曾宣布法国要在 2025 年至 2035 年间关闭 12 座核反应堆,将核电在法国能源结构中的份额由当前的 65%降至 50%。在核能慢慢退出的那段时期,法国的温室气体排放总量出现了明显的上升。在经过多次的讨论之后,法国还是基于经济性和技术可及性的考虑,认为核能依然是之后几十年内法国达成零碳目标的重要路径。法国总统马克龙演讲的选址就宣示了法国重启核能发展的决心,他的身后是该厂生产的阿拉贝尔涡轮机,一个重达 300 吨的巨型机器,也是法国 EPR 核电站的标配。

法国对核能产业的未来发展规划了几个方向[②]:

---

① "Le nucléaire, une solution contre le changement climatique", https://www.sfen.org/dossiers/le-nucleaire-une-solution-contre-le-changement-climatique/(发布日期:2022 年 5 月 8 日).

② "Le discours du président de la République à Belfort", https://www.gouvernement.fr/upload/media/default/0001/01/2022_02_nucleaire_belfort.pdf/(发布日期:2022 年 5 月 8 日).

首先，对于还在运行中的核电站的处理有两个原则：第一，不再关停正在运行的核电站，除非其不能再满足安全标准；第二，延长现有核电站的运行周期，此前法国已经将核电站的运行周期提高到了 50 年。现在要求在保证安全的基础上，符合条件的现有核电站使用期限延长至 50 年以上。

其次，建设新的核电站。从现在到 2050 年，已经确定将要建设的第二代压水反应堆数量就有 6 个，另外还有 8 个建设计划正在研究中。第一座新反应堆的建设将于 2028 年启动，目标在 2035 年投入使用。

然后，对新型核电技术的研究和投入：

第一，法国正在弗拉芒维尔建设的第二代水反应堆是在 EPR 的基础上展开标准化设计的，但是将拥有更高的安全水平，包括在核心融化情况下的安全回收系统，增加反应堆的安全和控制系统的冗余度。

第二，研究和建设模块化小型反应堆。模块化小型反应堆功率介于 50—500 MWe 之间，作为一种安全、经济的核电新堆型，是国际原子能机构鼓励发展和利用核能开发的新方向。模块化小型反应堆具有高度的安全性、良好的经济性、功率规模的灵活性和特殊厂址的适应性，能够满足偏远城市供电、中小型电网的供电、城市供热、工业供汽和海水淡化等各种领域应用的需求，实现核能的综合利用。法国的模块化小型反应堆与传统的核电技术原理上并没有很大的区别，只是需要把所有的配件都进行缩小。

法国已经在“Nuward”项目开始了模块化小型核反应堆的实践，目前世界上最先进的技术只能做到将 60 MW 的反应堆封装在 23 米高的外壳内，但法国预期将两个 170 MW 的反应堆安装在一个只有 16 米高的金属外壳内。法国在此项目上已资助 5 亿欧元。

第三，法国还坚持其他核能技术的研究和发展，主要包括数字技术在核反应堆中的融入和使用，核废料的回收和再利用。后者更是法国一直在研究中的项目，在法国多年能源计划中再度得到确认。核废料的回收再利用将第四代反应堆得到完全实现。

为了帮助核能产业的良好发展，法国在 2020 年就推出了核能产业振兴计划，作为法国振兴计划的一部分。除去上述两个项目之外，截至 2022 年 3 月，法国政府共支持了 136 个核能项目，共资助金额为 1.5 亿欧元，预计总资助金额为 5 亿欧元。

总体上来说，法国在核能产业的发展上，一方面注重原有大型核电站的技术优势，并大力兴建第二代水压力反应堆，以期达到低碳能源的结果；另一方面，也着重发展如小型模块化反应堆和核废料循环利用技术，以适应智能电网的模块化供电模式的发展，和促进循环经济的达成。

(三) 产业前景

法国目前有近 3 000 家与核能有关的公司，直接和间接创造了数十万工作岗位，预计每年需要招聘 4 000 名工程师，另外还需大量焊工、管道安装工、工业电工等专业技术人才。法国马克龙总统在发言中也谈道："法国新建的 E 造就业岗位达到 22 万个。根据法国核能制造商集团的估计，建造 6 个 EPR 需要 3PR2 核电站项目，不但能保留现有的 22 万个工作岗位，更能创造新的工作岗位。"随着人才需求的增加，相关的核能生产技术人员的培训产业也随之增加。法国政府也专门设立了奖学金，鼓励学生参与这方面的技术培训。

除此之外，核电站的建设也会吸引新的投资。对于即将启动的 6 个 EPR 工程，估计建造总价也将达到 460 亿至 640 亿欧元之间。

参考文献

[1] *Stratégie française pour l'énergie et le climat—Programmation pluriannuelle de l'énergie 2019—2023, 2024—2028*, 2018/11/27.

[2] *Stratégie nationale pour le développement de l'hydrogène décarboné en France*, 2020/8.

[3] *Plan de rénovation énergétique des bâtiments*, adopté en avril 2018.

[4] 法国生态转型部:《国家低碳战略》,2020 年 3 月。

[5] Insee, *Bilan démographique 2021*, https://www.insee.fr/fr/statistiques/6024136 (2022/5/8).

[6] Insee, *Les comptes de la Nation en 2020*, https://www.insee.fr/fr/statistiques/5387891#encadre1(2022/5/8).

[7] Insee, *Reprise sous contraintes Note de conjoncture-décembre 2021*, https://www.insee.fr/fr/statistiques/6010106?sommaire=6005764&q=pib.

[8] Insee, *La croissance et l'inflation à l'épreuve des incertitudes géopolitiques Note de conjoncture-mars*, https://www.insee.fr/fr/statistiques/6215215?sommaire=6215395.

[9] Le service des données et études statistiques(SDES), *Chiffres clés de l'énergie Édition 2021*, 2021/9.

[10] Secrétariat général pour l'investissement(SGPI), *4eme Programme d'investissements d'avenir: 20 milliards d'euros pour l'innovation dont plus de la moitié mobilisée pour la relance économique*, https://www.gouvernement.fr/4eme-programme-d-investissements-d-avenir-20-milliards-d-euros-pour-l-innovation-dont-plus-de-la?msclkid=5e6606fecee011eca2bf0e11b30de240

(2021/4/18).

[11] Présentation des réseaux intelligents, *Commission de régulation de l'énergie*, https://www.cre.fr/Transition-energetique-et-innovation-technologique/Reseaux-intelligents/presentation-des-reseaux-intelligents?msclkid=41d401f3cee311ec959c6e002991c62e(2019/11/15).

[12] *Les réseaux intelligents sont une brique essentielle de la relance*, https://reseaudurable.com/reseaux-intelligents-brique-relance%E2%80%89/?msclkid=41d32e8bcee311ecac7f5fc4e34629bd(2020/6/12).

[13] *France Relance*(2020/9/3)

[14] *Stratégie nationale de recherche—Rapport de propositions et avis du Conseil stratégique de recherche*(2015/3/6).

执笔:吴春潇(上海财经大学)

第十一章　俄罗斯碳中和战略

俄罗斯是世界最大的一次能源出口国和第二大油气生产国。同时，俄罗斯的温室气体排放量为全球第四，人均排放量居世界首位，也是应对气候变化和国际碳中和议程中不可或缺的重要角色。在2015年底《巴黎协定》正式通过前，俄罗斯就已提出到2030年将温室气体排放保持在1990年的70%—75%的水平，此时俄罗斯的排放水平已经维持在70%左右。2020年，俄经济发展部在第三版《低碳发展战略》草案中提出，俄罗斯将于2060年甚至更早达到碳中和目标。2021年11月，俄罗斯总理米哈伊尔·米舒斯京批准《俄罗斯到2050年前实现温室气体低排放的社会经济发展战略》，作为其应对气候变化做出的政策调整与战略规划。该战略正式提出，俄罗斯将在经济可持续增长的同时实现温室气体低排放，并计划在2060年之前实现碳中和。

第一节　战略背景

俄罗斯是类碳能源的主要生产国、消费国和出口国，也是核电和水电的世界领导者之一。然而，当下全球能源工业正经历重大结构性变革和一系列挑战，而俄罗斯作为传统能源大国，正面临全球传统能源总需求逐渐减少的难题。

一、基本国情

俄罗斯是世界上国土面积最大的国家，面积达1 709.82万平方公里，横跨欧亚大陆，与包括中国在内的14个国家接壤。俄罗斯总人口约为1.47亿，位居世界第九。根据俄罗斯联邦统计局公布的数据，2021年俄罗斯实现国内生产总值(GDP)为130.8万亿卢布，同比增长4.7%，折合1.775万亿美元；人均

GDP在1.2万美元左右，仍属中等偏上收入经济体；对外贸易总额达到7 894亿美元，其中，出口总额为4 933亿美元。

俄罗斯拥有丰富的自然资源，是世界第一资源大国。根据BP公司发布的《世界能源统计年鉴(2021版)》，2020年俄罗斯已探明天然气储量位居全球第一，储量达37.4万亿立方米。排在第二至第五的分别是伊朗(32.1万亿立方米)、卡塔尔(24.7万亿立方米)、土库曼斯坦(13.6万亿立方米)和美国(12.6万亿立方米)。[①]探明的煤炭储量达1 621.7亿吨，占全球总储量的15.1%，位居全球第二，仅次于美国(2 489.4亿吨，占比23.2%)。2020年俄罗斯煤炭储产比为407，意味着能够满足未来407年的煤炭需求。

燃料和能源综合体在俄罗斯经济中占有重要地位，是形成俄罗斯联邦预算系统收入的基础。俄罗斯能源发展的定位是，一方面尽可能促进国家社会经济发展，另一方面是在2035年前加强和保持俄罗斯联邦在全球能源领域的领先地位。

俄罗斯在全球二氧化碳排放量方面一直位居前列，主要原因在于，除了仍有一定比例的煤发电，以煤炭为原料的化工、基础材料行业占比也相对较高。2020年二氧化碳排放量为1 482.2百万吨，占全球的4.5%。2018年达到排放高峰，达到1 606.0百万吨，比2010年增长5.24%，比2019年下降0.7%。2018年俄煤炭产量和消耗量创下新高，分别达9.23艾焦和3.63艾焦，导致当年二氧化碳排量也突破纪录。[②]

二、能源结构

俄罗斯能源目前仍高度依赖其传统能源，包括石油、天然气、煤炭。核能作为重要可再生能源之一发展空间较小。

(一) 能源生产结构

根据表11-1，2020年俄罗斯石油产量达到524.4百万吨，占全球的12.6%；每天产量达到1 066.7万桶，占全球的12.1%；与2010年比，增幅很小，

---

① BP公司：《世界能源统计年鉴(2021)第70版》(发布日期2022年)，https://www.bp.com/content/dam/bp/country-sites/zh_cn/china/home/reports/statistical-review-of-world-energy/2021/BP_Stats_2021.pdf。

② 英国BP公司：《2021年世界能源统计年鉴》，2022年。

分别为 2.4%和 2.9%。2020 年石油每天产量比 2019 年减少 100 万桶，是非石油输出国组织成员国中降幅最大的国家之一，主要原因在于"欧佩克+"达成了减产协议，对其石油市场产生冲击。天然气产量达到 6 385 亿立方米，占全球的 16.6%，比 2010 年增长 6.7%；得益于亚马尔液化天然气项目，2017 年起天然气产量开始飙升，在 2019 年创下 6 790 亿立方米的新高，天然气出口指标随之增长。

表 11-1　俄罗斯主要能源概况（2010—2020 年）

指标名称	2010 年	2019 年	2020 年	占全球比（2020）
石油探明储量（亿桶）	1 058	1 078	1 078	3.2%
石油产量（万桶/天）	1 037.9	1 167.9	1 066.7	12.1%
石油产量（百万吨）	512.3	573.4	524.4	12.6%
石油：原油和凝析油产量（万桶/天）	1 015	1 118.6	1 019.2	13.3%
石油：天然气凝液产量（万桶/天）	22.83	49.27	47.49	4.1%
石油：液体燃料消费总量（万桶/天）	287.8	339.8	324.3	3.6%
石油：消费量（万桶/天）	287.8	339.3	323.8	3.0%
天然气探明储量（万亿立方米）	34.1	37.6	37.4	19.9%
天然气产量（亿立方米）	5 984	6 790	6 385	16.6%
天然气消费量（亿立方米）	4 239	4 443	4 114	10.8%
核能消费（艾焦）	1.60	1.86	1.92	8.0%
水电消费（艾焦）	1.56	1.73	1.89	4.9%
太阳能装机容量[安装的光伏（PV）功率 * 吉瓦]	/	1.1	1.4	0.2%
风能装机容量（风力涡轮机装机容量 * 吉瓦）	/	0.1	0.9	0.1%
发电量（太瓦时）	1 038.0	1 118.1	1 085.4	4.0%

资料来源：根据英国 BP 公司《2021 年世界能源统计年鉴》制作。

2020 年俄煤炭产量达 8.37 艾焦（约 4.01 亿吨），较之 2019 年下降 9.6%，占全世界总产额的5.2%。2021年俄煤炭产量同比增长8.8%，达4.37亿吨。煤炭领域是俄未来6年的重点发展方向，俄计划逐年提高开采量，力争2024年达到4.84亿吨，特别是提高东西伯利亚和远东地区的开采量，两地2024年开采量将比2017年提高29%。

俄罗斯电力生产，2020年发电量为1 085.4太瓦时，比2010年仅增长4.6%，发电量占全球的4.0%。其中天然气发电占比较大，达到44.4%；其次是核电，占19.9%；水电占19.5%，煤发电占14.1%；可再生能源仅占3.2%。

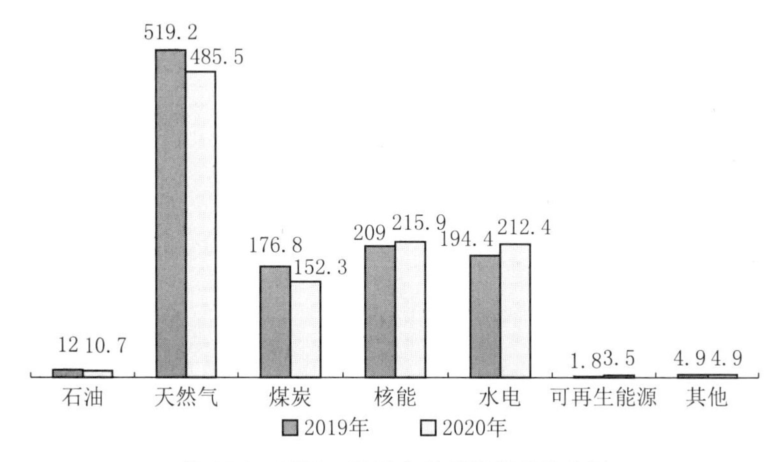

图 11-1　2019—2020年俄罗斯燃料发电量

资料来源：根据英国BP公司《2021年世界能源统计年鉴》制作。

(二) 能源消费结构

根据俄罗斯经济发展部数据，2020年一次能源总消费量约为8.269亿吨燃料当量。在各个行业能源消费中，占据前三的分别是电力行业(22%)、制造业(20%)和住房(16%)。得益于技术升级，制造业能源消费下降幅度最为强劲，达到每年减少670万吨燃料当量。

根据2019年数据，俄罗斯能耗量与GDP的比值降到五年来的最低点，与2015年相比下降了1.6%，达到每100万卢布对应9.62吨标准油(toe)。该指标比率越低，国家对能源资源的使用效率就越高。根据独立咨询公司Enerdata的数据，2019年俄罗斯每单位GDP的能源消耗仍处于全球高位，为0.21公斤标准油/美元。经济发展部提出，在2030年前将能耗占GDP比值在2017年的基础上下降30%—35%。

2020年俄罗斯一次能源消费总量占全球的5.1%。从结构来看(表11-2),天然气占比最高,占52.31%,其次是石油,占22.57%;再是煤,占11.55%。核电只占6.78%,可再生能源仅占0.14%。

表11-2 2020年俄罗斯一次能源消费结构

指标名称	2020年	2019年	增长率(%)	全球占比(%)
一次能源消费量(艾焦)	28.31	29.9	−5.5	5.1
石油	6.39	6.72	−4.91	/
天然气	14.81	16.00	−7.44	/
煤炭	3.27	3.57	9.17	/
核能	1.92	1.86	3.13	/
水电	1.89	1.73	8.47	/
可再生能源	0.04	0.02	50	/
一次能源人均消费(吉焦/人)	194.0	204.9	−5.6	/

资料来源:《2021年世界能源统计年鉴》,英国BP公司(2022年)。

(三) 主要消费行业

俄经济发展部在其发布的《俄罗斯节能情况与提升能效国家报告(2021)》中指出,2020年主要能源消耗行业有电力、制造业和住宅。

1. 电力

2020年俄电力部门的燃料消耗总量为1.82亿吨燃料当量,比2019年减少1 597万吨燃料当量,其中技术原因减少能耗为229万燃料当量,经济活动节约能耗511万吨燃料当量,结构转型节约能耗857万燃料当量。

2020年,电力消费和生产都出现了自2015年以来的首次下降。2020年俄国内生产总值因全球新冠肺炎疫情下降了3%,电力消费则下降了2.3%;由于邻国的电力需求下降而导致出口减少,电力生产降幅更为明显,达2.8%。

在热电站和燃料发电量减少的情况下,非燃料发电量在总比例中的份额增长34%,从2015年的34%增长到2019年的36%,再到2020年接近40%,其中可再生能源发电站和水力发电站的发电量增速最为显著(见表11-3)。

表 11-3　罗斯电力消费情况(2015—2020)

年　份	2015	2016	2017	2018	2019	2020
热电站燃料消耗（克燃料当量/千瓦时）	165.3	169.9	166.6	165.6	168.5	170.4
锅炉厂燃料消耗（克燃料当量/千瓦时）	155.5	153.6	156.6	154.2	155.2	155.9
热能损失(%)	9.30	10.30	9.60	10.80	10.00	10.10

资料来源:《俄罗斯节能情况与提升能效国家报告(2021)》。

2. 制造业

2020 年,俄制造业能耗总量为 1.65 亿吨燃料当量,比 2019 年减少 116 万吨燃料当量。细分下,技术领域减少 423 万吨燃料当量,经济活动增加 101 万吨燃料当量,结构性消费增加 224 万吨燃料当量,气候原因减少 28 万吨燃料当量,产能利用减少 10 万吨燃料当量。

2020 年制造业产出指数上升 0.6%,而俄 GDP 出现负增长,制造业增长带来更大的能源消费增长(约 101 万吨燃料当量)。由于能耗密集型产业,如钢铁、压延黑色金属、环烃、化肥、塑料、食品的生产增加或下降较慢,而能耗密集度较低的产业生产减少或冻结,导致结构性消费增加 224 万吨燃料当量。

3. 住宅

2020 年住宅和公共事业能源消费总量为 1.41 亿吨燃料当量,较 2019 年减少 155 万吨燃料当量。细分下,技术领域减少 186 万吨燃料当量,经济活动增加 280 万吨燃料当量,气候因素减少 269 万吨燃料当量。经济活动产生增长的原因在于,2020 年俄住房存量与 2019 年持平,然而其人口减少,再加上住房水平的改善和家用电器的推广,该方面消费走高。此外,由于气候变暖,对供暖的需求减少,尽管因新冠肺炎疫情封锁政策,居家人数较往年大幅上涨,因气候因素产生的能源消费反而下降。

(四) 能源进出口

俄罗斯是能源出口大国。石油方面,2020 年总共出口 2.6 亿吨原油,占全球 11.4%;基本与 2010 年持平,比 2019 年下降 11.3%;其中 1.38 亿吨出口至欧洲,8 340 万吨出口至中国;成品油出口达 1.07 亿吨,主要出口至美国(2 230

万吨)和欧洲(5 750 万吨)。[①]

天然气方面,俄罗斯的亚马尔液化天然气项目和“西伯利亚力量”项目助推俄管道和液化天然气出口增长。而 2020 年,根据俄罗斯国家评级机构的调研报告,新冠肺炎疫情和欧洲天气变暖,导致对俄天然气需求降低,进而重创其出口。尽管在欧洲遇冷,但中国及其他亚洲国家成为俄罗斯天然气的主要进口国。2020 年,俄罗斯液化天然气对亚太地区出口额达 225 亿立方米,其中对中国出口(包括中国台湾地区)达到 102 亿立方米,对欧洲地区出口达 172 亿立方米,主要供应法国(50 亿立方米)、欧盟国家(共 47 亿立方米)、西班牙(34 亿立方米)等。

管道天然气方面,欧洲仍然是俄罗斯最大市场。2020 年俄共向欧洲供应 1 677 亿立方米管道天然气,其中主要供应德国(563 亿立方米)和其他欧盟国家(共 552 亿立方米)。自 2019 年底起,俄罗斯开始通过“西伯利亚力量”天然气管道向中国输送天然气,2020 年输气量为 41 亿立方米,2021 年输气量预计将达到 140 亿立方米左右。随着中国逐步使用燃气电厂替代燃煤电厂,未来中国对天然气的需求将进一步增长,对俄来说,中国市场具有广阔前景。

煤炭方面,根据能源部数据,2020 年共出口 1.93 亿吨煤炭,2021 年共出口 2.14 亿吨,较之上年增长 5.7%,达历史最高水平。其中,对欧洲煤炭出口达到 5 000 万吨,增长 11.5%;对亚太地区达 1.29 亿吨,特别是对华出口达 5 200 万吨,增长 38%。

三、零碳之路

早在 20 世纪 70 年代初,苏联气候学家米哈伊尔·布迪科(Mikhail Budyko)就率先提出了全球变暖的新理论,设想人类活动已取代自然地质过程引起二氧化碳水平的变化,空气温度将在 100 年内大幅上升,最早在 2050 年北冰洋的冰层就会融化。他的这一理论虽一度被认为是奇谈怪论,但逐渐得到气候学家们的重视和研究,到 80 年代后期气候学家对人类活动造成全球变暖达成了广泛共识,而苏联在这方面则是“主要气候代言人”(leading climate voice)。[②]

---

① 英国 BP 公司:《2021 年世界能源统计年鉴》,2022 年。

② 尚月、韩奕琛:《应对碳中和时代的挑战:俄罗斯的绿色新政》,《现代国际关系》2021 年第 10 期。

但在过去的几十年，俄罗斯因过于依赖能源优势，不仅没有在气候变化问题上发挥领导作用，而且减碳行动相对比较消极，诸如气候变化、绿色发展等议题一直没有正式纳入俄罗斯官方和民众的视野。

2019 年以来，俄罗斯各界对该问题的认知和立场出现了积极的转变和调整。2019 年 9 月，俄政府在签署《巴黎协定》四年后终于批准该协定生效，并正式宣布以“全方位合格参与者”的身份加入。普京总统先后在瓦尔代国际辩论俱乐部年会、年度国情咨文、全球气候峰会、俄罗斯地理学会理事会、圣彼得堡国际经济论坛和民众直播连线等多个大型场合就气候变化、能源转型、碳中和等议题发表看法，表示“追求碳中和是一项正确的、崇高的任务”“紧迫性日益严峻，可能发生不可逆后果，使地球变为金星”。米舒斯京总理也表示，减少俄罗斯联邦的温室气体排放是重组经济以及开发能源、工业和运输新技术的重要动力。2021 年 7 月，俄罗斯发布新版《俄罗斯联邦国家安全战略》，将“保护环境，保护自然资源及其合理利用，适应气候变化”列为八大领域国家利益之一；普京则签署了《2050 年前限制温室气体排放法》，设定减排目标。①

2020 年，俄经济发展部制定了《2050 年前国家低碳发展战略》(第一版)，而在 2021 年 4 月普京发表国情咨文后，经济发展部对战略进行了大幅度的修改和补充，以确保减排量超过欧盟的指标，旨在回应欧盟对俄产品碳足迹过高的指责，并于 2021 年 8 月制定了第二版《低碳发展战略》草案。

第二版发展战略中共预设了四种不同的发展情景，包括基准计划、目标计划、激进计划和惯性计划。第二版《低碳发展战略》草案框架下的每一种计划都是以保障俄经济超过世界平均水平的速度增长，并以保持宏观经济稳定为目标。该战略注重提高实体和服务部门的生产效率，并打造新的经济增长点、提高商业投资积极性和加速俄经济的技术现代化进程。四种情景模式的主要区别在于投资额和能源转型的速度差异。

俄经济发展部在参考各方意见后完成第三版《低碳发展战略》草案。草案展现出俄减排的雄心壮志，提出 2060 年甚至更早达到碳中和目标。这一版剔除了上一版中的基准计划和激进计划，只保留了惯性计划和目标计划，并确定目标计划为俄基本目标情景。

---

① 刘锋:《俄罗斯的低碳发展之路》,《世界知识》2021 年第 22 期，http://www.fjlib.net/zt/fjstsgjcxx/hwsc/202111/t20211129_468719.htm(发布日期:2021 年 11 月 16 日)。

四、面对问题

俄罗斯能源领域的发展与全球能源板块息息相关，同样，俄罗斯也面临着一系列挑战。《至 2035 年能源战略》中列出了俄能源市场目前面临的多项挑战。

一是全球经济增速放缓，收入降低、国内需求较小。全球经济增长速度放缓，消费模式发生变化，对燃料和能源综合产品的需求减少，烃类能源资源生产过剩，因此，其价格保持在较低水平，将导致俄罗斯收入降低。国内市场对俄罗斯主要类型的燃料和能源综合产品的当前和未来需求量不足，无法实现创新发展，这加剧了对世界传统能源资源市场需求量和形势的依赖。而在一些最有前途的能源发展领域，燃料和能源综合体组织严重依赖进口技术、设备、材料、服务和软件。

二是缺乏投资资源，外部因素具有高不确定性。由于能源部门的关税增长受到抑制，吸引外国投资者的长期融资可能性受到限制。影响能源部门发展的外部条件和因素，包括文化、社会变革、国际关系、科学发现和技术发明的条件和因素，都具有高度的不确定性，而且往往无法预测，投资者的信心也会因此受挫。区域空间发展不平衡也是挑战之一，如能源资源生产和消费中心位置的不平衡，这产生了前所未有的燃料陆路长距离运输量，其成本和未来的维修成本皆十分高昂；又如经济增长和能源消费集中在该国欧洲部分的中部地区，其份额已超过全国能源消费的 60%，但能源资源的开采和生产转移到北部和东部地区，其份额上升到 80%以上。

三是脱碳和能源转型体系未成形、缺乏配套制度。《能源战略》中尚未提及应对气候变化的相应任务和绿色能源替代化石燃料的具体目标。此外，俄罗斯并未设立监测和收集温室气体排放和气候变化信息的统一系统，也没有开发测量和跟踪单个企业或产品碳足迹的系统，尚未设立受监管的碳信用市场，缺少减排激励措施。尽管在《低碳战略》中提及将完善法律框架、制度框架，但至今上述计划仍处在框架制定阶段，尚未窥见具体落实举措。

四是地缘政治因素阻碍低碳转型。2022 年俄乌冲突爆发之后，西方国家纷纷对俄经济金融领域实施制裁，俄国内经济形势不容乐观，通胀压力升温。各评级机构纷纷预测俄今年 GDP 将下滑 7%至 8.5%不等。而作为支撑其经贸发展的重要支柱，传统能源价格飙升，在未来数年间很可能将再次成为俄经济“维持生计”的资本。而如果俄罗斯的重心再次向传统能源倾斜，很可能将阻碍乃至忽视俄低碳经济战略的落实，大大延缓其低碳转型进程。即便俄决心发展氢能等清洁能源，受限于较低的国际市场份额，俄罗斯也很难在该领域取得突破。

第二节　碳中和战略构架

《俄罗斯到2050年前实现温室气体低排放的社会经济发展战略》，是根据2020年11月4日《关于减少温室气体排放》第666号总统令制定的。俄罗斯联邦宪法、政府法律文件是战略的主要的法律基础。战略提出，俄罗斯将在经济可持续增长的同时实现温室气体低排放，并计划2060年之前实现碳中和。到2050年前，俄温室气体净排放量在2019年排放水平上降低60％，同时比1990年的这一排放水平降低80％。

一、战略认知与理念

签署《巴黎气候协定》后，俄罗斯不太可能忽视世界环境议程，它也承诺减少温室气体排放。另一方面，复制欧盟方法本质上不适合俄罗斯。毕竟，欧盟地区能源短缺，而俄罗斯拥有丰富的碳氢化合物资源，以人为的方式将它们在能源组合中所占的份额减少到零，这很不现实。

基于对本国幅员、地理、气候、经济结构及科技潜力的认知与评估，俄罗斯推出了独具特色的碳中和战略，有其自身的特点：比如特别强调自身可持续发展及向低碳经济平稳过渡的重要性。由于生态资源富饶，俄罗斯认为吸收温室气体存量与控制排放增量同等重要，强调“应从所有来源捕集、储存和利用二氧化碳”，从而最大限度发挥俄罗斯自身的潜力和优势。俄罗斯对低碳能源的看法也与美欧有所不同。在温室气体界定方面，强调需要考虑甲烷等导致全球变暖的所有因素；在温室气体排放核算方面，认为应制定各国相互认可的温室气体排放和清除监测核算模型，完善碳排放计算方法，充分评估森林吸碳能力；在清洁低碳能源的认定方面，强调遵循技术中立原则，呼吁客观考虑不同类型发电的碳足迹。

俄罗斯尤其看重核电和天然气发电对实现碳中和的作用，并希望影响美欧立场，带动俄核电技术和天然气出口，尽可能保住能源大国地位。普京总统在2021年10月举行的俄罗斯国际能源周表示，欧洲大幅转向可再生能源，使能源逐步出现系统性缺陷，引发市场大规模危机，而“只要核电和天然气发电占据领先地位”，类似的危机就不会发生。

二、目标与愿景

（一）战略目标

根据战略提出的目标，从2030年起，俄碳排放增速将逐步放缓，能源出口将以较为缓和的趋势下降，2031年至2050年每年实际下降2.1%，并将转向竞争力更高的产品，落实一系列提升俄能源出口在海外市场竞争力的措施。此外，2030年起，俄将逐步引入减排和节能技术，同时保障社会经济增长。

在目标计划中，预计至2030年碳排放量只增加0.6%，至2050年降低到当前的79%。2030年开始，油气出口以实际价值计算每年下降2%，而非油气供应每年将增加4.3%。2030—2050年，经济将以每年3%的速度增长，至21世纪40年代末增速降至2.7%。

非能源出口将以每年4.4%的幅度增长。固定资本投资增长（每年3.7%的涨幅）和实际可支配收入增长（每年2.5%的涨幅）将保障经济的可持续增长。在该情境下，2031年至2050年俄罗斯年经济增长率将达到3%。从长期来看，受全球增长放缓影响，俄经济增长率将略有下降，至2050年时经济增长率将约为2.8%，但仍将高于全球平均水平。此外，加强对能源板块去碳化的投资可能会导致国内电力成本上升。

到2030年，俄罗斯将逐步引入减排和节能技术，同时为保障经济增长环境的可持续性，排放量将略有增加。2031年起，技术升级将引入减排阶段。据预计，至2050年，俄罗斯将减少9.1亿吨标准二氧化碳当量的排放，碳吸收能力的增长能为俄罗斯提供6.65亿吨标准二氧化碳当量的额外减排效应。

目标计划方案提出，2050年温室气体排放量将比2019年排放水平基础上减少60%，在1990年水平上减少80%。在2022年至2030年，减少净排放的累计投资额将平均占GDP的1%，2031年至2050年占比为1.5%至2%。投资的乘数效应将对经济增长产生额外的积极影响。到2050年，国内生产总值因投资而产生的额外增长将超过投资的25%。

2050年前，俄罗斯经济结构将发生积极转变，“后工业”产业在经济结构中的份额较之2020年增长11.8%，传统产业领域较之2020年将下降9.4%。

(二) 战略愿景

实施碳中和战略将推动俄罗斯经济以高于世界平均水平的速度持续经济增长,推动俄技术高水平发展,保障俄经济高竞争力。此外,将推动氢动力、电动运输新产业的出现和发展,创造高生产力的新劳动岗位,维持高水平的人口就业,推动人口可支配收入增长,改善环境质量和居民环境福祉。

通过落实低碳战略,俄罗斯将进一步推广循环经济的概念及相关原则,为后续循环经济发展、低碳概念落实推广做好铺垫准备。低碳战略将保障俄罗斯经济碳强度降低 2 倍以上,达到领先国家水平。

通过参与国际气候议程,俄罗斯企业和经济的投资吸引力将进一步增加,投资增长将会保持在高位。由此带动出口量增加,提升俄罗斯在国际舞台上市场份额,企业的发展也将确保俄罗斯能够打入国际市场,进行长期投融资项目,进一步刺激外贸发展。

俄罗斯能耗和碳密度将大幅下降,节能技术的发展和能源效率的提升不仅能够带来直接的经济效应,减少对环境的影响,也将成为各经济板块减少温室气体排放的主要动力。落实提升能效的措施将有助于更快速地减少温室气体排放,这将成为向低碳发展的优先机制之一。

在全球经济和俄罗斯联邦经济面临巨大变化的情况下,要实现低碳发展目标,就必须加快转型(现代化飞跃),建立一个更加高效、灵活和可持续的能源部门,能够充分应对相关挑战和威胁,并克服现有问题。战略认为,未来俄罗斯将在下列领域实现飞跃:

结构多样化。即以非碳能源补充碳能源,以分散能源供应补充集中能源供应,以出口俄罗斯能源技术、设备和服务补充能源资源,并扩大电力、液化天然气和天然气燃料的应用范围。

燃料和能源部门的数字化转型和智能化。这将为能源部门的所有流程带来新的质量提升,并为燃料和能源产品及服务的消费者带来新的权利和机遇。

优化能源基础设施的空间分布。在俄罗斯联邦的东西伯利亚、远东和北极区建立石油和天然气矿产资源中心、石油和天然气化工综合体,并扩大能源资源的运输基础设施,俄罗斯联邦将成为亚太地区市场的主导者。

减少燃料和能源工业对环境的负面影响,并使其适应气候变化。据此,俄罗斯联邦将对世界经济向低碳发展的过渡以及保护环境和应对气候变化的国际努力做出重大贡献。

三、战略推进路径

为了落实该战略，俄政府正在审议实施该战略的计划（路线图），其中包括为实现该战略的既定指标而采取的各项必要措施，预计该文件将于2022年年中推出。俄政府将与经济、能源部门、地方政府通力合作，确保战略能够有效落实。此外，俄也出台了一系列配套法律草案文件，对可再生能源细分行业制定愿景规划。从近期看，主要推进措施有：

一是启动企业强制性碳报告制度。通过相应的激励措施，鼓励企业自发减排，核查检查气候项目，并逐步开始落实试点。基于此，将制定一个基于公认标准的俄罗斯标准。俄经济部已发布《企业碳中和战略》，其中，15家俄罗斯先进企业率先提出减排和碳中和目标，行业覆盖石油、铝业、航天、金属等俄重点产业，其中4家企业提出要在2050年前完成碳中和。俄罗斯铝业企业En+已经率先开展低碳转型，积极研发开发无碳铝冶炼技术来推进低碳。

二是充分利用俄罗斯广袤森林资源，推动碳吸收等固碳技术发展。俄罗斯森林资源位列全球第一，占全球总资源的20%左右。得天独厚的自然资源优势为俄罗斯发展森林固碳技术奠定了良好基础。为配套碳吸收技术，俄计划开发温室气体排放和吸收记录的系统，以评估本国产品碳强度，此外，该系统记录的数据也将为全球低碳发展和保护生态环境安全提供数据支撑。

三是开发氢能、核能等替代能源。2021年公布的《2020—2024年俄罗斯氢能发展路线图》，计划由俄气、俄原子能公司主导，2024年前在俄境内建立全面的氢能产业链。2021年8月，俄总理米舒斯京批准了氢能发展构想，该构想分三个阶段，最终目标是成为国际市场氢能及相关技术的最大供应国，到2050年，俄罗斯氢能供应量可达1 500万—5 000万吨，或占全球氢市场的20%。俄计划在未来三年在氢项目上投入90多亿卢布。

四是推进液化天然气开发使用，促进俄脱碳。俄总统普京曾表示，要在2035年之前将俄液化天然气年产量增加至1.4亿吨，占据约20%的国际市场份额。天然气的碳排放量低于煤炭，是更为环保的传统能源，也是俄罗斯优势领域之一。

五是发展绿色金融。2021年7月，俄罗斯政府明确了与绿色项目有关的国家分类标准，达到这些标准后，企业实施绿色项目可以通过特殊债券或贷款吸引优惠融资。俄罗斯银行也对在绿色金融框架下引入资源的组织和此类金融工具的投资者，提出了一系列支持性措施的建议，其中包括税收优惠、补贴机制、银行担保等。

第三节　碳中和技术创新战略

目前，俄政府正落实包括减少燃煤发电中的碳足迹，积极开展数字化和工业电气化，将氢能技术引入冶金和化学行业，开发联合循环电厂、核电站、水电站和可再生能源等技术，全方位推进低碳技术落地，并广泛鼓励开发和使用捕捉、利用和封存温室气体的技术。将制定相关立法框架，鼓励使用温室气体排放量低、资源和能源效率高的技术，修订现有的最佳可得技术手册。

一、固碳技术

《能源战略》提出，当前各方对碳捕集、储存和使用技术愈发关注，这可能对未来的化石燃料使用产生重大影响。《碳中和战略》提出，俄生态系统中森林资源的吸收能力将从当前的5.35亿吨增加到12亿吨二氧化碳当量。目前，俄罗斯正在开展林业管理办法研究，开设林业相关的新学识课程。

俄罗斯计划增加森林面积，开展提升森林吸收能力潜力的评估和研究，开发新技术减少排放，增加森林和其他生态系统对温室气体的吸收。同时在经济项目的落实中纳入重新造林和植树造林计划、防火防灾防虫等额外措施。目前，正在开展关于在森林管理、砍伐、培育、养护和保护中减少碳损失的综合项目。在造林技术领域正常适用具有更好碳吸收能力的混交林取代单株林。

为推动固碳技术和碳吸收技术发展，俄罗斯在农业方面计划逐步减少耕地土壤的碳损失，由此将碳固存在草原、牧场和休耕地的土壤中，并开展被破坏土壤的修复工作。水体吸收方面，开展水体吸收和固存温室气体能力的研究，开发相关技术，以增加水体对温室气体的吸收能力。

二、电能技术

根据俄罗斯2020年发布的《至2035年能源战略》，与2008年相比，电力生产增加了5.3%，消费增加了5.4%，发电厂的装机容量增加了11%。2008年至2018年期间，有43.4吉瓦的新装机容量投入使用。2009年事故后的萨扬-舒申斯克水电站的修复工作已经完成。目前,约有 300 条 220 千伏及以上输电线路投入使用和重建。2019 年,俄宣布提前 6 年进入电力竞争性模式,确保了行业内运营和投资成本的优化,鼓励发电机构对低效的发电设备进行现代化。

《低碳战略》中指出,随着俄电力需求不断增长,俄计划用低碳蒸汽发电、核电、水电和可再生能源进行发电,同时满足电力需求和低碳发展规划。

电能方面,引进现代技术,开发蒸汽和天然气发电、核电站、水电站和可再生能源,最大限度地发挥煤炭部门减少温室气体排放的潜力,包括全面过渡到现有最先进技术,支持创新和气候友好型煤炭燃烧技术,用热电联产设施大规模取代低效率的锅炉房,并制定配套鼓励措施。此外,俄计划减少与技术过程和化石燃料运输中的温室气体泄漏有关的逃逸性排放。还规定了引进捕集、掩埋和进一步利用温室气体排放的技术。战略预计,2031 年至 2050 年间,俄发电领域结构将开展关键转型。

俄电力产业的主要任务是提高对消费者的供电可靠性和质量,达到与国外同行业最佳水平,同时确保经济效率。对此,俄计划在 2024 年前将能源系统中的电厂装机容量维持在 254 吉瓦,在 2035 年前维持在 251—264 吉瓦之间。到 2035 年,俄罗斯统一能源系统中的 220 千伏及以上和 25 兆瓦及以上的发电设施,以及技术上孤立的地区电力系统中的 110 千伏及以上和 5 兆瓦及以上的发电设施,过渡到 100%的自动化远程控制运行模式。

未来,俄计划优化发电能力的结构,考虑其技术和经济指标的同时,保持热电联产的优先地位;减少统一能源系统的过剩产能,使其达到产能储备的标准值,包括退役或更换低效的发电能力;主导形成欧亚经济联盟的共同电力市场,确保俄在其中的竞争参与性。

三、氢能技术

俄罗斯在开发和掌握氢能技术方面拥有丰富的经验。早在 20 世纪 30 年代,苏联的鲍曼莫斯科国立技术大学就研究了在汽车发动机的汽油中加入氢能的效果。

氢能和氢能技术领域的研究和开发是在 20 世纪 70 年代作为“氢能”国家计划的一部分在宏观布局战线上进行的。作为该计划的一部分,俄罗斯开发了用原子生产这种气体的氢能概念。而在国家经济改革期间氢能潜力被大幅削弱，直到 2000 年初，俄罗斯才开始进入氢能发展新阶段。①

《能源战略》中指出，开发甲烷水合物和含油碳氢化合物储备的技术将成为推动全球能源市场重新分配的突破性技术，能够推动电力系统管理和运行的组织和技术变革，促进能源部门向新技术基础的过渡。

为此，战略指出，必须发展可再生能源和能源储存，包括混合动力汽车和电动车、氢能驱动汽车、无人驾驶和联网运输技术。其中氢能技术对低碳发展具有重大意义，当前氢能主要应用于化工和石化行业，而未来氢能将成为全新能源载体，取代碳氢化合物，创造“氢能经济”。俄罗斯具有强大氢能生产潜力，政府通过政策措施（以补贴为主）和市场经济条件允许，来推动氢能技术发展。

2020 年 10 月 12 日，俄政府批准了《俄罗斯联邦至 2024 年氢能发展路线图》，其中就氢能技术发展提出一系列规划任务，主要目标是组织第一优先工作，在俄罗斯形成高性能的出口型氢能，在现代技术的基础上发展，并提供高素质的人才。要实现这一目标，需要完善监管和法律框架，形成和实施国家对氢能生产、储存、运输和使用项目的支持措施，加强国内企业在成品市场的地位，以及在科学、工程和技术发展的关键领域开展研究和开发工作。

俄罗斯天然气工业股份公司（Gazprom）指出，氢能，特别是甲烷热解技术具有重大前景，这项技术不产生二氧化碳排放，也不需要为其建造储存设施，所产生的副产品碳甚至可以找到对应商业应用场景。使用该技术将使燃料减少 5%，二氧化碳及污染排放减少 30%。该公司计划安排甲烷—氢能燃料生产的模块化设备，随后开展全面生产和技术复制。目前，俄罗斯已经掌握热核反应堆的关键技术，并能够从 200 兆瓦模块中生产 10 万吨氢能。

此外，研究机构也致力于开发完全无碳的天然气制氢技术。全俄核电站运行研究所正在制定技术建议，并对在单个核电站中创建和使用氢能生产和储存的自主模块进行技术和经济评估，以便在电力供应、工业和运输中使用。

俄罗斯科拉核电站正在开展氢能技术和电解制氢开发测试的试点项目，这将推动弥补摩尔曼斯克地区的能源短缺。根据俄罗斯国家原子能集团的预测，1 兆瓦的电力能力将每小时生产约 200 立方米的氢能（每年约 158 吨），这将满足大型特大城市交通的需要。

---

① Алексей МАСТЕПАНОВ, “Водородная энергетика России: состояние и перспективы”, Энергетическая политика, https://energypolicy.ru/a-mastepanov-vodorodnaya-energetika-rossii-sostoyanie-i-perspektivy/energoperehod/2020/14/23/（发布日期：2020 年 12 月 23 日）.

第四节　碳中和产业战略

目前,氢能是俄罗斯关注度最高的低碳发展产业,在该领域已经出台了较为细分的《至 2024 年氢能发展规划》和《2020 年至 2024 年氢能发展路线图》。此外,水能与核能也是俄罗斯低碳发展重点关注的两个领域。

一、氢能产业

俄罗斯在发展氢能方面已经拥有重要的竞争优势,包括:拥有显著能源潜力和资源基础,发电能力仍有较大发展空间,在地理上接近潜在氢能消费者,在氢能生产、运输和储存方面有科学背景,以及拥有已经建好的运输基础设施。这将使俄罗斯未来在全球市场的氢能生产和供应中占据领先地位。

(一) 产业概况

俄罗斯拥有大量的天然气、煤和水储备,在发电能力储备和绿色能源领域拥有巨大潜力,这些优势条件能够保障俄罗斯通过各种方法发展氢能生产。《至 2024 年氢能发展规划》中提出,氢能发展能缓解俄能源领域面临的挑战和风险,并通过使出口结构多样化、减少出口工业产品的碳足迹以及吸引对生产和使用项目的投资,对俄经济发展、氢气生产和应用项目产生积极影响。

(二) 现存问题

俄罗斯现阶段氢能发展面临以下障碍。第一,低碳氢(蓝氢)成本较高,与传统能源载体相比竞争力较低。第二,低碳氢气生产技术,包括二氧化碳捕集、储存、运输和使用技术,在工业上的广泛应用准备不足,这些技术的技术和经济指标相对较低。第三,俄缺乏氢能运输基础设施,氢能储存和运输工业技术水平,特别是远距离运输技术欠发达。第四,氢能领域法律监管框架、安全标准尚不完善,国家标准化和认证体系不完善。第五,与主要竞争国家相比,俄氢能项目实施资本成本较高,且政府对氢能发展的扶持计划优先程度不高,对氢能技术的研究和开发投资不足。

此外,在俄罗斯向低碳经济过渡的过程中,俄罗斯也将面临一系列问题,例如在可再生能源、可再生核能、其他低碳能源、数字和智能技术上远落后于其他国家。从氢能出口来看，德国在内的欧洲国家氢能战略目标是完全改用绿氢，而俄制氢以蓝氢和黄氢为主，绿氢产能有限，俄产蓝氢和黄氢在未来并不能够满足能源伙伴的环保要求，未来俄对欧洲氢能出口可能面临严密的环保壁垒①。

（三）愿景目标

俄罗斯在2020年6月发布的《2035年能源战略》中指出，氢能领域的主要任务是发展氢能生产和消费，使俄罗斯成为氢能生产和出口的世界领导者之一。在中长期规划中，俄罗斯政府提出了一系列推动氢能发展的关键措施，包括：

制定和实施国家支持措施，以建立运输和消费氢和基于氢的能源混合物的基础设施；确保对氢能生产的立法支持；建立氢能安全领域的监管框架；

增加天然气的氢能生产，包括使用可再生能源和核能；开发国内低碳技术，通过转换法、甲烷热解法、电解法和其他技术生产氢能，包括将外国技术本地化的可能性；

刺激俄罗斯运输业对基于氢能和天然气的燃料电池的国内需求，以及使用氢能和基于氢能的能源混合物作为能源储存和转换器，以提高集中式能源供应系统的效率；加强在氢能开发和进入外国市场领域的国际合作。

《能源战略》中规定，至2024年俄罗斯将出口20万吨氢能，至2035年出口200万吨氢能。

在《至2024年氢能发展规划》中，俄政府将氢能产业发展分为三个阶段：第一阶段是从现在开始的三年半中，建成集生产、出口为一体的氢能项目产业集群，在俄罗斯国内推广使用氢能；2025年至2035年以及2035年至2050年这两个阶段，则主要用来建设以出口为导向的生产项目，在各个经济和工业领域系统使用氢能技术。

在第一阶段，将利用天然气资源，结合CCS技术进行低碳氢（蓝氢）的生产，至少建成三个氢能产业集群分别向欧洲国家出口氢气。西北集群将致力于向欧洲国家出口氢气，并制定措施降低出口导向型企业的碳足迹；东部集群将专注于面向亚太地区的出口，以及交通和能源领域基础设施的发展；北极集

① 冯玉军：《俄罗斯加紧布局氢能发展》，《世界知识》2021年第1期，https://brgg.fudan.edu.cn/demo/articleinfo_3253.html（发布日期：2021年1月15日）。

群旨在为俄罗斯北极地区打造低碳能源供应系统。

第二阶段，将启动首个商业规模的氢能项目，目标是每年出口 200 万吨的氢气，还将致力于实现从石油化学到公用事业等各个领域广泛采用氢能技术。

在第三阶段，俄罗斯希望成为欧洲和亚太地区最大的氢燃料出口国之一，并实现氢技术在交通、能源和工业领域更广泛的商业应用。

二、水能产业

水能是俄罗斯主要可再生能源板块，为俄电力部门做出重要贡献。从 2008 年到 2018 年，水力发电量增加了 15.8%。水电站，包括抽水蓄能电站，约占发电量的 20%。

（一）产业概况

根据能源部数据，截至 2019 年 1 月 1 日，水电发电装机容量占俄可再生能源发电装机总容量 97.9%，而太阳能发电和风力发电的发电装机容量占比仅为 1.7%和 0.4%。俄罗斯联邦的水电潜力约占世界潜力的 9%，为水电开发提供了大量机会。

（二）现存问题

发展水电的主要问题和风险因素是水电设施建设时间长，水库用于水电的法律地位尚未确定，确保水电设施安全的成本越来越高，以及缺乏较为成熟的新水电设施投资回报机制。

（三）愿景目标

早在 2009 年俄能源部就出台了《俄罗斯联邦可再生能源发电支持机制》，提出了 2014—2024 年间俄各类可再生能源发电新增装机容量目标，其中，风电、太阳能光伏发电以及 25 兆瓦以下小型水电是俄政府重点支持的领域。

此外，俄政府还对可再生能源生产设备提出国产化率的具体要求，针对水能方面规定，到 2020 年，小型水电生产设备的国产化率要达到 65%，并规定只有符合上述要求的可再生能源项目才能并网售电。这不仅可以吸引国外可再生能源发电设备制造商在俄境内投资建厂生产，还可以推动企业间竞争，降低可再生能源成本。

《2035 年能源战略》提出，俄罗斯希望通过完善法律框架、保障水电设施安全、保护生物多样性、维护水电水库的法律地位等措施提高水电站运行效率。通过使用可再生能源提高偏远地区的能源供应效率。俄政府也将对设备和服务出口提供扶持，以便企业在国外开展可再生能源发电设备的设计、建造、运行和维护工作。通过设立中长期激励措施，提升各方对可再生能源发电的主观能动性。

三、核能产业

目前，俄罗斯正主导开发一项新型核能技术，由一个共同的封闭式核燃料循环连接的热反应堆和快中子反应堆的平行运行。该技术能够解决核燃料再生产、放射性废物最小化和遵守核不扩散制度的问题。

（一）产业概况

2008 年至 2018 年间，俄核电站的发电量增加了 25%。自 2008 年以来，俄罗斯建成并投用多个核电站，其他拥有大容量反应堆的核电站机组的建设正在推进。2008 年以来，俄积极参与海外核电站建设，包括在印度、中国境内的核电站机组建设项目，与白俄罗斯、孟加拉国、土耳其、芬兰、印度、匈牙利、埃及、乌兹别克斯坦、中国等一系列国家签署境内核电站建设协议。

鉴于近年来铀市场的现状，以国外低成本矿山为基础的联合铀矿开采项目正在扩大，以促进低浓铀在世界市场的发展。俄罗斯增加其国内生产的主要方向是发展库尔干地区和布里亚特共和国现有的低成本铀矿设施，并在外贝加尔地区建设新铀矿。

（二）现存问题

核电发展的主要问题和风险包括：核安全和辐射安全的相对成本较高，必须以环境安全方式管理废核燃料和放射性废物。此外，可盈利的铀储量在俄罗斯联邦的矿产资源基础中的份额约为 7%，占比仍然较低。

（三）愿景目标

《能源战略》中指出，核能领域俄计划提高核电效率，确保新核电站具有较强经济竞争力和更长生命周期。为此，必须开发和实施核能工程领域的新能源技术，包括热反应堆和快中子反应堆的平行运行，以确保封闭的核燃料循环。

俄计划在境内地质勘探和开发铀矿床；在其他国家勘探、开发矿床和增加铀产量的基础上，为核能提供充足的原材料基础；发展基于新一代气体离心机的核燃料循环技术，实现分离和升华的现代化；发展基于新一代气体离心机的核燃料循环技术，实现分离和升华工厂的现代化，提高核燃料及其组件的经济效率；建立一些封闭式的核燃料循环企业，处理废核燃料和放射性废物，并利用再生核材料生产燃料。

为解决提高核电效率的任务，俄提出“3＋”代核电站和更长寿命的现代化运行核电站机组在核电装机总容量中的份额指标，规定 2018 年该份额为 13％，至 2024 年增长至 26％，至 2035 年增长至 40％。

参考文献

［1］Правительство Российской Федерации，*СТРАТЕГИЯ социально-экономического развития Российской Федерации с низким уровнем выбросов парниковых газов до 2050 года*，29 октября 2021 г. № 3052-р.

［2］Правительство Российской Федерации，*ЭНЕРГЕТИЧЕСКАЯ СТРАТЕГИЯ Российской Федерации на период до 2035 года*，9 июня 2020 г. № 1523-р.

［3］Правительство Российской Федерации，*КОНЦЕПЦИЯ развития водородной энергетики в Российской Федерации*，5 августа 2021 г. № 2162-р.

［4］Министерство экономического развития Российской Федерации，*Государственный ДОКЛАД о состоянии энергосбережения и повышении энергетической эффективности в Российской Федерации в 2020 году*，2021.

［5］孙祁、张炳辰：《俄罗斯正式作出碳中和承诺：将于 2060 年前实现碳中和》，http://finance.sina.com.cn/esg/elecmagazine/2022-02-15/doc-ikyamrna0919588.shtml?cref＝cj（2022 年 5 月 8 日）。

执笔：倪文卿（上海社会科学院信息研究所）

第十二章　澳大利亚碳中和战略

澳大利亚是全球最大的煤炭和天然气生产国之一，是煤炭等传统能源的出口大国。澳大利亚的人均碳排放在世界各国中排名前列，在减排方面的努力明显落后于其他发达国家。2021年10月26日，在距离格拉斯哥气候会议(COP26)召开一周前，澳大利亚政府宣布了其到2050年实现碳中和的长期计划。该计划名为"澳大利亚方式"(the Australian way)，澳大利亚尚未通过立法方式来确保实施碳中和长期战略，而是依靠消费者和企业来推动减排。

第一节　战 略 背 景

澳大利亚经济对煤炭、矿产资源出口有较大依赖，因此对于全球应对气候变化的共同行动，并未积极响应，在签订《京都议定书》时便持拒绝态度，直到2007年才签署加入。澳大利亚是自2015年以来唯一未能加强其2030年碳减排目标的主要发达国家，①并且其2050碳中和目标也暂未进入立法。此外，澳大利亚对全球减排行动的回应也较为消极，如其拒绝加入"全球甲烷承诺"。②

一、基本国情

澳大利亚位于南半球，由整片澳洲大陆、塔斯马尼亚岛和其他小型岛屿组

---

① Will Steffen et al., "Crunch Time: How Climate Action in the 2020s Will Define Australia", Climate Council of Australia Ltd, 2021, p.2, https://www.climatecouncil.org.au/wp-content/uploads/2021/12/Crunch-time-full-report-2.pdf/(发布日期:2021年12月14日).

② "全球甲烷承诺"是由美国和欧盟主导的一项减少全球甲烷排放的倡议，加入这一倡议的国家承诺实现到2030年将全球甲烷排放量从2020年的水平减少至少30%的集体目标，目前除美国和欧盟外还有103个国家加入了这一承诺。

成。在政治上,澳大利亚是一个联邦议会君主立宪制的国家,拥有六个州、两个领地和数个海外领地。2021 年人口总数为 2 572 万,且高度集中于东海岸。澳大利亚属于发达国家,是全球第十三大经济体,自然资源丰富,为能源净出口国,是全球第二大煤炭出口国。

澳洲大陆是仅次于南极洲的第二干旱大陆,中部气候非常干燥,内陆分布有许多沙漠,这也导致澳大利亚大部分地区非常容易发生周期性干旱。干燥的环境以及其易受气旋影响的气候特征,也使其特别容易受到气候变化的影响,例如发生在 2019—2020 年间的森林大火,就被普遍认为与不正常的高温干燥和降雨不足相关。此外,气候变化还导致大堡礁白化频率增加,许多独特的生态系统变得更为脆弱。国际能源署(IEA)显示澳大利亚 2020 年的二氧化碳排放量为 376 Mt①。

将能源消耗按能源类型进行分类的话,澳大利亚 2020 年能源消耗的前三位依次为:石油、煤炭和天然气。石油(包括原油、液化石油气和成品油),占能源消耗的最大份额,为 37%;煤炭是第二大消耗能源,占能源消耗的 28%;天然气占能源消耗的 27%;可再生能源(包括生物能源、水能、风能和太阳能)占澳大利亚 2020 年度能源消耗的其余 7%(见图 12-1)。

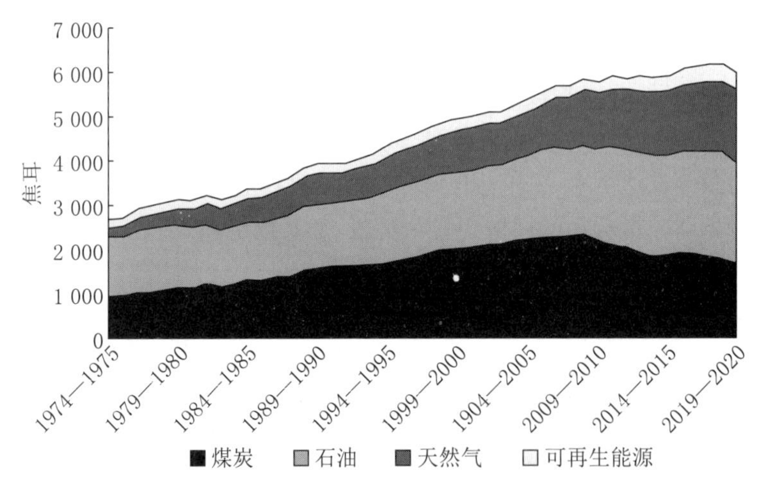

图 12-1 按燃料类型分类的澳大利亚能源消耗趋势

资料来源:澳大利亚工业、科学、能源和资源部(2021)。

① IEA, https://www.iea.org/countries/australia/(发布日期:2021 年 12 月 16 日).

根据澳大利亚工业、科学、能源和资源部2021年9月发布的《2021年能源更新》(*Australian Energy Update 2021*),与过去10年0.7%的能耗年平均增长率相比,由于新冠肺炎疫情带来的影响,2020年的能源消耗为6 014千万亿焦耳(PJ),比2019年下降了2.9%。[①]但澳大利亚的能源生产率在过去10年里提高了21%,每千万亿焦耳(PJ)的能源消耗可创造3.24亿澳元的GDP,比10多年前增加了5 000多万澳元。

二、能源结构

(一) 能源生产结构

澳大利亚的能源生产多年来一直保持增长态势(见表12-1)。2020年能源生产达到有史以来的最高水平20 055千万亿焦耳(PJ)[②]。化石燃料(石油、煤炭、天然气)在一次能源结构中占据主导,2020年达到93%。产量最多的能源是煤炭,占比达63.5%;天然气产量第二,占比29.6%;石油和天然气合计占比4.8%;各类可再生能源产量占比为2.1%。

表12-1 澳大利亚各类能源产量 (单位:PJ)

年份	黑煤	褐煤	石油和液化天然气	天然气	可再生能源
2000—2001	6 882.6	666.0	1 539.6	1 374.8	266.3
2010—2011	9 244.4	736.9	1 036.8	2 270.3	294.6
2015—2016	12 101.5	624.6	753.9	3 236.8	360.2
2018—2019	12 593.7	444.4	778.9	5 507.7	400.2
2019—2020	12 316.8	425.4	949.4	5 944.9	418.8

注:这里为统计年度,为当年7月1日至次年6月30日。
资料来源:澳大利亚工业、科学、能源和资源部(2021)。

① 能源消耗用以衡量澳大利亚经济中使用的能源量。它包括能源转换活动(如发电和石油精炼)所消耗的能源,但不包括国内生产的衍生燃料或二次燃料(如电力和精炼石油产品)。它相当于一次能源供应总量。它等于国内生产加上进口减去出口(和库存的变化)。

② 能源生产是在消费或转化为二次能源产品之前测量的在澳大利亚经济中产生的一次能源总量。无须热组件直接发电的可再生能源形式,例如风能、水力和太阳能光伏,也被视为一次能源。不包括例如燃煤发电等二次能源生产。

(二) 能源消费结构

2020 年澳大利亚能源消费总量为 4 266.6 千万亿焦耳(PJ),其中精炼石油产品占到 49.8%,其次是天然气(包括发电消耗的天然气)占 23.7%,电力占 20.1%。精炼石油产品消费约为电力消费的 2.5 倍。近年来,仅柴油的消费就已经超过了电力消费。可再生能源比例比较低,只占 4.0%(见表 12-2)。

从近 10 年的能源消费情况看,煤炭消费平均下降 1.3%,其中 2020 年就下降了 7.6%;可再生能源发电年均增长 9.5%,石油发电年均增长 4.3%,天然气发电年均增长 1.3%。

表 12-2　澳大利亚按燃料分类的最终能源消费总量

	2020 年		年均增长率	
	能源消费量(PJ)	份额(%)	2020(%)	近 10 年(%)
煤　炭	102.1	2.4	−7.6	−1.3
天然气	1 011.8	23.7	3.3	3.4
精制产品	2 124.6	49.8	−6.9	0.6
电　力	857.7	20.1	0.5	0.7
煤炭发电	470.7	11.0	−5.7	−1.9
天然气发电	178.6	4.2	4.6	1.3
石油发电	14.6	0.3	−8.4	4.3
可再生能源发电	193.8	4.5	15.2	9.5
可再生能源	170.3	4.0	−4.2	−0.7
总　计	4 266.6	100	−3.1	1.1

资料来源:澳大利亚工业、科学、能源和资源部(2021)。

从国内行业能源消费角度看,从 1974 年到 2019 年,澳大利亚能源消费基本呈现了不断增加的趋势,2020 年因全球新冠肺炎疫情影响,能源消费有所下降。2020 年运输业、电力供应和制造业合计占澳大利亚年度能源消费的 2/3 以上,其中,运输业占 26.5%,电力供应占 25.5%,制造业占 17.1%,采矿业占 14.2%,住宅占 7.9%(见图 12-2)。2020 年工业消费量为 2 814 千万亿焦耳(PJ),住宅消费量为 1 228 千万亿焦耳(PJ)。

按购买者价格计算，澳大利亚国内三大能源消费部门者的消费额分别为，住宅消费 489.84 亿澳元、制造业消费 247.19 亿澳元、运输业消费 166.05 亿澳元。

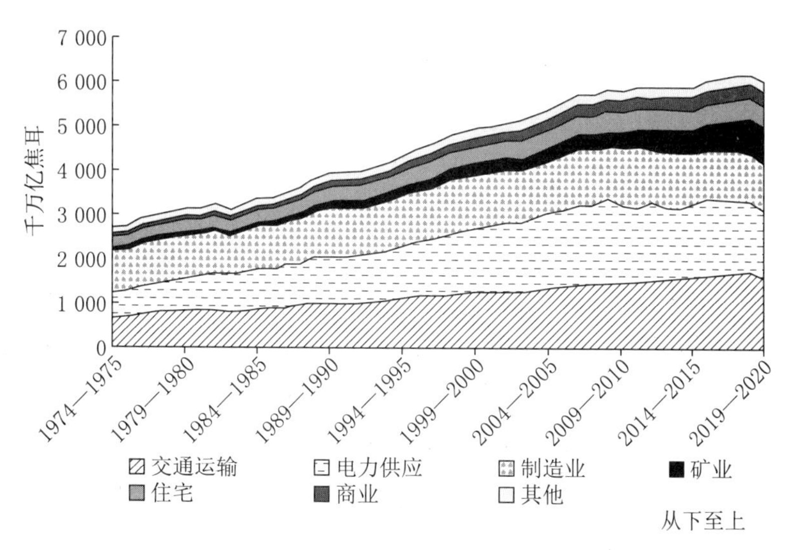

图 12-2 按行业分类的澳大利亚能源消费趋势

资料来源：澳大利亚工业、科学、能源和资源部(2021)。

(三) 能源进出口

澳大利亚是能源净出口国，净出口量相当于产量的 2/3 以上。2020 年能源出口达 16 290 千万亿焦耳(PJ)，其所生产的约 90%的黑煤、约 74%的国内天然气和 78%的原油产量都用于出口。其中黑煤是澳大利亚最大的出口能源，占到出口总量的 67.9%。由于新冠肺炎疫情影响，2020 年黑煤出口下降了 1%，但其出口量在过去 10 年都基本保持平均每年增长 4%。液化天然气占出口总量的 27%，2020 年增加了 6%，达到 4 392.5 千万亿焦耳(PJ)(见表 12-3)。

表 12-3 澳大利亚各类能源出口量 (单位:PJ)

年　份	煤　炭	液化天然气(LNG)	石油和液化石油气(LPG)	精炼产品
2000—2001	5 518.1	409.6	961.2	169.2
2010—2011	8 055.0	1 102.0	792.7	34.6

续表

年　份	煤　炭	液化天然气(LNG)	石油和液化石油气(LPG)	精炼产品
2015—2016	11 021.5	2 016.5	567.7	24.4
2018—2019	11 154.1	4 129.0	641.0	47.3
2019—2020	11 088.2	4 392.5	766.9	42.2

注:这里为统计年度,为当年7月1日至次年6月30日。
资料来源:澳大利亚工业、科学、能源和资源部(2021)。

澳大利亚的能源进口2020年为2 244千万亿焦耳(PJ),下降了7%。精炼产品和原油是澳大利亚最主要的能源进口产品。其中疫情导致的运输需求的下降,使得原油进口下降了17%,但成品油进口量仍维持相对稳定。而进口的天然气通过国内再生产后会以液化天然气的形式再进行出口(见表12-4)。

表12-4　澳大利亚各类能源进口量　(单位:PJ)

年份	石油和液化石油气(LPG)	精炼产品	天然气	煤炭及其副产品
2000—2001	1 035.8	154.2	0	0
2010—2011	1 253.6	624.3	221.4	6.4
2015—2016	788.7	1 192.3	226.4	6.8
2018—2019	863.2	1 326.8	202.0	17.2
2019—2020	716.5	1 328.4	179.7	19.2

注:这里为统计年度,为当年7月1日至次年6月30日。
资料来源:澳大利亚工业、科学、能源和资源部(2021)。

三、零碳之路

在过去的几十年里,澳大利亚政府一直由自由党和国家党联盟和工党交替执政。目前执政的莫里森政府属于自由党和国家党联盟。两个党派在气候政策上存在一定分歧,这也使得澳大利亚的双碳之路存在相当的混乱和反复。

(一) 自由党和国家党联盟执政期政策

1996年到2007年间,是由代表自由党的霍华德政府执政。约翰·霍华德上任7个月宣布了第一个气候变化计划——《保护未来：澳大利亚对气候变化的反应》(*Safeguarding the Future: Australia's Response to Climate Change*)，但该政策被批评者认为严重依赖技术和创新，并且没有通过新的税收来降低排放。[①]1998年11月，澳大利亚温室气体办公室(Australian Greenhouse Office)出台《国家温室气体战略》[②](*National Greenhouse Strategy*)，该战略侧重于三个方面的行动：(1)提高对温室问题的认识和理解；(2)限制温室气体排放的增长并提高温室气体吸收能力(greenhouse sink capacity)；(3)制定相应对策。但由于霍华德政府长期追随美国的气候政策，虽然签署了《京都议定书》，但未进行批准。

2002年霍华德政府的环境与遗产部部长和外交部部长宣布新的气候变化战略——《全球温室挑战：澳大利亚的未来之路》(*Global Greenhouse Challenge: the Way ahead for Australia*)，这一战略以四大要素作为支柱，旨在实现澳大利亚的京都目标并预测适应需求。一是澳大利亚将努力争取对气候变化采取更全面的全球应对措施；二是澳大利亚将在保持一个强大的、具有国际竞争力的经济的同时降低温室气体排放；三是使国内政策在灵活性和确定性之间取得平衡，以便对投资和技术开发作出关键决定的同时能够强调成本效益；四是澳大利亚将实施有助于适应已经不可避免的气候变化后果的政策和计划。[③]

澳大利亚政府于2004年制定了能源白皮书，《确保澳大利亚的能源未来》[④](*Securing Australia's Energy Future*)，该文件提出了可再生能源举措，包括对燃料消费税计划的彻底改革以及研发资金。但它重申，批准《京都议定书》不符合国家利益。

---

① Matt Saunders, Richard Denniss, "Overpromise and underdeliver—A brief history of Australian climate plans", *The Australia Institute Report*, p. 2, https://australiainstitute.org.au/wp-content/uploads/2021/11/Howards-Technology-Not-Taxes-WEB.pdf/(发布日期：2021年11月12日).

② https://australianpolitics.com/downloads/issues/climate-change/1998/1998_national-greenhouse-strategy.pdf#:~:text=The%20National%20Greenhouse%20Strategy%20is%20the%20primary%20mechanism, Governments%20through%20the%201992%20National%20Greenhouse%20Response%20Strategy/(发布日期：1998年11月26日).

③ "Global Greenhouse Challenge: The Way Ahead for Australia", https://parlinfo.aph.gov.au/parlInfo/download/media/pressrel/HZ676/upload_binary/hz6761.pdf; fileType = application%2Fpdf#search=%22media/pressrel/HZ676%22/(发布日期：2002年8月15日).

④ Anita Talberg, Simeon Hui and Kate Loynes, "Australian climate change policy to 2015: a chronology", May 2016, Science, Technology, Environment and Resources Section, p.10.

(二) 工党执政期政策

2007 年到 2013 年间,由代表工党的陆克文政府执政,其依靠在气候和环境方面的竞选承诺,获得了 2007 年的大选。陆克文政府兑现其竞选承诺批准了《京都议定书》。2008 年 12 月,澳大利亚政府发布白皮书《碳污染减排计划:澳大利亚的低污染未来》(*Carbon Pollution Reduction Scheme: Australia's Low Pollution Future*)。该白皮书概述了澳大利亚碳排放交易系统的最终设计和新的 2020 年减排目标,即排放量无条件地比 2000 年的基准减少 5%,如果存在全球协议,且所有主要经济体承诺大幅限制排放,所有发达国家承担与澳大利亚相当的减排量时,则比 2000 年的基准低 15%。但是,陆克文政府提出的澳大利亚的碳污染减排计划(CPRS)也导致其民意支持率一落再落,该计划是陆克文政府提出的针对人为温室气体的总量控制与交易排放交易计划,由于威胁到工党在议会选举中的优势地位,党内选举后由吉拉德接任。

吉拉德政府于 2011 年 7 月 10 日,发布《确保清洁能源未来:澳大利亚的气候变化计划》(*Securing A Clean Energy Future for Australia: Australian Government's Climate Change Plan*)①,概述了政府到 2020 年每年减少 1.59 亿吨温室气体的计划。该计划包括为碳定价,投资可再生能源,提高能源效率以及在土地部门创造机会,同时推进碳排放交易系统相关立法,并获得了成功。

(三) 自由党和国家党联盟执政期政策调整

2013 年至今,历任三届政府都是代表自由党和国家党联盟执政。2013 年阿伯特上任后就废除了由工党政府推行的碳税、碳排放交易系统相关法案。2015 年 4 月 8 日,时任政府工业和科学部部长发布了《能源白皮书》(Energy White Paper),从竞争、能源生产效率和投资三个主要方向提出了政府对能源部门的愿景。

2015 年 9 月到 2018 年 8 月特恩布尔上台期间,他希望推动能源市场改革,推出了《国家能源保障计划》(*Australia's National Energy Guarantee*),该计划对国家电力市场中的能源公司和大型能源用户设定了可靠性义务和减排义务。特恩布尔政府于 2015 年 12 月发布《澳大利亚国家气候适应和适应战

---

① Anita Talberg, Simeon Hui and Kate Loynes, "Australian climate change policy to 2015: a chronology", May 2016, Science, Technology, Environment and Resources Section, p.17.

略》(*Australia's National Climate Resilience and Adaptation Strategy*)[①],阐述了澳大利亚如何管理气候风险,以造福社区、经济和环境。强调澳大利亚联邦和地区政府、企业和社区的复原力建设,并用一套原则指导有效的气候变化适应工作,同时为未来的磋商和行动确立优先领域。澳大利亚于 2016 年 11 月在第 45 届议会上批准了《巴黎协定》,其承诺的 2030 年的目标是将排放量在 2005 年的水平上减少 26%—28%。

2018 年莫里森上任后对澳大利亚的气候政策再次进行了调整,废除了特恩布尔的《国家能源保障计划》,这一政策旨在通过改革能源市场减少温室气体排放,期望将能源问题与气候问题脱钩。在此背景下,2018 年,环境与能源部发布了"气候解决方案一揽子计划"(Climate Solutions Package)[②],以提升能源效率和支持可再生能源基础设施建设。2019 年,莫里森政府发布《国家氢能战略》(*Australia's National Hydrogen Strategy*)[③]。2020 年 9 月,作为莫里森政府宣布"燃气复苏"战略的一部分,为了使更多天然气进入市场,政府宣布间接和直接资助天然气至少 9.03 亿澳元。[④]2021 年 5 月,农业、水和环境部发布《国家土壤战略》[⑤](*National Soil Strategy*),该战略旨在通过推动政府和各利益相关方的协作,开展协调的地面行动、研究、教育、监测和治理恢复和保护全国的土壤。工业、科学、能源和资源部在 2021 年 10 月发布的《澳大利亚的长期减排计划》(*Australia's Long-Term Emissions Reduction Plan*)中,再次提出"依靠技术而非税收"的战略原则,这被批评者们认为是霍华德政府战略的延续,[⑥]即将保护化石燃料部门的工作岗优先于气候行动,并仅依靠新技术的公共支出来证明其正在对气候变化采取行动。2021 年 11 月,澳大利亚

---

① Commonwealth of Australia, *National Climate Resilience and Adaptation Strategy*, 2015, p.5.

② 澳大利亚环境与能源部,存续时间为 2016—2020 年,拆分后该部门的环境职能与农业部的所有职能合并,组成农业、水和环境部。该部门的能源职能转移到工业、科学、能源和资源部。

③ 详见 https://www.industry.gov.au/data-and-publications/australias-national-hydrogen-strategy/(发布日期:2019 年 11 月)。

④ Dina Hopstad Rui, Elizabeth Sullivan, Dongjae Oh "The Fossil Fuel Pushes—How Overseas Governments are Bankrolling Australia's Continued Fossil Fuel Addiction", p.4, https://apo.org.au/sites/default/files/resource-files/2021-11/apo-nid314990.pdf/(发布日期:2021 年 11 月 4 日).

⑤ 详见 https://www.awe.gov.au/agriculture-land/farm-food-drought/natural-resources/soils/(发布日期:2021 年 4 月)。

⑥ Matt Saunders, Richard Denniss, "Overpromise and underdeliver —A brief history of Australian climate plans", *The Australia Institute Report*, November 2021, p.1, https://australiainstitute.org.au/wp-content/uploads/2021/11/Howards-Technology-Not-Taxes-WEB.pdf.

政府发布的《未来燃料和车辆战略》[1](*Future Fuels and Vehicles Strategy*)阐释了政府将如何与私营部门合作增加新能源汽车的普及率,并为新兴低排放燃料技术的推出排除障碍,同时确保电动汽车配套基础设施的建设。2022年3月16日,澳大利亚工业、科学、能源和资源部在其2019年发布的第一份《关键矿产战略》的基础上进行了更新,发布了《2022年关键矿产战略》(*2022 Critical Minerals Strategy*)[2],这一战略聚焦于发展澳大利亚的关键矿产行业,希望其能扩大下游加工并满足未来向全球出口的需求。同时由于关键矿产是许多低排放技术所需的原材料,这一战略也将作为澳大利亚技术投资路线图的重要补充。

四、面对问题

(一) 传统化石产业难以割舍

澳大利亚联邦政府仍选择支持化石燃料行业,强调其煤炭和天然气部门的经济重要性。自2010年以来,在煤炭出口大幅扩张和新兴液化天然气出口行业的助推下,煤炭和天然气产量快速增长。为应对新冠疫情导致的经济增长放缓,联邦政府推出了"天然气复苏"计划,包括提供大量新的公共资金以开发新的天然气盆地、支持天然气运输网络的扩张以及采取各种措施促进天然气供应和国内天然气使用。而碳捕集和储存等技术的运用,似乎仅仅"旨在让化石燃料行业在未来几十年内保持运营"。澳大利亚能源部部长安格斯·泰勒(Angus Taylor)也承认,政府不打算将化石燃料作为其净零计划的一部分,因为政府"在未来许多年里仍将天然气作为组合的重要组成部分"。为了与将升温限制在1.5℃的目标以内保持一致,全球煤炭、石油和天然气产量必须在2020年至2030年期间每年分别减少约11%、4%和3%。但澳大利亚政府预计,从2019财年到2030财年,煤炭、石油和天然气的产量将分别增长4%、32%和12%。[3]因此,有批评者认为澳大利亚在继续向世界提供化石燃料的同时,声称会对气候变化采取行动是荒谬的。政府对于化石燃料的支持与其实现零碳排放的承诺是不一致的。

---

① 详见 https://www.industry.gov.au/data-and-publications/future-fuels-and-vehicles-strategy。

② 详见 https://www.industry.gov.au/data-and-publications/2022-critical-minerals-strategy。

③ United Nations Environment Programme (UNEP), UNEP DTU Partnership, *Emissions Gap Report 2021*, p.43, October 26, 2021.

（二）战略准备不充分

澳大利亚目前在零碳领域的战略和政策都被认为是不充分的。《澳大利亚的长期减排计划》作为2050年实现净零排放的整体经济计划，这种“技术而非税收”的方法想表达的是，在不使用任何传统政策杠杆的情况下，可以通过新技术的部署应用实现净零排放，但计划并未对以低成本开发和实施所涉技术的风险进行阐述。政府对这些技术的商业化前景、开发价格、可靠性等因素的考量过于乐观，未能考虑达不到理想状况下对行业可能造成的影响。政府目前的计划中将需要大量的“承购协议”，即一种对新技术的政府补贴。但从过去的经验上看，政府补贴无法保证新技术的成功，甚至可能造成财政的沉重负担。①如果净零排放技术高度依赖政府补贴，既会给国家财政造成严重负担，也不利于其真正走向市场化。此外，目前没有碳税和碳排放交易体系，也缺乏在经济领域制定相应政策框架的政治意图。

（三）能源安全问题凸显

澳大利亚能源安全和稳定性的担忧正在上升。随着国内石油产量的减少和炼油厂的关闭，该国对石油产品进口和全球石油供应链的依赖正在稳步增长。为了发挥天然气作为向低碳经济过渡的燃料的作用，政府正在关注资源开发，增加管道容量和市场整合。澳大利亚的电力系统同样面临着可靠性不足的问题。特别是在极端天气事件发生时，以及在需要容纳世界上最高的人均太阳能容量的情况下，电力系统的稳定性不足，断电事件时有发生。政府正在实施改革以确保供应，包括要求电力零售商承担相应义务、调整系统运营，以及进行2025年后的电力市场设计等，以整合更高水平的可变可再生能源②。

（四）现有产业易受国际脱碳影响

在全球向零碳排放转型的大背景下，通过全球供应链的传导，澳大利亚的

---

① Richard Denniss, Matt Saunders, David Richardson, “Bending the Trend The role of policy, prices and pamphlets in driving emissions reductions”, The Australia Institute Report, p.11, https://apo.org.au/sites/default/files/resource-files/2021-10/apo-nid314833.pdf/(发布日期:2021年10月29日).

② 可变可再生能源(variable renewable energy)是指由于存在波动性而无法调度的可再生能源，例如风能和太阳能。

经济将受到影响。澳大利亚的前十大贸易伙伴中有七个国家制定了本世纪中叶的净零排放目标。[①]这些国家的减排举措将对澳大利亚的出口贸易产生影响。澳大利亚是一个出口导向型经济体，其国内生产总值的24%来自出口，其中78%是货物贸易。澳大利亚前三大出口产品是铁矿石、煤炭和天然气。随着出口市场所在国要求使用可再生能源取代化石燃料，其对煤炭和天然气的需求将下降。铁矿石用于炼钢，目前炼钢主要使用煤炭或天然气，因此其也属于一个排放密集型过程，可能受到出口国政策变动的影响。此外，在国际投资来看，矿业是澳大利亚最大的外国直接投资接收产业，其吸引的外国直接投资金额是制造业的两倍多，并且作为最大的出口行业，铁矿石、煤炭和天然气又往往在矿业投资中占据主导。澳大利亚能否通过能源转型、技术升级等继续吸引低碳投资资金对其零碳排放目标的实现也至关重要。

第二节　碳中和战略构架

《澳大利亚的长期减排计划》是到2050年实现零碳排放的整体经济计划，围绕这一整体计划的是有关技术和具体产业的配套战略。这一系列战略文件基本上贯彻了以技术为主导、让市场发挥主要作用、降低技术成本、压低能源价格和提高透明度此五项关键原则的理念，并希望通过政府投资、新兴低排放技术开发、巩固和拓展国际贸易、进行国际合作这四个领域的协调行动，推进其长期计划。

一、战略认知与理念

五项关键原则指导了澳大利亚长期减排计划的制定。这些原则将确保到2050年实现净零排放经济的转变将是有效、公平和公正的，而且任何经济部门都不会承担过重的负担。同时这五项原则也将贯彻到长期减排计划实行的全过程。

（一）技术为主导的减排策略

以技术为主导的减排，将通过降低新兴技术的成本而非对现有行业征税。

① 这七个国家和地区分别为：美国、中国、欧盟、日本、英国、韩国和新西兰。

现任政府承诺将不会引入碳税,他们认为这可能会将澳大利亚的就业机会推向海外。政府认为未来的技术突破将弥合与实现净零差距,到2050年新兴技术的部署将减少15%的排放。[①]同时以技术为主导的减排策略将更有利于企业的成长并提升其竞争力,也能避免能源价格提升给普通民众、企业带来更重的经济压力。要在实现经济发展的同时,实现零碳排放的目标。

(二) 以市场为主导,政府仅发挥辅助作用

由私营部门主导成熟技术的广泛应用,而政府主要任务是消除技术推广应用中的各种障碍。政府的任务主要包括:投资基础设施建设、确保透明度和知识共享、为企业开发应用新技术提供资金和采取激励措施。同时尊重消费者选择,并相信家庭和企业在新技术变得更便宜时会采用新技术。承诺不会通过强制性目标要求消费者使用缺乏市场竞争力的新技术。这既适用于澳大利亚国内消费者,也适用于其国际贸易伙伴。将通过开发氢能等新能源和深化关键矿物和其他金属的全球供应链,扩大全球市场的选择范围。

(三) 降低新能源技术的成本

澳大利亚政府认为全球气候目标的实现需要在所有经济部门大规模推广应用变革性技术,因此其优先事项必须是降低一系列技术组合的成本,使其达到商业平价,并为此制定了技术投资路线图。路线图通过调查新兴技术、确定优先技术,为每个优先技术设定一个经济拓展目标;投资优先技术以实现拓展目标;衡量现有政府投资如何发挥作用,并根据实际情况对投资进行微调,指导政府投资。

(四) 通过负担得起和可靠的电力来降低能源价格

澳大利亚作为能源大国,可靠和负担得起的能源是其繁荣的关键基础,也是采矿和制造业等区域产业的基础。在经济脱碳、世界转向低排放技术的背景下,澳大利亚希望能保持这一竞争优势,保护这些行业的竞争力及其支持就业机会,并在未来几十年继续成为重要的低成本能源供应国。

---

① "Australia's plan to reach our net zero target by 2050", https://www.minister.industry.gov.au/ministers/taylor/media-releases/australias-plan-reach-our-net-zero-target-2050/(发布日期:2021年10月26日).

（五）提高透明度、完善审查机制、倡导全球标准

澳大利亚政府认为，透明度对于将目标转化为现实至关重要。将继续制定可实现的全经济目标，并定期审查和完善其计划。同时，在排放报告中为透明度和问责制度设定全球基准，以便根据目标追踪战略进展状况。同时，在全球范围内倡导同样高度的透明度标准，鼓励广泛采用该国的排放测量和库存管理方法。

二、目标与愿景

在减排方面，澳大利亚2030年的目标是将排放量在2005年的水平上减少26%—28%。根据2021年排放预测显示，到2030年，澳大利亚的人均排放量将减少一半以上，每单位GDP的排放量将减少77%—81%，[①]将能够超额完成其对2030年的承诺。预计到2050年，除了需要实现其净零排放的承诺外，通过在未来30年内提高整体经济的能源效率，澳大利亚的人均GDP能源消耗将下降一半。如果能够成功实现低排放技术成本的大幅下降，以2005年为基准年，到2050年工业、制造业和采矿业的排放量将减少近20%，农业排放量将减少36%，运输业排放量将减少50%以上。[②]

在技术创新方面，坚持以技术为主导的减排策略，其目标是降低低排放技术组合的成本，让它们与现有策略一致，达成商业上的平价，增强新技术对国内外消费者的吸引力。澳大利亚在技术路线投资图及其《低排放技术声明》[③]（*Low Emissions Technology Statement*）中确立的愿景是，构筑“一个繁荣的澳大利亚，并被公认为全球低排放技术领导者”。

在社会民生方面，可在现有产业和供应链的基础上，利用新的出口机会，保护区域产业，支持就业和生计。按照当前计划，预计到2050年人均国民收入将增加近2 000澳元。此外，通过发展重点矿产、清洁氢气、可再生能源、绿

---

① Australian Government Department of Industry, Science, Energy and Resources, *Australia's Nationally Determined Contribution Communication*, 2021, Commonwealth of Australia 2021, p.15.

② Australian Government Department of Industry, Science, Energy and Resources, *Australia's whole-of-economy Long-Term Emissions Reduction Plan*, Commonwealth of Australia 2021, October 26, 2021, p.37.

③ 详见 https://www.industry.gov.au/data-and-publications/technology-investment-roadmap/（发布日期：2021年9月22日）。

色钢铁和氧化铝等领域的新技术，许多地区可以创造出超过 10 万个的新工作岗位。

在出口方面，认为全球技术趋势将推动国内外需求的转变，从而不会提高国内能源价格，也不会降低其出口工业的竞争力；同时，为投资创造有利机会，使得澳大利亚能够抓住新能源经济的机遇，扩大市场，并使其保持一个值得信赖的大宗商品生产国和领先的能源出口国的地位，继续满足海外客户国家的需求。因此，澳大利亚的出口导向型行业预计将大幅增长，2020 年至 2050 年间，预计出口价值将增加两倍多 。[①]

三、战略推进路径

（一）政府投资以支持降低低排放技术成本

降低技术成本是实现零碳排放的关键途径。根据技术投资路线图确定的优先技术（清洁氢气、储能、低排放钢铝、碳捕集和储存、土壤碳、超低价太阳能），可以实现净零排放所需约一半的减排量。该路线图所确立的投资框架将指导政府对低排放技术进行投资，并且与企业、研究人员和其他国家合作，以降低这些技术的成本，使之成为消费者的合理选择。预计到 2030 年的十年中，澳大利亚政府将在路线图的指导下，在低排放技术方面至少投资 200 亿澳元。包括澳大利亚可再生能源署（Australian Renewable Energy Agency，ARENA）、清洁能源金融公司（Clean Energy Finance Corporation，CEFC）和清洁能源监管机构在内的国家机构，都计划采取各项有针对性的措施，落实路线图，在投资优先技术的同时，支持开发其他高潜力的新兴技术。

（二）大规模推广应用低排放技术

政府在释放投资和扩大技术应用方面发挥推动作用。一方面，通过清理问题、消除障碍、激励拉动等政策手段，为私营部门的技术推广应用提供帮助；另一方面，通过投资技术推广应用所需的基础设施，为消费者提供便利和透明信息。政府通过促进碳排放交易市场发展，以及激励自愿行动等措施，帮助克

---

① Australian Government Department of Industry，Science，Energy and Resources，*Australia's whole-of-economy Long-Term Emissions Reduction Plan*，Commonwealth of Australia 2021，October 26，2021，p.11.

服个别部门遇到的障碍，推动低排放技术的大规模推广应用。

（三）抓住新市场和传统市场的机会

作为传统能源出口大国，一方面，为了保护其现有市场，将继续推动传统能源出口。通过加强与传统能源生产地区的合作和共同投资，促使使其适应能源转型。此外，通过碳捕集与封存（CCS）等技术降低化石燃料的排放强度，并使化石燃料能够持续用于生产清洁氢。另一方面，希望在全球低碳转型中利用其在清洁能源技术、清洁能源设备与服务、清洁制氢、低排放燃料、低排放制造等方面的竞争优势，抓住新的发展机会，并以此为契机帮助农业部门和农业社区发展。

（四）促进全球合作

加强与贸易和战略伙伴的合作和共同投资，促进低排放技术的全球合作。通过建立新的双边伙伴关系，在多边倡议和机构中发挥主导作用。加速推进世界经济脱碳所需的技术转型，扩大全球生产和供应链，降低所有国家（包括澳大利亚）所需技术的成本。一方面与德国、英国、日本、韩国和新加坡等国家建立低排放技术伙伴关系；①另一方面与印太邻国合作，在印度—太平洋地区建立一个高度完整的碳抵消机制。②

第三节　碳中和技术创新战略

根据工业、科学、能源和资源部 2020 年和 2021 年两年发布的《低排放技术声明》，目前澳大利亚确定的优先技术为：清洁氢气、储能、低排放材料（钢、铝）、碳捕集和储存（CCS）、土壤碳、超低价太阳能（2021 年新增）。以下选取三种技术具体展开。

---

① "Office of the Special Adviser to the Australian Government on Low Emissions Technology", https:// www. industry. gov. au/policies-and-initiatives/office-of-the-special-adviser-to-the-australian-government-on-low-emissions-technology/（更新日期：2022 年 3 月 25 日）.

② Australian Government Department of Industry, Science, Energy and Resources, *Australia's whole-of-economy Long-Term Emissions Reduction Plan*, Commonwealth of Australia 2021, October 26, 2021, p.47.

一、碳捕集、利用和封存(CCUS)

(一) 战略概述

CCUS包括了碳捕集和封存(CCS)和碳捕集和利用(CCU)。CCS技术不仅支撑着包括清洁氢能生产在内的诸多新兴低排放技术的发展,而且为许多最难以减排的行业提供潜在的脱碳途径。CCS是澳大利亚长期减排计划以及《低排放技术声明》确定的优先技术。在《低排放技术声明》中联邦政府为CCS确定的经济拓展目标为,"二氧化碳压缩、枢纽运输和储存低于每吨二氧化碳20澳元"。

2021年11月,联邦科学和工业研究组织(Commonwealth Scientific and Industrial Research Organisation, CSIRO)发布了《二氧化碳利用路线图》(CO_2 *Utilisation Roadmap*①),提出了支持扩大CCU规模的路线图,为讨论澳大利亚如何成为该领域的领导者提供一个框架。该路线图确定了CCU在澳大利亚食品和饮料行业的机会。

(二) 重点优先技术

CCUS各阶段都涉及不同的技术。在碳捕集方面,从点源还是直接从大气中捕获有不同的技术。对于点源排放,适用的成熟技术主要有:吸收、吸附、膜。而直接从大气中捕获,适用的技术主要有:基于溶液的吸收和电渗析(不加热)、基于溶液的吸收和煅烧(高温)、固体基吸附和解吸(低温)(详见表12-5)。

表12-5　碳捕集技术说明

	碳捕集技术	技术说明
点源排放	吸收	从点源排放的气流与液体吸收剂接触后,通过物理或化学方法吸收其中的CO_2,而后再通过加热或/和施加压力的方法释放CO_2,使得吸收剂能够循环使用。
	吸附	通过CO_2和吸附剂表面之间的分子间作用力,使CO_2黏附在表面。然后通过加热、通电或加压来释放CO_2。
	膜	通过选择性膜实现物质的分离。

---

① Srinivasan V et al., *CO_2 Utilisation Roadmap*, *2021*, Commonwealth Scientific and Industrial Research Organisation 2021.

续表

	碳捕集技术	技术说明
直接从大气中捕集(DAC)	基于溶液的吸收和电渗析(不加热)	吸入大气,用氢氧化钠(NaOH)溶液吸收 CO_2。然后用硫酸(H_2SO_4)对产生的碳酸钠(Na_2CO_3)溶液进行酸化,释放出几乎纯净的 CO_2。然后通过电渗析再生氢氧化钠(NaOH)和硫酸,以便再次使用。
	基于溶液的吸收和煅烧(高温)	使用氢氧化钠或氢氧化钾水溶液(KOH 水溶液)来吸收二氧化碳。将其形成的沉淀物进行煅烧,最终收集分解形成的 CO_2 和氧化钙(CAO)。
	固体基吸附和解吸(低温)	目前这一技术仅有两种商业上可用的变体。其中一种是利用与干燥多孔颗粒结合的胺类化合物作为过滤材料。

资料来源:作者自制。

在碳储存方面,澳大利亚认为其竞争优势在于其地质储存盆地,目前 Gippsland、Surat 和 Cooper 盆地以及 Petrel 和 Barrow 子盆地都处于发展的成熟阶段。政府正在进行进一步分析,以了解更多盆地储存 CO_2 的潜力。

在 CCU 领域,目前主要关注 CO_2 的直接使用、矿物碳化、将 CO_2 转化为化学品和燃料,以及 CO_2 的生物转化等四个领域。

(三) 技术发展路径

《二氧化碳使用路线图》对于 CCU 技术的发展路径分为立即行动期(2020—2025 年)、中短期(2025—2030 年)、长期(2030—2040 年)三个阶段,并确定了相应的优先部署事项(见表 12-6)。

表 12-6　CCU 技术的发展路径

阶段	CCU 技术领域	优先事项
立即行动期(2020—2025 年)	CO_2 的直接使用	• 探索为 CO_2 点源排放者提供长期合同; • 确定 CO_2 排放点源/温室 CO_2 气流共址候选者; • 在承购商的场地示范供应情况。
	矿物碳化	• 示范小规模、技术驱动的矿物碳化项目,为经济使用案例提供信息并建立客户群; • 在低风险的非钢筋混凝土中示范 CO_2 固化和聚合技术; • 在一个或多个混凝土厂中尝试将 CO_2 衍生的聚合物纳入混凝土混合料; • 检查方案和基础设施要求,以匹配 CO_2 来源和矿物位置。

续表

阶段	CCU 技术领域	优先事项
立即行动期（2020—2025 年）	将 CO_2 转化为化学品和燃料	• 示范使用混合化石燃料和可再生氢气的甲醇设施； • 进行甲醇制烯烃合成工厂的可行性研究； • 建立潜在的合成烯烃客户； • 示范分布式合成天然气工厂。
	CO_2 的生物转化	• 进行可行性研究以了解最经济的利基产品和大宗产品； • 示范用于转化少量 CO_2 的生物系统。
中短期（2025—2030 年）	CO_2 的直接使用	• 确保中分压 CO_2 的长期合同； • 示范集成 CO_2 点源/温室 CO_2 气流和供热； • 将来自新技术的 CO_2 混合入现有来源。
	矿物碳化	• 为一系列排放者和最终用户建立矿物碳酸化的商业产品； • 在中等风险结构混凝土中示范 CO_2 固化和聚合物。
	将 CO_2 转化为化学品和燃料	• 在工业中心建立甲醇基准规模设施； • 为新的承购商建立甲醇供料系统； • 示范将燃料厂的电燃料①混合到化石燃料供应中； • 示范基本情况下的甲醇制烯烃工厂； • 示范将基于 CO_2 的聚合物原料整合到现有的聚合物生产工厂中； • 建立基准规模的合成天然气工厂以融入现有供应。
	CO_2 的生物转化	• 将示范性生物反应器纳入现有工厂或工业中心。
长期（2030—2040 年）	CO_2 的直接使用	• 为小规模使用 CO_2 的客户建立商业产品； • 示范可用于小型温室的产品； • 以商业规模整合 CO_2 点源。
	矿物碳化	• 实现碳酸盐产品的更大规模采用； • 建立矿物碳酸盐聚合物和固化混凝土的行业标准。

① 电燃料(electrofuel)是一类新兴的替代燃料，通过将可再生资源的能量储存在液体或气体燃料的化学键中而制成。

续表

阶段	CCU 技术领域	优先事项
长期 (2030—2040 年)	将 CO_2 转化为化学品和燃料	• 最佳基准规模的甲醇设施能够运行; • 确保大型合成承购商; • 探索甲醇出口的潜力; • 建立为机场服务的最佳电燃料规模化设施; • 建立最佳基准规模的甲醇制烯烃设施; • 探索合成烯烃的出口潜力; • 建立最佳的合成天然气工厂。
	CO_2 的生物转化	• 为排放者建立生物反应器的商业产品; • 根据市场对产品的需求扩展应用。

资料来源:作者自制。

二、储能

(一) 战略概述

储能技术对于澳大利亚转向低排放电力系统至关重要。储能技术的广泛应用将促进更多低成本的太阳能和风能发电进入电网。储能若能作为可靠、可调度的电力来源,将保障电力系统安全,并为消费者减轻电价压力。自 2014 年以来,澳大利亚政府已在创新储能项目上投资超过 2.7 亿澳元。2019 年,它承诺在六年内为未来电池产业合作研究中心提供 2 500 万澳元的投资。2019 年工业、科学、能源和资源部发布的《关键矿产战略》也鼓励开发新的电池矿产储量,优先考虑储能并朝着这一技术的经济目标努力,进一步加速这一关键技术的开发,并在电力系统中推广应用。目前,储能技术已被确定优先事项之一。《低排放技术声明》将储能技术的经济目标设定为,使“来自存储的电力稳定在每兆瓦时 100 澳元以下”。

(二) 重点优先技术

为满足电力系统的需求,需要多种储能选择。首先,抽水蓄能是目前成本较低的技术,电池和太阳能热能存储也将变得越来越具有成本竞争力。

未来技术趋势是下一代新兴电池技术。其中锂离子电池是目前可用的最便宜的电网规模电池储能。澳大利亚研究人员正在开发新一代的锂离子电池,通过改进电池化学成分,预计在理想情况下锂离子电池存储电力成本将从

2021 年的每兆瓦时 170 澳元下降到 2025 年的 8 小时内每兆瓦时 100 澳元以下。其他下一代新兴电池技术还包括溴化锌电池、金属空气电池、钠基电池和下一代液流电池等。离子液体和固态技术在下一代电池的应用上具有特殊前景。

其他重点储能技术还包括先进的热能存储系统，澳大利亚公司“Graphite Energy”和“1414 Degrees”开发了热能存储系统。“1414 Degrees”正在开发一种将能量存储在熔融硅中的系统，可用于提供工业级热量和使用热机或燃气轮机发电。

最后是清洁氢气和氨的相互转化技术。将氢气转化为氨能可提高安全性并减少其体积，更有利于储存清洁氢能，并可将氨再转化为氢气（氨裂解）以供使用。莫纳什大学（Monash University）和联邦科学和工业研究组织正在开发用于合成氨的高效电化学方法。解决氨裂解效率和成本问题的一种方法是直接燃烧氨，而不是转化为氢气。这需要开发氨直接燃烧技术，例如氨燃料电池，澳大利亚和全球范围内都在对该项技术进行研究。①

（三）政府举措

政府正在通过澳大利亚可再生能源署、清洁能源金融公司和其他计划拨款支持新兴电池技术，具体路径如下：(1)增加这一技术获得资本的机会，以在澳大利亚部署早期创新技术；(2)资助可行性研究和示范项目；(3)支持研究以确定电池供应链中的发展机会。从长远来看，随着越来越多的可再生能源进入电网，存储的时间需要延长，以在数天或数周的时间内可进行按需调度电力，以应对持续数天或数周的罕见天气和弥补季节性电力短缺问题。在这方面，澳大利亚政府已经在投资抽水蓄能项目，包括“Snowy Hydro 2.0”和“Battery of the Nation”，这些项目将提供高容量和长持续时间的深层蓄水。可再生能源署和清洁能源金融公司的合作投资将解锁新兴的深度存储技术。同时，储能技术也将与其他技术相结合，更好地减少排放。例如储氢，当可再生能源丰富时，使用其产生的清洁电力进行电解氢，然后将氢气储存数周或数月，并在可再生电力稀缺时用于发电。②

---

① Dominic Banfield, Emily Finch, Dr Matt Wenham, "Energy Storage: Research and Industry Opportunities and Challenges for Australia, Australian Council of Learned Academies", ACOLA 2017, p.13, https://acola.org/wp-content/uploads/2018/08/wp2-energy-storage-opportunities-full-report.pdf/（发布日期：2017 年 11 月）.

② Australian Government Department of Industry, Science, Energy and Resources, *Low Emissions Technology Statement 2021*, Commonwealth of Australia 2021, p.43.

三、土壤碳

(一) 战略概述

澳大利亚大约有 9 000 万公顷的集约化农业用地,通过改善 1/4 的农作物和牧场的土地管理实践,每年可以从大气中吸收 35 万至 9 000 万吨二氧化碳,这将为减少碳排放做出巨大贡献。[1]此外,土壤碳项目产生的碳信用为农民带去额外的收入来源,并为那些难以减排的行业提供脱碳途径,保留更多的就业机会。

在工业、科学、能源和资源部发布的《低排放技术声明》中,将土壤碳技术列为优先事项。广义的土壤碳技术涵盖了土壤碳测量技术和土壤碳固存两方面。首先,目前准确测量土壤碳浓度需要昂贵且劳动密集型的物理采样,因此,要研究更易于操作且低成本的土壤碳测量方法,以鼓励更多土壤固碳活动。其次,土壤碳固存不仅是以技术为主导的减排政策的关键组成部分,同时由于土壤固碳技术能够保持和增加土壤有机碳,是改善土壤健康并提高农业生产力的重要措施。这项技术还被列入农业、水和环境部 2021 年的《国家土壤战略》,该战略优先考虑了土壤健康,并支持在土壤管理领域进行创新,同时提升行业和个人对土壤的知识和能力。

(二) 重点优先技术

在测量土壤有机碳储量方面,目前的技术包括:物理测量、建模和遥感。为实现低成本的测量,需要将这几种技术进行适当组合,以适应不同的环境和土地管理背景。首先,物理测量,这是目前标准的测量方法,通过现场采样后送交实验室检测。这一方法需要耗费大量人力。因此,需要通过发展近端传感技术,例如红外线扫描,并开发使用这些技术的工具,在未来可显著降低物理测量的成本。其次,建模和遥感技术。该技术可用于估算土壤碳浓度。随着这些非接触式方法的改进,未来因为需要精确结果而产生的物理测量需求将会减少。[2]

---

① Australian Government Department of Industry, Science, Energy and Resources, *Technology Investment Roadmap: First Low Emissions Technology Statement*, Commonwealth of Australia 2020, p.24.

② Australian Government Department of Industry, Science, Energy and Resources, *Low Emissions Technology Statement 2021*, Commonwealth of Australia 2021, p.85.

在土壤固碳方面，最常见的是在农业部门的管理实践中采取，如促进植物生长或覆盖、添加堆肥或覆盖物、通过减少秸秆燃烧或最小化耕作方式减少损失、增加沙质土壤的黏土含量等以增加土壤中碳储存量。[①]当前，开发具有成本效益的封存技术仍是一个关键挑战。

澳大利亚联邦科学和工业研究组织及其合作伙伴进行了一系列科学创新，旨在降低土地管理者参与土壤和植被固存活动的成本，寻求提高国家碳核算系统的准确性和实施率，并提供基于科学的证据，以支持减排基金下的陆地碳管理政策。具体创新包括：(1)建立国家规模的数据库和分析；(2)建立国家规模的数字土壤测绘；(3)生物量测绘以及建立植被生物量和生长的经验数据库；(4)开发和测试一套用于预测植被生长和生物量的新型数学模型；(5)可提高效率并降低土壤和植被中碳测量成本的新技术；(6)量化与碳农业相关的共同利益；(7)将新数据和算法集成到政府的碳核算软件工具"全碳核算模型"[②]中；(8)改进土壤碳核算的土壤采样和测量方法，例如数字决策支持工具"LOOC-C"，可帮助农民确定适合他们的减排基金项目[③]。

(三) 政府举措

澳大利亚为土壤碳技术设定了到 2030 年之前"成本低于年每公顷 3 澳元"的经济目标，对于面积大于 2000 公顷的土地来说，这个目标最早可以在 2025 年实现。

澳大利亚政府正在通过资助研发来加速土壤碳测量技术的开发应用，包括：(1)耗资 5 000 万澳元的国家土壤碳创新挑战赛将确定并快速跟踪用于测量土壤有机碳的低成本、准确的技术解决方案；(2)推出 800 万澳元的土壤碳数据计划，支持科学家、土地所有者之间的合作伙伴关系，鼓励合作开发和验证测量方法；(3)投资 2.15 亿澳元的整体战略，帮助农民监测、了解并就土壤的健康、生产力和封存潜力做出更好的决策；(4)通过清洁能源金融公司投资农

---

① CSIRO, "The challenge: Cost-effective technologies and meaningful abatement", https://www.csiro.au/en/research/natural-environment/ecosystems/Soil-carbon/(发布日期:2022 年 4 月 21 日).

② 全碳核算模型(FULLCAM)是一种计算工具，用于模拟澳大利亚土地部门的温室气体排放量。

③ CSIRO, "The challenge: Cost-effective technologies and meaningful abatement", https://www.csiro.au/en/research/natural-environment/ecosystems/Soil-carbon/(发布日期:2022 年 4 月 21 日).

业技术领域,以增强该行业的能力。通过联邦科学和工业研究组织等组织投资包括土壤碳测量技术在内的各种农业领域创新。[①]

此外,为激励土壤固碳,清洁能源监管机构已采取多项措施支持参与减排基金下的土壤碳项目。目前,已有130多个注册的土壤碳项目。[②]减排基金项下有两种可用的土壤碳方法:其一,测量农业系统中的土壤碳固存,即使用直接的土壤取样来测量新活动带来的土壤碳增加;其二,使用默认值估算土壤中的碳封存,即采用基于模型的方法。

第四节 碳中和产业战略

传统产业的脱碳和新兴低碳产业的发展将共同推进实现零碳目标。矿产品和能源这类高能耗产品的出口是澳大利亚产业结构的重要部分,为应对全球零碳转型可能产生的影响,澳大利亚未来将通过积极发展以氢能为主的清洁能源产业,试图将其作为新的贸易增长点。同时,致力于畜牧业等传统产业的脱碳,确保其在新环境下继续保有竞争力。

一、氢能产业

(一) 产业概况

氢气是一种灵活、安全、可运输和可储存的燃料,同时是生产氨和甲醇等化学品的关键成分。当用作燃料时,氢的唯一副产品是水,没有碳排放。但是否是真正的清洁氢气取决于其生产过程。目前,澳大利亚重点发展使用可再生能源电力电解水产生氢、蒸汽甲烷重整(SMR)+CCS、煤炭气化+CCS三种技术手段生产清洁氢气。[③]2019年推出的《国家氢能战略》,在其长期减排计划和技术投资路线图中都将清洁氢能列为国家支持的优先技术,并将氢能产业视为其能源产业的下一个风口,认为发展氢能产业将有利于澳大利亚的就业、

---

① Australian Government Department of Industry, Science, Energy and Resources, *Low Emissions Technology Statement, 2021*, Commonwealth of Australia 2021, p.84.

② Australian Government Department of Agriculture, Water and the Environment, *Commonwealth Interim Action Plan: National Soil Strategy, 2021*, Commonwealth of Australia 2021, p.9.

③ Australian Government Department of Industry, Science, Energy and Resources, *Low Emissions Technology Statement, 2021*, Commonwealth of Australia 2021, p.65.

经济增长、能源安全、环保等多方面的增长。到目前为止，政府已承诺为氢能项目提供超过1.46亿澳元的投资，各地有30多个试点项目正在发展生产、储存、运输和使用氢气的能力。①

（二）产业现状

为了将氢能产业的发展状况与全球的发展状况进行比较，《2021氢能报告》（*State of Hydrogen 2021*）选取了13个指标对该产业进行了分析（见表12-7）。

表12-7　澳大利亚氢能产业现状

指　标	现　　　状
投资	• 私营部门的投资正在增长，承诺投资超过16亿澳元； • 2021年6月，公共部门投资达到12.7亿澳元。
项目规模	• 项目公告显示，到2025年，规模可能超过100兆瓦； • 千兆瓦级项目已经宣布，预计将在本十年的后五年开始运营。但是，尚未对这些项目做出最终投资决定。
成本竞争力	• 预计到2030年，清洁氢气成本将下降到2澳元至4澳元之间。
产业出口	• 目前供应链仍有待发展； • 投资正流向氢气供应链，前端工程和设计研究正在进行中； • 为支持供应链发展，HySupply等国际合作伙伴正在进行供应链研究； • 政府支持氢能枢纽以刺激需求并为国内和出口市场生产清洁氢。
化学原料	• 目前已有在设施中使用清洁氢气的项目； • 目前公布的占到电解槽总容量的20%。
炼钢	• 活动有限。
电网支持	• 目前正在进行有限的试验，以测试氢气是否可以提供频率控制辅助服务（FCAS）。
采矿和离网	• 一些项目正在探索用于微电网的氢。但是，现阶段没有小规模或大规模推广的计划。Fortescue和ATCO正在一处矿场探索氢的流动性； • 政府投入1.036亿澳元的资金支持微电网试点和部署。
发电	• 在新南威尔士州的两台可用氢气的气体发电器达成了最终投资决定，分别是：Snowy Hydro的660 MW Kurri Kurri气体发电机和澳大利亚能源公司的316 MW Tallawarra B气体发电机。其他项目也在筹备中，特别是AIP的Port Kembla气体发电机。

① Commonwealth of Australia, *Australia's National Hydrogen Strategy*, *2019*, p.50.

续表

指　标	现　　　状
轻型运输	• 目前只有有限的部署或基础设施以支持在轻型运输中使用氢； • 四个加氢站和大约 30 辆汽车正在运行。一些其他项目的目标是在 2025 年开展业务； • 澳大利亚政府启动了未来燃料基金，以支持电动、氢能和生物燃料汽车。包括支持电动汽车所需基础设施和氢燃料电池汽车。
重型运输	• Hyzon Motors 和 Fortescue Metals 正在合作开发用于采矿应用的氢动力巴士； • 澳大利亚政府的未来燃料基金和货运生产力计划将支持进一步的重型运输。
天然气网络	• 目前正在进行氢混合试验。预计到 2025 年将有九个项目投入运营； • 天然气网络的目标是到 2030 年在网络区域实现 100% 的氢气； • 澳大利亚政府已同意对国家气体监管框架进行修订，将氢气、生物甲烷和其他可再生气体混合物纳入其范围。预计改革最初将集中在可用于现有天然气器具的气体和混合物上。
工业热	• 活动有限。

资料来源：澳大利亚工业、科学、能源和资源部(2021)。

(三) 产业前景

澳大利亚的氢能产业在未来十年的发展战略将分为两个阶段：到 2025 年为“基础和示范”阶段。这一阶段的目标是创建、测试和证明澳大利亚的清洁氢供应链；鼓励符合共同利益的全球市场出现；建立具有成本竞争力的氢能生产能力。预计到 2025 年，生产清洁氢气的成本将在每公斤 2.3 澳元至 5 澳元之间。在此早期行动中，将侧重于开发清洁的氢气供应链，为氢的新用途和现有用途提供服务，并发展快速扩大行业规模的能力。同时，建立示范规模的氢中心，用于证明技术、测试商业模式和建设能力。

在 2025—2030 年阶段，随着全球氢能市场的发展，澳大利亚将进入“大规模市场激活”阶段。这一阶段的活动将在上一个阶段的基础上开展，旨在通过扩大规模和广泛应用实现商业模式创新、规模经济、流程改进、技术成本和安全性的提高。将集中支持阶梯式技术改进、持续降低成本和提升运营效率。到 2030 年，希望达成将每公斤清洁氢气的生产成本降低到每公斤 2 至 4 澳元的目标。

最终到 2050 年，争取实现《低排放技术声明》中所确定的清洁氢气生产成本每公斤低于2澳元的经济目标。在谨慎乐观的预期下，到2050年，澳大利亚氢能产业将创造约7 600个就业岗位，每年增加约110亿澳元的GDP。如果全球氢能市场发展得更快，可能会给澳大利亚再增加10 000个就业岗位，每年至少增加约260亿澳元的GDP。[①]

二、生物能源产业

（一）产业概述

生物能源是将生物质转化为热能、电力、沼气和液体燃料而产生的一种可再生能源。生物质可以是来自林业、农业或废物流的可再生有机物质，也可以包括城市固体废物的可燃成分。当前，生物能源占澳大利亚可再生能源产量的47%，能源消耗总量的3%。理论上，澳大利亚生物能源资源潜力巨大，每年可超过2 600千万亿焦耳(PJ)。如果这一潜力能够得到开发，生物能源将占澳大利亚目前一次能源供应的40%以上，达到其现有产量的10倍以上。[②]

（二）产业现状

2012年至2020年间，可再生能源署为生物能源相关项目提供总金额达1.31亿澳元的资金，这些项目提高了澳大利亚的竞争力或增加了可再生能源的供应。可再生能源署总共为38个生物能源相关项目提供了这笔资金，项目总价值为14亿澳元。2021年11月，可再生能源署出台《生物能源路线图》(*Australia's Bioenergy Roadmap*)，提供了一个到2030年的产业发展框架，确定了生物能源可再生的工业供热、可持续的航空燃料和进入可再生天然气网格三个市场机会。

在工业供热方面，在工业可再生热能发电市场中，燃料主要来自固体生物质(主要是甘蔗渣和木材废料)和沼气，生物能源已经占整个工业供热需求的15%左右。在进入天然气网络方面，政府已于2020年12月宣布开发用于生物甲烷的ERF(减排基金)方法，并由清洁能源监管机构领导。2021年8月20日，工业、科学、能源和资源部部长同意对《国家天然气法》《国家能源零售法》等进行改革，同意将包括生物甲烷在内的气体纳入天然气网络，这些改革将为

---

① Commonwealth of Australia, *Australia's National Hydrogen Strategy*, *2019*, p.17.

② Enea and Deloitte, *Australia's Bioenergy Roadmap*, November 2021, ARENA, p.23.

该产业提供更多的法律确定性。此外，在未纳入电网的地区，生物发电，特别是来自沼气和固体生物质的发电，也提供了一个低排放、可调度和低成本的柴油发电替代方案。沼气和固体生物质发电的成本分别为149澳元/兆瓦时(MWh)和138澳元/兆瓦时(MWh)，而柴油发电的成本为143澳元/兆瓦时(MWh)。在澳大利亚政府的区域和偏远社区可靠性基金中，迄今为止的37个项目中有3个涉及生物能源。

(三) 产业发展前景

到2030年，澳大利亚的生物能源产业有望创造约100亿澳元的额外国内生产总值和26 200个新的工作岗位。同时在2019年基础上减少9%的排放，并从垃圾填埋场转移出6%的额外废弃物作为原料，做到废弃物回收利用。同时，生产生物燃料可以减少对进口石油和石油产品的依赖，从而增强本国的燃料安全。到2050年，生物能源有望在经济效应上创造140亿澳元的额外国内生产总值和35 300个新的工作岗位。在减排方面，在2019年基础上减少12%的排放。废弃物回收方面，与2019年的水平相比，可转移7%的额外填埋场垃圾。①

三、畜牧和红肉产业

(一) 产业概述

澳大利亚一半以上的土地都用于农业活动，但由于该国土地的大部分并不适宜耕种，畜牧业才是最主要的农业活动。从2018年6月30日到2019年6月30日的12个月里，红肉和畜牧业提供了189 000个直接工作岗位和245 000个间接工作岗位。②放牧牛和绵羊以及相关产业所产生的动物排放也是其农业排放的主要来源。澳大利亚是世界前五名的红肉出口国之一，也是前十名的牛奶出口国，其红肉产量的75%用于出口，因此，这一行业对于出口国政策变动相当敏感，如果碳价格较高的国家对排放密集型商品征收进口关税，将会对澳大利亚该行业产品的竞争力产生不利影响。

---

① Enea and Deloitte, *Australia's Bioenergy Roadmap*, November 2021, ARENA, p.4.

② Australian Government Department of Industry, Science, Energy and Resources, *Low Emissions Technology Statement, 2021*, Commonwealth of Australia 2021, p.55.

此外，畜牧业本身也非常容易受到气候变化的影响，2019—2020年这一行业碳排放的下降就被普遍认为和干旱导致的减产密切相关。目前，红肉和畜牧业占澳大利亚温室气体排放总量的11.8%，自2005年以来，这一数字已经减少了一半。[①]与澳大利亚畜牧行业最相关的三种温室气体是二氧化碳、甲烷和一氧化二氮。主要排放源包括牛羊等反刍动物肠道发酵产生的甲烷、牲畜饲料生产中产生的排放、土地管理实践（为了放牧而进行的植被管理、稀树草原燃烧）、肉类加工过程中的能源使用。

（二）产业现状

澳大利亚肉类和畜牧业协会（Meat & Livestock Australia）在以下四个工作领域支持行业减排：(1)农场、饲养场和加工过程中的温室气体减排活动；(2)通过树木、豆类和牧场在农场储存碳；(3)将温室气体减排和碳储存活动与农业系统思维联系起来的综合管理系统；(4)领导力建设，以支持个人和组织的能力以及能力的提升，同时，通过开发碳核算工具和发放碳核算培训手册，帮助生产商更好地参与碳中和实践。

目前，这一行业的技术创新主要集中于牲畜饲料补充剂领域。这一技术被《2021年低排放技术声明》列为重点关注的新兴技术。新的牲畜饲料补充剂，如天门冬藻和有机化合物3-硝基氧基丙醇（3-NOP）可以减少动物生长过程中产生的碳排放并提高肉类产量。这些饲料补充剂中的生物活性化合物可中断动物体内形成甲烷的细菌过程，从而大大减少甲烷的形成。

（三）产业发展前景

肉类和畜牧业协会制定了行业2030年实现碳中和的目标（CN30），承诺到2030年，在不减少牲畜数量的情况下，澳大利亚的牛肉、羊肉和山羊生产，包括批次喂养和肉类加工，将不会向大气中净排放温室气体。从现在到2030年，将分为三个主要阶段：(1)准备、计划和确定优先级；(2)开发、测试和部署；(3)扩大规模、商业化、执行和完善。每个阶段会存在重叠的活动，以确保实现2030年行业碳中和目标，研发、推广和应用活动也将贯穿其中。

---

① Meat & Livestock Australia, "The Australian Red Meat Industry's Carbon Neutral by 2030 Roadmap", https://www.mla.com.au/globalassets/mla-corporate/research-and-development/program-areas/livestock-production/mla-cn30-roadmap_031221.pdf/（发布日期：2020年11月）.

预计到 2022 年,确立 80%减排量所需行动,并锁定长期研发资金,为利益相关者提供"网络+工具"的支持。与 2015 年度碳排放的基准额相比,达成减少超过 20%碳排放的目标。到 2025 年时,2030 实现碳中和这一目标应该已经具备可见性,碳中和目标的市场意识应该已经转化为新的价值创造,全部的现有技术和方法已经准备好并全面投入使用。在不减少牲畜数量的前提下,与 2015 年度碳排放的基准额相比减少超过 50%的碳排放。①

参考文献

[1] Will Steffen et al., *Crunch Time: How Climate Action in the 2020s Will Define Australia* Climate Council of Australia Ltd, 2021.

[2] Matt Saunders, Richard Denniss, *Overpromise and underdeliver—A brief history of Australian climate plans*, https://australiainstitute.org.au/wp-content/uploads/2021/11/Howards-Technology-Not-Taxes-WEB.pdf.

[3] Dina Hopstad Rui, Elizabeth Sullivan, Dongjae Oh, *The Fossil Fuel Pushes—How Overseas Governments are Bankrolling Australia's Continued Fossil Fuel Addiction*, https://jubileeaustralia.org/storage/app/uploads/public/618/275/7da/6182757dade85985918918.pdf.

[4] Mark Ogge, Audrey Quicke, Rod Campbell, *Undermining Climate Action The Australian Way*, https://australiainstitute.org.au/wp-content/uploads/2021/11/P1163-Undermining-climate-action-the-Australian-way-WEB.pdf.

[5] Commonwealth of Australia, *Australian Energy Update 2021*, https://www.energy.gov.au/sites/default/files/Australian%20Energy%20Statistics%202021%20Energy%20Update%20Report.pdf.

[6] Commonwealth of Australia, *Australia's National Hydrogen Strategy*, https://www.industry.gov.au/sites/default/files/2019-11/australias-national-hydrogen-strategy.pdf.

[7] Australian Government, Department of Industry, Science, Energy and Resources, *Technology Investment Roadmap: First Low Emissions Technology Statement 2020*, https://www.industry.gov.au/sites/default/files/September%202020/document/first-low-emissions-technology-statement-2020.pdf.

[8] Australian Government Department of Industry, Science, Energy and Resources, *Low Emissions Technology Statement 2021*, https://www.industry.gov.au/sites/default/files/November%202021/document/low-emissions-technology-statement-2021.pdf.

[9] Australian Government Department of Industry, Science, Energy and Resources, *Australia's whole-of-economy Long-Term Emissions Reduction Plan*, https://www.indus-

---

① Meat & Livestock Australia, *The Australian Red Meat Industry's Carbon Neutral by 2030 Roadmap*, November 2020, p.7.

try. gov. au/sites/default/files/October% 202021/document/australias-long-term-emissions-reduction-plan.pdf.

[10] Enea and Deloitte for ARENA, *Australia's Bioenergy Roadmap*, https://task42.ieabioenergy.com/wp-content/uploads/sites/10/2021/11/australia-bioenergy-roadmap-report.pdf.

[11] Srinivasan V et al., *CO_2 Utilisation Roadmap*, https://www.csiro.au/en/work-with-us/services/consultancy-strategic-advice-services/CSIRO-futures/Futures-reports/Energy-and-Resources/CO_2-Utilisation-Roadmap.

[12] 石坤、蔡嘉宁:《澳大利亚减排科技部署与技术路径浅析》,《全球科技经济瞭望》2021 年第 36 卷(12),第 19—23 页。

执笔:彭峰、高歌(上海社会科学院法学研究所)

第十三章　加拿大碳中和战略

随着发展低碳经济、实现碳中和逐渐成为全球共识，加拿大紧跟国际社会主流趋势，提出于2050年实现碳中和的目标，意图在提高国际影响力的同时，寻求国内新的经济增长点。2020年11月19日，加拿大议会提出名为《加拿大净零排放问责法案》的法律草案，正式明确要在2050年实现碳中和目标。①2020年12月，加拿大发布《强化气候计划：在加拿大建立绿色经济》战略，旨在通过能源系统转型、工业脱碳、交通系统终端电气化、减少甲烷排放、扩大二氧化碳去除量、使用更多可再生燃料等措施，推动加拿大进一步朝着净零目标前进，帮助加拿大以"清洁增长"为基石，建立更有弹性和更具包容性的经济。②

第一节　战略背景

加拿大经济以第三产业为主，但与其他发达国家不同的是，加拿大是发达国家中少数能源净出口国之一。作为世界主要能源生产国、消费国和出口国，实现碳转型，最终实现碳中和，加拿大任重而道远。

一、基本国情

加拿大位于北美洲北部，拥有3 800余万人口（2021年普查数据），领土面积约998万平方千米。在政治体制方面，加拿大为联邦制国家，由10个省和3

---

① Government of Canada, "Government of Canada charts course for clean growth by legislating a path to net-zero emissions by 2050", https://www.canada.ca/en/environment-climate-change/news/2020/11/government-of-canada-charts-course-for-clean-growth-by-legislating-a-path-to-net-zero-emissions-by-2050.html(2020/11/19).

② Government of Canada, *A Healthy Environment and a Healthy Economy*, December 2020.

个地区组成，实行君主立宪下的议会制。在经济发展方面，加拿大在 2021 年成为世界第九大经济体。①2019 年 GDP（按当前美元计算，下同）达到 1.74 万亿美元，而受 2020 年新冠肺炎疫情影响，2020 年加拿大 GDP 下降至 1.64 万亿美元。2021 年，随着全球经济复苏，加拿大实际 GDP 增长 4.6%，达到 2.016 万亿美元。②值得注意的是，能源部门占季度 GDP 比重随着本土能源行业复苏，对外贸易的恢复也在迅速增长（见图 13-1），并在 2021 年第四季度达到 8.3%，为三年内最高。

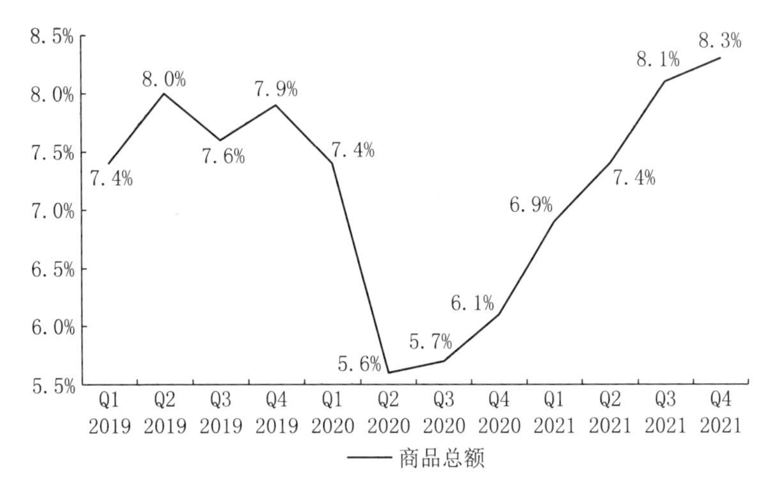

图 13-1　加拿大近三年能源部门占 GDP（季度）比重概况

资料来源：加拿大统计数据，详见“Gross domestic product-Energy sector”，https://energy-information.canada.ca/en/indicators。

（一）能源生产结构

加拿大为全球主要能源生产国，2019 年该国一次能源生产量占全球总生产量的 4%，仅次于中国（18%）、美国（16%）和俄罗斯（10%），与上述三国及沙特阿拉伯（4%）、印度（4%）共同成为全球六大一次能源生产国。

根据表 13-1，加拿大 2020 年一次能源生产量为 20 705 千万亿焦耳（PJ），其中以化石能源为主，原油（49.5%）和天然气（32.1%）的生产总和占一次能源生产量的八成以上，煤炭只占 5.1%，天然气只占 4.3%，电力及其他占 9.0%。

从 2011 年至 2020 年变化情况看，加拿大能源生产总量增加了 23.46%，

① Wikipedia，“Canada”，https://en.wikipedia.org/wiki/Canada(2022/5/16).

② International Monetary Fund，“Canada country data”，https://www.imf.org/en/Countries/CAN.

主要是原油增幅较大,达到 48.89%,而煤炭降幅较大,减少了 38.76%。天然气和电力基本稳定。

表 13-1 加拿大一次能源生产结构及变化(2011—2020 年)(单位:太焦耳)

能源类型＼年份	2011	2015	2018	2019	2020
原　油	6 889 855	8 840 768	10 519 956	10 735 028	10 258 723
天然气	6 082 352	6 473 251	7 107 770	6 829 035	6 664 582
煤　炭	1 484 821	1 364 462	1 221 898	1 204 586	1 044 841
电力和其他	1 694 646	1 809 683	1 843 917	1 829 782	1 846 192
液化气	620 375	677 715	866 763	918 588	891 384
总　计	16 772 050	19 165 880	21 560 305	21 516 990	20 705 723

资料来源:加拿大能源信息中心,详见"overview of the energy sector", https://energy-information.canada.ca/en/indicators。

(二) 能源消费结构

在能源消费方面,多年来加拿大总消费增长比较低,化石燃料使用量仍位居所有主导,但结构性变化比较明显。值得注意的是,随着工业和交通运输业的去碳化发展,该国能源结构将发生进一步转变,对于化石燃料的需求将进一步减少,对于清洁电力的需求会逐步提高。根据图 13-2,加拿大能源消耗在 2016 年至 2019 年增长了 9.8%,并在 2019 年达到近十年来的峰值 8 928 千万亿焦耳(PJ)。受新冠肺炎疫情的影响,加拿大 2020 年能源消耗出现近五年来首次大幅下跌,较 2019 年同比下降 8.9%,为 8 129 千万亿焦耳(PJ)。值得注意的是,加拿大能源效率一直在提高,根据自然资源部 2021 年发布的《加拿大能源事实书》,2000 年至 2018 年,加拿大能源效率提高了 12%,同时期能源消耗增长 19%,如果不提高能效,能源消耗将增加 30%以上。报告还提到,加拿大仅 2018 年就节省能耗 1 002 千万亿焦耳(PJ),相当于节省 260 亿美元。①

根据表 13-2,2019 年加拿大最终能源消费总量为 860.54 万太焦耳,比 2000 年只增加了 9.66%。其中,石油消费占 45.33%,天然气消费占 25.64%,两项合计已占七成。电力占 22.17%,生物能源占 5.33%,煤炭只占 1.25%,热

① Natural Resources Canada, *Energy Fact Book 2021—2022*, 2021.

能只占0.28%。2019 年煤炭消费 10.73 万太焦耳，比 2000 年减少了 40.82%，在能源总消费中的比重，比 2000 年减少了 18.01 个百分点。

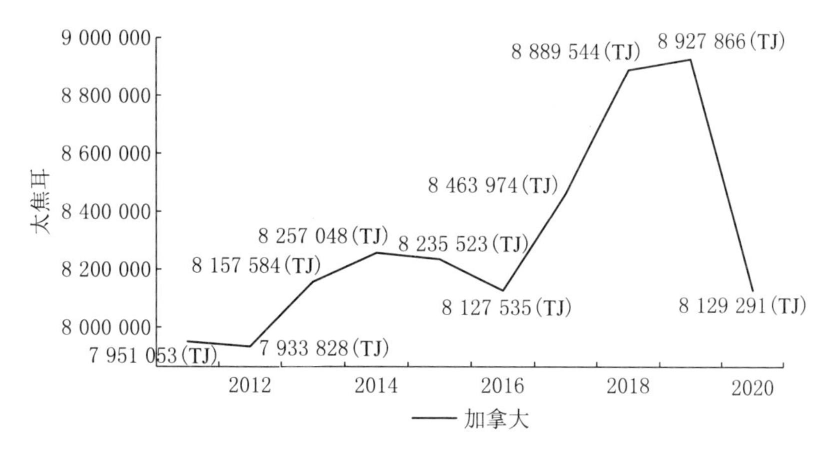

图 13-2　加拿大近十年能源总消耗概况

资料来源：加拿大能源信息中心，详见“overview of the energy sector”, https://energy-information.canada.ca/en/indicators。

表 13-2　加拿大最终能源消费结构变化(按能源类别)　(单位：太焦耳)

年份 能源类型	2000	2005	2010	2015	2019
煤炭	151 167	156 725	133 769	109 350	107 259
石油产品	3 196 017	3 696 882	3 747 324	3 816 665	3 900 896
天然气	2 236 857	1 955 186	1 767 626	2 005 031	2 205 518
生物燃料/废物	496 240	527 177	458 114	507 780	459 041
电力	1 733 414	1 757 815	1 716 034	1 793 970	1 906 794
热能	33 981	38 333	18 343	27 936	24 047
风/太阳能等	/	/	1 539	1 760	1 810
总计	7 847 676	8 132 118	7 842 749	8 262 492	8 605 365

资料来源：加拿大能源信息中心，详见“overview of the energy sector”, https://energy-information.canada.ca/en/indicators。

从行业能耗的角度看，工业和交通运输是加拿大两个最主要的能耗行业。根据表 13-3，2020 年行业总能耗达到 812.89 万太焦耳，其中工业占 34.11%，交通运输占 29.18%，建筑业占 16.58%，商业占 14.99%，农业占 3.57%。由于

2020 年全球新冠肺炎疫情对加拿大能源消费影响较大，我们这里用 2019 年的结构数据对比 2000 年以来的变化。

石油是加拿大交通运输行业的主要能源，占该行业总需求的 90%；在工业领域，由于存在大型化学和石化行业，石油占总需求的 36%。天然气是建筑行业使用的主要燃料(44%)，同样，电力在建筑行业中也发挥着重要作用，占该行业总能源消耗的 41%。而生物能源主要用于建筑和工业，生物燃料仅占交通消费的 3%左右。

表 13-3　加拿大最终消费结构变化(按行业划分)　(单位:太焦耳)

行业＼年份	2000	2005	2010	2015	2019	2020
工　业	2 313 142	2 138 705	1 791 766	1 887 765	1 968 802	2 772 989
运输业	2 183 087	2 459 499	2 539 270	2 662 602	2 846 869	2 371 621
建筑业	1 375 348	1 390 148	1 384 374	1 451 020	1 482 135	1 347 895
商业/公共管理	962 144	971 556	948 464	1 017 175	1 192 683	1 345 826
农业和林业	175 823	217 196	234 087	283 102	292 300	290 554
非能源使用	838 133	955 014	943 101	958 235	819 944	/
其　他	/	/	1 686	2 593	2 631	/
总　计	7 847 677	8 132 118	7 842 748	8 262 492	8 605 364	8 128 885

资料来源：International Energy Agency,“Total final consumption (TFC) by sector”, https://www.iea.org/countries/canada。

我们用 2020 年数据与 2010 年对比，除运输业、建筑业能耗略有减少外，其他行业能耗都有所增长，但年均增幅都比较低(见表 13-3)。

从家庭能耗的角度看，近十年该领域能源消耗量总体呈现上升趋势，2019 年家庭能耗为 1 354 千万亿焦耳(PJ)，较 2011 年增长 6.7%，较 2015 年增长 3.2%。而从消耗能源类型来看，天然气一直位居消耗首位，其消耗量在 2019 年达到 723 千万亿焦耳(PJ)，较 2011 年增长 13.1%，在当年消耗量中占 53.3%。值得注意的是，加拿大平均每户能耗量呈现下降趋势，节能技术的发展、能源使用效率的提高对此做出了较大贡献(见表 13-4)。

表 13-4　加拿大家庭能源消费结构变化(按能源类别)　(单位:吉焦耳)

消耗类型＼年份		2011	2013	2015	2019
电力消耗	总计	566 644 393	607 027 303	592 624 370	593 817 177
	平均每户	41.7	43.5	41.8	39.7
天然气消耗	总计	639 202 962	687 813 463	668 372 295	723 344 231
	平均每户	92.1	94.8	88.4	91.6
供暖油消耗	总计	62 772 511	65 689 139	49 968 922	36 565 831
	平均每户	61.7	71.9	64.4	49.7
总计		1 268 619 866	1 360 529 905	1 310 965 586	1 353 727 238
平均每户		93.3	97.5	92.5	90.5

资料来源:加拿大能源信息中心,详见"Household energy consumption, Canada and provinces", https://www150.statcan.gc.ca/t1/tbl1/en/tv.action?pid=2510006001。

(三) 能源进出口

加拿大是能源净出口国,由于其石油和天然气储量和生产能力,加拿大能源生产远超其自身需求,能源贸易对于加拿大具有十分重大的意义。根据加拿大自然资源部的《2021 加拿大能源事实书》,2020 年加拿大能源出口额为 951 亿美元,占全年商品出口总额的 18%,进口额为 309 亿美元,占全年商品进口额的 6%。[①]而根据国际能源署的数据,在加拿大的能源贸易中,原油和天然气为主要出口产品,2020 年加拿大原油出口为 213.1 百万吨油当量(Mtoe),较 2010 年增长了 70%,占当年能源出口的 62%;而天然气虽然较 2010 年减少 24%,但仍占 2020 年能源出口的 20%(见表 13-5)。

表 13-5　加拿大能源进出口变化情况　(单位:百万吨油当量)

能源＼年份		1990	2000	2010	2018	2019	2020
煤炭	出口	21.4	19.3	20.2	19.2	20.7	19.1
	进口	9.5	15.1	8.2	5.5	6	4.7
	净进口	−11.9	−4.2	−12	−13.7	−14.7	−14.5

① Natural Resources Canada, *Energy Fact Book 2021—2022*, 2021, p.10.

续表

能源 \ 年份		1990	2000	2010	2018	2019	2020
原油	出口	49.7	93.3	124.4	218.3	227	213.1
	进口	34.8	54.3	55.3	57.1	58.5	47.4
	国际运输	−1.8	−2.1	−1.8	−1.3	−1.4	−0.9
	净进口	−16.7	−41.1	−70.9	−162.5	−169.9	−166.6
天然气	出口	33	82.7	79.2	67.3	64.6	59.8
	进口	0.5	1.3	18.7	19.5	22	19.9
	净进口	−32.5	−81.4	−60.4	−47.7	−42.6	−39.9
电力	出口	1.6	4.4	3.8	5.3	5.2	5.8
	进口	1.5	1.3	1.6	1.1	1.1	0.8
	净进口	0	−3.1	−2.2	−4.1	−4	−4.9
总净进口值		−61.1	−129.8	−145.5	−228.1	−231.4	−226.2

资料来源：International Energy Agency, *Canada 2022-energy policy review*, January 2022, p.258。

（四）能源结构未来

2021 年，加拿大能源监管机构发布了《加拿大能源未来报告》。①该报告称，新冠肺炎疫情大流行对加拿大能源系统产生了重大影响。加拿大能源监管机构在其“不断演变的情景”（假设气候政策紧缩轨迹的延续）中预测，加拿大的能源结构将继续发生变化。在终端用户电气化程度提高的推动下，总体电力需求将稳步上升，这种需求将推动清洁能源技术的进步。随着核能技术的发展、大型水电项目的竣工、光伏的大规模应用，清洁能源的成本将持续下降。同时，可再生能源也会成为能源结构中越来越重要的一部分，可再生燃料在液体燃料和天然气中的混合增加也将支持不断增长的能源需求。到 2050 年，电力在终端用电需求中的份额将提高到 30％左右，可再生能源和核能将取代逐步淘汰的煤炭发电。届时，技术成本的下降将导致风能和太阳能等可再生能源大幅增长，它们与核能发电的总份额将在 2050 年增加到 90％左右（参见图 13-3）。

① Canada Energy Regulator, *Canada-Energy-Futures*, 2021, pp.53—54.

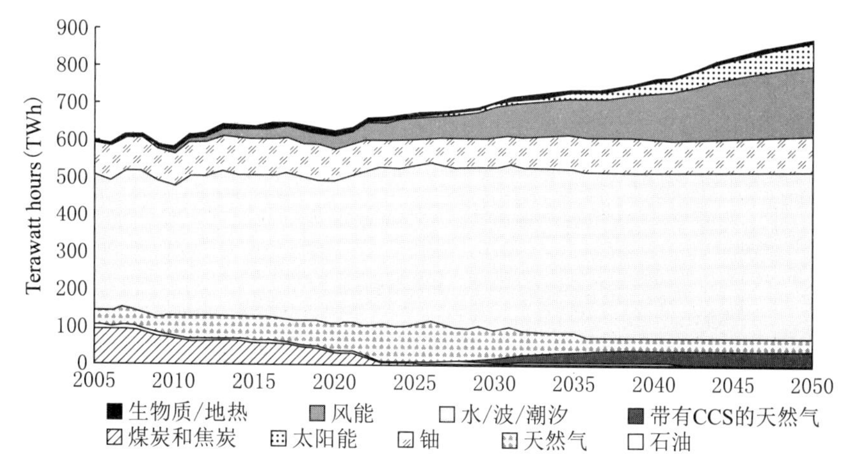

图 13-3　各种变化情景下按主要燃料类型划分的发电趋势

资料来源：Canada Energy Regulator(2021)。

二、双碳之路

根据 2009 年《哥本哈根协议》，加拿大承诺到 2020 年在 2005 年的基础上减排 17%，但实际未能达到这一目标。在《巴黎协定》中加拿大承诺，到 2030 年将温室气体排放量在 2005 年的基础上减少 30%。在 2021 年《联合国气候变化框架公约》第二十六次缔约方大会(COP26)上，加拿大提交的《国家自主贡献》更新了其在《巴黎协定》中做出的减排承诺。在最新的文件中，加拿大提出到 2030 年，在 2005 年的基础上将碳排放水平减 40%—45%的目标，比在《巴黎协定》中承诺减少 30%的目标有了进一步的提升。①

2016 年 12 月，为了落实《巴黎协定》中关于碳减排的目标，该国联邦政府提出了第一个真正的国家气候计划——《泛加拿大气候框架》。②该计划通过前，联邦政府曾与各省和地区进行了长达一年的谈判，并广泛听取原住民的意见，它是整个加拿大社会的智慧结晶。该计划旨在为加拿大向低碳未来过渡提供战略支持，明确指出"碳污染定价"和"清洁技术发展应用"为加拿大向低碳经济转型的两大支柱，并提出了加拿大温室气体减排的总体目标(从 2016 年

---

① DC registry, "Canada's 2021 Nationally Determined Contribution", https://www4.unfccc.int/sites/ndcstaging/PublishedDocuments/Canada%20First/Canada%27s%20Enhanced%20NDC%20Submission1_FINAL%20EN.pdf(2021/7/12).

② Government of Canada, *Pan-Canadian Framework*, December 2016.

742百万吨排放降低到2030年523百万吨排放)以及阶段性目标及措施(见图13-4),为加拿大实现其在《巴黎协定》下承诺的目标,以及其最新愿景打下坚实的基础。

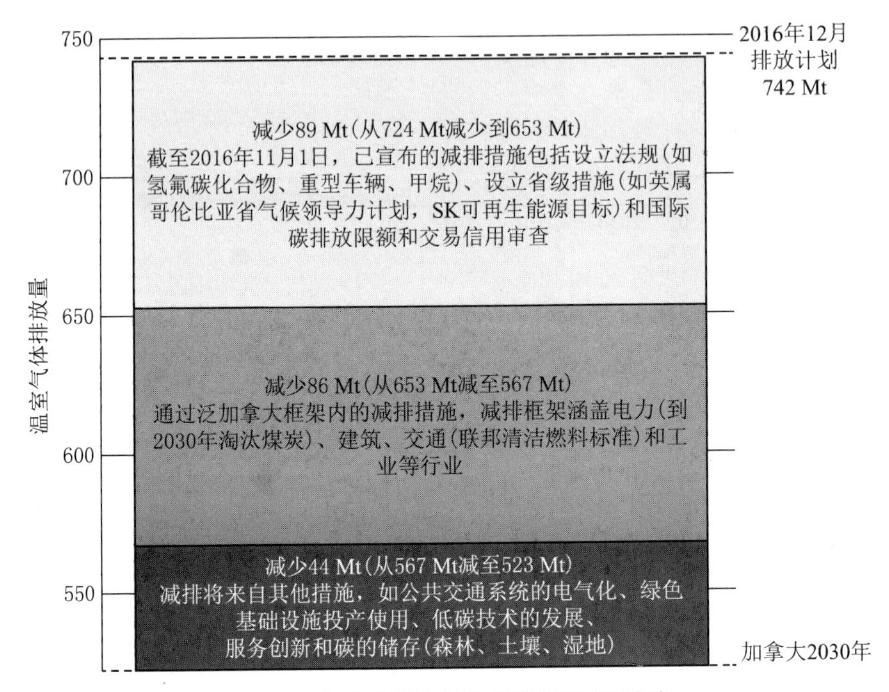

图 13-4 加拿大温室气体减排阶段以及措施

资料来源:加拿大政府,详见 *Pan-Canadian Framework*, December 2016, p.45。

2019年6月,联邦政府颁布了《清洁加拿大计划》。该计划系进一步落实《泛加拿大气候框架》的具体方案,旨在成为保护环境和推动向低碳经济转型的行动指南,让加拿大走上更清洁、更健康和更繁荣的未来。该计划着重强调,将继续加大对清洁能源、可再生能源项目的投入,继续推动交通运输业的去碳化,通过资金和技术的支持推动清洁燃料和新能源汽车的发展。该计划力图在2030年让加拿大90%的电力来自清洁能源,并且到2040年使所有新型汽车实现"零碳排放"。该计划致力于为加拿大人民创造真正的利益,包括良好的工作、更便捷的上班方式、更健康的空气、更清洁的水,并降低家庭和企业的供暖成本。

随着投资者、消费者和政府对环境可持续性问题的关注,该国联邦政府于2020年12月发布了《强化气候计划:在加拿大建立绿色经济》。该计划建立在

2016 年 12 月宣布的《泛加拿大气候变化框架》的基础上，它以气候行动和清洁增长为基石，将重点放在减少能源消耗、促进交通运输业减排、推动建筑零碳改造、建立清洁工业体系等四个方面，旨在继续推动减排的同时寻找新的经济增长点，并通过对建筑的改造、对环境的恢复，让加拿大公民能够分享向低碳经济转型的成果。加拿大环境与气候变化部的分析表明，计划中拟付诸的行动一旦全面施行，可以在 2030 年进一步减少 8 500 万吨二氧化碳的排放量，使加拿大在 2030 年的碳排放水平比 2005 年低 32%—40%。这将使加拿大能够超额完成其在《巴黎协定》中承诺的 2030 年减排目标，同时，上述行动也是实现加拿大最新减排目标的必要手段。①

为了保障整体战略的有效实施，2021 年 6 月 29 日该国通过《加拿大净零排放问责法案》。该法案以立法的形式，确认了加拿大 2050 年实现净零排放的目标。同时，该法案还要求环境与气候变化部部长在法案通过后 6 个月内提交 2030 年减排计划，并且至少提前 10 年提交 2035 年、2040 年、2045 年减排计划。为了保障减排目标的实现，法案还要求政府应以五年为一个周期发布减排计划推进报告，该报告由加拿大环境和可持续发展专员进行审查，以确保最终能在 2050 年实现碳中和。②

三、面对问题

加拿大是发达国家中少有的能源出口国，经济发展依赖出口贸易，产业发展依赖化石燃料。随着发展低碳经济逐渐成为全球共识，加拿大在向低碳经济转型中遭遇了较大难题。并且，由于加拿大实行联邦制国家结构形式，中央对各省和地区的管理较为松散，其减碳政策推行效果让人怀疑。

一是经济转型风险高。服务业、制造业、自然资源业是加拿大国民经济的支柱产业，随着发展低碳经济逐渐成为全球共识，各个发达国家都已承诺到 21 世纪中叶实现净零排放，数万亿美元的全球投资从高碳行业转移到低碳行业。据加拿大气候选择研究所 2021 年 10 月发布的《为全球低碳未来转变加拿大经济》分析显示，加拿大是一个依赖贸易的国家，其国内生产总值的 1/3 以上

---

① Government of Canada, *A Healthy Environment and a Healthy Economy*, December 2020.

② Arliament of Canada, "An Act respecting transparency and accountability in Canada's efforts to achieve net-zero greenhouse gas emissions by the year 2050", https://www.parl.ca/DocumentViewer/en/43-2/bill/C-12/royal-assent(2021/6/29).

来自出口。不幸的是，加拿大约 70%的商品出口和 60%的外国直接投资来自易受转型影响的行业，如石油和天然气等能源产品、采矿、重工业和汽车制造等，这些行业将在全球低碳转型中经历市场混乱。加拿大各地有超过 80 万人在易受转型影响的行业工作，占总就业人数的 5%。随着政策的推行，这一数字还会大量增加，政策步伐过快可能会导致失业潮，并引发经济衰退问题。①为了评估各行业的过渡准备情况，该研究所针对不同绿色浪潮情景对加拿大和全球上市公司进行了压力测试。分析表明，在化石能源生产、汽车制造业等行业，加拿大还没有做好准备。根据 2020 年 12 月的资产、销售额和排放量统计，该研究所提出，处于转型脆弱行业的公司将在未来 20 至 30 年内出现重大利润损失。

二是地方政府执行力低下。目前加拿大的魁北克、纽芬兰与拉布拉多等省，温哥华、汉密尔顿、多伦多、哈利法克斯等市，已经做出了到 2050 年实现零排放的承诺。然而，国家可持续发展研究所于 2022 年 1 月发布的《寻找加拿大净零之路》一文提到，几乎所有省份都缺乏实现净零目标的完整措施。不仅如此，该文还指出，虽然《净零责任法案》在 2021 年 6 月 29 日已经成为法律，旨在确定政府职责，以保障净零政策推行，但在上述政府文件中，问责措施严重缺失，政策推行力度让人怀疑。②具体来说，根据《泛加拿大框架》，加拿大 2030 年温室气体预计减排量为 219 百万吨(Mt)，但是根据各省的文件，加拿大预计减排量的一半以上未涵盖各省或地区 2030 年的减排目标。同样地，对于加拿大 2050 年实现净零排放的目标，近四分之三预计减排量未涵盖各省或地区 2050 年减排目标。更令人不安的是，该报告发现"几乎没有司法管辖区制定实现净零排放的途径"。一些省政府继续将化石燃料生产和出口视为加拿大经济的基础，加拿大能源监管机构预计未来化石燃料产量仍将增加，不列颠哥伦比亚省、阿尔伯塔省、萨斯喀彻温省和纽芬兰省都计划根据当前的政策声明继续扩大化石燃料生产。③

三是减少工业排放困难不少。根据国际能源署 2019 年的数据，2019 年化

---

① Canadian Institute for Climate Choices, *Transforming canada's economy for a global low-carbon future*, October 2021, pp.6—9.

② Vanessa Corkal, "Finding the Way to Zero: Final report of Climate Action Network Canada's 2021 workshop series on net-zero", sponsored by International Institute for Sustainable Development and Climate Action Network Canada, January 2022.

③ Ibid., pp.9—10.

石能源消费占加拿大整体能源消费的72%，而在工业领域，化石能源消费占据行业能源消费近70%。[①]目前，整个工业仍严重依赖化石燃料，化石燃料的使用和工业生产过程产生了全国一半的碳排放量，即每年约产生362百万吨(Mt)的二氧化碳。石油、天然气、炼油、金属和化学生产部门都是二氧化碳大排放者，因此将工业转型与净零未来兼容是一项重大挑战。总体而言，与其他经济部门相比，工业部门的脱碳路径更难预测。加拿大气候选择研究所于2021年2月发布的《加拿大净零未来》中提到，净零转型很难改变加拿大资源生产国、工业产品制造国的格局，工业减排将在很大程度上取决于工业电气化进程、能源效率的提高、CCUS技术的发展。[②]

第二节　碳中和战略构架

加拿大2050年零碳计划正在紧锣密鼓的制定之中，现阶段加拿大净零行动以联邦政府于2020年12月发布的《强化气候计划：在加拿大建立绿色经济》为行动指南。2021年2月，国家气候选择研究所发布的《加拿大净零未来》，则为净零行动进一步指明了发展方向。

一、战略认知与理念

《加拿大净零未来》对"净零"的技术性定义为：在能源生产和消费、工业生产过程和土地使用中产生的温室气体排放总量减去"负排放"方案和二氧化碳去除方案后，总净排放量为零。[③]加拿大气候选择研究所根据三个明确的参数定义了该术语。其一，国家系统边界，即意味着仅计算发生在加拿大境内的排放量；其二，计算总排放量和负排放量，意味着"负排放"(通过基于自然或工程的解决方案隔离的排放)被列为抵消总排放以实现净总量为零的可行方法；其三，不包括国际转移机制，意味着加拿大国内排放不允许通过贸易体系(例如根据《巴黎协定》第六条可能制定的体系)进行国际减排转移来抵消。

为实现2050年的目标，联邦政府提出，应在以下方面进行持续的行动：第

① International Energy Agency, *Canada 2022-energy policy review*, January 2022, p.26.

② Canadian Institute for Climate Choices, *Canada's net-zero future*, February 2021.

③ "负排放"指能够帮助在排放源和大气中去除二氧化碳并将其储存在陆地、海洋或地质水库中的技术。CCUS为典型的负排放技术。

一,加强与省和地区的合作。加拿大的区域排放差异意味着实现整体净零目标下,省和地区的减排目标不尽相同,这要求联邦政府和各省、地区合理分担责任。并且,三个地区中的原住民族也会对净零政策的实施发挥关键作用,政府需要继续加强与省和地区的合作,以保障零碳政策的推行。第二,加快清洁技术的开发和应用。技术创新在净零战略中是一个关键因素,此类创新带来的成本下降和对减排的效用可能是革命性的。技术的创新对于支持加拿大向低碳经济转型、让高排放行业变得更清洁、提高环境成果和产业竞争力至关重要。第三,将多种脱碳途径结合,以达到脱碳目标。加拿大气候选择研究所将脱碳途径分为"safebets"和"wildcards"两大类(参见表 13-6)。第一类指基于现有技术的解决方案,它们的广泛应用可以帮助加拿大实现 2030 年减排目标。第二类指高风险、高回报的技术,对于实现加拿大的 2050 年减排目标至关重要。但第二类技术和第一类技术相比,具有更多的不确定性,并且不能保证成功。联邦政府应当将两种方案结合,以确保实现脱碳目标。第四,加强区域和世界范围内合作。加拿大区域和世界范围内的合作将影响加拿大的净零排放路径设计。新能源行业的发展将对加拿大化石燃料产生巨大影响,全球新兴技术的出现也会加速传统碳排放行业的产业升级。

表 13-6　加拿大气候选择研究所分类的脱碳途径

Safebets	Wildcards
电动汽车	直接空气碳捕捉
节能设备	液体生物质能燃料(第二代)
零排放电网	氢气(燃料电池和供暖)
电热泵与底板加热器	可再生天然气(第二代)
CCUS(高度集中捕捉)	CCUS(非集中捕捉)

资料来源:作者根据加拿大气候选择研究所资料自制。

二、目标与愿景

加拿大已与 120 多个国家一起承诺到 2050 年实现净零排放。2021 年 4 月,联邦政府更新了国家自主贡献目标。特鲁多总理宣布,到 2030 年在 2005 年的基础上将碳排放水平减少 40%—45%的目标,比此前宣布的 30%这一数值又有了进一步提升。

目前加拿大的圭尔夫、温哥华、汉密尔顿、多伦多、哈利法克斯、纽芬兰、拉布拉多和魁北克等省市已经做出了到 2050 年实现净零增长的承诺,爱德华王子岛承诺到 2040 年实现温室气体净零排放。此外,新斯科舍省和不列颠哥伦比亚省已经实施或计划实施时限到 2050 年的省级净零排放立法。①

加拿大的联邦可持续发展战略提出了"加拿大将是世界上最环保的国家之一,国家应当不断提高人民生活质量"的愿景。联邦拟通过以下五个方面的减排措施,建立更低碳的经济体系,构建更美好的环境,实现更美好的未来。

(一) 绿色建筑

住宅和建筑物合计占加拿大温室气体排放量的 13%,冷却、照明和电器用电占总用电量的 18%。加拿大政府已经制定建筑业 2030 年较 2005 年碳排放减少 37%的减排目标,未来加拿大将建立一个由净零碳建筑(由清洁电力供电)和更多绿色工作岗位组成的弹性建筑部门。为此,将在 2025 年前为现有建筑制定"改造"模型规范,为新建筑制定净零能耗建筑规范,并且还将开发低排放建筑材料供应链,进行加拿大有史以来的第一次国家基础设施评估。同时,联邦政府将资助 26 亿美元的绿色家园赠款项目,以帮助屋主完成深度住宅改造,从而减少房屋的排放和能源成本,为公民提供更清洁的居住环境。

(二) 清洁电力

加拿大是世界上零碳发电的领导者,约 82%的电力来自水、风、太阳能和核能等非碳排放源。联邦政府已制定到 2030 年实现 90%和到 2050 实现 100%电力来自可再生和非碳排放源,以及到 2035 年全面建成净零电网的目标。未来电力部门的过渡重点将放在关键部门(化石燃料的运输、家庭供暖和重工业等)的电气化进程上。联邦政府预计,通过逐步淘汰燃煤发电,将在 2030 年将碳污染减少近 1 300 万吨,到 2050 年电力部门将达到净零排放。届时,将需要两到三倍的清洁电力才能弥补传统发电端的空缺。为此,需要依靠可再生能源、水电、小型模块化反应堆、碳捕集、能源储存和传输等技术。可以说,平衡技术的可负担性和可靠性将是一项巨大的挑战。②

---

① NDC registry, "Canada's 2021 Nationally Determined Contribution", https://www4.unfccc.int/sites/ndcstaging/PublishedDocuments/Canada%20First/Canada%27s%20Enhanced%20NDC%20Submission1_FINAL%20EN.pdf(2021/7/12).

② Electricity Canada, "Net Zero by 2050 Targets", https://www.electricity.ca/knowledge-centre/environment/net-zero-by-2050/net-zero-by-2050-targets/.

（三）清洁交通

交通运输占加拿大碳排放量的1/4以上，为了实现净零未来，需要在减少交通部门排放的同时建立更高效的公共交通系统。联邦政府已制定到2030年较2005年碳排放减少11%的减排目标。到2035年，要求销售的新轻型车辆和小型卡车为100%零碳排放的汽车，并与国内外合作伙伴合作，减少其他交通方式（包括重型车辆、铁路、海运和航空运营）的碳排放。政府还将通过向加拿大积极交通基金投资4亿美元推进国家积极交通战略，以确保建立更清洁高效的交通系统。

（四）甲烷减排

减少甲烷排放对加拿大经济体系转型有重要的意义。根据2021年4月发布的国家清单，甲烷占2019年温室气体排放总量的13%。超过90%的甲烷排放来自石油、天然气和农业部门。甲烷减排能进一步推动工业、农业实现净零排放。2021年，加拿大加入了全球甲烷减排承诺，该承诺旨在到2030年将全球甲烷排放量比2020年水平减少30%。作为该承诺的一部分，加拿大是第一个承诺到2030年将石油和天然气行业的甲烷排放量比2012年水平至少减少75%的国家。同时，加拿大制定了甲烷法规，要求石油和天然气行业到2025年将甲烷排放量比2012年水平减少40%—45%。甲烷减排目标对于实现加拿大的2030年气候目标，尤其是到2050年实现净零排放至关重要。

（五）恢复自然生态

加拿大将在未来10年内投资30多亿美元种植20亿棵树，以改善国家整体生态环境。为了进一步促进碳固存，正在投资6.31亿美元恢复和改善湿地、泥炭地、草原和农田，并改善土地管理，保护富含碳的生态系统。这将有助于减少污染，清洁空气，使社区对极端天气的应对更具弹性。该国还将继续推进保护25%国土面积的土地和海洋的计划，以进一步增强其固碳能力。①

三、战略推进路径

（一）鼓励工业脱碳

加拿大联邦政府将寻求对大型工业项目进行战略投资，并将采用低碳技

---

① Government of Canada, *A Healthy Environment and a Healthy Economy*, December 2020, pp.53—55.

术支持所有部门的经济增长和脱碳。加拿大已经制定一系列措施以初步减少各个工业行业的碳排放，该措施包括为碳污染定价、投资清洁技术研发、减少石油和天然气活动中的甲烷排放，以及逐步减少氢氟碳化物的使用。进一步脱碳将通过电气化或传统燃料转向低碳和清洁燃料予以实现，例如大规模使用可再生天然气、清洁氢、先进生物燃料和液体合成燃料。此外，政府还将提供80亿美元的净零加速基金，用于加快大型排放者的脱碳，并扩大清洁技术规模。

（二）促进公交网络电气化与交通活跃化

对公共交通进行电气化改造可以帮助加拿大减少温室气体和空气污染物的排放。联邦政府将在"投资加拿大基础设施计划"的基础上，制定公共交通发展的下一步措施，该措施包括与各省和地区合作，帮助加拿大各地的公共交通系统电气化。此外，还将推动制定国家绿色交通战略，为公民提供更积极的交通选择，如步行道、自行车道和其他形式的绿色交通，这可以帮助加拿大公民减少对汽车的依赖。

（三）提高能源效率

加拿大目前正以每年约1%的速度提高其能源效率，预计到2025年将翻一番，达到每年2%的增长速率，然后到2030年再次提升，达到每年3%的增长速率。仅通过提高能源效率，就可以实现至少1/3的排放目标。联邦政府认为能源效率具有巨大的潜力，有助于实现其2030年排放目标和2050年净零排放目标。提高能源效率已经成为加拿大实现碳减排承诺的关键支柱。[①]

（四）扩大二氧化碳去除量

联邦政府提出到2030年，在2005年的基础上将碳排放水平减少40%—45%的目标，这意味着到2030年需要实现深度减排，而进一步去除二氧化碳是深度减排和实现2050目标的重要手段。"负排放"技术能够帮助在排放源和大气中去除二氧化碳并将其储存在陆地、海洋或地质水库中。政府将利用土壤固碳、森林引碳等方法，以及使用具有碳捕集和储存功能的生物能源、直接于空气中捕获碳等新技术，进一步扩大二氧化碳去除量。[②]

---

① Generation Energy Council, *Getting to Our Future Together*, June 2018, p.23.

② Canada Energy Regulator, *Canada Energy Futures-Towards Net-Zero*, https://www.cer-rec.gc.ca/en/data-analysis/canada-energy-future/2020/net-zero/index.html.

（五）使用更多可再生燃料

除了电气化，加拿大的能源转型将需要更多的可再生燃料。作为减碳和零碳的可靠能源组合的一部分，这些可再生燃料对于运输业以及工业（包括炼钢、化学生产、采矿和水泥制造等）尤为重要。联邦政府已经着手将生物燃料和可再生气体等更清洁的燃料混合到现有的燃料供应中，这些燃料通常可以直接替代当前的燃料供应，这能减少对化石燃料的依赖，进一步减少各行业的碳污染。同时，这种燃料极易获得，城市垃圾、林业废物和许多其他原料都可以制造可再生燃料。通过部署可再生低碳燃料、电气化和其他技术，到 2030 年，加拿大每年的温室气体排放量将减少 3 000 万吨。到 2040 年，更清洁的燃料使用量将增加 60%，这为实现 2050 年零碳目标打下了坚实基础。[①]

第三节　碳中和技术创新战略

早在 2016 年，《泛加拿大框架》就将碳捕集、利用和封存技术（CCUS）列入重点发展对象，盖因其具有促进传统行业减排的巨大潜力。随着低碳经济的进一步发展，加拿大对清洁电力的需求大大增加，核能作为一种相对稳定的清洁能源逐渐受到政府的青睐。

一、碳捕集、利用和封存（CCUS）

（一）技术总体介绍

加拿大是碳捕集、利用和封存（CCUS）技术的全球领导者之一。截至 2020 年，加拿大已经建造了三个世界级的项目，还有约 17%的全球 CCUS 项目正在运营或者建设，其中大部分将用于工业生产过程中的化石燃料脱碳。[②]

目前加拿大 CCUS 技术以工业为突破重点，计划控制和减少工业碳排放，主要专注于以下几个技术领域：(1)具有碳捕集、利用和储存功能的生物能源技术。该技术将生物能源与碳捕集、利用和储存相结合。某些燃料的生物成

---

① Generation Energy Council, *Getting to Our Future Together*, June 2018, pp.34—38.

② Nnaziri Ihejirika, "The Role of CCUS in Accelerating Canada's Transition to Net-Zero", The Oxford Institute For Energy Studies, September 2021.

分会导致净碳中性排放，因此捕集二氧化碳排放以供利用或储存可能会导致净负排放。该技术可以为全球实现二氧化碳去除、发展循环经济以及生产可持续燃料和化学品提供技术支持。（2）碳酸盐储层和致密储层的二氧化碳储存技术。该技术旨在提高二氧化碳储存库的可用性和容量，还能解决在安大略等资源有限的地区实现二氧化碳储存的难题。（3）燃烧后二氧化碳捕集技术。该技术旨在测试和分析现有的燃烧后碳捕集技术和二氧化碳液化技术，以降低工业应用中的能源损耗和烟气中杂质对捕集技术的不利影响。①

（二）技术应用场景

CCUS 技术在重工业脱碳、低碳可调度电力、支持二氧化碳去除的负排放技术、低碳制氢、基于二氧化碳的行业、生产清洁石油和天然气等六个领域能发挥重要作用，这些领域对于加拿大实现净零经济繁荣至关重要。

CCS 从工业废气中分离（或"捕获"）二氧化碳，例如在煤电厂发电过程中捕集二氧化碳，然后将其注入地下深处的岩层储存。CCUS 则将捕集或者储存的二氧化碳用于其他方面，例如将二氧化碳注入衰退油田，以帮助从油藏中收获更多石油，以提高石油采收率（EOR）。2015 年，作为加拿大最大的 CCS 项目，壳牌的"Quest CCS"项目开始从埃德蒙顿附近的沥青升级装置中捕获二氧化碳，并将其注入地下水库进行储存。目前，加拿大最新 CCUS 项目"Alberta Carbon Truck Line"（ACTL）正在建设中，该项目计划于 2019 年晚些时候投产使用，将从附近的精炼厂和化肥厂捕获二氧化碳，并通过管道将其运输至 240 公里外的油田，以提高石油采收率。Quest 和 ACTL 项目每年能各自捕获 100 万吨和 170 万吨二氧化碳，每年封存和利用的二氧化碳量相当于 60 万辆汽车的排放量。②

据国际能源署（IEA）估计，在清洁技术不断发展的情景下，CCUS 可以有效地使 13%的全球排放量脱碳。在加拿大，这一比例更高，因为该国的资源开

---

① Government of Canada, "CO_2 Capture, Utilization and Storage (CCUS)", https://www.nrcan.gc.ca/energy/offices-labs/canmet/ottawa-research-centre/co2-capture-utilization-and-storage-ccus/23320 (2021/8/16).

② Canada Energy Regulator, "Market Snapshot: Carbon capture, utilization, and storage market developments", https://www.cer-rec.gc.ca/en/data-analysis/energy-markets/market-snapshots/2019/market-snapshot-carbon-capture-utilization-storage-market-developments.html(2019/1/30).

采业对它的经济和碳排放状况都有重要影响。例如，通过在热电联产锅炉、升级器和氢气工厂安装 CCUS 洗涤器，可以去除高达 50％的油砂上游生命周期排放。而在其他化学和重工业制造部门，碳捕集率平均占总排放量的 15％—35％。此外，将从使用 CCUS 技术生产的蓝色低碳氢混合到天然气中，也将支持电力部门的进一步脱碳。[①]

（三）技术发展方向

随着 2020 年联邦碳价格大幅上涨，政府制定了以氢为中心的战略以全力支持脱碳经济转型，CCUS 亦被确定为转型的关键技术因素。一方面，CCUS 的发展证明对石油和天然气行业的持续投资是有价值的。油气行业在其早期的勘探开发过程中，积累了丰富的地质数据，在开展二氧化碳封存活动上具有天然优势。此外，将二氧化碳存储与提高采收率（EOR）和压裂相结合的油气开发技术，集二氧化碳的利用和封存于一体，是未来 CCUS 的发展方向之一。另一方面，使用 CCUS 技术生产的蓝色低碳氢气正在逐步创造额外的经济价值，这将推动使用生物能碳捕集和储存（BECCS）技术[②]和直接空气碳捕集和储存（DACCS）等先进技术[③]的发展，并在未来创造更多的负碳排放。

在 2021 年联邦预算中，政府承诺在七年内为 CCUS 的开发和商业化提供 3.19 亿加元的信贷，并在七年内为专注于重工业脱碳的净零加速器计划提供额外的 50 亿加元资金。这些金额将支持 CCUS 的进步。随着预算的公布，政府还宣布开始为期 90 天的咨询期，在此期间它将与利益相关者合作设计投资税收抵免政策以刺激 CCUS 的发展活动。

CCUS 在加拿大的未来增长预计将受到成熟行业（如油砂开采、精炼、化肥和水泥制造等）中捕集技术部署增加的推动。此外，将氢气生产与 CCUS 技术相结合也是 CCUS 的另一个发展趋势，该发展预计可将上游石油和天然气排放量减少达 50％，并将二次重工业的排放量减少达 90％。鉴于能源开采、公用事业和重工业部门排放在加拿大总量中的比例相对较高，CCUS 的大规模推广可能使加拿大能够顺利实现其在《巴黎气候协定》中预设的目标。

---

① International Energy Agency, *Canada 2022-energy policy review*, January 2022, pp.69—70.

② 该技术是一种安装在生物加工行业或生物燃料的发电厂，将 CCS 和生物量结合，产生负碳排放的技术。

③ 该技术是一种能直接从大气中捕获并去除二氧化碳的技术。

二、核能

（一）技术总体介绍

核能是加拿大当前清洁能源结构的重要组成部分，在加拿大83%的非碳排放电力生产组合中，它是仅次于水电的第二大能源。截至2020年，加拿大拥有4座核电站和19个运行反应堆。此外，加拿大也处于先进核反应堆技术发展的前沿，并在考虑建设新的示范项目，例如工业煤炭替代、偏远采矿作业的电气化和工业供热的应用，以支持难以减排的行业的脱碳。①

加拿大核能技术发展主要以发展反应堆技术为主，它有以下两种类型：(1)坎杜反应堆(CANDU)。它使用氧化氘(也称为重水)作为慢化剂和冷却剂，并使用铀作为燃料。坎杜反应堆的独特之处在于它使用天然的未浓缩铀作为燃料，可以减少天然铀在浓缩过程中所产生的能源浪费和碳排放；并且通过一些修改，坎杜反应堆还可以使用钍、回收铀和混合燃料，以减少燃料浪费。坎杜反应堆还可以在全功率运行时进行燃料补给，而大多数其他反应堆设计必须通过关闭来进行燃料补给。此外，坎杜反应堆安全系统独立于工厂的其他部分，每个关键安全组件都有三个备份。(2)小型模块化反应堆(SMR)。它的预计发电量在10兆瓦至300兆瓦之间，其体积最大不超过学校体育馆。反应堆可以为较小的电网供电，特别是为通常由化石燃料供电的偏远和北部社区供电。此外，它的设计还允许局部电网成为整体电网的“孤岛”部分，这意味着如果由核反应堆供电，一个地区的停电将不太可能影响另一个地区。SMR可以批量生产并运送到偏远地区，这种用于核反应堆的新制造工艺将加快其部署，以满足偏远地区对低碳电源的迫切需求。②

（二）技术应用场景

一是在核能技术在清洁电力方面的应用。为实现温室气体减排目标，加拿大需要更换其化石燃料使用模式，推动进行更广泛行业电气化，而核能技术可以满足日益增长的电力需求。基于电网的核能发电可以采用大型反应堆的形式，例如增强型坎杜反应堆(EC6)或采用小型模块化反应堆的形式。增强

---

① International Energy Agency, *Canada 2022-energy policy review*, January 2022, pp.181—184.

② Canadian Nuclear Association, *The Canadian Nuclear Factbook-2021*, 2021, pp.42—50.

型坎杜反应堆（EC6）反应堆采用零放射性液体排放技术交付，产生的二氧化碳非常少，并且没有氮氧化物、二氧化硫、有毒重金属、气溶胶、臭氧或其他排放物。在替代传统煤炭时，坎杜反应堆每年可节省 1 300 万吨二氧化碳；或者在替代天然气时节省 600 万吨二氧化碳。小型模块化反应堆则可以更为灵活地为较小的电网供电，这些较小的反应堆还可以为自然资源行业（如石油精炼过程和偏远北部地区采矿）提供更为清洁的能源，支持这些行业进行脱碳。随着电力需求的增长，SMR 也可以添加到更大的电网中。①

二是核能技术在协助工业脱碳方面的应用。采矿和油砂等行业是加拿大经济的重要组成部分，但它们通常地处偏远地区，且远离清洁电网，灵活的小型模块化反应堆可以满足这些行业的需求，这些行业通常需要大量的热能和电力才能运行，以往这通常意味着燃烧化石燃料，而 SMR 技术的应用可以大幅降低这些行业的碳排放量。

（三）技术发展方向

核能对实现和维持加拿大气候变化目标的作用至关重要，而且是基荷电力供应的长期来源。2020 年 12 月加拿大政府发布的《强化气候计划：在加拿大建立绿色经济》进一步强调了核能的重要性。当月，加拿大自然资源部长发布了《加拿大 SMR 行动计划》，该计划是与 100 多个组织合作制订的，包括省和地区政府、市政当局、公用事业、工业、民间社会、学术界，并认真倾听了原住民的声音。参与组织已承诺采取 500 多项行动来推进小型模块反应堆的应用。政府通过支持 CANDU 技术研究和实施加拿大 SMR 行动计划，继续扩大核行业，着眼于低碳未来（参见图 13-5）。②

第四节　碳中和产业战略

加拿大致力于提升其在国际低碳经济体系中的地位。传统行业的低碳转型和新兴产业的战略布局可以帮助加拿大寻找新的经济增长点，提高传统行业竞争力，抢占新兴行业未来国际市场，顺利实现经济转型和零碳目标。

---

① Canadian Nuclear Association, *Vision 2050-Canadas Nuclear Advantage*, October 2017, part 4.

② International Energy Agency, *Canada 2022-energy policy review*, January 2022, pp.181—184.

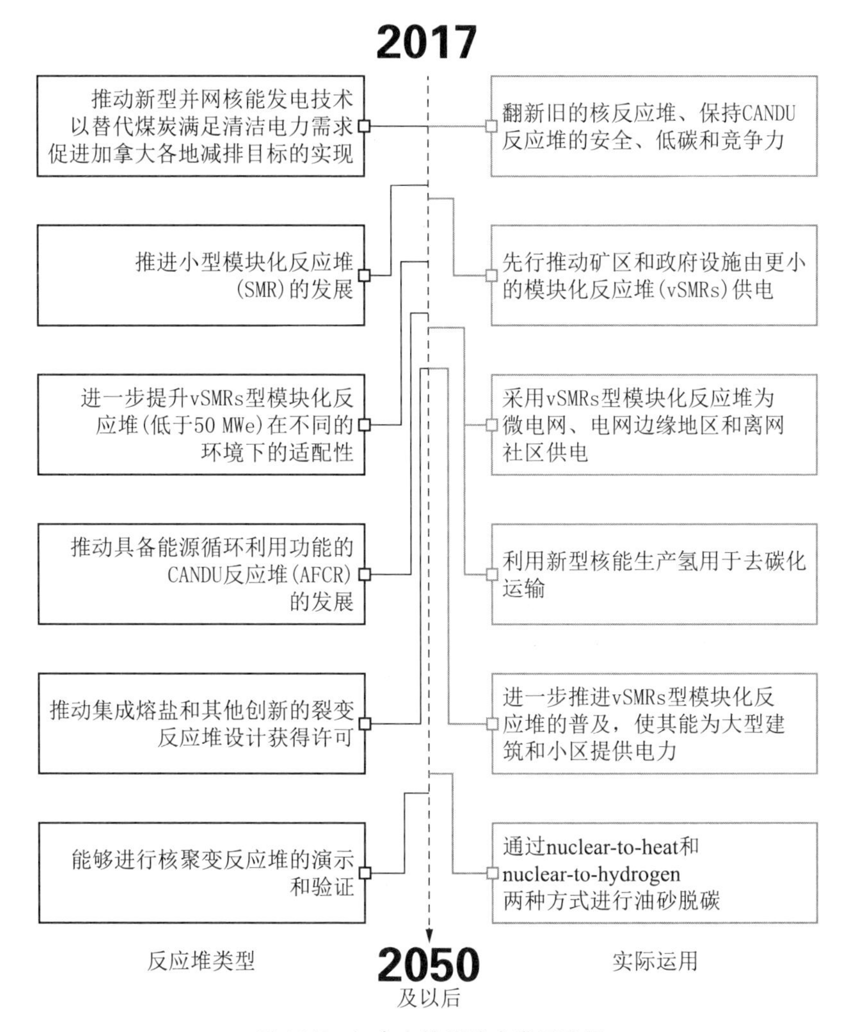

图 13-5 加拿大核能技术发展路径

资料来源："Vision 2050 Canadas Nuclear Advantage part 4", https://cna.ca/wp-content/uploads/2014/05/Vision-2050-Canadas-Nuclear-Advantage.pdf。

一、氢能产业

(一) 产业概况

在全球向低碳经济转型过程中，低碳氢作为一种重要的清洁能源逐渐受到世界各国的重视。2020 年 12 月，加拿大发布了《加拿大氢战略》，旨在逐渐改变其依赖化石能源的传统能源结构，为实现 2050 年净零目标打下基础。

加拿大是当今全球十大氢气生产国之一，通过天然气的蒸汽重整技术，加拿大每年能够生产约300万吨氢气。在清洁氢气方面，该国可以生产更低碳的蓝色氢气和绿色氢气。随着清洁生产技术和燃料电池技术的发展，加拿大已经成为全球三大清洁氢生产国之一。到2050年，加拿大可以将清洁氢产量提高7倍以满足国内需求，并具有满足全球需求的潜力。

加拿大氢能产业包括四个领域：(1)电解氢。可以使用清洁电力通过电解从水中生产氢气。加拿大是世界第六大电力生产国，由于拥有庞大的水力发电，它是碳强度最低的电网之一。(2)来自化石燃料的氢。当与碳捕集利用和储存(CCUS)结合使用时，可以从化石燃料中生产清洁氢，或者碳以固体碳的形式封存。(3)生物质制氢。氢气可以来自生物质的气化。这被认为是可再生和碳中和的。加拿大的大多数省份都可以通过森林和农业部门获得生物质残留物。(4)工业副产氢。加拿大目前作为工业过程的副产品生产的氢气，包括氯碱和氯酸钠生产，可以直接捕获、纯化和使用。其氢气供应网络包括天然气丰富省份或低成本可再生能源普及率高的地区的大型集中工厂，以及靠近需求中心的小规模分布式电解生产。①

(二) 市场分析

氢能生产。加拿大具有氢能生产的丰富原料储备、熟练技术工人和战略性能源基础设施，在氢能和燃料电池技术创新方面也处于领先地位。目前，主要通过天然气电解技术，蒸汽甲烷重整技术年产约300万吨氢，已建立了氢生产供应链，并做好准备向清洁制氢过渡。预计到2050年，加拿大氢能产量将增至目前的7倍，每年生产超过2 000万吨低碳氢，氢能生产方式也将转为多种途径，包括电解制氢、化石燃料制氢、生物质制氢、工业副产氢等。②

终端应用。氢能应用将集中在能源密集型行业，包括将氢气用于长途运输(燃料电池车、氢发动机)、发电、工业和建筑供热，以及用作工业原料(参见表13-7)。

---

① Natural Resources Canada, *The Hydrogen Strategy*, December 2020, p.17.

② Ibid., p.31.

表 13-7　氢能在终端领域的应用

领域	市场	
交通运输领域	1	加拿大政府制定零排放汽车的强制性销售目标
	2	氢能发动机和氢能燃料电池的技术发展
	3	氢能发动机在零排放汽车和清洁巴士中的适配潜力
	4	氢燃料电池在中/重型货运、铁路运输、航运和采矿设备(包括物料搬运车)方面的应用潜力
发电领域	5	氢燃气轮机技术的发展
	6	用于长期储能以及为偏远社区和工业区(如矿区)供电的固定式氢燃料电池
工业领域	7	用作下游精炼环节的化学原料
供热领域	8	为石油和天然气的上游开采供热
	9	为水泥、钢铁、造纸等工业生产过程供热
	10	氢气混入天然气网,为建筑供气以及供热
基础设施领域	11	建设和扩建氢能基础设施
	12	发展纯氢输送管网
	13	扩建加氢站网络

资料来源:作者根据加拿大氢战略相关资料自制。

氢气出口。加拿大拥有强大的氢气生产能力,建立了国际贸易伙伴关系,并拥有深水港、管道网络等基础设施,有助于其成为全球最大清洁氢供应国。预计到 2050 年加拿大氢出口额可能达到 500 亿加元。

(三) 远景目标

近期奠定基础(至 2025 年)。初期的重点是为加拿大的氢经济奠定基础。措施包括开发新的氢气供应和分配基础设施,在全国范围部署氢能中心,以支持在未来成熟应用中部署氢能。早期行动对于推动该行业的投资至关重要,即将引入新的政策(如碳定价政策)和监管措施,制定加拿大 2030 年、2050 年排放方案,制定清洁燃料标准等法规都将成为推动氢能行业近期发展的基础。

中期增长和多元化(2025—2030 年)。为实现 2050 年净零排放,加拿大的目标是到 2030 年在温室气体减排方面达到 10%—20%。随着技术的成熟和终端应用的技术成熟度达到或接近商业化，中期氢能应用将聚焦于实现氢能价值最大化。

长期市场快速扩张(2030—2050 年)。在该时间范围内，随着部署规模的增加和新商业应用数量的增长，在基础设施的支持下，国民将开始受益于氢经济。从长远来看，随着电池和充电技术的进步，新的交通应用将进入商业和快速扩张阶段。随着天然气系统中氢气比例的增加，专用氢气管道将成为一种有吸引力的替代方案。随着低碳氢的广泛使用，现有的重排放工业将能够减轻其碳排放，并能生产包括低碳钢在内的低碳产品，以上种种运用均能为加拿大实现 2050 年净零目标做出巨大贡献。①

二、新能源汽车

(一) 产业概况

《强化气候计划：在加拿大建立绿色经济》指出，全球向电动汽车的转变已经开始。迄今为止，汽车制造商已宣布投资约 3 000 亿美元用于全球汽车电气化。BloombergNEF 估计，到 2050 年，电动汽车将占据全球汽车销量的近 3/4。②2019 年，加拿大占全球电动汽车销售份额的 3%，为全球第七大电动汽车销售国。在国内，根据加拿大统计局 2021 发布的数据，2016—2020 年间，零排放汽车注册量占全国汽车注册量的比例由 0.63%迅速增长到3.52%。③根据加拿大清洁能源项目进行的民意调查显示，近 2/3 的加拿大人倾向于购买零排放汽车作为他们的下一辆车，然而价格、充电基础设施可用性、漫长的等待时间将是影响电动车行业发展的重大障碍。④

(二) 产业优势

1. 逐渐完备的基础设施

政府于 2016 年启动电动汽车和替代燃料基础设施部署计划，该计划旨在

① Natural Resources Canada, *The Hydrogen Strategy*, December 2020, pp.72—74.

② Bloomberg New Energy Finance, “New Energy Outlook 2020”, https://about.bnef.com/new-energy-outlook/(2021/8/4).

③ Statistics Canada, “Zero-emission vehicles in Canada 2020”, https://www150.statcan.gc.ca/n1/pub/11-627-m/11-627-m2021033-eng.htm(2021/4/22).

④ Clean Energy Canada, “Poll: Electric vehicles are picking up speed in public support”, https://cleanenergycanada.org/poll-electric-vehicles-are-picking-up-speed-in-public-support/(2020/12/15).

支持建立沿海电动汽车快速充电站、沿主要货运路线的天然气加气站和大都市中心的加氢站网络，该计划将持续到 2022 年 3 月，此举有望达到向公众开放 1 000 个电动汽车快速充电器、15 个加氢站和 21 个天然气站的目标。①

根据加拿大自然资源部 2019 年提出的零排放车辆基础设施计划，在电动汽车和替代燃料基础设施部署计划的基础上，联邦政府在 2019 年之后的 5 年内再拨款 1.3 亿加元，以支持在公共场所、街道中部署基础设施。

此外，2020 年秋季经济声明中又提出包括在 3 年内为零排放车辆基础设施计划额外追加 1.5 亿加元，在原计划基础上再新增 33 500 个新充电器和 10 个新氢燃料站②。加拿大自然资源部还与美国能源部合作，通过监管合作委员会开发、修订和调整电动和替代燃料汽车以及加油基础设施的规范和标准，解决相关技术和安全规范错位。此外，加拿大自然资源部还支持与交通运输相关的研究、开发和示范项目，包括电动汽车基础设施示范计划（从 2017 年开始，为期 6 年，投入 7 600 万加元）和创新电动汽车充电基础设施示范，以解决电动汽车充电设备安装、运营和管理等问题。

2. 不断创新的电池行业

加拿大政府认识到其采矿业在发展电池供应链方面可以具有的竞争优势，为此，它于 2019 年启动了利益相关者磋商，以评估全球电池价值链中的机会。加拿大拥有生产先进电池（锂、镍、铜、石墨和钴）所需的所有矿产和金属资源、强大的研发生态系统和未来需求庞大的新能源汽车工业。加拿大的目标是利用其矿产和金属资源吸引领先的电池制造商建立本土固定式储能。面向未来，自然资源部正在积极支持氢燃料电池计划，该电池技术可以利用过剩的可再生能源电力生产低碳氢作为汽车的动力来源。该计划旨在提高能源使用率，降低电池生产成本，促进新能源汽车的进一步发展。③

（三）未来远景

加拿大政府于 2021 年 6 月宣布，将于 2035 年实现所有新轻型汽车的销售均为 100%零排放汽车的强制性目标，这比原计划提前了 5 年。此外，政府

---

① Government of Canada, *Budget 2021-A Recovery Plan for Jobs, Growth, and Resilience*, April 2021.

② Department of Finance Canada, *Fall Economic Statement 2020*, 2020, p.88.

③ Kim, C. et al., "Power play: Canada's role in the electric vehicle transition", the International Council on Clean Transportation, April 2020, pp.26—27.

将与合作伙伴制定 2025 年和 2030 年中期目标。[①]为支持该目标，政府已投入超过 10 亿加元用于支持零排放汽车购买激励、电动汽车和替代燃料基础设施的示范和部署。

政府还致力于增加中型和重型零排放汽车的供需。2020 年，加拿大汽车制造商在轻型和商用车市场发布了多项重要的电气化公告，其中包括联邦和省级投资。政府已承诺在 2021—2022 年与合作伙伴共同制定政策，以加速中型和重型零排放汽车在加拿大的生产，满足消费者的需求。通过《绿色政府战略》所订计划，政府还将采取措施以减少日常工作中的排放，该措施包括购买低碳燃料和制定 2030 年将 80%以上的政府车队置换成零排放汽车的目标。[②]

三、气候智能型农业

（一）产业概况

2019 年，农业和食品系统（包括食品零售和食品服务）创造的 GDP 占经济总量的 7.2%，从业者占就业岗位的 1/8，就业人数超过 200 万人，出口超过 660 亿美元。该部门因畜牧生产、农场燃料使用和化肥施用，其温室气体排放量占加拿大温室气体总排放量的 10%。根据《气候智能型农业战略》，[③]农业用地可以通过在土壤中储存（或封存）碳来充当"碳汇"，从而减少大气中的碳含量。加拿大政府将与农民、牧场主和农业食品企业合作，适用新兴技术以帮助他们应对气候变化，减少农业排放以向低碳经济转型。

（二）产业优势

加拿大农民、牧场主和农业食品企业不断创新，他们在降低加拿大农业和食品生产过程中的碳强度方面取得了很大进展。2020 年 3 月，联邦政府和爱德华王子岛政府宣布，在农业清洁技术计划下提供资金，用于创新项目帮助提高大西洋有机种植的能源使用效率并减少化石燃料的使用。通过政府支持，各农场将逐渐运用清洁技术，比如清洁锅炉系统等。

此外，农业甲烷减排对加拿大净零排放目标至关重要。农业甲烷排放主

---

① International Energy Agency, *Canada 2022-energy policy review*, January 2022, p.94.

②③ Government of Canada, *A Healthy Environment and a Healthy Economy-Climate smart agriculture*, December 2020.

要来自畜牧生产，另外还有来自农业土壤和涝渍土地的排放。政府将在土地管理（如土壤管理和重新植被）、牲畜策略（如喂养和饮食变化、育种管理、放牧策略和粪便管理），以及将消费者需求转向无甲烷食物来源方面进行努力。魁北克政府联合当地企业合作建立了一个农业生物甲烷化工厂，该工厂可以将当地工业的牛粪和有机残留物转化为可再生的天然生物甲烷气体。研究发现，甲烷抑制剂和疫苗最有可能减少农业部门的排放，政府将继续加大对农业甲烷减排的研究。

（三）远景目标

展望未来，上述计划包括在七年内投资 1.657 亿美元以支持农业开发变革性清洁技术，并帮助农民采用商业上可用的清洁技术。联邦政府还将推进与各省和地区合作，落实气候智能型农业战略，推进与作物和牲畜生产相关的减碳行动，通过生产低碳的生物燃料原料，帮助农民实现生产多样化。联邦政府宣布在 2020 年的基础上减少 30％的国家化肥排放目标，并承诺与化肥制造商、农民、各省和地区合作，制定实现这一目标的措施。

此外，联邦政府在 2021 年 3 月宣布设立自然气候解决方案基金，该基金包括在未来 10 年内为新的农业气候解决方案计划投资 1.85 亿加元。该计划以建立农业实验室为基础，将推进建立一个覆盖加拿大各个区域的农业实验室合作网络，将农民、科学家和其他部门利益相关者聚集在一起，开发和分享最能储存碳和减轻碳排放的技术和方法，形成环境协同效应。该项计划将支持关于"减少排放和建立气候智能型农业的努力，并使用基于自然的解决方案来应对气候变化"的承诺。①

参考文献

［1］Statistics Canada，"Energy supply and demand 2020"，https://www150.statcan.gc.ca/n1/daily-quotidien/211213/dq211213b-eng.htm?lnk=dai-quo&indid=3447-1&indgeo=0 (2021/12/13).

［2］International Energy Agency，*Canada 2022-energy policy review*，January，2022.

［3］Government of Canada，*A Healthy Environment and a Healthy Economy*，December，2020.

［4］Canadian Institute for Climate Choices，*Canada's net-zero future*，February，2021.

① Agriculture and Agri-Food Canada，*2020—2021 Departmental Results Report*，October 2021.

[5] Nnaziri Ihejirika, *The Role of CCUS in Accelerating Canada's Transition to Net-Zero*, The Oxford Institute For Energy Studies, September, 2021.

[6] Canadian Nuclear Association, *The Canadian Nuclear Factbook-2021*, 2021.

[7] Natural Resources Canada, *The Hydrogen Strategy*, December, 2020.

[8] Kim, C. et al., *Power play: Canada's role in the electric vehicle transition*, the International Council on Clean Transportation, April, 2020.

[9] Government of Canada, *Greening Government Strategy: A Government of Canada Directive*, 2021.

[10] Government of Canada, *A Healthy Environment and a Healthy Economy-Climate smart agriculture*, December, 2020.

[11] Government of Canada, *Pan-Canadian Framework*, December, 2016.

执笔:姚魏、陈思彤(上海社会科学院法学研究所)

图书在版编目(CIP)数据

全球碳中和战略研究 / 王振等著 .— 上海 ：上海社会科学院出版社，2022
ISBN 978-7-5520-3954-2

Ⅰ.①全… Ⅱ.①王… Ⅲ.①二氧化碳—排污交易—研究—世界 Ⅳ.①X511

中国版本图书馆 CIP 数据核字(2022)第 165688 号

全球碳中和战略研究

著　　者：王　振　彭　峰　等
责任编辑：袁钰超
封面设计：谢定莹
出版发行：上海社会科学院出版社
　　　　　上海顺昌路 622 号　邮编 200025
　　　　　电话总机 021-63315947　销售热线 021-53063735
　　　　　http://www.sassp.cn　E-mail:sassp@sassp.cn
排　　版：南京理工出版信息技术有限公司
印　　刷：常熟市大宏印刷有限公司
开　　本：710 毫米×1010 毫米　1/16
印　　张：23.25
字　　数：402 千
版　　次：2022 年 10 月第 1 版　2022 年 10 月第 1 次印刷

ISBN 978-7-5520-3954-2/X·027　　定价：118.00 元

版权所有　翻印必究